La Escuela de Barcelona:
el cine de la «gauche divine»

Esteve Riambau y Casimiro Torreiro

La Escuela de Barcelona: el cine de la «gauche divine»

EDITORIAL ANAGRAMA
BARCELONA

Portada:
Julio Vivas
Ilustración: Serena Vergano en la película «Dante no es únicamente severo»
(Archivo Filmscontacto)

© Esteve Riambau y Casimiro Torreiro, 1999

© EDITORIAL ANAGRAMA, S.A., 1999
Pedró de la Creu, 58
08034 Barcelona

ISBN: 84-339-2538-5
Depósito Legal: B. 7746-1999

Printed in Spain

Liberduplex, S.L., Constitució, 19, 08014 Barcelona

A nuestros padres, Esteve y Maria y Casimiro y Oliva, que vivieron otros años sesenta. Y a todos los que, en aquella época, creyeron que con el cine se podía cambiar la realidad.

Recuerdo muy bien la primera vez que les vi y cómo me deslumbraron. Acababa de doblar una esquina y, al disponerme a pasar frente al Pub Tuset, de repente me los encontré a todos de golpe allí, riendo de pie en la terraza del bar, en la soleada mañana de invierno, fingiendo naturalidad ante el objetivo de una cámara fotográfica. Me deslumbraron porque ni tan siquiera había visto a alguno de ellos antes en persona y ahora de repente los veía a todos de golpe. Me deslumbraron porque me parecieron –la época no estaba para esas alegrías– felices y elegantes y porque, además, eran lo que yo deseaba llegar a ser algún día: artistas.

Hasta entonces sólo les había visto en fotos y por separado en las páginas de *Fotogramas*, y de pronto me los encontraba allí a todos juntos: felices, elegantes, triunfadores. Por aquellos días yo –tímido y muy joven estudiante de primero de periodismo– sólo leía o, mejor dicho, sólo podía leer *Fotogramas*. No estaba interesado en leer nada más porque, a excepción de esa revista –que entroncaba con la modernidad y el espíritu de Carnaby Street y sacaba en portada fotos de Julie Christie o de Terence Stamp–, el resto de la prensa española me parecía hueca y beata, anticuada y tenebrosa.

Y de pronto, tras doblar una esquina, les tenía a todos allí bien juntos, sonriendo a la hora del aperitivo. Ellos eran, si la memoria no me falla, Carlos Durán, Joaquín Jordá, Jacinto Esteva, Ricardo Bofill, Vicente Aranda, Jorge Grau y Gonzalo Suárez: las máximas estrellas de la Escuela de Barcelona de cine, la EdB. Sonreían bajo el sol de invierno –lo sabría algo más tarde– para las fotografías que iban a ilustrar un amplio reportaje que la revista *Triunfo* había decidido dedicarles. Recuerdo que, cuando apareció ese reportaje, le dije muy enfáticamente a un compañero de la escuela de periodismo que miraba con atención una de las fotos del aperitivo del Pub Tuset: «No te lo vas a creer, pero yo estaba allí, yo estuve allí.»

Yo estuve allí no sólo cuando les hicieron aquellas fotos, sino que, en el papel de modestísimo testigo de su fascinante historia, estuve también allí a lo largo de los pocos años que duró la gran aventura de la EdB. Y si he dicho que su historia fue fascinante ha sido pensando sobre todo en quienes, no viéndola para nada de esa forma, estén ahora andando a la greña leyendo este prólogo con gesto escéptico y con el extendido prejuicio castizo de que la aventura vanguardista de la EdB nunca debió merecer algo más que el ninguneo. Nada más absurdo e injusto, y contra eso se rebela este libro de Esteve Riambau y Casimiro Torreiro que viene a desmentir la supuesta falta de trascendencia de la EdB y a demostrar lo falso de ciertos tópicos que, no desprovistos de mala fe o de fe ciega en el Cid, dicen que la trayectoria de ese movimiento cinematográfico fue estéril y frívola y que en realidad no fue más que una gran broma.

Riambau y Torreiro, al destapar historias ocultas por el olvido, aportan toda clase de exhaustivos detalles sobre esencias vanguardistas maltratadas y muchas pruebas del gran valor, en el amplio sentido de la palabra, que tuvo aquel arriesgado –con todos sus defectos, que los hubo y no fueron pocos– movimiento cinematográfico de finales de los sesenta en Barcelona, un movimiento que nunca tuvo nada de gran broma. «Al vino destapado se le va su esencia de bromista», decía Gómez de la Serna, y eso es precisamente lo que consigue este libro al descorchar la botella de los tópicos que han mantenido encerrada, a lo largo de muchos años, la seria y verdadera esencia de lo que fue la EdB, cuya sombra es alargada, pues su influencia, insertada en la tradición dadaísta, ha llegado hasta nuestros días y es visible en lo más interesante de lo que se ha hecho en el cine catalán de los últimos años.

En fin, yo estuve allí y hoy tengo la suerte de poder contarlo. Estuve primero presenciando el aperitivo de invierno en el Pub Tuset, y unos meses más tarde aquel transeúnte casual que yo había sido terminó por convertirse en un discreto compañero de viaje de la fulgurante y conmovedora trayectoria de la EdB. Recuerdo que, en los días que siguieron a mi deslumbramiento invernal en el Pub Tuset, una ambición juvenil comenzó a perseguirme de forma obsesiva: la urgente necesidad de tomar aperitivos, con alegría fotogénica y mucha elegancia, en los bares modernos de la ciudad en la que había nacido o, dicho de otro modo, una prisa sensacional por abandonar la monótona lluvia en los cristales de las aulas donde aprendía periodismo y pasar cuanto antes de la teoría a la práctica, es decir, dejar de estudiar y convertirme directamente en periodista en activo –algo que, desde mi peculiar óptica de entonces, yo veía como un primer paso para llegar a ser artista–, en periodista de *Fotogramas*, por supuesto, ya que a otra publicación no podía yo ir a parar, todas las demás me parecían infames. De modo que, teniendo en cuenta que *Fotogramas* era sólo un medio para alcanzar un fin artístico, está claro que, consciente o no de ello, al final del túnel de mi juvenil ambición se encontraba nada menos que –«el deseo en los cines y en las medias de seda», que decía Gimferrer– una luz muy potente, una luz de luces, la de Beverly Hills, y al fondo de todo un deseo de lujo, un deseo de película: convertirme en director de cine.

Pensaba en las imágenes del aperitivo del Pub Tuset y quería creer que yo no tenía por qué estar excluido de todo aquello y me decía que sin duda también había para mí –lo diré con el título de una película de Román Gubern y Vicente Aranda– un brillante porvenir. Hoy veo muy claro que lo que buscaba era una manera de vivir, esa otra belleza que Stendhal definió como la promesa de la felicidad, que es, para un joven, la más atractiva promesa del arte.

No sé cómo fue que me atreví, pero lo cierto es que me presenté en la redacción de *Fotogramas* y pedí ser recibido por Elisenda Nadal, y, ante mi notable sorpresa, no tardé ni cinco minutos en ser conducido a su despacho. Y lo que aún fue más asombroso: a los pocos minutos Elisenda Nadal me invitó a de-

11

mostrarle que estaba ya preparado para el periodismo en activo y a probarlo –de hacerlo bien sería aceptado en la redacción– entrevistando a tres o cuatro cineastas de Barcelona.

Como ampliamente se explica en este libro, *Fotogramas* era, por aquellos días –gracias a Elisenda Nadal, la joven y flamante nueva directora–, la máxima expresión de la modernidad, lo que había llevado a la revista a ser el portavoz de la EdB, gracias sobre todo a las imaginativas columnas de Ricardo Muñoz Suay, que era la voz machacona de la EdB y que sin duda fue el lúcido y hábil promotor de la idea de que en Barcelona se hacía un cine diferente (y además de vanguardia), en clara ruptura con el tan cacareado pero fosilizado Nuevo Cine Español de Saura y compañía, un cine madrileño que de progresista sólo tenía las intenciones y en realidad –esto lo añado yo– era un cine de un progresismo oportunista y rancio, estilo Ana Belén para entendernos.

A mí me parece que si Muñoz Suay fue el portavoz de la EdB se debió básicamente –lo que no fue raro tratándose de un experto en tirarse al monte y ya no digamos en vivir oculto en un armario durante años– a su legendario instinto de supervivencia. Muñoz Suay acababa de ser contratado por el realizador Jacinto Esteva para que fuera el productor ejecutivo de Filmscontacto, pequeña empresa cinematográfica acogida a una economía familiar, la de la familia del realizador: una economía pensada para que éste se olvidara de vez en cuando de las mujeres o del alcohol e hiciera sus películas.

Yo creo que Muñoz Suay, consciente de la fragilidad de la productora, que era mayor de lo que suponía, decidió abrir el juego e invitar a participar a otros cineastas, todos ellos francotiradores del momento. Decidió inventarse un movimiento cinematográfico que, apoyándose en el aparato de propaganda que *Fotogramas* había puesto a su servicio, combatiera tanta precariedad y le permitiera tirar adelante aquella empresa familiar de cortos vuelos.

En la feliz invención de la EdB muy pronto encontró naturalmente un hueco Jacinto Esteva, que no tardaría en convertirse, junto a Carlos Durán y Joaquín Jordá, en el motor artístico de aquel movimiento vanguardista. Entre los tres se estableció espontáneamente un ejemplar reparto de funciones que yo percibí perfectamente cuando, al ser puesto a prueba por *Fotogramas*, comencé a entrevistar a los componentes de la EdB y, por puro azar, empecé visitando las casas de los que precisamente componían el núcleo central del movimiento, un triunvirato que Pere Portabella define así en la página 175 de este libro: «Esteva, el dinero y la sensibilidad, Jordá, la inteligencia y la maquinación, y Durán, el trabajo.»

El primero al que entrevisté –a lo largo de unos días en los que por poco el reto de Elisenda Nadal me vuelve loco– fue Carlos Durán, que me recibió en una casa con desniveles y en la que no había sillas ni sofás y en la que, por tanto, uno debía sentarse –con ciertos aires de estar en Katmandú– en la moqueta. Aquello me pareció de una modernidad extraordinaria. Recuerdo que, como fuera que me había propuesto a través de las entrevistas estudiar y copiar lo mejor del estilo de vida de aquellos cineastas, me dije que, cuando consiguiera tener una casa propia, la decoraría igual que la de Durán.

De aquella entrevista recuerdo la confianza que me inspiró Durán desde el primer momento. Era un moderno nada engreído y con aspecto de ser muy humano y bondadoso. Era guapo y parecía gitano aunque no lo era. De haberlo sido, podría haber escrito ahora yo de él: Era gitano pero moderno. Por todo cuanto decía se notaba que sabía mucho de cine (había estudiado en la IDHEC, una siglas que imponían) y era a todas luces un gran profesional. Se mostró inmensamente generoso y paciente conmigo, aun sabiendo que aquella entrevista no tenía muchas posibilidades de acabar publicada. Me habló mucho y con un gran entusiasmo de Brigitte Bardot. No en vano *Cada vez que...*, su primer largometraje, había tomado el título de una frase de la Bardot: «Cada vez que me enamoro creo que es para siempre.» Esta película, una de las puntas de lanza de la EdB, era una de las más sinceramente odiadas por los cineastas y críticos de Madrid, que consideraban artificial y nada realista la abrumadora presencia de modelos (las top-models de entonces) en una historia cuyos escenarios eran, a fin de cuentas –decían en Madrid–, españoles. Pero, vista en la actualidad, la película de Durán es hasta realista y quizás más visible hoy

13

que entonces –recuerda al primer Lester, por ejemplo–, pues no en vano vivimos en un mundo de top-models al que Durán no hizo más que adelantarse. Hoy en día nada, salvo los chándals, hay más pelmazo y vulgar que el mundo de las top-models y las aspirantes a serlo, y resulta hasta curioso observar cómo en 1967 en España, cuando Durán rodó su primera película, ese mundo no era pelmazo sino sofisticado, e irritaba profundamente en un Madrid tenebroso y carcamal donde, por ejemplo, a diferencia de Barcelona, no existían apartamentos, sólo pisos para familias católicas y completas; no había apartamentos, ya que la palabra, aparte de ser extranjera, era sinónimo de pecado, soltería y modernidad.

De una Bardot a otra. Mi visita a Jacinto Esteva fue caótica y turbadora y me inició en el vicio. De entrada, en su casa estaba Mijanou Bardot, la hermana de Brigitte, acompañada de un actor que tenía mi edad, Quico Viader, que era su novio (antes lo había sido Carlos Durán) y al que yo, supongo que envidiándole su Mijanou, quise ver desde el primer momento casi idéntico a mí físicamente. Si Viader –que acabaría siendo un querido y gran amigo– hacía de actor todo el rato, sobreactuando de una forma que clamaba al cielo, pero que uno le perdonaba sabiendo de lo que había sido capaz aquel mozo de mi misma edad, Jacinto Esteva, por su parte, también sobreactuaba, pero en su caso su papel era bien otro, pues hacía de director de cine maldito y lo hacía muy bien, pues en él aquella sobreactuación era del todo natural, y era como si hubiera nacido predestinado a ser un Rimbaud del cine y un hombre sobrado de ideas brillantes y capaz de iniciarle a uno en las actividades más lúdicas, como la de ingerir lumumbas –cacaolats con vodka–, una bebida a la que me aficioné y que tomé a lo largo de todo aquel invierno en el que mi infancia –representada por los cacaolats– enlazó con mi primera juventud y mi introducción salvaje al mundo del cine, representada en este caso por la madurez del vodka.

En casa de Esteva, aquel día, se encontraban también la actriz y modelo Romy, que era su mujer, el emblemático operador de la EdB Juan Amorós y el entrañable Quimet Pujol, un amigo de Esteva hasta la muerte y una de esas personas que hoy las veo como salidas directamente de una novela de Juan Marsé, uno de esos «hombres de hierro forjados en mil batallas, hoy llorando desesperados por los rincones de las tabernas». De Quimet Pujol, que regentaba el mítico Stork Club –antecedente del Bocaccio de la *gauche divine*–, siempre oí decir que había sido anarquista y «maqui» y amigo del legendario Facerías. Tanto si había sido o no resistente guerrillero al franquismo, este hombre cariñoso y fiero respondía al arquetipo del anarquista emboscado. Su amistad y devoción por Esteva era total. Y así lo percibí yo desde el primer momento, desde aquella primera visita, que no iba a ser la última, al domicilio de Esteva. Para mí, en aquellos días, constituyó una sorpresa muy estimulante ver que era compatible la amistad de un «señorito» de Barcelona como Esteva –con cuya clase social vagamente yo me identificaba– con un antiguo francotirador ácrata. De la clase de amistad que Quimet Pujol le dispensaba a Esteva tuve en su momento información de primera mano cuando, encontrándonos en el Festival de Cine de San Sebastián de 1977 y, habiendo sido prohibida a última hora por la «autoridad competente» la proyección de *Lejos de los árboles* de Esteva, nos concentramos en las puertas del cine en el que se iba a pasar la película y, al iniciarse una discusión entre Quimet y Echarri, el director del festival, vi con sorpresa cómo la indignación de Quimet por lo que le habían hecho a su amigo era tan grande que tomó por las solapas al director del festival y lo levantó a un metro del suelo mientras cantaba «San Sebastián tiene cosas...».

Pensando en la obra cinematográfica de Esteva me acuerdo ahora de unas frases extraídas de los diálogos de *Dante no es únicamente severo* (la película que él firmó con Jordá y que constituyó el manifiesto de la EdB) y que se reproducen en la página 243 de este libro: «A partir de una imagen se puede inventar una historia. Más tarde fluyen las ideas, pero es necesaria una imagen. Una imagen puede conducir hacia una historia. Una historia nunca a una imagen, sino más bien a una confusa multitud de imágenes.»

He hablado de la violenta oposición entre el cine de Madrid y el de Barcelona en aquella época y, sin embargo, ahora caigo

15

en la cuenta de que tal vez ese enfrentamiento no fue ni mucho menos total. Con la perspectiva que da el tiempo, me atrevo ahora a decir que una película como *Dante no es únicamente severo* tenía puntos en contacto con la literatura de vanguardia –pues no nos engañemos: aunque pocas, también en la capital del reino se estaban produciendo rupturas estéticas– que se estaba haciendo en aquellos momentos en Madrid. Y si no, comparemos, por sorprendente que nos parezca, la ciega confianza que Esteva tenía en el poder de la imagen con las técnicas innovadoras de Juan Benet, que en *Una meditación* experimentaba con la memoria destruyéndola conscientemente para –como se decía en la contraportada del libro– acumular «visiones como un pintor que, con los ojos vendados, fuera pintando paisaje tras paisaje en una misma tela». También en Juan Benet una imagen llevaba a otra y a otra y de ahí iba surgiendo el tema de la novela, que siempre uno acababa sospechando que era secundario y un simple pretexto para poner en funcionamiento la maquinaria de su infinita imaginación.

También en Joaquín Jordá –de la visita que le hice, quizás porque fue muy breve, tan sólo me acuerdo de que me interrumpió varias veces para decirme, con una amplia sonrisa, que por favor no le hablara de usted– hubo siempre una firme voluntad de franquear con la imaginación los límites realistas por los que habían optado la gran mayoría de los literatos y cineastas de Madrid. Y no es de extrañar, pues, que anduviera largo tiempo empeñado en adaptar *Cosmos* de Gombrowicz. Sospecho que al autor polaco le habría encantado *Dante no es únicamente severo*. En una conversación con Dominique de Roux, decía Gombrowicz: «Se requería no una realidad de segunda mano, una realidad *polaca*, sino la realidad más fundamental, la humana, sencillamente. Habría que sacar al polaco de Polonia para hacer de él un hombre, sin más. Dicho de otro modo, hacer de un polaco un antipolaco.»

Al igual que para Esteva y Jordá en *Dante no era únicamente severo*, lo importante para Gombrowicz era distanciarse de la Forma, en este caso de la forma nacional. Esta idea excéntrica fue siempre la esencia del vanguardismo de las mejores obras de la EdB, y estoy seguro de que con el paso de los años ha ido ejerciendo en mi producción literaria una influencia que ha operado de rumor de fondo de muchos de los libros que he ido escribiendo, la mayoría de ellos movido por un impulso –a veces incluso involuntario– de romper las fronteras literarias de mi país por la vía de la excentricidad con respecto a la tradición en él hegemónica.

Leo lo que acabo de escribir y me pregunto qué habría pensado yo de saber treinta años antes que un día escribiría esto. Sin duda me habría quedado perplejo. Hace treinta años todos mis movimientos estaban encaminados a ser aceptado en *Fotogramas*, primera parada de un viaje hacia la dirección de cine. No sólo entrevisté a Esteva, Jordá y Durán, sino que, en frenética actividad, también hice incursiones en los domicilios de Román Gubern, de Vicente Aranda –a estas dos casas me acompañó mi amigo Jordi Cadena, que también estaba interesado en espiar el estilo de vida de los triunfadores del momento y que, para espiarles mejor, hacía fotografías desde todos los ángulos de sus casas– y en el despacho del Paseo de Gracia de Muñoz Suay –ahí me acompañó Toni, la hermana del hoy célebre bailarín Cesc Gelabert–, que nos trató con una deferencia exquisita –creo que le gustó mucho Toni– y nos contó todo tipo de anécdotas del rodaje de *Viridiana* de Buñuel, hasta que pasó a hablar de la actualidad y a tratar con evidente fastidio el empleo que en aquel momento tenía y que sin duda, comparado con sus colaboraciones con Buñuel, le sabía a poco y que se reflejaba de vez en cuando en la forma, por ejemplo, que tenía de referirse a Jacinto Esteva, al que llamaba «mi señorito», o en las alusiones a la extraordinaria cuenta pendiente de whiskies –cien mil pesetas de la época– que se debía a la Voz de España, donde se estaba doblando *Después del diluvio*.

A mí esta película, *Después del diluvio*, a pesar de sus múltiples y muy variados defectos, siempre me ha fascinado, ha ejercitado una atracción extraña sobre mí, siempre me ha parecido que era de una belleza espiritual extraordinaria: la que aportaba el desgarro creativo de un Esteva que una noche, sin duda, sentó a la Belleza en sus rodillas y la encontró amarga y la injurió. Quien también siempre me ha fascinado e intrigado –hasta el punto de tenerle miedo a su mirada, que siempre parece estar anunciando una nueva sabiduría– es Joaquín Jordá, de quien admiro la destreza con la que va abordando las diversas actividades artísticas a las que se dedica y en las que en todas deja, como si escapara de los sufrimientos modernos, los destellos de una inteligencia única.

Vuelvo a los días del pasado para contar que fue tal la fuerza de trabajo que desplegué y exhibí ante Elisenda Nadal que pasé a ser redactor de su revista y a cobrar mi primer sueldo, lo que aparte de llenarme de una íntima satisfacción me llevó a pensar, en una lejana tarde de lluvia de un 24 de diciembre que nunca olvidaré, que me había llegado la hora de buscar a una mujer –a ser posible actriz– y casarme. Ahora, al recordar ese exótico proyecto, me digo que lo más probable es que fuera yo un joven que estaba muy solo y sentía la necesidad de compartir con alguien alegrías futuras que necesitaba creer que estaban por venir en el porvenir.

La primera persona que me tocó entrevistar en *Fotogramas* –las entrevistas realizadas a modo de prueba no llegaron a publicarse nunca y yo además un día, en un perverso y secreto gesto kafkiano, las quemé– fue alguien también relacionado con la EdB, el director de fotografía Aurelio G. Larraya, veterano operador que había debutado en el cine en 1946 y que, ante las innovaciones formales de la Nouvelle Vague, se había molestado en reciclarse, lo que le había llevado a trabajar en varios films de la EdB, como por ejemplo *Fata Morgana*, de Vicente Aranda, donde –como he podido saber en las páginas de este libro– aplicó en el rodaje en color de esa película la misma técnica de luz rebotada puesta en práctica por Raoul Coutard en *Pierrot le fou*, de Jean-Luc Godard.

No había pasado más de un mes desde que entrara en *Fotogramas* cuando se me encargó la chismosa sección de *Oído en Bocaccio*, donde mi labor iba a consistir en ir todas las noches al lugar favorito de la *gauche divine* y de la EdB, espiar con disimulo lo que allí escuchaba, y luego publicar sin escrúpulos todo aquello de lo que conseguía enterarme. La sección no iba firmada: un trabajo anónimo un tanto peligroso en cualquier caso, pues existía el evidente riesgo de ser desenmascarado y apaleado. Con todo, apiadándose de mí, Elisenda Nadal tenía

18

la deferencia a veces de no publicar algunas indiscreciones muy indiscretas que cazaba yo al vuelo en aquellas noches de vino y rosas bocaccianas en los que sólo Dios sabe lo que llegué a beber y a escuchar. Si mal no recuerdo, los personajes a los que espié de forma más continuada y recalcitrante –los que veía que más se confiaban a pesar de que, sin motivo aparente, me acercaba de pronto mucho a ellos– fueron Pere Portabella, Gil de Biedma, Serena Vergano, Terenci Moix, Óscar Tusquets, el conde de Sert, Teresa Gimpera, Jaime Camino, Román Gubern y Juan Benet (cuando estaba en Barcelona).

En la barra de Bocaccio, al empezar a tratar a una gran variedad de miembros de la *gauche divine*, protagonicé uno novela de iniciación a la vida. Aprendí mucho en muy poco tiempo. Algunas de las lecciones recibidas, a pesar del tiempo transcurrido, no las he olvidado jamás. Recuerdo, por ejemplo, una breve pero intensa conversación con Juan Marsé. «¿Y tú quién eres, chaval?», me preguntó el escritor. Le expliqué que era alguien que un día sería director de cine. Entonces, no sé cómo fue, la conversación derivó hacia el tema de qué era lo más doloroso de escribir novelas. Marsé me explicó, a gran velocidad, que lo peor de todo era tener que renunciar a un montón de páginas ya escritas y que a uno le gustan mucho pero que no encajan en la estructura de la novela.

No creo que haya mucho más que añadir a lo que dice Jorge Herralde sobre la *gauche divine* en la página 147 de este libro: «Un grupo de gente inquieta, con ganas de hacer cosas, y un estilo de vida que nada tenía que ver con el estilo puritano y encorsetado de la gente que militaba, por ejemplo, en el Moviment Socialista de Catalunya o similares: ni Pasqual Maragall ni Raimon Obiols pusieron jamás los pies en un lugar como Bocaccio. Si se acepta como hipótesis la existencia de una *gauche divine*, los de la Escuela de Barcelona estuvieron incluidos en ella...»

No creo que haya mucho que añadir salvo que, para mí, que era uno de los benjamines del grupo, esa hipotética *gauche divine* fue mi universidad. En menos de dos meses conocí a una serie de gente creativa en múltiples campos y que nada tenía que ver con mi mundo familiar o con el que frecuentaba en las aulas de Derecho o de Periodismo, dos templos del saber de los que, a medida que fui teniendo más trabajo, me vi obligado, sin nostalgia alguna, a ir dejando atrás. Se aprendía más teniendo acceso a una breve conversación con Gil de Biedma o con Maruja Torres que asistiendo todos los días del año a clases de Derecho Civil.

Todo este mundo –la EdB incluida– terminaría en diciembre del 70, cuando el encierro de intelectuales catalanes en Montserrat, que en parte se fraguó precisamente en las barras del Pub Tuset y de Bocaccio. Pero, antes de ese encierro en protesta por el juicio de Burgos, sucedieron aún algunas otras cosas más. Por ejemplo, secundé a Muñoz Suay, a través de *Fotogramas* y por iniciativa propia, en su labor de propaganda, y publiqué varios encendidos artículos en favor de la EdB y en contra del cine de Madrid –«el cine mesetario», en término acuñado creo que por Carlos Durán–, lo que llevó a varios críticos de esa ciudad a decir que si Muñoz Suay era el portavoz, yo era «el vocero», algo que para nada me preocupó, pues acababa de tomarle gusto –seguramente para siempre– a la provocación cultural.

De pronto se presentó Antonio Maenza en la ciudad y en torno a él se agrupó –en aquella época todo iba muy deprisa y era intenso– una generación nueva de cineastas, una generación supuestamente más radical y dispuesta a suceder en un tono definitivamente rupturista a la EdB. Producida por Portabella, Antonio Maenza comenzó a rodar *Hortensia* (también conocida por *Beance*), una película cuya duración se dijo que sería de una diez horas, que al final fueron las que se rodaron, circulando toda clase de rumores sobre su desaparición. Como actores, Maenza reclutó a gente en su mayoría distanciada de la EdB y tan variopinta como Emma Cohen, Félix de Azúa, Carmen Artal, Gustavo Hernández, Carles Santos y Carlota Soldevila. Yo mismo –después de haber sido reñido por Maenza por haberme aburguesado al cortarme la barba, y encima sin su permiso– participé como actor y rodé (del verbo rodar, rodar literalmente por la hierba) junto a Emma Cohen, muy enfangados los dos, frente a una casa de la autovía de Castelldefels que era propiedad de la familia Portabella, una casa abandonada en cuyo tejado había un monumental anuncio de Danone. La escena que allí rodamos rodando era un homenaje, según Maenza, al Jean Vigo de *Cero en conducta*, aunque nunca he sabido si en realidad no era un castigo por haberme quitado la barba un día antes del rodaje.

Antonio Maenza, que murió joven, fue un personaje de una extraña genialidad. De aquel día de rodaje bajo el letrero de Danone recuerdo mucho la cara de estupor de Emma Cohen cuando, habiendo Maenza detenido el coche en el que regresábamos a Barcelona, la colocó frente a un cementerio de automóviles de la autovía y, a la pregunta de Emma acerca de qué era lo que debía hacer o interpretar ante la cámara, Maenza le dijo: «Quiero que en menos de un minuto me hagas las cinco vocales de Rimbaud.»

Una cierta influencia de la extraña genialidad de Maenza empezó a reflejarse en mis colaboraciones de *Fotogramas*, donde comencé a convertirme de pronto en propagandista del nuevo cine, del cine radical que venía a sustituir a la EdB. «El boom del Underground», se tituló un artículo que apareció en noviembre del 69 y donde se apuntaban, en una lista artificial y muy hinchada, los nuevos nombres: gente de mi misma edad –Ricardo Franco era el cabeza de fila, estoy convencido de que ha sido el mejor director de cine español de mi generación–, gente que había filmado ya alguna cosita y con la que yo aspiraba, lo más pronto posible, a compartir éxitos y fracasos. Finalmente, en el verano del 70, al rodar un cortometraje en Cadaqués pude pasar a engrosar las filas de los nuevos cineastas. Mi película –de 25 minutos de duración– tuvo como principales intérpretes a Luis Ciges, Nuria Serrahima y María Reniu. La titulé *Fin de verano*.

Antes de rodar el cortometraje y conseguido ya mi objetivo de ser director, fui a despedirme de Elisenda Nadal y a decirle que ya era artista. Me miró –me acuerdo muy bien– con cara de no entender nada. ¿Cómo entender que en ese momento yo pensaba que iba a llevarme la vida por delante? Elisenda Nadal trató de hacerme ver que no era en absoluto incompatible rodar una semana de nada en Cadaqués y seguir trabajando en su revista. Pero yo no atendí a sus razones, que por cierto eran más que razonables.

Fue avanzando aquel año de 1970 y todo desembocó en diciembre en el encierro de Montserrat, que, como muy bien explica Xavier Miserachs en su libro de memorias, significó la clausura definitiva de la modernidad: «Los arquitectos mesiánicos de vocación redentora, los artistas de vanguardia, los marxistas ortodoxos, los cineastas de arte y ensayo y los psiquiatras freudianos de buena fe fueron adquiriendo cierto patetismo.»

Es cierto que las barras del Pub Tuset y de Bocaccio se convirtieron en una de las oficinas de reclutamiento para la subida a Montserrat. Yo recuerdo haber ido al monasterio porque estaba en contra de Franco y de la pena de muerte, pero no sólo por eso subí a Montserrat. En realidad subí, sobre todo, porque sentía una grandísima curiosidad por ver de pronto reunidos a los 200 intelectuales que había en Cataluña. Aquello no se daba todos los días. Salvador Dalí se mofó del asunto y dijo que era absolutamente imposible que hubieran 200 intelectuales en Cataluña, pero yo no le hice ni caso: si en una ocasión había encontrado de golpe a la plana mayor de la EdB tomando el aperitivo en el Pub Tuset, ¿por qué no podía encontrarme de golpe a los 200 cerebros más importantes de mi país? La oportunidad era sin duda única. Por eso no pude quedarme más encantado cuando Xavier Miserachs me propuso subir en su coche a Montserrat al día siguiente. Se apuntó también con nosotros Luis Ciges, que era mi ocasional compañero de barra en aquel momento.

Muchos de los que subieron a Montserrat al día siguiente lo hicieron todavía bajo los efectos de la euforia revolucionaria de la noche anterior. Muchos subieron a Montserrat de un modo parecido a como Robert de Niro, bajo los efectos de la excesiva cocaína de la noche anterior, se casa con Dominique Sanda en *Novecento*, de Bertolucci.

La verdad es que lo que había empezado tan divertido en las barras del Pub Tuset o de Bocaccio acabó como el rosario de la aurora, saliendo todos del monasterio con el carnet de identidad en la mano. Aunque a decir verdad no todos, porque hubo más de uno al que los monjes escondieron. Es el caso del gran José María Nunes, por ejemplo –cuya marginal pero muy activa participación en la EdB se estudia con todo detalle en este libro–, que iba delante de mí cuando empezamos a desfilar hacia la salida y que de pronto se esfumó entre una nube de monjes –era portugués y podían expulsarle de España– al tiempo que nos lanzaba a todos una arenga revolucionaria invitándonos a la sublevación armada.

De mi estancia en Montserrat mi recuerdo más importante es la extraña intervención de Gabriel Ferrater en la asamblea general. Nunca hasta entonces le había visto en persona, ya era por aquellos días una leyenda viva. En medio de los soporíferos discursos comunistas que se alargaban y se alargaban en aquella asamblea, Gabriel Ferrater de pronto pidió la palabra y dijo una serie de frases extrañísimas de las que apenas se entendía nada, pero que parecían frases enormemente inteligentes –pensé que debían de ser frases del mismo estilo de las que le había dedicado a Roland Barthes cuando éste dio una conferencia en Barcelona: la ciudad entera coincidía en señalar que Ferrater le había hecho a Barthes unas preguntas tremendas que lo habían reducido a escombros, aunque nadie podía repetir las preguntas–, frases rarísimas tras las que en realidad siempre he sospechado que lo que quiso decir Ferrater en su breve intervención en la asamblea fue simplemente proponer que, debido al humo acumulado en la sala, abrieran las ventanas, es decir, que entrara un poco de aire de fuera.

Sólo por ver a Ferrater –temblor de manos, frases raras, petición de aire libre– valió la pena subir a Montserrat. Lo que empezó bien divertido en la barra de Bocaccio acabó, como he dicho, como el rosario de la aurora. También la historia de la EdB empezó para mí bien divertida, empezó aquel día de invierno y aperitivo en el Pub Tuset, y terminó mal. Quince días después del encierro de Montserrat entré en el servicio militar, me habían destinado a Melilla, donde escribí mi primera novela, y la escribí en la trastienda de un sórdido colmado militar del Regimiento de Ingenieros al que fui desterrado por ser, según constaba en todos los informes del Servicio de Inteligencia Militar, partidario de ETA. Cuando un año después volví a Barcelona, nada de lo de antes quedaba en pie y, además, yo no era ya director de cine y me atrevería a decir que no era nada: sólo un muchacho asustadizo con una novela escrita en un colmado. Ni siquiera –como sucede en *El gran Gatsby*– quedaban los trombones y los saxofones, los flautines y timbales y el bombo: los restos de antiguas fiestas.

Nada, no quedaba nada de antiguos esplendores. Recuerdo que, a los pocos días de mi regreso a la ciudad, volví a doblar, en otra mañana de invierno, la esquina –aquella esquina de mi memoria– y a encontrarme de nuevo frente al Pub Tuset, y recordé aquella deslumbrante escena de tres años antes y, al revivirla, vi que el resplandor había desaparecido y era como si a ese resplandor cada fragmento de luz lo hubiera ido abandonando lentamente, con prolongado pesar. O, por decirlo –ya que hemos hablado de *El gran Gatsby*– con palabras de Scott Fitzgerald: se habían ido los fragmentos de luz, como niños que se marchan de una calle agradable al atardecer. Volví a verles juntos en la terraza del Pub, pero había una ligera modificación en el recuerdo: el centro de aquel soleado y próspero panorama de antaño estaba ocupado por una sombra.

ENRIQUE VILA-MATAS
Barcelona, 4 de enero de 1999

AGRADECIMIENTOS

A todas aquellas personas que hemos entrevistado y que con su testimonio personal han hecho posible que este libro exista: Juan Amorós, Vicente Aranda, Rafael Azcona, Ricardo Bofill, Joan Brossa, Jaime Camino, Luis Ciges, Colita, Jaime Deu Cases, Francesc Espinet, Manel Esteban, Marco Ferreri, Julio Garriga, Teresa Gimpera, Jorge Grau, Román Gubern, Jorge Herralde, Joaquín Jordá, Enric Marín, Ricardo Muñoz Suay, Elisenda Nadal, José María Nunes, Octavi Pellissa, J. A. Pérez Giner, Bernabé Pertusa, Leopoldo Pomés, Pere Portabella, Francisco Regueiro, Romy, Francisco Ruiz Camps, Antonio de Senillosa, Annie Settimo, Llorenç Soler, Gonzalo Suárez, Joan Manuel Tresserras y Serena Vergano. De no especificarse lo contrario, las declaraciones que de cualquiera de ellos se citan en el texto proceden de entrevistas personales con los autores realizadas entre 1990 y 1998.

Daria Esteva, depositaria de los archivos de Filmscontacto, José Luis Guarner, autor de una detallada crónica sobre el rodaje de *Tuset Street*, Josep Torrell, que actualmente trabaja en una tesis doctoral sobre Pere Portabella, J. M. Martí i Rom y J. M. García Ferrer, responsables del Cine-Club d'Enginyers, caja de resonancia de los films de la Escuela, tuvieron todos ellos la extraordinaria generosidad de permitirnos el acceso a materiales inéditos, algunos de ellos parcialmente reproducidos en este libro.

Hemos podido revisar los films que aparecen en el texto gracias al Archivo de la Filmoteca de la Generalitat de Catalunya (especialmente gracias a la paciencia y la cooperación de Xavier Cid, Contxa Figueras, Antoni Giménez y Xavier Sáez), así como el de Filmoteca Española (Valeria Ciompi y Marga Lobo), y también Lola Besses, Bruno y Joaquín Jordá, Silvia Suárez y la cooperativa Drac Màgic.

Daria Esteva (Filmscontacto), Natàlia Molero (Filmoteca de la Generalitat de Catalunya) y Nieves López-Menchero (Filmoteca Valenciana) han colaborado desinteresadamente en la ilustración de este libro. Un agradecimiento especial merece Robert Ramos, autor de la fotografía de la contracubierta.

Los datos bibliográficos y algunas informaciones complementarias proceden de las consultas realizadas en la biblioteca de la Filmoteca Española (Dolors Devesa y Alicia Potes) y en los archivos centrales del Ministerio de Educación y Cultura. También deben mencionarse las aportaciones puntuales de Ediciones Destino, Ramon Alquézar, Ignasi Aragay, Miquel Bantulà, Joaquín Cánovas, Quim Casas, Jorge de Cominges, Jaume Figueras, Joan Anton González, Javier Hernández Ruiz, Josep Maria López Llaví, Joan Mateu, Natascha Molina, Pius Pujades y Mari Carmen Torra. Queremos agradecer especialmente la colaboración prestada por la biblioteca de la Filmoteca de la Generalitat de Catalunya, cuyos fondos escudriñamos a conciencia, gracias a la gentileza de sus responsables, especialmente de Susana Requena.

Emili Prado, Francesc Rueda, Montserrat Llinés y Manel Martínez, integrantes del Departament de Comunicació Àudiovisual i Publicitat de la Facultat de Ciències de la Comunicació de la Universitat Autònoma de Barcelona, contribuyeron a la grabación en soporte videográfico de la mayor parte de las entrevistas realizadas. Gemma Larrégola aportó un desinteresado entusiasmo hacia este proyecto, que ella consideró como un aprendizaje personal, pero en cuyo desarrollo se comportó como una insustituible colaboradora.

Antoni Kirchner fue el impulsor de la investigación que dio origen a la primera versión de este libro. Natàlia Molero, actual directora de la Filmoteca de la Generalitat de Catalunya, desbloqueó con decisión y rapidez algunos enojosos trámites burocráticos de los que no querríamos guardar memoria.

26

INTRODUCCIÓN

En 1993, el Departament de Cultura de la Generalitat de Catalunya publicaba, en catalán, *Temps era temps. El cinema de l'Escola de Barcelona i el seu entorn*, del cual eran autores los firmantes de este libro. Dicho trabajo, que se enmarcaba en un viejo interés nuestro por los Nuevos Cines que, desde mediados de los cincuenta en Europa, y hasta comienzos de los década de los setenta en el resto del mundo, revolucionó tanto el lenguaje como la temática de las películas –e incluso, en los casos de mayor difusión, como la Nouvelle Vague francesa, la propia organización de la industria–, nacía de la sospecha, plenamente corroborada tras culminar la investigación preliminar, de que a lo largo y ancho de la historia del cine en Cataluña, y también en España, nunca había surgido un movimiento tan homogéneo y, globalmente considerado, tan formalmente rupturista como la Escuela de Barcelona. Y nunca se había publicado, además, ningún libro sobre este tema,[1] a pesar de haberlos, y muy interesantes, sobre movimientos también bautizados como Escuela de Barcelona en los terrenos de la literatura o de la arquitectura.

No suele ser habitual, y sobre todo en un país que, como España, no tiene precisamente un gran mercado para los libros de ensayo cinematográfico, que al cabo de cinco años hayamos te-

1. Había, eso sí, una tesis doctoral leída en la Universidad Complutense de Madrid, *La denominada Escuela de Barcelona*, obra de Juan Antonio Martínez-Bretón, que ya fue utilizada como documentación en nuestro trabajo preliminar.

27

nido la ocasión de revisar aquel libro, con el fin de someterlo a una traducción al castellano. Pero al emprender este proceso nos percatamos de que no se trataba tanto de una simple cuestión de traspaso idiomático cuanto de rehacerlo en algunos de sus contenidos, e incluso en su estructura: si aquél había sido escrito al calor de una cierta admiración por el redescubrimiento de los films producidos por los hombres de la Escuela, mucho más interesantes de lo que nuestra memoria recordaba, y desde luego, radicalmente más importantes de lo que una publicidad negativa había acumulado como lugares comunes, éste es el fruto de una mayor maduración personal no sólo respecto al objeto de nuestro interés, sino sobre todo en relación con el contexto histórico, social y cultural en que la Escuela de Barcelona se inscribió. También se han añadido nuevos datos que han llegado a nuestras manos desde aquella fecha. De un tiempo a esta parte son consultables en los archivos del Ministerio de Educación y Cultura los expedientes administrativos correspondientes a las películas españolas en los cuales aparecen tanto reveladores datos acerca de su producción como de las siempre conflictivas relaciones con la censura. Por otra parte, también hemos incorporado matices y precisiones aportados por algunos de los protagonistas de este libro, que con este fin nos los han hecho llegar. Entre ellos destaca un largo y puntilloso memorándum de Ricardo Muñoz Suay, quien desafortunadamente no verá estas páginas impresas; junto al indudable promotor de la Escuela de Barcelona, también han fallecido en los últimos años Joan Brossa, Marco Ferreri y Antonio de Senillosa.

Lo que tiene el lector entre manos es, pues, un nuevo libro que en ocasiones aprovecha algunos párrafos del anterior, aunque aligerado de algunas innecesarias reiteraciones, más calibrado en lo que a la pasada admiración se refiere, pero sin variar un ápice nuestra consideración respecto a la importancia del asunto abordado. Como en el trabajo anterior, no se trata aquí tanto de hablar de un movimiento cinematográfico concreto (que también) cuanto de situarlo en sus coordenadas históricas, en una tradición de prácticas artísticas de vanguardia en la Cataluña posterior a la Guerra Civil; de colocarlo, igualmente, en relación con el marco jurídico, político, y obviamen-

28

te también represivo en que se encontraba el cine español, y más concretamente el movimiento inmediatamente antecesor a la Escuela de Barcelona fomentado, a partir de 1962, desde la administración levemente aperturista y denominado Nuevo Cine Español.

Los límites cronológicos que proponemos son idénticos al de nuestro trabajo anterior, y resulta aquí pertinente retomar una afirmación del prólogo del libro de 1993: desde 1957, fecha de la realización del primer film de José María Nunes, *Mañana*, hasta 1971, el año en que se modifica el decreto de subvención al cine español y en que se produce la censura a *Liberxina 90*, la última de las películas rodadas por Carlos Durán; en que Jacinto Esteva dirige *El hijo de María* con producción luxemburguesa (para obviar la censura) y Pere Portabella realiza *Umbracle* al margen de cualquier condicionamiento administrativo; es decir, cuando se produce la diáspora definitiva de un movimiento que, como Aquiles, tuvo una vida corta pero deslumbrante.

Desde el punto de vista de la realización práctica, el presente libro ha sido escrito, al igual que el precedente, incluso contra la flaqueante memoria de algunos de los entrevistados, contra la opinión de varios de los protagonistas del movimiento, reticentes a considerarlo no como un pecadillo de juventud –que es lo que en realidad pensaban muchos cuando les entrevistamos–, sino como un fenómeno culturalmente importante. Quede constancia, no obstante, que prácticamente todas las figuras de primera línea que estaban vivas cuando comenzó nuestra investigación (las excepciones eran Carlos Durán y Jacinto Esteva) fueron no sólo pacientes, sino incluso cómplices de nuestros desvelos, y acabaron, finalmente, por acceder a nuestros, sin duda, excesivos requerimientos. Que en los últimos años hayan comenzado a aparecer memorias o autobiografías que reivindican tanto la EdB como la irónicamente bautizada *gauche divine*, la bohemia áurea que cuajó en la Barcelona del tardofranquismo, es tal vez un síntoma de que el tiempo no pasa en vano y que, por fin, algunos de los protagonistas de aquella peculiar movida comienzan a tomarse en serio su turbulenta pero sin duda apasionante juventud.

29

La Escuela de Barcelona no gozó en vida de una buena salud crítica, y mucho menos de una buena publicidad más allá del limitado círculo de publicaciones cómplices con sus desvelos, y ello se debió sin duda a actitudes erróneas de los propios miembros de la Escuela, presididas por la soberbia, la pedantería y un sentido de la provocación no siempre sabiamente utilizado. Lejos de sus pensamientos estaba el escribir alguna página de la historia pero que hoy, a treinta años de la eclosión del movimiento, se siga ninguneando y tratando a sus productos con el desprecio con que las instituciones culturales (de la administración, como las televisiones públicas, pero también de la sociedad civil, comenzando por los propios críticos al uso) lo vienen haciendo, es no sólo inconcebible, sino incluso un suicidio cultural de gran calibre: no anda el cine español, y mucho menos el catalán, tan sobrado de logros auténticos como para permitirse el lujo de menospreciar la memoria de este movimiento inclasificable e irrepetible.

I. TERRENOS Y REGLAS DE JUEGO

1. LA POLÍTICA

Desde finales de los años cincuenta el franquismo intentó responder a las presiones ejercidas por los nuevos aires que llegaban de Europa, y también de la progresiva resistencia interior, con una serie de medidas flexibilizadoras de la dictadura militar impuesta desde el final de la Guerra Civil. Fue en este momento cuando el régimen de Franco puso en evidencia que no era un cuerpo homogéneo sino una heterodoxa conjunción de tendencias e intereses. Las perspectivas de un futuro más o menos inmediato sin Franco –víctima, a finales de 1961, de un accidente de caza que puso de manifiesto su vulnerabilidad– provocó una serie de posicionamientos identificables ante una creciente oposición democrática procedente de sectores intelectuales, universitarios, obreros y eclesiásticos, con un frente adicional en Cataluña derivado de la represión específica de su identidad nacional.

Las huelgas mineras iniciadas en Asturias en abril de 1962 activaron otros conflictos sindicales e incentivaron el establecimiento de vasos comunicantes entre obreros, universitarios e intelectuales. Mientras el número de estudiantes aumentó, en España, desde 69.377 en el curso 1962-63 hasta 134.945 en 1968-69, en Barcelona prácticamente se triplicó, desde 12.835 en 1961 hasta 37.112 en 1971.[1] Éste fue el caldo de cultivo que,

1. M. Ardit, A. Balcells y N. Sales, *Història dels Països Catalans. De 1714 a 1975*, Edhasa, Barcelona, 1980, pág. 728.

tras el rechazo del decreto de reorganización del vertical Sindicato de Estudiantes Universitarios (SEU), en 1961, provocó el nacimiento de diversas organizaciones antifranquistas en las cuales militarían algunos de los miembros de la Escuela de Barcelona: la FUDE (Federación Universitaria Democrática Española), la INTER (Interfacultades) y la CUDE (Coordinadora Universitaria Democrática Española). A estos ámbitos de la oposición se unieron algunos sectores de la Iglesia que, influidos por el Concilio Vaticano II iniciado en octubre de 1962, encontraron en la encíclica *Pacem in Terris* el respaldo necesario para reivindicar diversos elementos –defensa de los derechos humanos, libertad de asociación, de participación política y de expresión– que atentaban contra los principios del Movimiento.

Desde la clandestinidad, los partidos políticos catalanes se vertebraron esencialmente en torno al Moviment Socialista de Catalunya (MSC) –constituido en 1945 por militantes del POUM y del PSUC–, el Front Obrer de Catalunya (FOC), escindido en 1965 en Acción Comunista y, a partir de 1969, en diversas ramas trotskistas, o el Front Nacional de Catalunya (FNC), movimiento nacionalista escindido en 1969. También sobrevivieron algunos partidos históricos procedentes de la República, como Unió Democràtica de Catalunya (UDC), Esquerra Republicana de Catalunya (ERC) y el Partit Socialista Unificat de Catalunya (PSUC). Esta organización comunista desempeñó un papel hegemónico en la lucha antifranquista, pero sufrió escisiones en 1967 (PCEi) y en 1968 (Organización Comunista de España-Bandera Roja). La expulsión de destacados dirigentes del PCE –Jorge Semprún, Francesc Vicens o Fernando Claudín– por discrepancias en la estrategia de oposición al franquismo precedió a la creación de Comisiones Obreras (CCOO) en 1965 como alternativa democrática al sindicalismo vertical.

El hecho de que el aparato mediático de Franco calificara de *contubernio* el Pacto de Munich, establecido en junio de 1962 por las principales fuerzas de oposición –excluidos los comunistas– para reclamar la democratización del país, corroboró la intolerancia del dictador. Sin embargo, el gobierno que Franco designó apenas un mes más tarde permitió constatar una inequívoca presencia de ministros *tecnócratas* vinculados al Opus Dei frente a los sectores más próximos a Falange. Entre ellos, el tradicionalista Manuel Fraga Iribarne desempeñaría un papel fundamental en el tema que nos ocupa, al frente de la cartera de Información y Turismo. Nacido en Villalba (Lugo) en 1922, estaba avalado por un currículum impresionante. Catedrático de Derecho Político, había sido o era académico, diplomático, secretario general del Instituto de Cultura Hispánica y del Ministerio de Educación Nacional, delegado Nacional de Asociaciones del Movimiento y director del Instituto de Estudios Políticos. Tal como recuerda en sus memorias, en su discurso de toma de posesión, «me declaré liberal, como Vives y como Marañón; era una declaración significativa en aquellos momentos. Pero de difícil manejo, como iba a verse. [...] Tomé el decidido propósito de que aquello cambiara, pronto y a fondo; que la parte del Ministerio de Información se convirtiera en un instrumento de apertura política y de promoción cultural; y que la parte relativa al Turismo se convirtiera en un sector estratégico del desarrollo económico y social».[1]

Contra esa declaración de intenciones, Franco siguió demostrando que el poder que ostentaba había sido ocupado por las armas y, durante la primera mitad de 1963, hizo cumplir las penas de muerte impuestas al comunista Julián Grimau y a los anarquistas Joaquín Delgado y Francisco Granados. También por aquellos tiempos se creó el Tribunal de Orden Público (TOP), encargado de juzgar los delitos políticos como crímenes civiles, y en 1964 conmemoró su victoria en la Guerra Civil como los «25 años de paz», cuyo aparato propagandístico fue personalmente diseñado por Fraga Iribarne. La represión afectó a cualquier tipo de disidencia alimentada por la nueva generación constituida por los hijos de una burguesía que también daría a luz a buena parte de los miembros de la Escuela. En el ámbito estudiantil predominaron las detenciones, las multas o los expedientes a alumnos y profesores; el Congreso Constituyente del Sindicato Democrático de Estudiantes de la Universidad de Barcelona, celebrado en el convento de los Capuchinos

1. Manuel Fraga Iribarne, *Memoria breve de una vida pública*, Planeta, Barcelona, 1980, pág. 33.

de Sarriá en marzo de 1966, fue uno de sus puntos culminantes. Las disidencias en la base de una Iglesia cuya cúpula mantenía una absoluta fidelidad a la dictadura condujeron dos meses después a una manifestación de sacerdotes, reprimida por la policía, o la destitución del abad de Montserrat, Aureli M. Escarré, por unas declaraciones antifranquistas transcritas por el diario *Le Monde*.[1]

Un año antes, Fraga Iribarne sería confirmado como ministro de Información y Turismo en el gobierno nombrado en julio de 1965 con claros matices opusdeístas y la consolidación del almirante Luis Carrero Blanco como poder fáctico. El entonces subsecretario de la Presidencia puso serias reticencias a la Ley de Prensa que Fraga presentó al gabinete en agosto de aquel mismo año. Franco, por su parte, opinaba: «Yo no creo en esta libertad, pero es un paso al que nos obligan muchas razones importantes. Y, por otra parte, pienso que si aquellos débiles gobiernos de primeros de siglo podían gobernar con prensa libre, en medio de aquella anarquía, nosotros también podremos.»[2]

El referéndum relativo a la Ley Orgánica del Estado, celebrado en diciembre de 1966, fue un nuevo simulacro democrático que contó con los aparatos propagandísticos del Estado para conseguir unos resultados favorables que, oficialmente, superaban el 95% de las papeletas. El despliegue de medidas aperturistas cuyo límite ya había quedado establecido por la Ley de Prensa prosiguió con la Ley de Libertad Religiosa promulgada en junio de 1967, pero la designación de Carrero Blanco como vicepresidente del Gobierno puso en evidencia el plato de la balanza sobre el cual reposaba un contexto político agravado por la crisis económica precisamente en los años en los cuales se forjaba la Escuela de Barcelona.

También la oposición, en fechas inmediatamente anteriores al mayo francés, empezó a poner de relevancia nuevas estrate-

---

1. Sobre estos acontecimientos, véanse respectivamente las obras de J. Crexell: *La caputxinada*, Edicions 62, Barcelona, 1987, y *La «manifestació» de capellans de 1966*, Publicacions de l'Abadia de Montserrat, Barcelona, 1992; o Montserrat Minobis, *Aureli M. Escarré, Abat de Montserrat (1946-1968)*, La Llar del Llibre, Barcelona, 1987, págs. 86-89.
2. Manuel Fraga Iribarne, *op. cit.*, pág. 145.

gias. Una manifestación conjunta de CCOO con el SDEUB, en noviembre de 1966, rompió la unidad entre los diversos partidos políticos representados en la Universidad de Barcelona y produjo la disgregación de la izquierda tradicional para dar paso a nuevos grupos de influencias prochinas o de inspiración trotskista. La Iglesia rompería, así mismo, su homogeneidad con el desencanto provocado por la regresiva encíclica *Humanae Vitae* al mismo tiempo que diversas instituciones religiosas empezaron a ser víctimas de ataques de grupos de extrema derecha.

Poco después, en noviembre de 1967, los recortes presupuestarios provocaron la desaparición de 5 subsecretarías y 34 direcciones generales, entre ellas la de Cinematografía y Teatro, hasta entonces ocupada por José M.ª García Escudero. Fraga lo sustituyó por su cuñado, Carlos Robles Piquer, al frente de la nueva Dirección General de Cultura Popular y Espectáculos, pero su gestión sufrió sucesivos reveses con la aprobación, en abril de 1968, de la Ley de Secretos Oficiales, que limitaba las competencias de la Ley de Prensa, y con el secuestro del diario *Madrid* sólo un mes más tarde.

A principios de 1968, Franco expresaría su preocupación por una situación en la que «no va a quedar otro remedio que ir a la supresión de algunas garantías constitucionales si se quiere que esta situación anárquica termine y no sea un mal ejemplo para otros elementos del país; en especial, el elemento obrero, que afortunadamente se está conduciendo con gran disciplina social sin dejar de defender sus derechos por medio de sus enlaces sindicales. Tal como están las cosas y como se está llevando el asunto, a la fuerza pública se le está dando un mal ejemplo que pude desmoralizarla. Está recibiendo pedradas, golpes e insultos sin que se llegue a condenar con la máxima rapidez y energía a los causantes de estos desmanes».[1]

El asalto al rectorado de la Universidad de Barcelona en enero de 1969, que culminó con la quema de una bandera nacional y la defenestración de un busto del dictador, le daría la razón. Pero el régimen no dudó en responder con la muerte del

1. Francisco Franco Salgado-Araujo, *Mis conversaciones privadas con Franco*, Planeta, Barcelona, 1976, pág. 517.

estudiante Enrique Ruano a manos de la policía y la simultánea promulgación del estado de excepción. La disociación entre las aspiraciones populares para acceder a un régimen democrático y el límite de permisividad que el franquismo estaba dispuesto a tolerar era absoluta. Consciente de haber dado un paso en falso, la dictadura intentó rectificar con un incremento de la represión, pero el proceso era ya irreversible. A él se le había incorporado un nuevo elemento, en agosto de 1968, con el asesinato del comisario Melitón Manzanas a manos de ETA. También la independencia de Guinea, seguida por la devaluación de la peseta y el estado de excepción proclamado a principios de 1969 como consecuencia de los acontecimientos producidos en el País Vasco provocaron nuevas erosiones en el seno de un aparato del Estado simultáneamente bombardeado por el escándalo MATESA. La crisis de esta empresa textil y sus repercusiones sobre el Banco de Crédito Industrial, con una deuda superior a los diez mil millones de pesetas, no sólo tuvo implicaciones políticas sino también, indirectamente, cinematográficas, ya que era esta entidad la que proporcionaba los créditos que canalizaban las subvenciones que garantizaban la actividad de la práctica totalidad de las productoras españolas.

Fraga pagó parte de los platos rotos por este escándalo –del cual el dictador responsabilizó a la Ley de Prensa– y fue sustituido por Alfredo Sánchez Bella en la siguiente remodelación ministerial, producida en 1969. Por otra parte, desde agosto de aquel año, Franco había designado a Juan Carlos de Borbón como su sucesor. El dictador intuía que su final no estaba lejos pero, durante los últimos seis años de su vida, recrudeció los mecanismos represores de su régimen haciendo inviable no sólo la supervivencia de un fenómeno como la Escuela de Barcelona –que desapareció por la coincidencia con otros factores– sino la repetición de cualquier fenómeno de características similares.

Los términos que Carrero Blanco esgrimió para solicitar la cabeza de Fraga no dejan lugar a dudas sobre las causas de esta decisión: «La prensa explota en buena parte la pornografía como instrumento comercial. En la vertiente de la literatura, el teatro y el cine, la situación es igualmente grave en el orden político y en el moral. Las librerías están plagadas de propaganda

36

comunista y atea; los teatros representan obras que impiden la asistencia de las familias decentes, los cines están plagados de pornografía. En aras de un turismo de alpargata se protege en los clubs *play-boy* el *strip-tease*.»[1] Tal como dijo Franco en su mensaje de fin de año de 1969, «todo ha quedado atado y bien atado». Por lo menos, así lo era en apariencia. No obstante, algunas cosas, entre otros ámbitos también en el cinematográfico, habían sufrido profundas transformaciones.

2. LA CULTURA

Como todo régimen totalitario, el franquismo controló estrechamente las industrias culturales. Sin embargo, la época en la cual surgió la Escuela de Barcelona vivió un crucial punto de inflexión basado en la promulgación de la Ley de Prensa y de unas normas de censura cinematográfica que servirían como banco de pruebas para tantear los nuevos límites de la tolerancia. Por otra parte, la existencia de una oposición antifranquista específicamente derivada de la represión de la lengua y la cultura catalanas tuvo unas características peculiares. A diferencia del resto de España, la existencia en Cataluña de una burguesía que de otro modo difícilmente se hubiese enfrentado al franquismo generó una resistencia culturalmente activa sustentada por un apoyo económico que priorizaba la identidad lingüística a la reivindicación política. En consecuencia, un porcentaje importante de la historia de la prensa, las editoriales, las discográficas, el teatro –si se acepta la licencia de asimilarlo al concepto de industria cultural– y, en una medida mucho menor, el cine, la radio y la televisión en Cataluña está ligada a la reivindicación idiomática y, muy especialmente, a una tradición de mecenazgo.[2]

1. Laureano López Rodó, *La larga marcha hacia la Monarquía*, Noguer, Barcelona, 1977, págs. 654-659.
2. Esteve Riambau, «La producció cinematogràfica a Catalunya 1962-1969», tesis doctoral, Universitat Autònoma de Barcelona, Departament de Comunicació Àudio-visual i Publicitat, Facultat de Ciències de la Comunicació, Bellaterra, 1995, págs. 68-79.

Acabada la Guerra Civil, esta «cultura de peaje»[1] se inició con aquellas actividades que se pudiesen llevar a término en la clandestinidad y, a menudo, en domicilios particulares. Los mecenas eran prohombres de la burguesía barcelonesa, vinculados a organizaciones católicas, que habían querido acabar con la República pero después se sentían incómodos con la actitud adoptada por el franquismo contra Cataluña. Entre ellos ocupa un lugar destacado Félix Millet i Maristany, creador de la organización ilegal Benèfica Minerva, fundador del Òmnium Cultural y futuro presidente de la productora cinematográfica Estela Films, bajo cuya marca el cineasta Jorge Grau realizaría algunas películas cercanas a la Escuela de Barcelona.

A pesar de esporádicos contactos, el cine hizo honor al escaso predicamento del que había gozado durante épocas pasadas entre los sectores nacionalistas[2] y quedó fuera del alcance, político y económico, de esta tradición de mecenazgo. Las excepciones fueron escasas y, desde el doblaje de *El Judas* (1952) al catalán, se puso en evidencia que predominaban los intereses lingüísticos a los estéticos. En cambio, para encontrar las raíces culturales de las cuales surgió el cine de la Escuela de Barcelona es necesario remontarse al interés que, por este medio, demostraron otros sectores culturales habitualmente situados al margen de la tradición nacionalista y dotados de inquietudes vanguardistas. Éste fue el caso de algunos de los más interesantes exponentes integrados en el ámbito de las artes plásticas y de la música que, desde los años cuarenta, tendieron puentes con la década anterior y crearon unas plataformas interdisciplinarias que, en la medida de lo posible, también incluyeron el cine.

El único número de *Algol*, publicado en 1946 con la colaboración de Joan Ponç, Joan Brossa, Arnau Puig o Enric Tormo, o *Ariel. Revista de les Arts*, publicación de circulación privada en lengua catalana editada a partir de 1946, donde Josep Maria de Sagarra escribió, en mayo de 1948, un elogioso artículo

1. Josep Espar Ticó, *Amb C de Catalunya. Memòries d'una conversió al catalanisme (1936-1963)*, Edicions 62, Barcelona, 1994, pág. 255.
2. Esteve Riambau, *El paisatge abans de la batalla. El cinema a Catalunya (1896-1939)*, Llibres de l'Índex, Barcelona, 1994.

del neorrealismo italiano, recuperaron una tradición heredada, en la medida de lo posible, de la línea que *Mirador* había trazado durante la República. El poeta y ensayista Josep Palau i Fabre, codirector de *Ariel*, había frecuentado las sesiones de cine de vanguardia organizadas por aquella publicación, que le dedicó una atención comparable a la de otras artes mediante colaboraciones de Sagarra o de Sebastià Gasch.

También en 1948, un grupo de jóvenes artistas y escritores –Joan Brossa, Juan Eduardo Cirlot, Modest Cuixart, Joan Ponç, Antoni Tàpies y Joan Josep Tharrats– creó el grupo Dau al Set, de inspiración surrealista y aglutinado en torno a la revista del mismo nombre.[1] Su difusión fue limitada, ya que los ejemplares que se editaban artesanalmente en una imprenta propiedad de Tharrats nunca sobrepasaron los ciento cincuenta por número, pero su importancia radica en los intelectuales, artistas, escritores y mecenas que agrupó a su alrededor. Algunos de ellos, especialmente Brossa y en menor medida Tàpies, desempeñarían un papel activo en la órbita más inmediata a la Escuela de Barcelona a través de la influencia que ejercieron sobre Pere Portabella. La revista dejaría de publicarse en 1956 pero, durante sus ocho años de vida, sacudió desde posiciones neosurrealistas los ambientes artísticos de la época gracias a la colaboración de gente como el estampador Enric Tormo, el crítico Arnau Puig, el pintor Joan Miró, el poeta J. V. Foix, el galerista René Metras, el pintor Antonio Saura –hermano del entonces fotógrafo y después cineasta Carlos Saura– o el crítico e historiador de arte, compositor y poeta Juan Eduardo Cirlot. Autor de los libros *Introducción al surrealismo* y *El mundo del objeto a la luz del surrealismo*, fue uno de los intelectuales que más y mejor trabajaron en aquella época y después por la confluencia de las disciplinas artísticas y las prácticas de vanguardia. Por otra parte, es importante para el objeto que nos ocupa puesto que fue el primero en utilizar la etiqueta Escuela de Barcelona para definir los trabajos de algunos componentes de Dau al Set.[2]

1. Véase: Lourdes Cirlot, *El grupo Dau al Set*, Cátedra, Madrid, 1986.
2. Concretamente en un artículo, «La pintura informalista de la Escuela de Barcelona», publicado por la revista mallorquina *Papeles de Son Armadans*,

Otro personaje vinculado a este movimiento que conviene destacar fue el también crítico e historiador de arte Alexandre Cirici Pellicer. Tras su regreso del exilio en Francia, estuvo involucrado en múltiples actividades culturales, algunas de ellas vinculadas al cine. Bajo la iniciativa de Maurici Serrahima –fundador de UDC en 1931– fue uno de los miembros destacados de la agrupación cultural Miramar. En ella coincidió con Jaime Picas, entonces militante del Front Universitari de Catalunya en la Facultad de Derecho y futuro crítico cinematográfico de la revista *Fotogramas*, además de actor ocasional en algunas de las películas de la Escuela de Barcelona; o también con Josep Benet, responsable de las Edicions Calíope que habían editado las traducciones de Shakespeare realizadas por Josep Maria de Sagarra y acreditado como director de producción del film de animación *Érase una vez...* (1948), una versión apócrifa de *La cenicienta* promovida por Estela Films en la que Cirici intervino como director artístico. Integrado en la escuela de arte dramático Adrià Gual, dirigida por Ricard Salvat, coincidió en ella con la escritora Maria Aurèlia Capmany o el poeta Joan Brossa, después vinculados a experiencias cinematográficas situadas en la órbita de la Escuela de Barcelona. En cambio, Cirici se limitó a intervenir en el guión de *Sendas marcadas* (1957), un film de episodios dirigido por Juan Bosch, o a trabajar en una agencia publicitaria, Zen, que introdujo sustanciosas innovaciones en los cánones estéticos de la época.

En abril de 1949 se creó el Club 49, una organización cultural de espíritu vanguardista que organizaba exposiciones, conferencias, conciertos y sesiones de baile. La sede estaba ubicada en el Hot Club de Barcelona y asumió la publicación de la revista de arte *Cobalto*, fundada por Josep Maria Junoy y Rafael Santos Torroella. Muchos de sus colaboradores, entre los que figuraban el fotógrafo Joaquim Gomis, el editor Joan Prats,

---

XV, abril de 1958, Cirlot denominó así al grupo constituido por Tàpies, Tharrats, Cuixart y Vila Casas. La etiqueta se oponía a la ya mucho más instaurada y reconocida Escuela de Madrid y precedió a la también denominada Escuela de Barcelona referida a la poesía aglutinada en torno a Carlos Barral, Jaime Gil de Biedma y José Agustín Goytisolo. Véase: Carme Riera, *La Escuela de Barcelona*, Anagrama, Barcelona, 1988.

los escultores Eudald Serra y Ramon Marinel·lo o Sebastià Gasch, enlazaban con la tradición republicana establecida por ADLAN (Agrupació d'Amics de l'Art Nou) o incluso anterior. Junto con Salvador Dalí y Lluís Montanyà, este último había sido el autor del *Manifest Groc*, probablemente el manifiesto vanguardista más importante de cuantos se confeccionaron en España, además de acérrimo defensor de artes del espectáculo –el circo o el music hall– hasta entonces consideradas como menores o tangenciales.[1] Desde esa misma perspectiva, Gasch escribió crítica cinematográfica en la revista *Destino*, donde publicó un elogioso texto sobre *Mañana*, el primer largometraje dirigido por José M.ª Nunes. Otro personaje que perteneció a Dau al Set y Club 49 y mantuvo vinculaciones cinematográficas fue Alfredo Papo. Promotor de actividades jazzísticas desde aquellos años, posteriormente tendría un papel destacado en la distribuidora Filmax, asociada a la productora P.C. Balcázar.

Tanto Dau al Set como Club 49 organizaron diversas manifestaciones culturales. Los primeros impulsaron muestras retrospectivas de sus miembros, como la antológica colectiva de 1951 en la sala Caralt, y los segundos promovieron la gran retrospectiva de 1949 dedicada a Joan Miró en las Galerías Layetanas. A todas ellas se les unieron las exposiciones promovidas por los eclécticos Salones de Octubre –celebrados entre 1948 y 1957– o, a partir de principios de los cincuenta, las derivadas del Instituto Francés de Barcelona. Gracias al privilegio diplomático del que gozaba, este organismo quedaba hasta cierto punto excluido de las restricciones impuestas por el régimen, circunstancia que fue aprovechada para la creación de diversos grupos, animados por gente del país, dedicados a la difusión de actividades que, más allá de las paredes de aquel edificio, habrían sido tajantemente prohibidas por la censura. Así nacieron el Cercle Maillol, dedicado al arte, o el Cercle Lumière, cineclub que inició sus actividades regulares a partir del curso de 1950-51. Entre sus organizadores figuraban los citados Benet,

1. Véase: Joan M. Minguet i Batllori, *Sebastià Gasch. Crític d'Art i de les Arts de l'Espectacle*, Departament de Cultura de la Generalitat de Catalunya, Barcelona, 1997.

Cirici Pellicer, Picas y Paquita Granados, esta última igualmente vinculada a Estela Films. Posteriormente se incorporaría el crítico Enric Ripoll Freixes, con un equipo formado por Francesc Vicens, Miquel Porter Moix y Rafael Julià. A partir de 1953, el Cercle Lumière, junto con el Club 49, animó las sesiones promovidas por Arnau Olivar y Antoni Ferré i Terré y bautizadas con el nombre de Linterna Mágica. Se trataba de ciclos cinematográficos cerrados que difícilmente habrían pasado la censura ordinaria y que se exhibían en sesiones restringidas.[1]

Acogiéndose igualmente a la hospitalidad del director del Instituto Francés, el geógrafo Pierre Deffontaines, algunos melómanos y estudiantes de música crearon el Cercle Manuel de Falla, que sería el encargado de relacionar la rica experiencia de la musicología catalana anterior con las generaciones de posguerra. Reunido en torno a la personalidad de un músico francés entonces instalado en Barcelona, Pierre Guinard, defensor de la tradición nacionalista impulsada por De Falla y muy influido por corrientes musicales de orientación francesa, el Cercle, que se mantuvo activo hasta 1955, pudo contar con la participación de compositores, musicólogos y pedagogos –Joan Comellas, Cristòfor Taltabull (nacido en 1888 y contemporáneo, por lo tanto, de Joan Llongueras, discípulo de Granados, compositor y crítico durante muchos años de *La Veu de Catalunya*; o de Eduard Toldrà y de compositores de música religiosa, como Josep Cumellas i Ribó o Josep Sancho i Marraco)– que enlazaron la tradición republicana con un plantel de melómanos y músicos, muchos de los cuales habían empezado su producción en los años treinta –Albert Blancafort, Joaquim Homs o el inevitable Cirlot– y, sobre todo, con la nueva generación que, en Cataluña, cumplió las mismas funciones rupturistas que en Madrid y el resto del Estado llevarían a cabo los miem-

---

1. Las sesiones de la Linterna Mágica prosiguieron, entre 1957 y 1970, en la localidad francesa de Perpiñán, organizadas conjuntamente con el cineclub de la ciudad para así poder soslayar cualquier intervención de la censura española. Estas proyecciones contaban habitualmente con la presencia de un numeroso público catalán que se desplazaba especialmente durante los fines de semana, tal como recuerda uno de los organizadores, el abogado Arnau Olivar, en «Els *weekends* cinematogràfics de "Llanterna Màgica" a Perpinyà», *Cinematògraf*, vol. 2, mayo de 1995, pág. 305.

bros de la llamada Generación del 51.[1] Algunos de estos jóvenes, como Àngel Cerdà (nacido en 1924), Josep Cercós (1925) o Josep Maria Mestres Quadreny (1929), fueron discípulos directos de los musicólogos pertenecientes al periodo republicano. Bajo el patrocinio del Cercle Manuel de Falla y, de nuevo, del Club 49, nacerían experiencias vanguardistas, como el grupo Música Oberta (1960), mientras Mestres Quadreny –discípulo de Taltabull entre 1950 y 1956– junto con Carles Santos, un joven pianista generacionalmente cercano a la Escuela de Barcelona (había nacido en 1938), serían dos referencias capitales, tal como veremos, del cine realizado por Portabella.

El fenómeno de la Nova Cançó, impulsado a partir de 1959 desde las transformaciones empresariales del mecenazgo de la cultura catalana, ejerció limitadas repercusiones sobre aquel movimiento pero obtuvo resonancias políticas muy superiores a las del cine.[2] Vergara, Belter y, especialmente, EDIGSA fueron los sellos discográficos que, desde finales de los cincuenta, comenzaron a editar en catalán con tiradas de hasta 40.000 ejemplares para el primer disco de Raimon –protagonista de un cortometraje dirigido por Carlos Durán– y aún superiores cuando se trataba de los monólogos humorísticos de Capri. Ambos coincidieron en el film *Los felices sesenta*, primer largometraje de Jaime Camino, pero esa vía de aproximación a la Escuela de Barcelona resultó meramente anecdótica. Más directa fue la relación que con algunos de sus miembros mantuvo Joan Manuel Serrat, situado en el ojo del huracán suscitado por su negativa a cantar en castellano en el festival de Eurovisión de 1968, como autor de la música de un film de Jacinto Esteva y protagonista previsto para otros proyectos de la productora Filmscontacto, además de su intervención en otros largometrajes más conven-

1. Integrada, entre otros, por Cristóbal Halffter, Luis de Pablo, Miguel Ángel Coria, Ramón Barce, Carmelo Bernaola y Tomás Marco, la Generación del 51 demostró un gran interés por el cine. Son muy conocidos los trabajos de Luis de Pablo para las bandas sonoras de Carlos Saura; pero también Halffter, heredero de una familia de compositores de gran tradición y reconocido prestigio, intervino asiduamente en este medio. No tanto, sin embargo, como Bernaola, uno de los más prolíficos en este terreno.

2. Véase: L. Soldevila i Balart, *La Nova Cançó (1958-1987). Balanç d'una acció cultural*, L'Aixernador, Argentona, 1992.

cionales: *Palabras de amor* (1969), de Antoni Ribas, *La llarga agonia dels peixos* (1969), de Francesc Rovira Beleta, o *Mi profesora particular* (1972), de Jaime Camino. Una empresa regentada por Oriol Regàs con el mismo nombre que el célebre local que servía como punto de referencia para la *gauche divine* barcelonesa, Bocaccio Records, editó a María del Mar Bonet a partir de 1970 mientras otra división del mismo grupo potenciaba la distribución cinematográfica, entre otros, de algunos films dirigidos por Gonzalo Suárez.

La fotografía fue otra de las disciplinas que obtuvieron un reconocimiento artístico desde mediados de los cincuenta y contribuyeron a enriquecer el caldo de cultivo del cual nacería la Escuela de Barcelona. Xavier Miserachs, Julio Ubiña, Oriol Maspons, Montse Faixat y, muy especialmente, Leopoldo Pomés –que había mantenido incipientes contactos con los miembros de Dau al Set– y Colita –de quienes se hablará con mayor especificidad en el siguiente apartado– giraron en su órbita. Miserachs realizó su primera exposición en 1957, junto con Ramon Masats –futuro realizador del largometraje *Topical Spanish* (1970), protagonizado por la cantante Guillermina Motta– y Ricard Terré, en la Agrupació Fotogràfica de Catalunya. Ellos mismos repitieron, en 1959, otra muestra conjunta en Aixelà, un establecimiento de fotografía ubicado en la Rambla de Catalunya que posteriormente fomentaría el desarrollo de un cine underground barcelonés, y tuvo el apoyo del Club 49, entonces vinculado al Fomento de las Artes Decorativas.

Miserachs comenzó su trayectoria profesional en 1962, cuando instaló su estudio en un piso de la calle Aribau, y poco después publicó sus primeros libros de fotografía. El primero de ellos, editado por Aymà con textos de Joan Oliver y Josep Maria Espinàs, fue *Barcelona blanc i negre* (1964); le seguirían *Costa Brava Show* (1966), la ilustración de un libro tan polémico en la época como *Conversaciones en Madrid*, al que siguió *Conversaciones en Cataluña*, de Salvador Pániker, o la del relato *Los cachorros*, de Mario Vargas Llosa. Temas y nombres que, en todos los casos, respondían a intereses compartidos con los integrantes de la Escuela, hasta el punto de que el propio Miserachs también desarrolló una discreta carrera cinematográfica como director de fotografía y, en un caso como realizador, de cortometrajes independientes producidos en Barcelona a finales de los sesenta. El santanderino Julio Ubiña, residente en Barcelona desde 1935 hasta su muerte, acaecida en 1988, conoció a Oriol Maspons –nacido en 1928– en 1956, en la Agrupació Fotogràfica de Catalunya, y compartieron un estudio que mantuvieron activo hasta 1976. Ubiña fue fotógrafo de modas y también operador de cine publicitario, aunque su principal actividad se desarrolló en el extranjero. Expulsado de la Agrupació Fotogràfica, residió durante años en París, donde fue colaborador de la agencia Rapho y de las revistas francesas *Paris-Match*, *L'Oeil* y corresponsal de *Gaceta Ilustrada*, lo cual le permitió establecer vínculos con las corrientes europeas más vanguardistas.

La trayectoria que, desde la conciencia de modernidad en la cual se inscribió la Escuela de Barcelona, unió a la fotografía con la publicidad y la moda también contempló la expansión del diseño. Bajo la inspiración del polifacético Alexandre Cirici, la Escuela Elisava, dependiente del Centro de Influencia Católica Femenina (CICF), impartía a mediados de los sesenta esta disciplina bajo la tutela de Albert Ràfols Casamada y la presencia, como profesores, de Román Gubern, Josep Maria Subirachs, Yves Zimmermann y Xavier Miserachs. De esa experiencia nació, en 1967, la independiente Escuela Eina, que impartía diversas especialidades del diseño con el concurso de profesores procedentes de distintas disciplinas artísticas. En ese marco se organizó, a principios de ese mismo año, un coloquio con el Gruppo 63. Por parte italiana intervinieron, entre otros, Umberto Eco, Gillo Dorfles y Furio Colombo, mientras la representación barcelonesa correspondía a Carlos Barral, Josep Maria Castellet, Jaime Gil de Biedma, Gabriel Ferrater, José Agustín Goytisolo, Alexandre Cirici, Román Gubern, Albert Ràfols Casamada, Óscar Tusquets, Federico Correa, Oriol Bohigas, Ricardo Bofill, Salvador Clotas, Antoni Tàpies, Beatriz de Moura o J.V. Foix.[1] Una foto de grupo integraría a buena parte de los epígo-

1. Véanse, al respecto, los testimonios de Xavier Miserachs, *Fulls de contactes. Memòries*, Edicions 62, Barcelona, 1998, y de Román Gubern, *Viaje de ida*, Anagrama, Barcelona, 1997, págs. 167-173.

nos de la Escuela de Barcelona; las repercusiones interdisciplinarias de este encuentro, donde el estructuralismo y la semiótica desempeñaron un papel protagonista, no tardarían en reflejarse en las manifestaciones locales de la cultura barcelonesa. Un papel especialmente importante en la configuración cultural de la Barcelona que albergaría la Escuela cinematográfica fue, precisamente, el desempeñado por el sector editorial. A partir de la década de los sesenta, la financiación de actividades culturales sustituyó progresivamente los mecenazgos particulares para dar paso a estructuras más profesionalizadas. Ello no impidió excepciones ilustres, como el industrial textil Alberto Puig Palau. Fundador de la editorial Barna, en la que Ángel Zúñiga –autor de una pionera *Historia del Cine*– publicaría *Una historia del cuplé* y *Barcelona y la noche*, fue el descubridor del pintor Josep Guinovart y protector de las bailaoras La Chunga, Carmen Amaya o del cantante Joan Manuel Serrat, además de aparecer como actor en algunas películas de Gonzalo Suárez, Pere Portabella, Jacinto Esteva y Jaime Camino.

La creación de Banca Catalana, en 1959, sentó un precedente decisivo para el apoyo a la lengua catalana a través de estructuras profesionalizadas o que, por lo menos, servían como tapaderas para operaciones de mecenazgo en el ámbito literario de carácter nacionalista. En una línea similar, se produjo la convocatoria del premio Sant Jordi de novela catalana, creado en 1960 para contrarrestar los Nadal, otorgados por Ediciones Destino, la fundación de Òmnium Cultural –entre cuyos patrocinadores figuraba el incansable Millet o el empresario Joan B. Cendrós, también propietario de Proa y Aymà, editora que publicaba guiones cinematográficos–, que actuó desde la clandestinidad entre 1963 y 1967, o el nacimiento de Edicions 62, inicialmente dirigida por Max Cahner, desdoblada, a partir de 1964 –con la presencia del arquitecto Oriol Bohigas en el consejo de administración–, en Ediciones Península y responsable de la publicación de la Enciclopèdia Catalana a partir de 1969.

Ninguna de estas empresas tuvo, sin embargo, una repercusión directa sobre la Escuela de Barcelona. En cambio, Seix-Barral creó, en 1959, el premio Formentor y, un año después, una agrupación de editores europeos que, con el mismo nombre, reunía a trece importantes firmas del continente. Esta misma editorial creó el premio Biblioteca Breve, que haría de Barcelona el epicentro del *boom* de la novela latinoamericana[1] y, a la vez, lugar de residencia de escritores de prestigio procedentes del otro lado del Atlántico. Algunos de ellos, como Mario Vargas Llosa, Guillermo Cabrera Infante o Gabriel García Márquez, habían tenido o tendrían en breve una específica relación con el cine. De la crisis de Seix-Barral, desencadenada por el accidente mortal de Víctor Seix y cronológicamente paralela a la de la Escuela de Barcelona, nacieron Barral Editores (1970) –regentada por el poeta Carlos Barral– y La Gaya Ciencia (1970), al frente de la cual estaba una antigua colaboradora de éste, Rosa Regàs.

De la mano de Esther Tusquets, en 1960 nació Lumen, que, en poco tiempo, publicó una buena parte de la literatura y el ensayo, también cinematográfico, más avanzados. En 1969, el mismo año de la fundación de Tusquets Editores –dirigida por la brasileña Beatriz de Moura y el arquitecto Óscar Tusquets–, Jorge Herralde creó Anagrama. Capítulos importantes de la producción de esta editorial fueron los dedicados a la política y al cine; Joaquín Jordá, uno de los impulsores de la Escuela de Barcelona, dirigió la serie dedicada al cine de los Cuadernos Anagrama. También en esa misma época, Salvador Pániker participó en la fundación de la productora cinematográfica Tibidabo Films e impulsó la editorial Kairós, abierta a temas reli-

1. Uno de los primeros libros que se escribieron sobre este fenómeno lo analiza desde el otro lado del Atlántico, en un contexto de intento de recuperación, por parte de la industria editorial española –y más concretamente barcelonesa–, del mercado del libro latinoamericano, que lo había perdido después de la Guerra Civil. Además proporciona la lista de novelas premiadas con el Biblioteca Breve, detrás de la cual puede sospecharse la existencia de una operación geográficamente orientada en esta dirección: «Al peruano Mario Vargas Llosa en 1962, por *La ciudad y los perros*; al mexicano Vicente Leñero en 1963 por *Los albañiles*; al cubano Guillermo Cabrera Infante en 1964 por *Vista del amanecer en el trópico* (rebautizada como *Tres tristes tigres* al publicarse, en 1967); al mexicano Carlos Fuentes en 1967, por *Cambio de piel*; al venezolano Adriano González León en 1968 por *País portátil*. En 1969, el premio habría sido concedido al chileno José Donoso por *El obsceno pájaro de la noche*, si no lo hubiese impedido una escisión dentro de la firma editorial...» (Emir Rodríguez Monegal, *El boom de la novela latinoamericana*, Tiempo Nuevo, Caracas, 1972, pág. 23).

giosos situados más allá del cristianismo, concretamente cercanos al sentido espiritualista de las religiones orientales, en una tradición plenamente compartida por la contracultura norteamericana desarrollada en aquella época.

Una buena parte de los profesionales que se hallaba tras todas estas empresas editoriales, como Jorge Herralde, Beatriz de Moura, Esther Tusquets, Oriol Bohigas, Salvador Pániker, Carmen Balcells o Rosa Regàs, se movían en torno a lo que se denominó la *gauche divine* y algunos de ellos participaron directamente en las experiencias de la EdB. Cuando, a finales de la década, se produjo la onda estudiantil que recorrió Europa, Barcelona –a pesar del franquismo– ya era un punto de encuentro literario suficientemente conocido internacionalmente como para que nadie se extrañase de que, en la misma ciudad, se produjesen películas tan rupturistas, modernas e impactantes como aquellas que llevaban la etiqueta de la Escuela.

El teatro, en cambio, tuvo escasas repercusiones sobre este movimiento cinematográfico. Limitado cuantitativamente –en 1968 únicamente existían en Barcelona 7 locales contra 105 cines, mientras Londres, en aquella misma fecha, contaba con 47 teatros y 35 cines–, estaba polarizado entre obras comerciales en castellano y la recuperación lingüística de un limitado repertorio en catalán. Algunos actores compartían el teatro con el cine –caso de Paco Martínez Soria, Cassen o Mary Santpere– en locales próximos al Paralelo o utilizando el éxito obtenido en el Romea, caso de Joan Capri, como trampolín hacia un efímero estrellato ante las cámaras. Ambos perfiles, ciertamente, se hallaban muy lejos de la Escuela de Barcelona, cuyas vinculaciones escénicas habría que localizar en la esporádica aparición de la actriz Núria Espert en *Biotaxia*, de José M.ª Nunes, y en *El hijo de María*, de Jacinto Esteva, o en el teatro de vanguardia. La citada Escuela de Arte Dramático Adrià Gual –bautizada en honor a uno de los escasos intelectuales catalanistas que, en la década de los diez, se aproximó al cine–, a la que se unieron otros grupos independientes, como el Teatre Experimental Català o el Teatro Latino –organizado por Xavier Regàs, padre de Rosa y Oriol–, proponían una doble ruptura con el teatro afín al franquismo y con el de tradición clásica catalana para desembocar,

48

a partir de 1967, en una experiencia, el Off-Barcelona,[1] situada en una onda marginal equiparable a la de la Escuela. Además de la revista *Fotogramas*, de la que se volverá a hablar en el siguiente apartado, el movimiento cinematográfico barcelonés tuvo su principal soporte periodístico en las páginas del diario *Tele-eXprés*, fundado en 1964 y gestionado por un empresario, Jaume Castell, que en sus horas libres escribía obras de teatro y guiones cinematográficos con el respaldo del productor Alfredo Matas. Fue en este rotativo donde Joan de Sagarra forjó el epíteto de la *gauche divine*, genérico que aglutinaba, en su vertiente cinematográfica, a los integrantes de la Escuela, o donde Juan Francisco Torres entrevistaba asiduamente a sus principales protagonistas.

3. LA LEGISLACIÓN CINEMATOGRÁFICA

Tras su nombramiento como ministro de Información y Turismo, Fraga Iribarne delegó en José M.ª García Escudero (Madrid, 1916) la responsabilidad de transformar la obsoleta legislación que regía el cine español, tanto en lo que se refiere a las subvenciones económicas como a la censura. Este personaje, decididamente fundamental para la existencia de la Escuela de Barcelona, ya había ocupado efímeramente la Dirección General de Cinematografía y Teatro en 1951 para ser fulminantemente cesado, pocos meses después, «por mantener sus ideas, que eran buenas».[2] Periodista formado en *El Debate* y en publicaciones de Editorial Católica, era además doctor en Derecho, licenciado en Ciencias Políticas y oficial del Cuerpo Jurídico del Ejército del Aire. Su extenso currículum incluye la publicación de obras pertenecientes al ámbito periodístico –*Política española y política de Balmes*–, político –*De Cánovas a la República, España, pie a tierra, Los Estados Unidos cumplen siglo y medio*–, jurídico –*Las libertades del aire, Los principios de liber-*

1. Xavier Fàbregas, *De l'Off Barcelona a l'acció comarcal 1967-1968*, Edicions 62/Institut del Teatre, Barcelona, 1976.
2. Manuel Fraga Iribarne, *op. cit.*, pág. 36.

tad y subsidiariedad–, religioso *–Los sacerdotes obreros y el catolicismo francés, Catolicismo de fronteras adentro, La frontera está delante de casa–*, cultural, *–La vida cultural–* y también cinematográfico: *La historia en cien palabras del cine español, Cine social, El cine y los hijos, Cine español, Una política para el cine español* o *Vamos a hablar de cine.* La lectura de uno de ellos, *Cine español* –preciso y certero diagnóstico de las características de la industria en años anteriores– convenció a Fraga de su idoneidad para el cargo.

Su evaluación de la situación a la que se enfrentaba en 1962 era escasamente optimista y exigía actuaciones radicales: «No es que en diez años no se haya hecho una política: es que no se ha hecho nada. [...] Me invento una consigna: hacer las cosas mal y pronto. Mejor que dejarlas sin hacer.»[1] Desde su nombramiento, desarrolló cinco grandes líneas de actuación que tuvieron su traducción legislativa en las Normas de Censura promulgadas en 1963 y en unas nuevas Normas de Protección aplicadas a partir de 1965. Dos de estos ámbitos –la potenciación del cine infantil y de las coproducciones– tuvieron una escasa repercusión directa sobre la Escuela de Barcelona y, de hecho, fueron sus autorreconocidos fracasos en materia de política cinematográfica.[2] Los tres restantes –la censura, una política de subvenciones que contemplaba ayudas especiales a proyectos de difícil comercialización y los beneficios obtenidos por los graduados en la remodelada Escuela Oficial de Cinematografía (EOC)– forjaron, en cambio, el marco legal del cual surgió el cine de aquel movimiento.

Una de las primeras medidas adoptadas por García Escudero cuando ocupó el cargo fue la reconversión del Instituto de Investigaciones y Experiencias Cinematográficas (IIEC) en EOC (O.M. 8-11-1962), inaugurada el curso 1962/3 como fuente de formación de nuevos profesionales destinados a nutrir el proyecto del Nuevo Cine Español (NCE), diseñado a imagen y semejanza de los entonces emergentes nuevos cines eu-

1. José M.ª García Escudero, *La primera apertura. Diario de un Director General*, Planeta, Barcelona, 1978, pág. 37.
2. José M.ª García Escudero, *Mis siete vidas. De las brigadas anarquistas a juez del 23-F*, Planeta, Barcelona, 1995, pág. 287.

50

ropeos.[1] Buena parte de sus alumnos fueron beneficiarios de la sustanciosa calificación de Interés Especial en la que los productores más veteranos veían una discriminación selectiva de las subvenciones estatales a películas de escasa rentabilidad comercial. La creación de las Salas Especiales y de Arte y Ensayo, a principios del 1967, y la homologación de los films de la Escuela de Barcelona a la misma clasificación de la cual se habían beneficiado los alumnos de la EOC fueron tres consecuencias de la política de García Escudero que repercutieron sobre este movimiento.

Poco después de la inauguración de la EOC, el director general impulsó unas Nuevas Normas de Censura Cinematográfica (O.M. 9-2-1963) con la intención de objetivar las arbitrariedades cometidas hasta aquel momento y establecer un código que él mismo ya había justificado a partir de la ambigua contraposición entre «censura social» y «censura ministerial».[2] Tal como dijo posteriormente, «por arriba está la línea de lo imposible, por abajo está la línea de lo inaceptable».[3] Entre ambas, la franja del posibilismo implicaba un pacto con la disidencia política que, en términos cinematográficos, ya había hecho su aparición en la década anterior.

La formación de nuevos profesionales y la remodelación de la censura fue coronada por García Escudero con una drástica renovación de los mecanismos que regulaban la protección económica que el Estado aportaba al cine español desde apenas terminada la Guerra Civil. Desde entonces, dependiente de unas Juntas de Clasificación, este sistema era «la gran mentira del cine nacional. Esto lo sabían hasta los más tontos de la última productora española. [...] El negocio estaba hecho antes de empezar el film, porque la fórmula clasificación no fallaba y los distribuidores lo sabían y compraban un film para alcanzar el

---

1. Véanse: José Enrique Monterde, Esteve Riambau y Casimiro Torreiro, *Los «Nuevos Cines» europeos 1955/1970*, Lerna, Barcelona, 1987; y José Enrique Monterde y Esteve Riambau (coord.), *Nuevos Cines (Años 60). Historia General del Cine*, vol. XI, Cátedra, Madrid, 1995.
   2. José M.ª García Escudero, *Cine español*, Rialp, Madrid, 1962, pág. 39.
   3. José M.ª García Escudero, «Discurso en el Palacio de la Música el 20-10-1963 con motivo de la inauguración del curso de la E.O.C.», *Film Ideal*, n.º 131, 1967, pág. 637.

tanto por ciento de films nacionales».[1] Ante el Consejo Superior de Cinematografía, reunido en noviembre de 1963, Fraga Iribarne advirtió: «No habrá un cine hecho para la Junta de Clasificación. Tendrá que ser un cine pensando en el público [...] que pueda entrar, y esté pensado para ello, en los mercados nacionales y sobre todo en los mercados extranjeros. Están ya lejanos los tiempos en que se podía hacer una película pensando quizá en no proyectarla, y solamente para que obtuviera un permiso de importación. [...] Está perfectamente claro que estoy hablando no de la supresión de la ayuda del Estado, sino, en definitiva, de un sistema más racional para dar la ayuda del Estado.»[2] Con estas palabras anticipaba el contenido de las Normas para el Desarrollo de la Cinematografía Nacional (O. M. 19-8-1964), que estipulaban la subvención automática del 15 % de los ingresos brutos en taquilla durante los primeros cinco años de exhibición de cualquier película española y la categoría de Interés Especial, destinada a ayudas selectivas de films que prescindiesen de criterios estrictamente comerciales. En ese apartado se insertaba, plenamente, la Escuela de Barcelona.

Sometidos a la doble limitación impuesta por un régimen totalitario y por una industria cinematográfica de bajos vuelos que aceptó con recelo las medidas racionalizadoras impuestas desde una administración que, por primera vez, intentó poner coto a los abusos indiscriminados hasta entonces cometidos bilateralmente, los criterios renovadores de García Escudero sufrieron una evolución paralela a la de la política española. Las rupturistas conclusiones de las Jornadas Internacionales de Escuelas de Cinematografía, celebradas en Sitges en octubre del 1967 con la participación de diversos miembros de la Escuela de Barcelona, demostraron que la voluntad aperturista de García Escudero tenía un techo impuesto por el franquismo que también ponía en evidencia el posibilismo del cual se había beneficiado el NCE. Pocos días después, coincidiendo con el rea-

1. Editorial, «Más sobre clasificaciones», *Film Ideal*, n.º 108, 1962, pág. 643.
2. Manuel Fraga Iribarne, «Discurso pronunciado en el pleno del Consejo Superior de Cinematografía, 11-11-1963», *Film Ideal*, n.º 133, 1963, págs. 740-741.

juste administrativo que diluyó la Dirección General de Cinematografía y Teatro en la de Cultura Popular y Espectáculos, él mismo era sustituido por Carlos Robles Piquer. Licenciado en Ciencias Políticas y Económicas, así como en Filosofía y Letras, el cuñado de Fraga Iribarne heredó las directrices impulsadas por su antecesor pero rápidamente fue testigo de su descomposición. Sin modificar una sola coma del código de censura, éste incrementó su dureza, pero su mandato se caracterizó, fundamentalmente, por la progresiva descapitalización del Fondo de Protección que nutría económicamente las subvenciones a la producción cinematográfica.

Un desproporcionado aumento de la producción anual –más de 150 largometrajes anuales en 1965 y 1966– provocado por la generosidad con la que se reconocían como españolas coproducciones en las cuales la participación nacional era mínima, disparó las primeras alarmas que fueron advertidas por los productores a principios de 1968, dos años después de que García Escudero diagnosticara en su diario que «no es el sistema lo que ha fallado, sino la industria».[1] La responsabilidad, sin embargo, era compartida, ya que frente a los abusos cometidos por ésta en el afán de exprimir la gallina de los huevos de oro, el Fondo de Protección se descapitalizó definitivamente debido a las implicaciones provocadas por el escándalo MATESA en el Banco de Crédito Industrial, que gestionaba los préstamos a la producción cinematográfica. Un cálculo de la Asamblea Extraordinaria de la Agrupación de Productores celebrada en diciembre de 1969 cuantificaba en 251.900.000 pesetas la deuda del Fondo de Protección correspondiente a aquel año y advertía «que de prolongarse esta situación imposibilitará seguir produciendo».

A finales de aquel año, Fraga Iribarne fue sustituido por el integrista Alfredo Sánchez Bella al frente del Ministerio de Información y Turismo y Carlos Robles Piquer fue reemplazado por Enrique Thomas de Carranza. Licenciado en Derecho y en Ciencias Políticas y Económicas, pertenecía a la Confederación

---

1. José M.ª García Escudero, *La primera apertura. Diario de un Director General*, Planeta, Barcelona, 1978, págs. 229-230.

Nacional de Excombatientes y había sido gobernador civil de Toledo. Quince días después de acceder a la Dirección General de Cultura Popular y Espectáculos, prohibió la celebración de la asamblea general de la Agrupación Sindical de Directores y Realizadores (ASDREC) porque «los puntos del orden del día están en contradicción con las Leyes Fundamentales del Movimiento y los principios de la Unidad Sindical». Sus actuaciones represivas prosiguieron con la desaparición del Interés Especial, la desnaturalización de las salas de arte y ensayo o la liquidación de la EOC, absorbida por la nueva Facultad de Ciencias de la Información en 1971. Cualquier esperanza de cambio abierta durante la segunda mitad de los sesenta se había difuminado por completo y la industria cinematográfica española ofrecía su verdadera dimensión subsidiaria de las ayudas del Estado. La Escuela de Barcelona no fue ninguna excepción frente a cualquiera de ambas circunstancias.

4. LA PRODUCCIÓN CINEMATOGRÁFICA EN CATALUÑA

El volumen de la producción cinematográfica española registró un claro incremento desde la entrada en vigor de unas Normas de Protección que favorecían indiscriminadamente a cualquier película nacional que llegase a las salas. Paralelamente, aumentó el porcentaje de coproducciones pero ambas cifras disminuyeron tan pronto aparecieron los primeros síntomas que acusaban la crisis del Fondo de Protección (tabla n.º I). Entre 1962 y 1969, la producción cinematográfica en Cataluña mantuvo una proporción media del 17% del total de la producción española, a pesar de un muy especialmente significativo aumento registrado en 1965 como consecuencia de que el 85% de los largometrajes habían sido rodados en régimen de coproducción frente a un promedio del 45.9%, equiparable al del conjunto del cine español (tabla n.º II).

La relación de las productoras españolas más activas entre 1962 y 1969 (tabla n.º III) está encabezada por una empresa radicada en Cataluña –P.C. Balcázar– mientras otra –IFI España– figura en la quinta posición, pero son las excepciones indus-

	Total	1962	1963	1964	1965	1966	1967	1968	1969
Total LM	1.003	88	114	130	151	164	125	106	125
N.º Coprod.	504	24	55	63	98	97	70	54	43
% Coprod.	50,2	27,2	48,2	48,4	64,9	59,1	56,0	50,9	34,4

Tabla n.º I: Producción cinematográfica en España y porcentaje de coproducciones (1962-1969).

	Total	1962	1963	1964	1965	1966	1967	1968	1969
España	1.003	88	114	130	151	164	125	106	125
Catal.	172	15	21	22	35	23	20	15	21
%	17,1	17,0	18,4	16,9	23,1	14,0	16,0	14,1	16,8

Tabla n.º II: Largometrajes producidos en Cataluña con relación al conjunto del cine español.

Empresas	Films	España	Coprod	% Copr.	Films/año
Balcázar	**65**	**9**	**56**	**86,1**	**8,1**
Hispamer	35	6	29	82,8	4,3
Copercines	30	10	20	66,6	3,7
Pedro Masó	29	29	0	0	3,6
IFI España	**26**	**21**	**5**	**19,2**	**3,2**

Tabla n.º III: Principales empresas de producción en España durante el periodo 1962-1969 (en negrita se destacan las radicadas en Cataluña).

triales a una regla de carácter mucho más artesanal. De las 33 productoras activas en Cataluña durante estos años, sólo tres –las citadas P.C. Balcázar e I.F.I. España, junto con Teide– produjeron más de un largometraje anual. Otras cuatro –entre ellas Filmscontacto, la empresa de Jacinto Esteva– generaron más de cuatro largometrajes –entre 0,5 y 1,0 por año–, y las 26 restantes desarrollaron una actividad aún más esporádica.

El 90 % de productoras catalanas activas en aquellos años respondían, en consecuencia, a «la libre asociación de un grupo de personas que se dedican a llevar adelante un proyecto de película. [...] Estas empresas en general carecen de domicilio social exclusivo y no tienen a su cargo personal asalariado. A veces, según el planteamiento financiero, se trata de un grupo de personas a sueldo de una distribuidora u otra productora de mayor entidad que, con su vigilancia, realiza la película».[1] Dicho con las palabras de García Escudero, todo cuanto había en el cine español, con la excepción de CIFESA y Cesáreo González, «son unos señores que se lanzan a producir películas como se podrían lanzar a cultivar naranjas. Iban al provecho inmediato sin disponer de fondos ni de capital. Uno de los grandes problemas que yo me encontré en el cine español era esta atomización de la industria, que en realidad no era tal industria. Eran señores poco más o menos dedicados al cine que iban a hacer su aventurita de cada película. Ése era un gran inconveniente para cualquier política seria. Luego había una distribución, que era la rama más seria, pero funcionaba como filial de los americanos. Y una exhibición que iba únicamente a poner lo que le mandaban los distribuidores y normalmente con la idea de que les interesaba más la película americana que la española. Ése era el panorama, o sea no había una industria».[2]

Cataluña no quedaba al margen de este certero diagnóstico efectuado con pleno conocimiento de causa, y el incendio que arrasó los estudios Orphea en 1962 no fue excusa suficiente para justificar el desmantelamiento de una hipotética industria cinematográfica radicada en la ciudad condal. Realizados en absoluta sintonía con la tradición estética impuesta por otros nuevos cines, los films de la Escuela de Barcelona prescindieron voluntariamente de los estudios cinematográficos que entonces existían en la ciudad –Buch-Sanjuán, Kine S. A. o los de Ignacio F. Iquino y Antonio Isasi– para efectuar sus rodajes en la calle o en interiores naturales. Excepcionalmente, se recurrió a los platós que P.C. Balcázar poseía en Esplugues para cons-

1. Ramón del Valle Fernández, *Anuario español de cine 1963-1968*, Sindicato Nacional del Espectáculo, Madrid, 1969, pág. 19.
2. José M.ª García Escudero a Esteve Riambau, *La producció cinematogràfica a Catalunya 1962-1969*, tesis doctoral, Universitat Autònoma de Barcelona, Departament de Comunicació Àudiovisual i Publicitat, Facultat de Ciències de la Comunicació, Bellaterra, 1995, pág. 127.

truir los decorados que Jacinto Esteva utilizó en *Dante no es únicamente severo* y *Después del diluvio* o las geométricas paredes que configuraban el espacio en el que Ricardo Bofill rodó el cortometraje *Circles*.

La hegemonía cuantitativa ejercida por P.C. Balcázar e IFI España, prácticamente el cincuenta por ciento de la producción, definió las grandes tendencias genéricas y estilísticas del cine realizado en Cataluña durante la década de los sesenta. En consecuencia, el western importado de Italia, el cine de espías estimulado por el éxito de James Bond y una comedia adaptada a las características y tipologías del cine español fueron los géneros predominantes en un ámbito, el cinematográfico, absolutamente desvinculado de las inquietudes intelectuales más progresistas o de las reivindicaciones nacionalistas de la cultura catalana y, en cambio, específicamente amoldado a las directrices favorecidas por el sistema de subvenciones entonces vigente.

En ese contexto, por lo tanto, la EdB fue una *rara avis*. Reinterpretación tardía y desencantada del NCE surgido en Madrid en la primera mitad de la década y también interesadamente sostenido por algunas empresas catalanas,[1] se benefició de la experiencia de su fracaso para nacer también a contracorriente del contexto cinematográfico imperante en Cataluña y encontró sus vínculos más cercanos en otros sectores de la cultura o en el soporte industrial proporcionado por el cine publicitario. La base común que éste mantenía con el cine de ficción era muy amplia. Fueron numerosos los actores, técnicos e incluso empresas que compaginaron ambas actividades. Para la mayoría de ellos, la publicidad equivalía al sustento económico y el cine a las veleidades artísticas. Esta simbiosis provocó curiosos paralelismos estéticos y algunas de las especificidades del cine barcelonés proceden de estos vasos comunicantes. Buch-Sanjuán utilizó precisamente su potencial publicitario para lanzarse a la producción de largometrajes como *El próxi-*

---

1. IFI España produjo los dos primeros largometrajes de Mario Camus (*Los farsantes* y *Young Sánchez*), Buch-Sanjuán hizo lo propio con *El próximo otoño*, de Antxon Eceiza, cuya propiedad pasó posteriormente a manos de Elías Querejeta P.C., y Jet Films asumió *El buen amor* y *Amador*, de Francisco Regueiro.

mo otoño o *Brillante porvenir*, debut de Vicente Aranda y Román Gubern. Posteriormente, tanto Tibidabo Films como Filmscontacto desarrollaron actividades publicitarias mientras otras empresas de este ramo efectuaron incursiones en el cine de ficción, aunque no tuviesen nada que ver con la EdB. Entre ellas cabe citar Cine d'Or, Estudios Macián, Proex, Royal o Víctor M. Tarruella, este último cuñado de Jacinto Esteva.

En Madrid existía una gran empresa, Estudios Moro, pero la actividad desarrollada en la capital catalana por el 24% de productoras del Estado no era desdeñable. Los ya citados Alexandre Cirici Pellicer o Leopoldo Pomés se forjaron en ellas y su talante ciertamente innovador en relación a la vieja industria se extendió a otras actividades relacionadas con la fotografía, el diseño o el cómic. La Escuela de Barcelona tomó buen nota de estas influencias a través de películas en las que «te das cuenta de hasta qué punto son films publicitarios con los típicos esquemas de los "spots" comerciales, pero que afortunadamente, en lugar de anunciar una crema, anuncian un juego surrealista intelectual más o menos en clave».[1]

1. Ricardo Muñoz Suay a José Enrique Monterde, Esteve Riambau y Pere Roca, *Fulls de cinema*, n.º 1, 1978, pág. 11.

II. CONFLUENCIAS Y ENDOGAMIAS

Grupo improvisado, magmático y cambiante; vagón de metro en el cual se entraba o salía dependiendo de la conveniencia de cada uno, según la afortunada frase que acuñó Muñoz Suay. Ambas definiciones cuadran a la perfección con el espíritu manifestado por los miembros de la Escuela de Barcelona, reacios o no a dejarse etiquetar bajo la denominación de origen. No obstante, es preciso situar desde el principio los distintos orígenes profesionales y artísticos de sus participantes o asimilados; unas trayectorias que ya contaban con una cierta tradición o con unos inicios ambiguos en una actividad muchas veces asumida con el convencimiento de hacer de ella un medio expresivo, para emplearla con el fin de canalizar una rebeldía más o menos virulenta contra el franquismo; otras, con la certeza de que el cine era algo más que una herramienta: era, justamente, la profesión elegida para ganarse honradamente la vida.

Esta gente, que se comienza a relacionar entre sí hacia los años finales de la década de los cincuenta y los primeros sesenta, procedía de situaciones personales, sociales y de aprendizaje diametralmente diferentes, aunque es bien cierto que hay una característica considerablemente común: el origen o la permanencia de la mayoría de ellos fuera de las fronteras españolas. Su regreso contribuyó a oxigenar considerablemente el estancado aire de la Barcelona de los sesenta y, junto con el resto de los miembros de la llamada *gauche divine*, la convertiría, a partir sobre todo de sus reductos de nocturneo y copas, en una ciudad de moda, imán y seña de modernidad para ellos

59

y también para quienes miraban, sobre todo desde Madrid, hacia las orillas del Mediterráneo con la envidia de quien intuía que algo se movía por esos lares. Pero antes de todo eso, hubo exilios más o menos voluntarios, emigraciones hacia Barcelona, aprendizajes forzados en la raquítica industria cinematográfica barcelonesa o en los bancos del madrileño IIEC... entre otros muchos lugares.

1. TÉCNICOS Y ASALARIADOS

El único de los futuros miembros de la Escuela que tenía una experiencia contrastada en el seno de la precaria industria cinematográfica barcelonesa era el portugués José M.ª Nunes. De extracción humilde, hijo de un albañil, nació en Faro en 1930 y se trasladó siendo niño con su familia a Sevilla, desde donde volvería a emigrar, esta vez a Barcelona, en 1947. Tres años después comenzó a trabajar en los estudios barceloneses, primero en IFI y más tarde también por cuenta de otras empresas. Meritorio, *script*, ayudante de dirección y ocasional actor, Nunes colaboró en una treintena de películas, a partir de 1950 (*Mi hija Verónica*, de Enrique Gómez, fue su debut), antes de poder dirigir su primer film, el cortometraje *El toro* (1956). Algunos meses después, con dinero aportado por amigos y conocidos —método éste que se convertiría en frecuente en su peculiar y tortuosa carrera—, rodó *Mañana* (1957), un film de tres episodios que el tiempo erigiría en el verdadero antecedente histórico de la Escuela de Barcelona. Nunes lo recuerda así: «Se me ocurrió hacer una película de episodios, a pesar de que no me gustan, y lo hice con recursos muy primarios, muy rupestres. Rodé el episodio del payaso y logré que Enrique Esteban, con el que había hecho mi última película como ayudante de dirección, me anticipara la distribución de Mundial Films-Este Films.»

Mañana ganó el año de su estreno y, contra todo pronóstico, el premio Sant Jordi, que anualmente concede la crítica de Barcelona, y representó una ruptura radical con las maneras de hacer cine entonces imperantes. Un film que empieza con un actor que se dirige frontalmente al espectador para interpelarlo (un recurso idéntico al empleado en 1946 por Ingmar Bergman en *Llueve sobre nuestro amor [Det regnar pa var kärlek]*, un film que Nunes no conocía entonces), invitándolo a participar en su mundo nocturno, poético y poblado de seres tan marginales como él –la noche será desde entonces un tema constante en el universo creativo de Nunes–; que no duda en lanzarse sin ninguna inhibición a una exaltada reivindicación de la marginalidad, de una concepción *naïf* del cine como espacio de las emociones más absolutas –y a veces sonrojantes–, estaba virtualmente condenado a convertirse en producto maldito. Pero hay que recordar que también fue aceptado por sectores minoritarios que no se sentían identificados en absoluto con el cine dominante en aquel momento.[1]

A pesar de estos primeros intentos, Nunes no fue capaz de mantener una línea de producción propia que le permitiese la ansiada libertad creadora y continuó trabajando para empresas ajenas. En 1961 aceptó el encargo del productor Enrique Esteban para hacer una película de apariencia «modernilla», según el modelo entonces más en boga, el de las películas de la Nouvelle Vague. «Me encargaron un guión que se llamaba *La luna del cuarto creciente*, una historia de barrio. Pero tenían miedo, porque creían que no era comercial. Yo me cabreé: "Vale, tendréis una cosa Nouvelle Vague", les dije, y me fui a buscar a un amigo que escribía una novela a la semana, de aquellas de la editorial Bruguera, y que se llamaba Juan Gallardo. Le pedí algunas de sus obras y las repartí por Este Films, a Esteban, a Germán Lorente, para que eligiesen la que más les gustase. Eligieron tres, y con ellas hice un argumento: en quince días escribimos los dos el guión de *No dispares contra mí*. Fue un encargo», recuerda Nunes.

La película, magníficamente fotografiada por Aurelio Larraya e inspirada en un argumento firmado por Donald Curtis, seudónimo bajo el que se escondía Gallardo, y con guión de éste, Lorente y Nunes, cuenta la historia de un joven, estudian-

1. Véase la crítica que Sebastià Gasch dedicó al film, «*Mañana...* o cuando se abren las puertas de la poesía», *Destino*, 16-3-1957.

te de Derecho, al que los malos amigos conducen por un camino delictivo, un tema, en el fondo, común a buena parte del cine criminal producido en Barcelona y Madrid en la década inmediatamente anterior. Enamorado de una mujer francesa, el protagonista se ve involucrado en un asesinato, en un robo y en la posterior huida, perseguido tanto por los ladrones como por la policía. *No dispares contra mí* es la constatación de la capacidad técnica de Nunes como realizador, su gusto por la composición de encuadres particularmente inquietantes e incluso del dinamismo que es capaz de imprimir a sus films; también, y a pesar de que el guión no es sólo suyo, de la logorrea y de un cierto tono trascendente que a veces afecta a sus películas.

A pesar de todo, y tratándose de un encargo y de género policial, la película presenta algunas características curiosas, como el gusto por el jazz y, en medio de situaciones muy de su época –los extranjeros, omnipresentes en los años del comienzo del *boom* turístico–, gira en torno a un protagonista que, como un personaje sartriano o como el héroe desesperado de la futura *Acteón*, de Jorge Grau, se queja del vacío y de la grisura de la existencia, «uno de esos que se han equivocado de época y no entienden el mundo», según Nunes. El film no consigue, sin embargo, huir de los lugares comunes del género tal como se cultivaba entonces, y así veremos policías absolutamente amables y comprensivos, generosos y sacrificados, que siempre están donde se les necesita..., agentes del orden marcianos en cualquier país y mucho más en la autoritaria España. No obstante, Nunes se las arregló para salir bien parado en su cometido.

Al mismo tiempo que ponía un pie en el mundo del teatro (en 1962 dirigió la adaptación teatral de *Amedée ou comment s'en débarrasser*, de Eugène Ionesco) y rodaba dos encargos decididamente olvidables (*La alternativa*, 1962, y *Superespectáculos del mundo*, 1963, en la que aparece como codirector junto con el italiano Roberto Bianchi), el portugués continuó haciendo un poco de todo, incluyendo la escritura de guiones para otros directores, como el que pergeñó para la adaptación de *María Rosa*, dirigida por Armando Moreno en 1964. Finalmente, y tras varias penalidades, aprovechó la coyuntura favorable propiciada por la política de García Escudero para montar la producción de un nuevo largometraje, aunque sin poder contar en un primer momento con el amparo de una marca. Según Nunes: «Conocí a Jacinto Esteva por medio de Juanito Oliver, el montador. Yo ya había trabajado con éste, en mi época con Iquino. Entonces, no recuerdo exactamente cómo, Esteva estaba liado con aquello que luego sería *Lejos de los árboles*, aquel largo documental, para el cual había rodado mucho material y estaba montándolo con Oliver. Yo ya tenía la autorización para hacer *Noche de vino tinto*, y también una garantía de un millón de pesetas que me avalaba, sobre el guión, la Dirección General de Cine. Juanito me dijo: "Hombre, ¿por qué no conoces a Jacinto, que quiere montar una cosa de producción?"»

Oliver, igual que el también montador Ramon Quadreny (hijo del conocido hombre de teatro y director cinematográfico del mismo nombre, activo sobre todo en la Barcelona de los cuarenta), era uno de los técnicos que, justo al empezar la producción de las películas rupturistas que más tarde se habrían de conocer con el nombre genérico de Escuela de Barcelona, se integró a trabajar con los nuevos cineastas. Colaborador habitual del principal montador de Emisora Films, Antonio Gimeno, Oliver se convirtió en montador jefe de IFI, donde conoció a Nunes, pero también a otros profesionales que, como los fotógrafos Aurelio Larraya –operador de *Fata Morgana* o de *Una historia de amor*– o Jaime Deu Cases –director de fotografía de *Noche de vino tinto*, *Biotaxia* o *Sexperiencias*, las futuras películas de Nunes–, colaboraron también con los de la Escuela. Igual que Nunes, Deu Cases conocía a la mayoría de los productores comerciales catalanes, de los cuales había sido empleado: Este Films, IFI y sobre todo Balcázar, y ya había trabajado con Nunes como segundo operador en *No dispares contra mí*.

En cierta forma, también provenía de la industria el que, sin discusiones, puede ser considerado como el más creativo de los técnicos de la Escuela: el fotógrafo Juan Amorós (Barcelona, 1936), autor –una palabra particularmente apropiada en su caso– de la fotografía de los films más emblemáticos del movimiento. Amorós recuerda que había comenzado a trabajar en el No-Do, en 1947, «cuando todavía no había cumplido los doce años. Estuve haciendo informativos hasta los dieciocho años, y a partir de los catorce también entré en el mundo de la publicidad». Conectado con Pere Portabella, fue a partir de éste que llegó a los miembros de la Escuela, a pesar de que dentro de la endogamia imperante, Amorós ya conocía entonces –hacia 1964– a una buena parte de los profesionales, sobre todo relacionados con la moda y la publicidad, que después protagonizarían los filmes de la EdB.[1]

En aquel mismo año, Amorós tendría una experiencia profesional determinante para su futuro cuando asistió al rodaje de *El momento de la verdad* que el italiano Francesco Rosi llevó a cabo en Barcelona. Atento observador del método de rebotar la luz sobre una superficie blanca, una técnica ya empleada en el cine americano clásico que se volvió a poner de moda en los años sesenta, el director de fotografía reconoce que este futuro signo de identidad estético de la Escuela «lo copié de Gianni di Venanzo. Era el operador de Fellini y yo vi cómo este señor, en el Barrio Chino, colocaba papel de plata en las esquinas o en los rincones y hacía rebotar las luces».

También un hombre de trayectoria tan peculiar como Joaquín Jordá tuvo relación con el cine comercial barcelonés. «Estaba en Montserrat, en un balneario con mis padres. Escribía mis cuentos y lo hacía muy ostensiblemente para que se viera que era escritor. Tenía diecisiete años, y un día vino un señor muy delgado y se quedó plantado detrás de mí leyendo lo que escribía. Me pidió permiso para leer un folio. Yo estaba acojonado, pero me contrató para hacer un guión. Era Juan Lladó, uno de los directores de Iquino. El guión se llamaba *Las niñas mal*, y después fue *Siempre es domingo*.[2] Nunes, que también

1. Sobre los orígenes profesionales de Amorós, véase: Carlos F. Heredero, *El lenguaje de la luz. Entrevistas con directores de fotografía del cine español*, Festival de Cine, Alcalá de Henares, 1994, págs. 117-120.
2. Dirigida en 1961 por Fernando Palacios, la película tiene guión firmado por el mencionado Lladó, Pedro Masó, Rafael J. Salvia, Julio Coll, Luis de Diego y Martín Abizanda; como se ve, el joven Jordá no aparece acreditado.

trabajaba para Iquino, aparecía por allá. Después, cuando me fui a Madrid y comencé a trabajar con Germán Lorente en aquellas cosas del primer *pit i cuixa*, como *Bahía de Palma*, volví a encontrarme con Nunes, que hizo *Superespectáculos del mundo* para aquella productora», rememora Jordá.

2. LA PRODUCCIÓN INDEPENDIENTE

La otra rama que nutre, aunque en menor medida, los primeros momentos de la Escuela fue la de las relaciones de algunos de sus miembros con lo que podríamos llamar la incipiente producción independiente catalana, concretada particularmente en la productora Tibidabo Films. Nacido en Barcelona en 1936, Jaime Camino era un joven inquieto que había estudiado piano y armonía, que escribía crítica cinematográfica en las revistas progresistas *Índice* y *Nuestro Cine*, y que en 1960 quedó finalista del premio Nadal con una novela llamada *La coraza*. Poco después realizó un par de cortos, *Contrastes* (1961) y *Centauros* (1962), mientras preparaba la producción de su primer largometraje, originalmente llamado *El canto de la cigarra*, aunque dado que el prolífico Alfonso Paso ya había escrito una obra teatral del mismo título, pasó a denominarse *Los felices sesenta*. Para llevar a buen puerto su proyecto, Camino creó Tibidabo Films junto con Antonio de Senillosa, María Teresa Vega –la madre del director– y, en menor medida, el futuro editor Salvador Pániker: «Desde el momento en que suscribió sólo una acción de Tibidabo, nuestra relación era bastante tirante. Nos dejó en pelotas de un día para el otro», rememora el cineasta.

Pániker, por su parte, lo recuerda así en sus memorias: «Con Jaime Camino llegamos a constituir una productora cinematográfica, Tibidabo Films. El problema era que no nos poníamos de acuerdo en lo referente a guiones: a él no le gustaban los que escribía yo,[1] a mí no me gustaban los que escribía

---

1. Entre estos proyectos figura especialmente uno con el novelista Josep Maria Espinàs, sobre tres hombres que encuentran a una mujer desnuda, pensado como una estructura de suspense y que, Pániker dice, pretendía rodar como si de un film de Antonioni se tratase.

él. En vista de lo cual acudí a Antonio de Senillosa, a ver si conciliaba nuestros puntos de vista. [...] Pero Senillosa decidió mostrarse cauto [...] y tal vez por cortesía entró como accionista de Tibidabo Films. Y así Jaime Camino filmó, en contra de mi consejo, *Los felices sesenta.*»[1] Senillosa corroboró este extremo cuando recordó a los autores: «A última hora, creo que Pániker quería cambiar el guión de Camino y hacerlo él mismo. Por eso pasaron meses y meses en que Camino estaba muy nervioso. Llegó un momento en que me molesté porque le hacían perder el tiempo y dije: "¡Basta! Se acabó la historia: la pago yo." Entonces quedé como presidente de Tibidabo Films.»

La productora quedó finalmente inscrita en el Registro de Empresas Cinematográficas con fecha 10 de setiembre de 1963, aunque su constitución es lógicamente anterior (13 de julio del mismo año), con Luis López Satrústegui como secretario, y arropó desde entonces los proyectos de Camino, entre los cuales figuró también alguno abortado por diferentes razones (muchas de ellas derivadas de la censura). Por ejemplo, un guión de Camino y Jordá, llamado *El viaje*, una suerte de *road-movie* sobre dos personajes que viajaban por toda España con unas barras de oro robadas;[2] una versión de *La Celestina*, fechada en 1964, que debía ser una coproducción entre el francés Pierre Braunberger y Tibidado, para ser ofrecida a Jean Renoir, proyecto que quedó financieramente abortado y que años después recuperaría César Ardavín (*La Celestina*, 1969); o una imposible versión de *La plaça del Diamant*, la novela de Mercé

1. Salvador Pániker: *Segunda memoria*, Seix-Barral, Barcelona, 1988, págs. 109-110.
2. Este proyecto provocó una cierta tirantez entre Camino y Jordá. Según el primero, porque Jordá desapareció durante la fase previa, cuando se fue a vivir a Roma; según Jordá, porque Camino no le produjo una película suya, tal como había sido pactado entre ambos. En la producción de este abortado proyecto debía intervenir igualmente Elías Querejeta, quien se acababa de introducir en la producción cinematográfica haciéndose con los derechos de *El próximo otoño*, inicialmente producida por Buch-Sanjuán, la misma empresa que había arropado *Brillante porvenir*, el debut de Aranda y Gubern. El compromiso de Querejeta y Camino abarcaba tres guiones, el segundo de los cuales empezó a escribir Angelino Fons, y giraba en torno al mundo de la lucha libre en Barcelona. El tercero de los proyectos, según Camino, ni siquiera llegó a plantearse.

Rodoreda, que se quedó sólo en opción sobre los derechos, y que terminaría realizando Francesc Betriu en 1981.

Los felices sesenta tiene poco que ver, desde el punto de vista formal, con los productos que luego serían paradigmáticos de la Escuela. Con todo, planteaba temas, como la infidelidad conyugal, el hastío existencial de una burguesía ociosa; y mostraba lugares de moda que comenzaban a ser ya entonces una marca de identificación de clan o grupo de aquellos que poco después habrían de ser irónicamente bautizados como *gauche divine*, raramente tratados en el cine español. En su momento, el film fue considerado incluso una respuesta inteligente a las películas «de playa» que usaban con desparpajo el nuevo tema del turismo de masas, y que era entonces una de las propuestas de éxito de la industria cinematográfica española.

Además, el film se abría, en una suerte de homenaje implícito, a la influencia de la cultura cinematográfica francesa, que se concretaba en la participación como protagonista del crítico y realizador Jacques Doniol-Valcroze, uno de los fundadores de la influyente revista *Cahiers du Cinéma*, a quien Camino conoció gracias a los contactos franceses de Senillosa;[1] el ayudante de dirección era un Carlos Durán que había regresado a Cataluña después de estudiar en el parisino IDHEC; la *script* era la monegasca Annie Settimo, casada entonces con Jacinto Esteva, y Joaquín Jordá, antiguo estudiante en el IIEC, trabajaba en la producción. Los cuatro últimos serían fijos en la mayor parte de la futura producción de la Escuela de Barcelona.

El mismo Camino confesó algún tiempo después que las intenciones divergieron de los resultados: «Imagino que en toda primera obra tiene que ocurrir algo similar; pero el caso es que el guión que escribí con Manuel Mira no tiene mucho que ver con *Los felices sesenta* una vez terminado. El primero era un ambiciosísimo, y leído ahora, me arriesgo a decir que bastante

---

1. El propio Doniol-Valcroze dio cuenta del rodaje de este film en un artículo, «Lettre de Cadaqués» (*Cahiers du Cinéma*, XXV n.º 149, noviembre de 1963, págs. 25-37), en el cual se permite, con dudosa competencia, hablar de la historia del cine español para dar el punto de vista entonces dominante entre la progresía del país: «Hasta 1952, el cine español no fue gran cosa. (Sólo brilla, fuera de España, un cineasta español: Buñuel.)» Sobran comentarios.

ingenuo, fresco de la España actual, esta España que malvive del turismo y que está que si entra o no en el Mercado Común, visto a través del verano, el veraneo, las playas, el sol, la construcción de hoteles y las caravanas de coches. De todo eso, creo que sólo ha quedado el título.»[1] Deseo, por tanto, de hacer un cine de crónica social, tan poco viable desde el punto de vista comercial –el primer problema fue resolver la distribución– en el momento en que se hizo el film, como sintomático de una sensibilidad cercana a la que expresarán, poco tiempo después, los componentes de la Escuela. A pesar de que Camino prestó el nombre de su empresa para facilitar burocráticamente la producción de películas como *Circles* de Ricardo Bofill o *Cada vez que...* de Durán, que finalmente fue producida por Films-contacto, la verdad es que el antiguo escritor y músico no formó parte del núcleo de la Escuela, tal como se verá más adelante. Algunos de sus colaboradores más constantes –Durán, Gubern– se encontraban, en cambio, mucho más cerca de la línea del grupo encabezado por Jordá y Esteva.

De esos primeros contactos y escarceos conviene resaltar el interés de algunos de los miembros de la futura Escuela por encontrar un puesto en la producción, para tener la ocasión de concretar algunos de los numerosos proyectos que nunca llegaron a realizar. Y si la industria convencional no era capaz de financiar películas de directores de probada profesionalidad, a pesar de sus planteamientos estéticos sospechosamente radicales, como Nunes, y los independientes como Camino, ocupados en autoproducir unos proyectos que no siempre llegaban a buen puerto, tampoco dejaban un margen para la eclosión de los «nuevos», de lo que se trataba entonces era de montar una productora propia. Tal como se verá luego, eso es lo que hizo Jacinto Esteva, el único de los futuros realizadores con posibilidades económicas.

1. Jaime Camino, en carta dirigida a Miquel Porter Moix, sin fecha, Archivo de la Biblioteca de la Filmoteca de la Generalitat de Catalunya. El citado Manuel Mira era un «compañero de viaje» comunista que, mientras estudiaba en el seminario, conoció a Jaime Jesús Balcázar, ayudante de dirección en *Los felices sesenta*. Éste fue, por otra parte, el origen de una relación entre los Balcázar y la firma de Camino que permitió al director, entre otras cosas, rodar en los estudios de la familia algunos de sus films posteriores.

Aunque parezca paradójico, una parte importante de la protohistoria de la EdB no tiene su origen en la ciudad condal sino en Madrid. Varios de entre sus futuros miembros vivieron, por razones bien distintas, en la capital durante los años finales de los cincuenta y los primeros sesenta, aunque alguno de ellos llevaba allí bastante más tiempo. Uno de los protagonistas de esa raíz madrileña de la EdB era alguien mayor que los futuros alumnos pero, sin duda, una pieza decisiva para entender la nomenclatura y los primeros pasos de la Escuela. Ricardo Muñoz Suay nació en Valencia en 1917, estudió Filosofía y Letras, fundó cineclubs y militó en asociaciones estudiantiles de izquierdas, como la Unión Federal de Estudiantes Hispanos. En 1937 comenzó a escribir sobre cine, y al acabar la Guerra Civil se instaló en Madrid, donde comenzó a trabajar en una distribuidora, Edici. En 1945 fue arrestado por su militancia comunista y, liberado en 1950, comenzó ese mismo año su carrera en el terreno de la producción –su primer trabajo fue en *Día tras día* (1951), del también comunista Antonio del Amo, como secretario de rodaje–, así como sus colaboraciones en diversas publicaciones de cariz opositor, como *Índice*, *Objetivo* –creada en julio de 1953 como puente entre su época y el pasado republicano representado por revistas como *Nuestro Cinema*, cuyo fundador, Juan Piqueras, fue uno de los introductores del jovencísimo Muñoz Suay en el cine, y que sólo editó nueve números antes de ser cerrada por la censura– o *Cinema Universitario*, creada en 1955. Como algunos de sus compañeros en *Objetivo* –Eduardo Ducay, Paulino Garagorri o Juan Antonio Bardem–, Muñoz Suay desempeñó un papel decisivo en las célebres Conversaciones de Salamanca de 1955, en las que su grupo representó las posiciones más izquierdistas, donde él mismo redactó el manifiesto de las jornadas y donde conoció personalmente a García Escudero.

Paralelamente a esta tarea de escritor y agitador cultural, Muñoz Suay participó en numerosas aventuras de producción, al tiempo que estrechaba lazos con Italia, a través de su relación con el famoso guionista Cesare Zavattini, uno de los grandes nombres del neorrealismo, o con el crítico y teórico comunista Guido Aristarco, de cuya revista, *Cinema Nuovo*, habría de ser el corresponsal en España durante largos años. Sería, ya en los cincuenta, un hombre clave en el funcionamiento de UNINCI (Unión Industrial Cinematográfica, S. A.), la productora que, nacida en 1949 por iniciativa del decorador comunista Francisco Canet y del jefe de producción Vicente Sempere, produjo, entre otros films, *Esa pareja feliz* (1951) o *Bienvenido, Mr. Marshall* (1952).[1] Surgida «como proyecto aglutinador de una alternativa disidente»,[2] esta empresa nutrida de profesionales valencianos no conseguiría rentabilizar el éxito de esta película dirigida por Luis G. Berlanga y, mientras Bardem se vio obligado a vender sus acciones, otros miembros de la misma tuvieron que trabajar para otras empresas. Muñoz Suay lo hizo, durante mucho tiempo, para el antiguo director, entonces ya sólo productor, Benito Perojo, quien a pesar de los antecedentes izquierdistas del valenciano le proporcionó siempre ayuda, incluso económica. Entre las películas en las que intervino destacan *Sangre y luces* (1953), de Georges Rouquier, primer rodaje en Eastmancolor en España, de la cual también escribió el guión, o *El amor de don Juan* (1956), del americano John Berry, antiguo miembro del PC estadounidense, llamado a declarar por una de las Comisiones de Investigación de Actividades Antinorteamericanas, prófugo de tal comparecencia y desde entonces asilado en Francia. A partir de 1957, no obstante, y vista la inoperancia o el fracaso de algunos de los proyectos que UNINCI intentaba llevar a buen puerto, se decidió dar un nuevo rumbo a esta productora: «Bajo el impulso decisivo del Partido Comunista de España (PCE), y en coherencia con su política aglutinadora de la oposición disidente en el frente cultural, sus militantes más destacados en el ámbito cinematográfico canalizan una iniciativa para reagrupar, en el seno de la empresa, a una

1. Para una primera aproximación al complejo y espinoso funcionamiento de UNINCI, véase el documentado trabajo de Carlos F. Heredero *Las huellas del tiempo. Cine español 1951-1961*, Filmoteca Española/Filmoteca de la Generalitat Valenciana, Madrid/Valencia, 1992, págs. 311 y ss.
2. Francisco Llinás, «UNINCI», en: José Luis Borau (dir.), *Diccionario del cine español*, Alianza, Madrid, 1998, pág. 878.

extensa nómina de personalidades dispuestas a colaborar en el proyecto de relanzar una instancia productiva capaz de recoger, desde el campo de la izquierda progresista, la herencia de Salamanca.»[1] Esta apertura llevaría, en 1958, a la entrada de gente como Francisco Rabal, Fernando Rey, Fernando Chueca, Paulino Garagorri, José Luis Sampedro, Fernando Fernán Gómez, Pío Caro Baroja, Julio Diamante, José Gutiérrez Maesso o Eduardo Ducay; pero también de Joaquín Jordá, quien invirtió parte del generoso regalo de bodas que le hizo su padre en acciones de la empresa, y sobre todo, de Juan Antonio Bardem, que en su regreso se convierte en presidente del consejo de administración de la empresa, al tiempo que Domingo Dominguín, hermano del torero Luis Miguel y hombre de confianza del PCE, se hace cargo de la gerencia.

Muchos de los que participaron en esa aventura han afirmado que UNINCI era una estructura paralela del PCE en el sector cinematográfico. Jordá, que entonces militaba en esta organización, precisa que «en UNINCI había dos tipos de reuniones: la de célula era preceptiva. Por ejemplo, el proyecto de Saura [se refiere a *La boda*] se aprobó en una reunión de célula, pero en cambio fue desaconsejado en la de producción». Otros proyectos de Marco Ferreri, Mario Camus, Miguel Picazo o Luis Berlanga también fueron desechados por la nueva dirección de una empresa que, en cambio, focalizaba sus proyectos en torno a la figura de Bardem.[2] Por otra parte, Jorge Semprún –el entonces clandestino Federico Sánchez– no oculta en su autobiografía que, en sus visitas a Madrid, frecuentaba el piso de Domingo Dominguín... precisamente situado en el mismo edificio de la calle Ferraz donde se hallaban las oficinas de UNINCI.[3] Según Jordá, UNINCI «era una productora que tenía un capital social absolutamente quemado y después había una se-

---

1. Carlos F. Heredero, *op. cit.*, págs. 313-314.
2. Como así lo reconoció Muñoz Suay en una prematura autocrítica incluida en su texto «*El pisito* en la historia del cine español», en: Esteve Riambau (coord.), *Antes del apocalipsis. El cine de Marco Ferreri*, Cátedra/Mostra del Mediterrani, Madrid/Valencia, 1990, págs. 39-42.
3. Jorge Semprún: *Autobiografía de Federico Sánchez*, Planeta, Barcelona, 1977, pág. 57.

71

rie de entradas y de aportaciones de dinero que venían del PCE. Eso lo llevaba Jorge Semprún, que era otro que aparecía por allá de tanto, en tanto, y que también opinaba».

Muñoz Suay, que desde 1953 actuaba como responsable del llamado Comité de Intelectuales del PCE, además de trabajar en la productora, negó un maridaje tan estrecho con el partido: «Nunca fue así. Algunos socios de UNINCI eran afiliados al PCE (teniendo en cuenta de que sin carnet las filiaciones no siempre eran representativas), pero yo era el único que tenía una responsabilidad organizativa en aquel tiempo. El PCE deseaba que UNINCI fuera completamente independiente. [...] Aunque lo afirme Jordá y mientras estuve yo, UNINCI nunca recibió dinero del PCE. Bien al contrario, el PCE me pidió si podíamos aportar algún donativo, cosa que no pudimos hacer. Miente Jordá cuando dice que Semprún se llevaba dinero (repito, mi información directa termina en 1962). Y respecto a su información de que Semprún visitaba la productora es falsa, Semprún se cuidaba mucho de no visitarla.»[1]

En este último punto, los recuerdos de Muñoz Suay contrastan no sólo con los de Jordá, sino incluso con los de Portabella –coproductor, como veremos, de *Viridiana*–, que en entrevista con los autores reconoció los mismos extremos que éste. Pero, probablemente, cada uno de ellos tenga una parte de razón en otras vertientes de tan complejo y polémico asunto. Aunque fuese cierto que el PCE no puso dinero en la productora, de lo que no cabe duda es que facilitó los contactos internacionales de que disponía en Francia o en Italia para la distribución en el extranjero de algunas de las películas de UNINCI. No sería extraño, por lo demás, que –tal como insinúa Muñoz Suay y después corroboraría Jordá– la producción cinematográfica pudiese ser –como lo eran empresas situadas en otros sectores– una fuente para canalizar dinero desde el extranjero hacia el interior, fondos provenientes incluso de aportaciones de exiliados simpatizantes con la causa antifranquista. No es casual, a tal efecto, que *Tal vez mañana* (1958), de Glauco Pellegrini, fuese una coproducción de UNINCI con Italia, y *Sonatas* (1959),

1. Ricardo Muñoz Suay, carta a los autores, Valencia, diciembre de 1994.

de Bardem, lo fuese con México. Y que la productora se identificaba con el partido también en el exterior quedó de manifiesto cuando, en una larga charla de Casimiro Torreiro y José Enrique Monterde (Turín, noviembre de 1989) con el veterano director de cine comunista Carlo Lizzani, muy vinculado a España a través de su estrecha relación con Cesare Zavattini y Muñoz Suay, reconoció que UNINCI era una organización inequívocamente partidaria.

Otra coproducción de UNINCI con México y avalada por el peso del nombre de Luis Buñuel, *Viridiana*, precipitó el cierre de la productora –como veremos luego–, pero también afectó sensiblemente a las relaciones de Muñoz Suay con el PCE. Al parecer, el comienzo del desencanto que sufrió el productor por la causa comunista no tuvo su origen en su trabajo cinematográfico ni en sus desavenencias con sus camaradas españoles, sino en un viaje que realizó a la URSS hacia 1959, para visitar a viejos amigos exiliados. Lo que allí vio le llevó, como a tantos otros, a replantearse seriamente sus posturas ideológicas, replanteamiento que, sumado a los problemas que sin cesar se acumulaban en la productora, le llevarían a abandonar el PCE: «Mi "huida" de UNINCI supuso, por desgracia, un elemento fundamental para su disgregación. Al faltar yo, faltó el elemento político que había servido de cohesión. Pero mis errores (que los tuve) y las actuaciones de muchos (el bardemismo fue un elemento determinante, así como la "frivolización" financiera de Domingo, la avidez económica de Portabella, la política de no ayuda a los entonces jóvenes Picazo, Saura, Ferreri, Camus, etc.), fueron determinantes porque lo de *Viridiana* (en la que UNINCI no puso ni un duro) hizo aflorar el verdadero problema: era una productora muy poco profesional y sin ninguna reserva financiera, que pretendía hacer un cine "distinto" y que no tenía soporte de ninguna distribuidora y, muy importante, Bardem sólo deseaba producir sus propias películas y no las de los otros.»[1]

Si las desavenencias de Muñoz Suay con el principal partido de la oposición clandestina tenían su origen en cuestiones

1. *Ibid.*

ideológicas, económicas o de cualquier otra índole, no es aquí fundamental. Lo que interesa recordar es que desde entonces, marzo de 1962, trabajó activamente en Madrid y Barcelona, en diversos proyectos de directores como Julio Diamante, Miguel Picazo, Berlanga (nada menos que *El verdugo*), Basilio Martín Patino o Pere Balañá, y fue precisamente durante el rodaje barcelonés de *El último sábado* (1966) cuando Muñoz Suay decidió fijar su residencia en Barcelona. Entre esos proyectos que le llevaron a la ciudad condal se contó, igualmente, *El momento de la verdad*, coproducción ítalo-española dirigida por Francesco Rosi sobre el mundo de los toros, en el curso de cuyo rodaje Muñoz Suay se reencontró con Portabella.[1] Ambos escribieron conjuntamente el guión, a pesar de que este último no fue acreditado en la versión española por motivos de censura, y después coincidieron en Roma en diversas tareas de posproducción. A ellos se les uniría también, como ya se ha dicho, el entonces aprendiz de operador Juan Amorós.

4. «DAU AL SET» Y SUS AMIGOS

A pesar de que Portabella ha negado repetidas veces su adscripción a la Escuela de Barcelona, lo cierto es que en sus orígenes desarrolló actividades comunes con muchos de sus miembros. Nacido en Figueres (Girona) en 1927, hijo de una familia de la gran burguesía del país, Portabella se trasladó a Madrid para estudiar Ciencias Químicas, que no llegó siquiera a empezar, pero en la Villa y Corte habría de conocer a gente fundamental para su futuro desarrollo artístico. Allí entró en relación, por ejemplo, con algunos de los colaboradores habituales de Dau al Set, que fueron a Madrid a participar en una exposición organizada por Eugeni d'Ors. Antoni Tàpies y Joan Ponç se instalaron en esa ocasión en la misma pensión en que vivía Portabella, y allí comenzó una relación amistosa que

1. Francesco Rosi rememoró el encuentro entre los tres en un artículo, publicado en *Archivos de la Filmoteca*, n.º 27, octubre de 1997, parcialmente dedicado a la memoria de su fundador, Muñoz Suay, en ocasión de su deceso, ocurrido en Valencia en agosto de ese mismo año.

habría de tener importantes consecuencias ya que, a través de Tàpies, Portabella conocería al poeta Joan Brossa, con quien habría de establecer una fructífera colaboración como guionista.

Brossa había nacido en Barcelona ocho años antes que Portabella, en 1919. En 1941, el entonces incipiente poeta conoció al pintor Joan Miró, encuentro que cambió radicalmente su vida. Creador total, poeta y dramaturgo, Brossa mostró desde muy pronto un gran interés por el mundo del espectáculo, especialmente en su vertiente escénica. Teatro, ilusionismo, pantomima y, naturalmente, el cine ocuparon, hasta su muerte, una buena parte de su tiempo. De su interés por el séptimo arte dan muestra sus artículos en *Dau al Set*, pero también algunos guiones cinematográficos que quedaron irrealizados, como *Foc al canti*, publicado en 1965 por Camilo José Cela en su revista mallorquina *Papeles de Son Armadans*. Un segundo, *Gart*, publicado en la revista *Cave Canis*, estaba pensado para ser interpretado por algunos de los miembros más destacados de Dau al Set: «Yo tenía en la cabeza una película, cuyos protagonistas habrían de ser Ponç, Tàpies y Cuixart, que eran los jefes plásticos de Dau al Set. A mí me interesaba mucho todo tipo de paisaje, urbano, interurbano y de alta montaña. Entonces había una serie de secuencias con ellos tres que terminaban siempre con una huida hacia una casa de alta montaña, y al final salían en la casa. Claro está, era una película muy sorprendente. Aplicábamos mi poesía al cine», rememora Brossa.

Antes del comienzo estricto de su colaboración, el poeta y Portabella formaban parte, junto con el escritor Pere Gimferrer, el fotógrafo Leopoldo Pomés, los músicos Mestres Quadreny y Carles Santos, futuro colaborador en las bandas sonoras de Portabella, de un cenáculo que organizaba sugestivas sesiones cinematográficas en casa del pintor Tàpies: «No sé de quién partió la idea, pero el caso es que Tàpies iba a París y conseguía películas. Se hacía traer películas en super-8 de la galería que tenía en Nueva York. Ahora todo el mundo tiene vídeo, pero en aquella época era una cosa extraordinaria. Tenía los Murnau, Dreyer, Keaton, Mack Sennett, insólitos Max Linder, de esos que no se ven tanto. Y cada jueves había una sesión que programaba Brossa. [...] Cenábamos y veíamos después un par de películas.»[1]

El trabajo con Portabella no era, empero, una originalidad en la trayectoria de Brossa. Su tarea interdisciplinaria se concretó muy a menudo en colaboraciones con otros artistas que practicaban terrenos creativos más o menos cercanos al suyo. Así, colaboró con Tàpies en su libro *Nocturn matinal*, con Miró, Moisés Villèlia y Mestres Quadreny en *Cop de poma*, y sólo con el músico en *Cançons de bressol* (1959), en la ópera *El ganxo* (1959), en los ballets *Roba i ossos* (1961), *Petit diumenge* (1962) y *Vegetació submergida* (1962), así como en otras obras, como *Satana* (1962), *Concert per a representar* (1964), *Conversa* (1965), *Tríptic carnavalesc* (1965), *Suite bufa* (1966) o *Frigolí-Frigolà* (1969). A raíz del estreno de *Suite bufa*, Mestres Quadreny ofreció a Carles Santos la tarea de pianista, y éste fue el origen de la relación de Brossa con Santos, que habría de realizar junto con el poeta «acciones musicales» como el *Concert irregular* o el *Homenatge a Joan Brossa*.

Aun cuando Brossa niega tozudamente que el espíritu de Dau al Set y la vanguardia barcelonesa de posguerra esté presente en las películas de la Escuela de Barcelona, basándose en razones históricas del tipo «[Dau al Set] era muy anterior a la Escuela. Cuando surgió este grupo, Dau al Set ya no existía», lo cierto es que su colaboración con Portabella dio como fruto cuatro films, *No contéis con los dedos*, *Nocturno 29*, *Cuadecuc-Vampir* y *Umbracle*, así como algún guión inédito (es el caso de un proyecto titulado *Serlock* [sic] *Holmes*). Santos, no obstante, trabajó más intensamente con el cineasta –es autor de la banda sonora de casi todos los films de Portabella, y en su caso ejercer ese cometido implica algo más que ser el compositor que crea la partitura que acompañará las imágenes–, en una relación personal que llega hasta la actualidad. Paralelamente, Portabella produjo una parte de los cortometrajes experimentales que, desde 1967 hasta 1979, constituyen uno de los más interesantes productos creados por el

---

1. Carles Santos a J. M. García Ferrer y J. M. Martí i Rom, *Finestra Santos*, Cine-Club Associació d'Enginyers Industrials, Barcelona, 1982.

músico.[1] Por lo demás, en 1992 el propio Portabella fue el director de escena de la ópera *Asdrúbila*, compuesta e interpretada por Santos y estrenada en la ciudad condal.

La relación de Portabella con Brossa, Santos y Mestres Quadreny, así como el puntual empleo de Tàpies como realizador de los carteles promocionales de sus películas, resulta sin duda afortunada en la dirección de establecer una verdadera colaboración con la vanguardia artística catalana, colaboración que nunca anteriormente se había producido en el Principado con estas características. Al mismo tiempo, reclamaba la atención de un público amplio hacia una corriente de pensamiento y una praxis artística que habían hecho de la memoria una de las razones de su propia existencia, y del uso de la lengua catalana, una clara actitud de resistencia frente a la intransigencia militante, y militar, del franquismo.

En Madrid, Portabella no conoció sólo catalanes, obviamente. También trabó amistad con los pintores del grupo El Paso, entre los que destacaba Antonio Saura, el hermano del futuro cineasta Carlos. Y, en parte por su pasión común por el jazz, también entabló amistad con los aspirantes a directores Julio Diamante y Jesús Franco, mientras que su relación barcelonesa con el crítico y militante comunista Alfons García Seguí amplió el campo de sus conocimientos hacia el prestigioso crítico e historiador Manuel Villegas López, que había sido responsable de la cinematografía durante la República, guionista durante los años de su exilio en Argentina y que había regresado a España en la década de los cincuenta, aunque manteniéndose siempre en una actitud de cuidadosa y prudente equidistancia entre el régimen y sus opositores. Fue Villegas quien estimuló a Portabella para que se dedicase a la producción, sugerencia que, al ser aceptada finalmente por el de Figueres, le convertiría inmediatamente en el primero de los futuros integrantes de la EdB con empresa propia.

Su primer intento, abortado, fue un documental taurino

1. La relación completa de los films realizados por Santos, y también su producción para televisión, sus «acciones musicales» y la escritura de partituras destinadas a películas comerciales, se encuentra detallada en el documentado libro de García Ferrer y Martí i Rom anteriormente mencionado.

pensado para ser el debut en la realización del fotógrafo Leopoldo Pomés, episodio sobre el cual volveremos. Poco después comenzó efectivamente su carrera como productor con algunos jóvenes que aún estudiaban en el IIEC, como Juan Julio Baena, Luis Cuadrado o Manolo Revuelta, y algún otro que desempeñaba tareas docentes en el mismo centro, caso de Carlos Saura. Tuvo un primer encargo de Movierecord, empresa en la que entonces trabajaba Baena, en forma de un cortometraje, *La Chunga*, sobre la entonces muy conocida bailaora y su grupo, Los Pelaos, basado en las numerosas fotografías que de la flamenca había realizado el mismo Pomés, amigo de Portabella y que en un primer momento tenía que haberse ocupado de la dirección de fotografía, tarea que finalmente desarrolló el propio Saura.[1]

En julio de 1959, Portabella inscribió en el Registro de Empresas Cinematográficas su productora Films 59, que en poco tiempo participó en la producción de algunos films clave en el nacimiento de una nueva conciencia en el cine español. Es el caso de *Los golfos*, primer largometraje de Saura, que Román Gubern reconoce, en sus memorias, como la «película-manifiesto [...] y banderín de enganche para toda una generación cinéfila, aunque a expensas de la ruina de Pedro Casadevall,[2] un pequeño empresario barcelonés que había desembolsado el capital».[3] Es también el de *El cochecito*, de Marco Ferreri –el cineasta italiano repescado por Portabella tras la miopía que había impulsado a UNINCI a rechazar el proyecto de *El pisito*–, pero también de la coproducción, junto con UNINCI y el productor mexicano Gustavo Alatriste, de *Viridiana*, regreso del exiliado más ilustre del cine español, Luis Buñuel. En una larga entrevista concedida a los miembros del Cine-Club d'Enginyers, y sólo parcialmente publicada, Portabella sitúa el origen

1. En su exhaustivo libro sobre Carlos Saura, Enrique Brasó afirma que *La Chunga* fue realizada por Pomés, con Saura como asesor técnico del rodaje: *Carlos Saura*, Taller de Ediciones JB, Madrid, 1974, pág. 34.
2. Casadevall era un notorio aficionado al jazz de Barcelona, amigo de Alfredo Papo, posterior empleado de la distribuidora Filmax y animador del Club 49.
3. Román Gubern, *Viaje de ida*, Anagrama, Barcelona, 1997, págs. 161-162.

del proyecto en el Festival de Cannes de 1960, en el que Saura presentó su ópera prima. Los jóvenes españoles conocieron allí al maestro trasterrado y lo invitaron a hacer lo que Portabella llama «un viaje sentimental» por España, para rodar un film. En este punto es preciso reconocer que, aunque Portabella colaboró luego en su producción, las gestiones habían sido iniciadas por Domingo Dominguín, Ricardo Muñoz Suay y el equipo que, dirigido por Bardem, se había desplazado el año anterior a México para rodar *Sonatas*. Fueron ellos los primeros en hablar con Buñuel sobre la conveniencia de que el maestro trabajara en España, y eso fue lo que el aragonés planeó junto con su productor habitual en aquellos años, el mexicano Alatriste.

En una carta enviada a Muñoz Suay –copia de la cual éste cedió a los autores–, fechada en Ciudad de México el 8 de octubre de 1960, Buñuel le informa: «Estoy contratado por Alatriste, el marido de Silvia Pinal [...] para hacerle un film. Durante casi cuatro meses he trabajado en el asunto que es original con ligeros plagios sobre mi obra pasada. He tenido *libertad absoluta*. Si el resultado no es mejor la culpa es mía. Adjunto te envío una sinopsis. Gustavo Alatriste quiere hacerlo en España, cosa que he aceptado. Y le he dicho que se ponga en contacto contigo por si se convierte en coproducción. [...] Creo que es comercial a mi manera. Ojalá os arregléis con él. También le he dicho que hable con mi buen amigo Portabella.» Más allá de la cronología y de los recuerdos de éste, el resultado fue *Viridiana*,[1] coproducción entre Alatriste, Portabella y UNINCI que, a pesar de la desconfianza que ésta mostraba hacia la existencia de una productora ideológicamente similar, como era Films 59,[2] se pudo llevar finalmente a término gracias a los buenos oficios

1. Buñuel también había hablado con Portabella de ese proyecto, que originalmente se llamaba *La belleza en el cuerpo*, invitándolo a participar en la producción del mismo. Según Portabella, él le sugirió la conveniencia de coproducirlo con UNINCI y los títulos de crédito del film parecen confirmar este aserto: Portabella y Muñoz Suay figuran ambos como productores.

2. Esa desconfianza la sitúa Gubern (*op. cit.*, pág. 162) en las reticencias de Muñoz Suay hacia la militancia política de Portabella. Gubern cumplió alguna función de intermediación entre Muñoz Suay y la dirección del PSUC en Cataluña, que le valieron la confesa enemistad de Portabella, luego borrada, según el primero, «trabajando juntos en la conjura barcelonesa de la *capuchinada*, en marzo de 1966».

de Domingo Dominguín sin que, en cambio, nada hiciera prever su tormentoso desenlace.[1]

El tercero de los personajes importantes de este epígrafe, y uno de los fundamentales en la futura consolidación de la Escuela, fue Joaquín Jordá. Nacido en Santa Coloma de Farners (Girona) en 1935, hijo de un notario falangista, vivió una infancia agitada en una ciudad del interior en la cual sus propios condiscípulos le hacían ostensible su carácter de «distinto» por ser hijo de un hombre del régimen: «por ser mi padre quien era, yo me convertí en la bestia negra del pueblo», recordó el interesado.[2] A los nueve años su vida cambió al trasladarse su familia a Nules (Castellón) y él fue internado en un colegio de jesuitas en Valencia. Cursó estudios en la Facultad de Derecho de la Universidad de Barcelona y allí fue uno de los fundadores, en el curso 1954-55, de una célula clandestina antifranquista. Interesado por el cine, Jordá se trasladó a Madrid y aprobó, junto con su compañero de facultad y futuro historiador y ensayista cinematográfico Román Gubern, a quien Jordá convenció para que se presentase, el durísimo examen de ingreso en el IIEC, donde formó parte de la generación de Antxon Eceiza,

1. Pere Portabella, entrevista parcialmente inédita, concedida a J. M. García Ferrer y J. M. Martí i Rom, Barcelona, abril de 1973. El escándalo suscitado por *Viridiana* fue, a pesar de sus duras consecuencias, un pequeño triunfo de los jóvenes cineastas sobre la censura. Después de haber pasado por los rígidos controles censores anteriores a la liberalización de García Escudero, la película fue presentada en el festival de Cannes bajo bandera española. Allí recibió la Palma de Oro del jurado, que fue recogida por el director general de cine, Muñoz Fontán, después de una sugerencia en este sentido efectuada por el equipo de la película. El film, no obstante, suscitó la indignación de las esferas eclesiásticas, y mientras Muñoz Fontán creía que se anotaba un buen tanto en el reconocimiento internacional del asfixiado cine –y del régimen– español, el órgano oficial del Vaticano, *L'Osservatore Romano*, solicitaba la excomunión para Buñuel y todo el equipo del film, acusándolo de blasfemo. El escándalo posterior significó el cese fulminante del director general, la renuncia formal a la nacionalidad española para la película y la expulsión de Portabella de Uniespaña, así como el cierre obligado de su productora. Ello provocaría el retorno del productor a Barcelona, en 1962. (Fuente: archivo del Cine-club d'Enginyers Industrials de Barcelona. Una parte de la entrevista fue publicada en un libro dedicado a complementar un ciclo dedicado al cine de Portabella, en 1973.)

2. Jordá a Núria Vidal: «Joaquín Jordá, el círculo del perverso», en *Nosferatu*, n.º 9, junio de 1992, pág. 49.

Pere Balañá, Angelino Fons, Francisco Regueiro y Mario Camus. No terminó sus estudios, pero en 1960, con producción UNINCI y correalizado con Julián Marcos, rodó el cortometraje documental *Día de muertos*, una visión realista de los visitantes al cementerio de la Almudena un primero de noviembre, que fue invitado al festival de Oberhausen y que tuvo graves problemas con la censura, entre otras cosas, porque mostraba inscripciones funerarias en tumbas de conocidos republicanos y de intelectuales izquierdistas.

Afiliado al PCE, mientras cursaba estudios en el IIEC Jordá comenzó a trabajar en UNINCI y conoció a Portabella, de quien recuerda que se le encomendó, como a Gubern, que hiciera un informe para el partido sobre el futuro productor y director: el hecho de que fuese simpatizante, pero no militante, del partido de los comunistas catalanes parecía hacerlo sospechoso ante los ortodoxos y, conviene recordarlo, clandestinos comunistas madrileños: «A mí me pidieron informes para aclarar quién era Portabella y si era o no de confianza. Yo hice algunas investigaciones en Barcelona y el mío fue un informe positivo: indeciso, pero positivo.»

El informe, que entraba en la lógica de la época, no enemistó a los futuros cineastas; por el contrario, Portabella habría de recurrir algún tiempo después a los servicios de Jordá para escribir un guión de azarosa trayectoria. En aquel momento, Portabella tenía clausurada ya su productora, y según él, durante el proceso de elaboración de *El momento de la verdad* de Francesco Rosi, un realizador de la RAI, Alfredo Leonardi, le propuso realizar un documental televisivo. De este proyecto llegó a escribir varias versiones de un guión que derivó luego desde el documental hacia otros territorios: «Se me ocurrió –recuerda Portabella– que fuera una ficción con Dominguín como actor. Escribimos un guión, y hablé con Jordá del asunto.» Éste, por su parte, lo recuerda de un modo algo diferente: «Elías Querejeta me dijo que Portabella tenía una espléndida relación con Luis Miguel Dominguín y él (Querejeta) estaba muy interesado en hacer una película sobre su figura. Me dijo: "Como comprenderás, de Portabella no me fío y me has de escribir tú el guión." Y me dio 50.000 pesetas para que

81

fuera a Barcelona a trabajar con él en este guión.» Sea exacta una u otra versión, caben pocas dudas sobre la necesidad que Portabella, imposibilitado de producir, tenía de recurrir a Querejeta; e igualmente, sobre el hecho de que el guión no le gustó a nadie, aparte de sus autores, y en especial fue detestado por Dominguín: «Cuando se lo di a leer a Luis Miguel –recuerda Portabella–, me despertó un día a las cuatro o las cinco de la madrugada, diciéndome: "¿Tú te crees que soy un gilipollas?" Pero de una manera muy simpática, y ya no pude dormir en toda la noche. Para hacer el guión habíamos estado trabajando juntos casi seis meses.» Según Jordá, quien desaprobó el primer guión fue Querejeta: «Ese guión, extrañamente, no le gustó nada a Elías, que utilizaba siempre la táctica de decir: "De Pedro ya me lo esperaba, pero que tú hagas esta mierda..." A mí me gusta. Luis Miguel también se negó a hacer la película. Él esperaba una historia más documental y, en cambio, es una historia en la que Luis Miguel ya no es torero, es el postorero que utiliza su experiencia en los toros para hacer negocios como mamporrero. Realmente era una historia muy tétrica que acababa con el enano de Luis Miguel. El torero tenía un enano al que llevaba vestido de marinero, sentado en la espalda fumando unos puros enormes. Aquel enano era inspector de Hacienda en su vida normal, pero en sus ratos libres era el enano de Dominguín.»

El guión que escribieron Jordá y Portabella se llamaba *Humano, demasiado humano*, un título explícitamente nietzscheano, y narra una historia pasablemente criminal, situada en los ambientes de negocios madrileños. Aristócratas, toreros y gente de vida amoral se dan la mano en la historia. Jordá declaró a Martínez-Bretón que en algunos de los personajes de la ficción se podían reconocer nombres reales, como los banqueros Fierro o la duquesa de Alba.[1] Una vez leído el guión, resulta muy difícil identificar a los personajes con otros de los que pululaban por las crónicas de sociedad de la época; no obstante, lo que no habría pasado jamás la censura es el tono y las peripecias de la historia.

1. Jordá a Juan A. Martínez-Bretón, *La denominada «Escuela de Barcelona»*, tesis doctoral presentada en la Facultad de Ciencias de la Información de la Universidad Complutense de Madrid, pág. 33.

La trama muestra una operación financiera de un grupo de hombres de negocios, entre los que se cuenta Dominguín, con un potentado latinoamericano llamado Tachito, igual que Anastasio Somoza, el entonces dictador de Nicaragua. Tachito tiene gustos un tanto peculiares: en una fiesta, se disfraza de mujer y alguien le saca una fotografía comprometedora. Después de varias indagaciones que sirven sobre todo para presentar a los personajes y el tipo de relaciones que establecen entre ellos, el torero descubre que quien le ha hecho la fotografía ha sido su amigo y ayudante, un enano, Baldomero, que tal como dice Jordá, se basaba en el personaje real. Y lo que seguramente no hubiese pasado la censura es la penúltima secuencia, en la que Dominguín descubre que su amigo Baldomero posee una suerte de santuario fetichista, construido como homenaje al amor imposible que siente por el torero. Agréguese a ello el hecho de que Dominguín mantiene relaciones adúlteras con la esposa de uno de sus socios y se verá con claridad las razones por las cuales el avispado Querejeta desdeñó el guión: nunca se hubiera podido rodar.

Mientras esperaban respuesta del productor donostiarra, Portabella y Jordá escribieron otro guión, una versión igualmente difícil de cara a la censura de *La viuda alegre*. También este guión estaba relacionado con la familia Dominguín: Portabella pensó en Lucia Bosé, entonces esposa del torero y alejada del cine –al que volvería para protagonizar *Nocturno 29*, del propio Portabella, y *Del amor y otras soledades*, de Basilio Martín Patino, proyecto en el que colaboró Jordá–. El proyecto se llamaba *Guillermina*, y según Portabella «es la historia de una familia burguesa en la que muere uno de los hijos. La historia se centraba en la protección familiar a la viuda... El padre le dice: "Tú no te preocupes, tú eres de la familia, nunca te faltará nada..." Acabarán degradándola entre todos. Habíamos pensado el papel para Lucia Bosé. Tenía que producirla Elías Querejeta; le gustó, y llegó a invertir unas 10.000 pesetas; pero después de un tiempo le dejó de interesar».

Guillermina cuenta la historia de una burguesa sin hijos que se queda viuda después de un accidente mortal que sufre su marido. Toda su familia política la ayuda, especialmente su cuñado, que intentará denodadamente llevársela a la cama. Cuando lo hace, el escándalo que estalla es mayúsculo y la obliga a irse de la casa de sus suegros. A partir de ese momento, comienza una verdadera caída libre que la llevará a la bebida, la promiscuidad sexual, las prácticas abortivas y la prostitución. La acción acaba en una noche triunfal en la que la ya puta se encuentra frente al Liceo con los miembros de su ex familia y les grita en la cara: «¡Fariseos!» La fiesta acaba con Guillermina cantando, feliz, en la Bodega Bohemia, un local (ya inexistente) barcelonés en el que viejas glorias del mundo del espectáculo regocijaban a la concurrencia.

Según Jordá, fue él quien escribió, por cuenta de Portabella, el guión, en régimen de asalariado mantenido: «Yo era un trabajador, porque quien escribía era yo. Pere me preguntaba: "¿A qué hora quieres el té, quieres pastas, quieres que baile claqué, qué disco te pongo?" Eso es lo que hacía Pere, y, mientras tanto, yo escribía. A veces me decía: "¿Qué quieres comer hoy? ¿Te envío unos yogures? ¿Dónde vamos a cenar?"» Si el tono de los diálogos era éste o no, escapa al alcance de los autores; pero de lo que no cabe duda es de que el trabajo de escritura acabó mal. Según Jordá, porque Portabella se negó a financiar el proyecto, a pesar de que le interesaba a Querejeta. Portabella, a su vez, reconoce discrepancias en relación con el trabajo de Jordá y, de hecho, después de este episodio jamás volvió a trabajar con guionistas profesionales y buscó en Brossa y en Octavi Pellissa nuevas bases para hacer el cine que le interesaba. «De lo primero que estaba seguro era que con un "guionista" no podía trabajar. Tuve muchas dificultades con Jordá: domina la técnica del guión, pero a la vez es una víctima de ella», reconoce Portabella.

Tal vez debido a la desaparición de UNINCI, o bien porque quería buscar nuevos horizontes, la verdad es que Jordá regresó a Barcelona en 1961, donde consiguió mantenerse en la industria cinematográfica. En la ciudad condal obtuvo los créditos necesarios para poder aspirar a debutar en la realización, obligado peaje al que sometía la legislación laboral del sindicalismo vertical franquista a los aspirantes a profesionales. Trabajó como ayudante de dirección y como actor en uno de los primeros productos comercialmente «osados» de la época, *Bahía de Palma* (1962), de Juan Bosch, primer film destinado al mercado interior (en las dobles versiones de explotación fuera de fronteras, Ignacio F. Iquino lo había aplicado ya desde mucho antes) en el cual una mujer –la alemana Elke Sommer– lucía un bikini; como guionista y ayudante de dirección en *Antes del anochecer* (1962), de Germán Lorente, y como encargado general de la producción de *Los felices sesenta*, de Camino. Al mismo tiempo, alternó tareas de escritura televisiva –en 1965 escribió uno de los primeros guiones de una serie de TVE, *La vida empieza hoy*, que no pudo continuar por razones de censura, después de haber escrito, con el sorprendente seudónimo de Mike Gwolyater, una serie de terror para la televisión belga (1964-65)– con colaboraciones en publicaciones especializadas, como *Nuestro Cine*, o en el *Diccionario de cine* de Editorial Labor.

5. GINEBRA, PARÍS, BARCELONA

Se suele afirmar, no siempre con una intención positiva, que los miembros de la Escuela de Barcelona demostraron un pronunciado interés hacia un cierto cosmopolitismo extranjerizante, alejado tanto de las preocupaciones culturales de la resistencia catalanista de la época como de los planteamientos neorrealistizantes del cine y, en general, de la cultura resistencial española. Y si eso se pensaba dentro de los sectores antifranquistas con los cuales los cineastas de la Escuela se podían sentir políticamente más cercanos, no es necesario decir que la ultraderecha franquista y centralista vio siempre con explosivo malhumor los films de aquellos que el crítico y periodista santanderino Marcelo Arroita Jáuregui, posterior colaborador de significadas publicaciones bunkerianas durante la transición, llamó «los del PC de Cadaqués».

Pues bien, este interés por la cultura, la música, la moda, la publicidad y el cine extranjeros no era sólo una actitud gratuita, neodadaísta, de provocación superficial, sino que se incardinaba profundamente en un gusto cultivado muchas veces fuera

85

de España: no es casual que muchos de los miembros de la Escuela, por no decir casi todos, conocieron personalmente sociedades y experiencias diferentes a las vividas en la época por el español común, en medio de la oscuridad reaccionaria y clerical que propició el franquismo como marca de estilo. Bien sea por la derrota republicana –el caso de Vicente Aranda–, bien por inquietudes personales –Gonzalo Suárez– o, los más, por orígenes de clase que les permitían largas estancias fuera de Cataluña, muchos de los futuros cineastas vivieron buena parte de su formación en países europeos marcadamente diferentes de la España franquista.

Uno de los primeros cineastas, y en su caso mucho más conocido luego por las actividades que desarrolló en otros ámbitos, que se fue al extranjero fue Ricardo Bofill Levi; el apellido materno fue el que utilizó para firmar sus primeros trabajos cinematográficos. Nacido en Barcelona en 1939, el futuro arquitecto ingresó en la Universidad Politécnica en el curso 1956-57, y aquel mismo año formó parte del primer sindicato democrático de estudiantes. Militante del PSUC y expulsado de la universidad, decidió aceptar la invitación de su amigo Jacinto Esteva para completar estudios en Suiza. Así, entre 1957 y 1960 Bofill fue estudiante de arquitectura en Ginebra, y mientras Esteva comenzaba sus primeros pasos en el terreno cinematográfico, como veremos, Bofill decidió estudiar un año adicional de urbanismo en la Sorbona parisina.

Al regresar a Barcelona, Bofill se enteró del no reconocimiento de sus estudios ginebrinos por parte de las autoridades académicas, pero junto con su padre, el arquitecto Emili Bofill i Belessart, creó el Taller de Arquitectura y se dedicó a su profesión, no sólo en su vertiente de creación de proyectos –ganó un premio del Fomento de las Artes Decorativas por un edificio de viviendas en la calle Nicaragua de Barcelona–, sino a través de artículos en publicaciones especializadas, antes de trabajar como guionista, con Gubern y Vicente Aranda, en el primer largometraje de ambos, *Brillante porvenir* (1964).

Junto con Bofill y Esteva, el tercero de los participantes de la «aventura francesa» fue Carlos Durán, nacido en Barcelona en 1935 y que había hecho un poco de todo en su ciudad antes de irse a París para estudiar cine en el Institut des Hautes Études en Cinématographie (IDHEC). Fotógrafo de modas desde 1956, su interés por el cine lo llevó a asistir a los cursillos privados que Fernando Espona impartía en un local de la calle Trinquet de Barcelona, el primer intento de aclimatar en España las técnicas de actuación que Lee Strasberg, Elia Kazan y sus socios hicieran populares desde su neoyorquino Actor's Studio. El peculiar Espona, que se asoció al principio con el productor y director Julio Coll, organizaba «violentísimos psicodramas con sus actores en lugares públicos, como bares, sin avisar previamente a los dueños, y fue un milagro que la policía no interrumpiera alguna de aquellas trifulcas y se los llevara detenidos a todos», según Gubern.[1] Además de Durán, por la escuela de Espona pasaron algunos futuros actores, como Daniel Martín y Marcos Martín, o personas que tenían un interés marcado por el cine, como el entonces aspirante a escritor Ramón «Terenci» Moix y el futuro editor Jorge Herralde.

Buscando un nuevo horizonte que le permitiese una dedicación profesional al cine, Durán se fue a París en 1960, y allí ingresó en el exigente IDHEC, donde se graduó en 1963 después de algún trabajo teórico y dos prácticas de curso, *Une aussi petite jolie plage* (1961, en 16 mm, un título que juega con el referente del nombre de otro film, *Une si jolie petite plage*, de Yves Allegret, con Gérard Philippe), cuyos exteriores se rodaron en Sitges y los interiores en casa de la familia Herralde en Barcelona; y *Un jour comme un autre* (1962, en 35 mm). Las amistades y los contactos hechos en París fueron, en los primeros tiempos de su regreso a Barcelona, hacia 1963, los que le permitieron introducirse en el mundo del cine comercial, porque, al igual que les ocurrió a otros, Durán no pudo convalidar su título francés por el equivalente en la EOC.[2]

1. Román Gubern, *Viaje de ida*, Anagrama, Barcelona, 1997, págs. 201-202.
2. «Pedí una convalidación de estudios en la EOC, que me fue denegada porque no había intercambio cultural entre Francia y España. Fui al Sindicato y me ofrecieron hacer películas de meritorio (5 de meritorio, 5 de *script*, 5 de ayudante). Dada la producción que había en España, en Barcelona era imposible hacerlo, y en Madrid me resultaba muy caro vivir, porque los meritorios son explotados de un modo innoble.» Carlos Durán a Antonio Castro, *El cine español en el banquillo*, Fernando Torres, Valencia, 1974, pág. 135.

Por un lado, trabajará en coproducciones internacionales: como segundo ayudante de dirección de *Gibraltar* (1963), de Pierre Gaspard-Huit; en *Tierra de fuego* (1964), de Mark Stevens, o en *The Sound and the Silence* (1966), documental sobre Carmen Amaya dirigido por el británico Neil Bruce.[1] Por otro, comenzará a colaborar en producciones autóctonas: realizará múltiples cometidos en el rodaje de *Los felices sesenta* de Camino –inicio de su larga relación profesional con este director, del cual ya había sido ayudante de dirección de su cortometraje *Copa Davis* (1965) y volvería a serlo de su siguiente largometraje, *Mañana será otro día* (1966)–, se desempeñaría como director técnico en el rodaje del cortometraje *Circles* de Bofill –también producido por Tibidabo Films–, y desde entonces se dedicará fundamentalmente a las producciones de la Escuela de Barcelona, además de sus propios films. Con el correr de los años, Durán habría de convertirse en uno de los productores más inteligentes del cine español: si su producción como director se detiene, dramáticamente, en 1971, después de la prohibición de *Liberxina 90*, su trabajo en el campo profesional continuó prácticamente hasta que se lo permitió la enfermedad que lo mató, en 1988.

El primer trabajo propio que realizó Durán en Barcelona a su regreso de París fue un cortometraje, *Raimon*, rodado en 1965 con financiación de amigos y de algunos de los que trabajaron en el equipo –Oriol Regàs, el doctor Lluís Serrat, el director de fotografía Amorós y el propio Durán–, que él mismo definió, en una entrevista con Jaime Picas, como una visualización de algunas de las canciones más representativas del cantautor valenciano: «*Som* es vista a través del despertar de una ciudad industrial; *D'un temps, d'un pais* nos muestra a Raimon en contacto con la masa de sus espectadores en el Palau de la

---

1. Esta vertiente del trabajo de Durán no tuvo una continuación destacada, pero incluye, no obstante, un par de películas en las que colaboró en similares condiciones. Una, *Les Libertines*, de Pierre Chenal, no pasará precisamente a la historia grande del cine. La otra, en cambio, es muy significativa de *l'air du temps* de finales de los sesenta. *More*, de Barbet Schroeder, fue rodada en Ibiza en 1968 y con Néstor Almendros, esa figura que aparece y desaparece en la Barcelona de aquella época, como director de fotografía. Durán fue el director técnico del rodaje.

Música y en el Palau Municipal d'Esports de Barcelona. *Ahir* aparece sobreimpuesta en la película a diversas fotografías cedidas por la UNESCO, que pertenecen a sus campañas contra el hambre y la violencia originada por los conflictos sociales, raciales y bélicos.»[1] Este paraguas de la UNESCO bajo el cual el nuevo director pretendió protegerse le sirvió de bien poco frente a las presiones de la censura, que no estaba dispuesta a tolerar que un cantante tan connotado como Raimon fuese objeto de interés cinematográfico.

6. GRAU Y LA OTRA BARCELONA

Ya hemos afirmado que una de las características comunes a casi todos los miembros de la EdB era su claro antifranquismo, a pesar de que dentro de las filas de la oposición activa al régimen no todos admitían de buen grado la militancia política de los cineastas. Caso atípico entre los componente de la Escuela, Jorge Grau protagonizó una trayectoria profesional vinculada a instituciones que, como el cineclub Monterols –donde conocería a José Luis Guarner, posteriormente también vinculado con varios miembros de la Escuela, o al futuro crítico, productor y director general de cine José María Otero, con quienes volvería a coincidir en la Semana de Cine en Color de Barcelona– o alguna de las productoras para las cuales rodó en sus orígenes cinematográficos –como Procusa– tenían fama pública de estar cercanas al Opus Dei o de contar entre sus miembros con notorios adictos a la orden fundada por monseñor Escrivá de Balaguer. El propio director general de Cinematografía y Teatro, García Escudero, lo refleja así en su diario, refiriéndose a la ópera prima del realizador: «*Noche de verano* de Jorge Grau es declarada "de especial interés cinematográfico". Antes, no se había podido ni tan siquiera realizar. El Sindicato

1. Declaraciones de Carlos Durán a Jaime Picas, *Fotogramas*, n.º 895, 17-12-1965. Hay que recordar que poco tiempo después, Llorenç Soler intentó hacer algo similar, con Raimon otra vez como protagonista. *D'un temps, d'un país* (1967-1968) nació de un rodaje clandestino en 16 mm y se exhibió sin títulos de crédito.

89

no la ha premiado. Hay quien dice que lo hemos hecho porque su director es del Opus. Ni lo sé, ni lo creo, ni me importa.»[1]

No se trata de preguntarse si Grau era o no del Opus, además de que el propio interesado reconoce no haberlo sido nunca: «En mis comienzos, estuve vinculado al cineclub Monterols, y verdaderamente Procusa me dio trabajo, hasta el punto de que llegué a sospechar que querían hacer de mí un director "de la casa". Pero los problemas que sufrió *Noche de verano* (que fue acusada por monseñor Escrivá en términos muy duros, que provocaron que Procusa le cortara media hora de su duración original) me alejaron definitivamente de ellos.» Sorprende no obstante que los miembros de la Escuela, empezando por el propio Jordá, se sintieran tan vinculados personalmente al joven director. Las razones, más allá de la ideología, hay que buscarlas en la evidente profesionalidad de Grau, un claro ejemplo de *self made man* que, desde unos orígenes humildes, llegó a construir con evidentes esfuerzos una carrera artística en la que el cine, con ser importante, no fue su única preocupación. Y también por el hecho de que, a causa de sus relaciones en Italia, Grau podría constituir potencialmente un puente hacia las coproducciones: de hecho, algunos de sus films posteriores lo son.

Nacido en Barcelona en 1930, Grau comenzó a trabajar desde muy joven, a los trece años, como *grum* del Gran Teatro del Liceo. Su primer contacto profesional con el cine se produjo en 1949, cuando apareció como extra en *Rumbo*, de Ramón Torrado. Estudiante del Instituto del Teatro, debutó en las tablas en 1951 como director y actor de *La anunciación de María*, además de crear una efímera compañía propia, el Gran Teatro de la Juventud. Volvería a los escenarios en varias ocasiones (*Juana de Arco en la hoguera*, 1954; *Filoctetes*, 1956; *La cáscara de*

1. José María García Escudero, *La primera apertura. Diario de un Director General*, Planeta, Barcelona, 1978, pág. 57, correspondiente al día 19 de febrero de 1963. Y más adelante, a raíz del premio que el film recibió en el festival de Mar del Plata, García Escudero escribe: «El guión fue prohibido en 1956 y la productora (me dicen que de alguna manera relacionada con el Opus o con gente del Opus) no quería que se llevase la película al festival porque pensaba que no era moralmente recomendable: ¡y ahora se la premian por su exaltación del matrimonio!» (*Ibid.*, pág. 64, correspondiente al 24 de marzo de 1963).

nuez, 1956). Interesado por la pintura –realizó tres e.
nes personales, en 1952, 1956 y 1982, además de partic.
una colectiva de homenaje a Joan Miró, en 1973–, guion
diofónico en Radio Nacional de España y miembro de su
dro escénico (1947-1953), además de actor en *La rana v*
(1957), de Josep Maria Forn, durante la primera estancia
ambos en Madrid, o responsable del rodaje de algunas escen
adicionales de *Los jueves, milagro* (1957), de Berlanga, ese mismo año se fue a Roma, con una beca para estudiar en el Centro
Sperimentale di Cinematografia.

Sus colaboraciones en rodajes de coproducciones ítalo-
españolas lo llevarían a trabajar en numerosos films comerciales, como *Un hombre en la red*, de Riccardo Freda, *El colo-
so de Rodas*, de Sergio Leone, *Goliat contra los gigantes*, de
Guido Malatesta, o *Los siete últimos días de Pompeya*, de Mario Bonnard, en las que realizó diversas tareas. Paralelamente,
desarrolló una carrera como cortometrajista, con films como
El don del mar (1957), *Sobre Madrid* (1960), *Medio siglo de un
pincel* (1960), *Barcelona, vieja amiga* (1961) o *Laredo, Costa de
Esmeralda* (1961). No es extraño, pues, que cuando se produjo
su debut en el largometraje, con *Noche de verano* (1962) –coproducción entre Procusa, Elías Querejeta y la italiana Do-
miziana Internazionale, distribuida por la multinacional estadounidense Paramount, y con un éxito considerable–, su
nombre fuese inmediatamente incluido en el llamado NCE,
porque representaba intereses comunes con los de los jóvenes
de la EOC.

«En *Noche de verano* intenté reflejar una manera de ser, que
era la mía», reconoce el autor, y lo hizo evidente en una historia que transcurre durante dos verbenas de San Juan separadas
por un año; una historia muy mediterránea y barcelonesa. Dos
matrimonios, uno fallido y otro cuajado, son los ejes de un film
que dejaba claras las influencias del cine italiano, en el que se
formó el director por aquellos años, y que serían una de las señas de identidad del NCE. Bien lo supo ver Guarner, cuando en
Documentos Cinematográficos realizó una crítica prolija y favorable del film: «Creo que en *Noche de verano* existe una gran influencia de todo el cine italiano de nuestros días, pero muy ta-

a por la personalidad, el temperamento de su realizador. influencia que se siente en el método de abordar a los personajes, en el ritmo de la narración, pero nunca en un encuadre, en un tema específico.»[1]

Ese punto de vista común con el neorrealistizante espíritu del NCE se confirmaría en 1964, cuando Grau rodó, esta vez en Madrid, su siguiente film, *El espontáneo*, mucho más cercano al espíritu realista de la EOC que a las futuras rupturas barcelonesas, a pesar de algunos extraños guiños inusuales en la época. Por ejemplo, la mezcla de blanco y negro y color en el fragmento final de esta historia de un muchacho desesperado porque, tras perder injustamente su trabajo como botones en un hotel, no encuentra ninguna otra ocupación acorde con lo que él, y sólo él, cree que son sus dotes personales, hasta terminar, en un rapto de osadía, tirándose como espontáneo a un ruedo donde, previsiblemente, el toro se lo llevará por delante.

Después de estos dos ejercicios plausiblemente realistas, Grau, un hombre que también había vivido en una cultura tan viva y diferente como era la italiana, sorprendió en 1965, el año de *Fata Morgana*, cuando *Acteón* puso de manifiesto una considerable voluntad de experimentación formal. Producido por X Films, una empresa ligada al poderoso grupo económico montado por Juan Huarte –mecenas que financió operaciones artísticas de todo tipo, entre ellas el apoyo al grupo de pintores vascos Alea o la producción del film inequívocamente de vanguardia ... *ere erera baleibu icik subua aruaren* del pintor José Antonio Sistiaga, directamente pintado sobre celuloide; y más tarde también habría de producir *Ceremonia sangrienta*, del propio Grau–, este film tenía una prehistoria.

El argumento original había sido escrito por el escultor vasco Jorge de Oteiza y, posteriormente, Grau entró en el proyecto, «pero al trabajar con él –recuerda el cineasta– me di cuenta poco a poco de que él era un hombre que de cine no entendía. [...] Yo trataba de traducir el guión a partir de sus ideas, pero me di cuenta de que *Acteón*, para mí, era otra cosa. [...] Para él,

---

1. José Luis Guarner, en *Documentos Cinematográficos*, n.º 18-19, junio de 1963, actualmente recopilada en *Autorretrato del cronista*, Anagrama, Barcelona, 1994, pág. 392.

Acteón era un pastor en una montaña nevada. Para mí, era un pescador mediterráneo». La relación entre Grau y Oteiza se deterioró hasta el punto de que el cineasta amenazó con retirarse del proyecto: «Pero como el productor no acababa de confiar en la capacidad de Oteiza como realizador, se llegó a un compromiso: yo haría mi *Acteón*, el que yo podía haber pensado durante este tiempo, y Oteiza haría el suyo: haríamos media película cada uno. Entonces empecé a trabajar en el guión con mi medio *Acteón* y unos días después se recibió una carta de Oteiza insultándome a mí, insultando a Huarte, que era el productor, y entonces se vio clarísimo que él no haría nunca su *Acteón*.»[1]

El film es una recreación moderna del mito de Acteón, el joven cazador que, según unas versiones, intentó violar a Artemisa (Diana), y según otras, sólo la vio desnuda mientras se bañaba con sus compañeras, razón por la cual la diosa lo convirtió en ciervo. Perseguido por su propia jauría, y por su perro más fiel, Melanpo, fue violentamente cazado y desgarrado por los canes. Grau parte del mito para proponer una lectura contemporánea del mismo. Acteón es aquí un hombre que contempla a una mujer desnuda mientras se baña en el mar, y se enamora de ella. Pero lejos de hacer una transcripción mecánica o una mera ilustración, el director juega con relaciones espacio-temporales que impiden al espectador situarse confortablemente en el seno de la narración, que jamás es lineal y cronológica. Alternando las imágenes en un presente totalmente inestable, la trama juega al mismo tiempo con dos relaciones del protagonista, y propone analogías icónicas con ciervos, hasta llegar a mostrar la cacería de una jauría y la muerte horrible de un ciervo abatido por ésta. Pero el film, que trata también otros temas más habituales en el cine de los directores de la Escuela, como la pareja, el azar, el encuentro amoroso y la ruptura, o la imposibilidad del amor, presenta igualmente un personaje fustigado por la vida de cada día, el vivir sin vivir, la asfixia y la alienación, que virtualmente lo convierten –subrayado por numerosas metáforas visuales: bueyes en el matadero, botellas

1. Jorge Grau a Jesús García de Dueñas, *Nuestro Cine*, n.º 73, mayo de 1968.

alineadas, casas ferozmente iguales unas de otras, cementerios– en nadie.

Acteón gustó mucho a los futuros miembros de la Escuela: el joven director podía estar, estéticamente, mucho más cercano a ellos de lo que podían sospechar. Y, a pesar de que su film siguiente, *Una historia de amor*, no resulta equiparable al experimentalismo de *Acteón*, el tratamiento de un tema poco habitual en el cine de aquellos años –un peculiar triángulo amoroso entre una una mujer embarazada, su marido y la hermana de la mujer, con un final sorprendentemente abierto y nada moralista que pudo pasar la censura–[1] lo situaba, desde el punto de vista de un compromiso artístico personal con su obra, muy cerca de la Escuela. Y así, no resulta extraño que cuando se lleve a cabo el proyecto de una película sobre las dos caras de Barcelona, la popular de El Molino y la *snob* y cosmopolita de la calle Tuset –justamente, en *Tuset Street*–, la persona a quien se le encarga sea Grau. No había en aquellos años en la ciudad condal ningún otro director joven con su experiencia y su crédito ante la industria: Grau podía ser el puente que la Escuela estaba buscando para adquirir credibilidad con vistas a la industria establecida y con la producción madrileña, que siempre financió los proyectos del barcelonés.

Así, y a pesar del desencanto que dejaría la frustrante experiencia del rodaje del film, durante algún tiempo Grau fue un hombre fijo en todas las especulaciones sobre la Escuela. Más allá de sus declaraciones de la época, su nombre al pie de todos los proyectos que, hacia 1966-1967, comenzaban a escribir los futuros miembros de la Escuela, y que tenían como preocupa-

1. Según la copia que se vea, el final de *Una historia de amor* difiere considerablemente, y eso se debe, además de a la intervención de la censura, al hecho de que Grau rodó hasta tres finales distintos. En uno, presumiblemente el del estreno, la hermana (Serena Vergano) abandona la casa para volver con sus padres una vez que la mujer (Teresa Gimpera) ha dado a luz. La copia actualmente disponible en vídeo muestra, no obstante, ese final cuya amplitud aquí se menciona: una vez que ya es madre, Gimpera escribe una carta a Vergano en la que la insta a regresar a vivir con ellos..., una implícita llamada a continuar esa relación triangular que el film ilustra. Véase al respecto el capítulo correspondiente al film, firmado por Casimiro Torreiro, en Julio Pérez Perucha (ed.), *Antología crítica del cine español.. 1906-1995*. Filmoteca Española/Cátedra, Madrid, 1997, págs. 638-640.

ción fundamental la constitución de una plataforma estable de producción, ofrece un testimonio suficientemente concluyente del grado de compromiso que asumió con el movimiento barcelonés... o el de los futuros «escolares» con él, para decirlo con toda propiedad.

7. EL AMIGO AMERICANO

Otro de los eslabones de la cadena que constituiría la futura Escuela fue Vicente Aranda. De familia aragonesa, obrera y de izquierdas, nacido en Barcelona en 1926, Aranda tuvo que abandonar sus estudios para ganarse la vida una vez terminada la Guerra Civil. En 1949 emigró a Venezuela, donde trabajó, entre otras, para una multinacional norteamericana, la NCR. Ganó suficiente dinero como para regresar a casa en 1959 e, interesado por los estudios de cine, intentó entrar infructuosamente en la EOC, pero la falta del título de bachillerato se lo impidió.[1] Tampoco consiguió ingresar en el IDHEC, en París; pero su interés por la imagen quedó de manifiesto cuando, a través de su amistad con los hermanos Goytisolo, hizo las fotografías que ilustran el libro *Campos de Níjar* de Juan Goytisolo.

Los Goytisolo le presentaron a diferentes conocidos, con dos de los cuales trabajó no mucho después: Ricardo Bofill y Román Gubern. En un viaje a Andalucía junto con Luis Goytisolo y Bofill, en el curso del cual recorrieron Sevilla, La Palma, Niebla y el Puerto de Santa María, Aranda rodó uno de sus primeros experimentos cinematográficos, un documental de unos 10 minutos, en 16 mm, realizado por azar en un pueblo de la provincia de Huelva. «Pasamos por un pueblo, que se llama Trigueros, y estaban en fiestas. Una de las cosas que

---

1. «Mantuve una conversación con Florentino Soria [subdirector de la EOC] de la que extraje la conclusión de que no autorizaban el acceso sin el título de bachillerato, del cual yo no disponía. Más tarde averigüé que otras personas se habían colado simplemente gracias a que en la EOC no investigaban demasiado si se tenía o no» (Aranda a Ramón Freixas y Joan Bassa, *Dirigido por...*, n.º 172, septiembre de 1989, págs. 52-53).

hacían consistía en que el cura, el guardia civil y el alcalde tiraban pan a la gente y ésta se peleaba por cogerlo. Era puramente ceremonial, pero nosotros le dimos otro carácter. Rodamos eso y después yo lo monté con toda la mala intención del mundo. Parecía que el guardia civil daba de comer al pueblo. No le pusimos ni título. Rodamos con un material que llevábamos en el bolsillo. Era blanco y negro y reversible. Después apareció un amigo de Ricardo [Paolo Brunatto, también amigo y colaborador de Esteva], se lo llevó y nunca lo devolvió. Una parte del negativo todavía la conservo. No estaba sonorizado.»[1]

Y así, junto con Bofill, Serena Vergano –ya entonces vinculada sentimentalmente con éste, y que fue la protagonista del film– y Gubern, montaron la producción del que habría de ser su debut profesional en el cine, *Brillante porvenir*, una suerte de adaptación camuflada de la novela de Scott Fitzgerald *El gran Gatsby*, codirigida con Gubern y acabada en 1964. Según Aranda, el principal impulsor de la idea fue Bofill: «El papel de Ricardo fue muy importante. Me convenció a mí para dirigir la película. Yo no pensaba hacerlo y buscaba una solución según la cual yo fuese el guionista y otro el director, que podía haber sido Román. Ricardo me impulsó a dirigirla. Sin él, yo habría estado cinco o seis años más antes de dirigir una película.» Y si Aranda aceptó la codirección fue, recuerda Gubern, por razones estrictamente legales: «En aquella época existía la ASDREC, la Agrupación Sindical de Directores y Realizadores Españoles de Cine. Vicente no podía dirigir porque no tenía carnet de la ASDREC; no se lo podían dar porque no tenía currículum. Me pidieron que yo lo solicitara, pedí el ingreso en

---

1. Aranda no recuerda con exactitud la fecha del viaje, pero en el segundo volumen de sus memorias, *En los reinos de taifas*, Juan Goytisolo habla de dos viajes, los dos con Bofill y Aranda. Ambos fueron a Albacete, uno entre el 7 y el 28 de septiembre de 1961 y el otro en septiembre del año siguiente. No obstante, hay que recordar que en 1960 Aranda fotografió la región de Níjar y allí fue con Goytisolo, Simone de Beauvoir y Nelson Algren en un primer viaje (periplo parcialmente recordado por la Beauvoir en sus *Lettres à Nelson Algren*, Gallimard, París, 1997, págs. 585-587, aunque sin mencionar al resto de los acompañantes), y con Goytisolo y el cinesta francés Claude Sautet en un segundo, siempre el mismo año. La fecha es, por lo tanto, entre 1960 y 1962.

ASDREC, Juan Antonio Bardem era el presidente, y me lo concedieron sin problemas. Y por eso pude correalizarla.»

Para realizar el film, Aranda obtuvo el respaldo de una empresa de publicidad, Buch-Sanjuán, creada en 1958 y que esporádicamente se dedicó a producir cine. Para poder proceder a la realización del film, la empresa se dio de alta en el Registro de Empresas Cinematográficas (personas jurídicas) en agosto de 1963, con José M.ª Sanjuán como presidente, Manuel Martínez Buch y el propio Sanjuán como consejeros delegados y Gabriel Torrente como vocal. Al parecer, Aranda entró en contacto con Sanjuán a través de Gubern, quien a su vez conoció a éste «en algún bar de putas y le propuso que produjeran nuestro proyecto. Sanjuán tenía la costumbre de perforar con el cigarrillo las ligas de las putas y después les daba mil pesetas. A Buch no lo llegué a ver nunca –recuerda Aranda–, era dibujante y creo que murió del disgusto. Cuando Buch-Sanjuán hizo suspensión de pagos –recuerdo las colas de los acreedores frente a las oficinas–, el 50% de los derechos de *Brillante porvenir* pasaron a mis manos y el resto a los laboratorios Riera».

Aranda juzgó siempre el film con dureza,[1] pero por lo menos la experiencia de esta codirección, que fue más teórica que real porque Aranda asumió las funciones de dirección durante el rodaje[2] –algo que todos los participantes reconocen–, habría de constituir para el futuro famoso realizador un antecedente importante cuando, un año más tarde, se presentara nuevamente la ocasión de correalizar una película, esta vez *Fata Morgana*, proyecto que en sus orígenes partía de una idea de otro aspirante a debutar, Gonzalo Suárez.

1. «*Brillante porvenir* parece hoy más vieja de lo que en realidad es. Este "envejecimiento" ya se le notaba en el momento de su estreno. Yo fui consciente de ello y, desde mi posición de autor, la crítica más ejemplar que puede hacerse –ejemplar para una continuidad– es que, sobre todo, tuvimos poco atrevimiento, demasiado miedo. Se nota en la película la falta de audacia» (Aranda a Octavi Martí y Carles Balagué, *Dirigido por...*, n.º 21, Barcelona, marzo de 1975).

2. Según lo recuerda Serena Vergano, «Vicente era la parte directora, entendida en el sistema clásico de estructura de secuencias; Román era la parte literaria y Ricardo era un poco el consejero estético, porque él venía de otra educación. El encuentro de estas tres personas fue interesante, pero el resultado de la película encuentro que está más marcado por la personalidad de Vicente que no por la de los otros».

Por su parte, Gubern, que como mínimo había sido aspirante a director, no parecía ya inclinado a continuar por esa vía. Por origen familiar, por conocimientos y por amistades habría podido formar parte del núcleo central de la Escuela: nacido en 1934 en el seno de una familia de la alta burguesía barcelonesa, estudiante de Derecho en la universidad barcelonesa y de dirección en el IIEC –superó con éxito el examen de ingreso, a pesar de que no concluyó estos estudios–, Gubern compartía con algunos de los promotores de la Escuela –Jordá, Bofill, que fue el que lo invitó a entrar en el PSUC– una militancia política universitaria de izquierdas. Además, ya había hecho algunos intentos en el terreno de la dirección: en 1959, junto con el futuro novelista José María Riera de Leyva –con quien había escrito un par de guiones que no llegaron a realizarse–, con fotografía de Deu Cases y producción de un antiguo compañero de carrera, Modesto Beltrán,[1] al frente de una efímera productora premonitoriamente llamada Safari Films, Gubern rodó *Costa Brava 59*, un documental en 16 mm, en blanco y negro, pionero en la denuncia de la degradación del paraíso turístico del norte de Cataluña que, no obstante, no se llegó a acabar: le faltan los títulos de crédito, tal como se observa en la única copia actualmente disponible.

Pocos meses después, Gubern preparó junto con Jordá un par de proyectos que se habrían podido materializar. En uno de ellos, sobre el célebre *music-hall* El Molino del Paralelo barcelonés, emplearon tiempo y energías considerables: «Los dos íbamos a menudo (a El Molino) y comenzamos a sacar fotos. Teníamos unas doscientas, un verdadero fichero», según recuerda Jordá. También Beltrán colaboró en el proyecto. El otro, más político, versaba sobre la descolonización africana y era un proyecto para UNINCI. «En la época final de UNINCI yo preparaba con Jordá un documental de largometraje para conmemorar el África libre, el África descolonizada. Eran aquellos

1. Amigo íntimo de Jacinto Esteva, Beltrán fue contratado como primer jefe de producción de Filmscontacto en 1965, tarea de la que fue removido poco después a la vista de sus escasas aptitudes para el puesto, y habría de ser también compañero de las aventuras africanas de Esteva, ya en la década de los setenta.

años en los que países como Guinea se independizaban, y en la pared de UNINCI había un mapa de África. Yo estaba trabajando en un guión de largometraje, un disparate cuando lo piensas hoy en día, que era un recorrido por África para cantar la joven África que nacía libre de las cadenas del colonialismo», rememora Gubern. Que una parte de estos proyectos africanos fuesen retomados más tarde por otros compañeros de aventuras (por ejemplo, por Esteva en sus abortados proyectos *La ruta de los esclavos* y *Del arca de Noé al pirata Rhodes*), o que la historia de El Molino se parezca a la que ilustra *Tuset Street*, el film comenzado por Grau, es indicativo, en todo caso, de una sensibilidad común hacia ciertos temas que marcan un cierto *air du temps*, unos intereses artísticos que, en el fondo, constituyen el sustrato aglutinador máximo de eso que se dio en llamar la EdB.

Y si nos detenemos un momento en otro personaje que también participó en *Brillante porvenir*, la actriz italiana Serena Vergano, podremos concluir el perfil de aquellos y aquellas que, formados total o parcialmente fuera de Cataluña, participaron en la fundación de la Escuela. Vergano llegó a Barcelona desde Italia antes aún que quien habría de ser su compañero masculino en el *cast* de películas como *Noche de vino tinto* o *Dante no es únicamente severo*, Enrique Irazoqui. La actriz comparte con el ocasional actor un común pasado profesional en Italia, que en el caso de éste se limita prácticamente a un solo film, aunque particularmente notable, *El evangelio según San Mateo (Il vangelo secondo Matteo*, 1964) de Pier Paolo Pasolini, en el que encarnó el papel de Cristo.

Nacida en Milán, Adalgisa Maggiora Vergano, *in arte* Serena, fue descubierta por Alberto Lattuada cuando aún era una adolescente y debutó con su descubridor en *Dolci inganni* (1960). Estudiante de arte dramático, Vergano comenzaba en su país una prometedora carrera de actriz –*Il brigante* (1961), de Renato Castellani, *Crónica familiar (Cronaca familiare*, 1962), de Valerio Zurlini, *Una vita violenta* (1962), codirigido por Brunello Rondi y Paolo Heusch, entre otras– cuando se trasladó a Barcelona para participar en el rodaje de la coproducción *El conde Sandorf* (1963), de Georges Lampin, en la cual actuaba junto a Louis Jourdan y Paco Rabal, amigo personal de Esteva y con el cual trabajaría en el futuro. Fue durante este rodaje cuando conoció a Ricardo Bofill, de quien se enamoró y por quien abandonó su carrera italiana. Instalada en Barcelona, Vergano habría de dar buena parte de la distinción y el *charme* del que disfrutarían algunos de los films de la Escuela, en los que participó en papeles de gran relieve.

8. FLASHES, «SPOTS» Y PASARELAS

En una de aquellas frases suyas cargadas de provocación, Jacinto Esteva tocaba el punto débil de los aires que corrían por Barcelona cuando declaraba a la revista *Film Ideal*: «En Elche de la Sierra no hay maniquíes y sí hay toros. A pesar de todo, resulta más económico contratar a una maniquí en Barcelona que alquilar un toro en Elche.»[1] Detrás de esta sentencia se esconde una verdad incontestable: en los años sesenta en Barcelona se vivía el *boom* de la moda, de la publicidad y de la fotografía, un *boom* probablemente superficial y artificioso, pero que era el signo externo más evidente de un cierto concepto de modernidad imperante. Y si Gonzalo Suárez imaginó su *Fata Morgana* en torno a Teresa Gimpera, porque era para él un rostro que le asaltaba cotidianamente desde cualquier valla publicitaria, Portabella y Brossa integraron en *No contéis con los dedos* la duración y el ritmo de los aún primerizos *spots* publicitarios, para el cine y para la televisión, en una operación destinada sobre todo a «bombardear» al público con mensajes a contracorriente y a subvertir desde el interior el mensaje publicitario.

Desde un punto de vista industrial, la publicidad comenzaba entonces a abrirse paso en el seno de una sociedad que despertaba al consumo en medio de los sesenta, y con la emigración hacia Europa y el turismo convertidos en un fenómeno económico de largo alcance que reducirían por la vía directa

1. Jacinto Esteva a Ramon Font y Segismundo Molist, *Film Ideal*, n.º 208, 1969, págs. 104-106.

las fronteras rígidas de la autarquía de la posguerra. Pero desde un punto de vista artístico, la publicidad era sobre todo uno de los elementos capitales del admirado y copiado *pop-art*: Andy Warhol llenaba el mundo de latas de sopa Campbell, Mao Zedongs y Marilyns seriales, y otros pintores, como Rauschenberg o Lichtenstein, hacían casi lo mismo; y conviene no olvidar que 1964 fue, en la Biennale veneciana, el año de la explosión del *pop-art* en Europa. El lujo de la producción gráfica en las revistas ilustradas, compradas no sólo en los viajes por Europa y Estados Unidos, que algunos miembros de la Escuela realizaron con cierta frecuencia, sino también en selectos reductos locales, hacía olvidar por un rato la grisura enfermiza de un franquismo que, obligado por las circunstancias, empezaba entonces lo que luego se denominó, con poca fortuna e inequívoco afán normalizador, «la primera apertura».

Moda, publicidad, diseño eran terrenos fronterizos, y en todo caso habrían de ver surgir no sólo a dos de las «musas» más impactantes y «modernas» de la Escuela de Barcelona –Teresa Gimpera «Gim» y Carmen Romero «Romy»–, sino también a una buena parte de técnicos que, con Juan Amorós al frente, crearon el lenguaje específico de la Escuela. Varios de los futuros directores adscritos a ésta realizaron trabajos publicitarios, antes o durante la efímera vida de la EdB. Por ejemplo, Esteva rodó *spots* por encargo de una agencia creada por su esposa, Annie Settimo, con la cual dejó de vivir pocos meses después de regresar a Barcelona desde París. Otros profesionales también intervinieron en operaciones publicitarias, como Jaime Camino, contratado al efecto por Filmscontacto, empresa que ocasionalmente se dedicaba a la producción de *filmlets*, los anuncios rodados en formato cinematográfico.

Entre los fotógrafos que simultanearon su trabajo habitual con la publicidad están casi todos los que estuvieron cerca de los círculos de la *gauche divine*, aunque hay un caso que conviene destacar entre todos: el de Leopoldo Pomés, no sólo por ser el descubridor de buena parte de las modelos de la época, entre ellas las citadas Romy y Gimpera, sino también por haber participado en varias aventuras cinematográficas previas (y posteriores) a la eclosión de la Escuela. Interesado desde siem-

101

pre por el cine, Pomés rodó en 8 mm *Salida de misa* (1956), así como otros documentales, uno de ellos sobre una abortada visita a Picasso en su residencia del sur de Francia,[1] un tema que parece recurrente, a la vista de otro posterior episodio que, como se verá, afectó a varios futuros miembros de la Escuela.

Igualmente, esta vez con Portabella, Pomés intentó llevar a buen puerto un documental taurino, que tenía a Juan Amorós como cámara, en su primer trabajo fuera de No-Do. Se llegaron a rodar algunos planos en una fotografía sobrexpuesta, incluso una cogida a Antonio Ordóñez, pero el proyecto no culminó, aunque, como recuerda Amorós, las fotografías de documentación para el rodaje que realizó Pomés «las usó Francesco Rosi para visualizarlas y después adaptar sus imágenes a las de su película *El momento de la verdad*, que se rodó en Barcelona sobre un torero, y que hizo furor en su momento». Como ya hemos visto, tampoco llegaría a materializarse el proyecto de Pomés de dirigir el documental sobre La Chunga que terminó Carlos Saura, a pesar de que las fotografías previas eran suyas.

Estos fracasos volverían a producirse años después, cuando una de las modelos que adquirieron fama y notoriedad, Teresa Gimpera, recibió una oferta para rodar el film que luego sería *Fata Morgana*. Pomés temió que Gimpera se alejase del mundo de la publicidad, cosa que finalmente sucedió (aunque años después, la propia Gimpera creara una célebre agencia de modelos en la ciudad condal, de la cual fue socia durante un tiempo la propia Romy), y en una semana de febril trabajo escribió un guión pensado para ser protagonizado por la modelo. Pero, desafortunadamente para el fotógrafo, no fue capaz de encontrar financiación y el proyecto se quedó en nada. También cabe recordar aquí que Pomés fue el fotógrafo de *Notes sur l'émigration*, el cortometraje de Esteva y Brunatto, y a pesar de alguna aparición posterior en otros films del mismo realizador (por ejemplo, era uno de los congresistas de *El hijo de María*), se dedicó preferentemente a los negocios, en especial al estudio fotográfico de su nombre que fundó, junto con la modelo y poste-

1. Sobre este y otros proyectos habló largamente Pomés con J. M. García Ferrer y Martí i Rom en: *Leopoldo Pomés*, Col·legi d'Enginyers Industrials de Catalunya, Barcelona, 1994, págs. 37 y ss.

rior esposa, Karin Leiz, en 1961, el mismo año en que comenzó su prolífica y multipremiada producción de *filmlets*. Algo de su interés por el cine permaneció oculto en él, no obstante: en 1978, Pomés debutó por fin en la realización, con *Ensalada Baudelaire*, un largometraje en cuyo guión participaron el director, Gubern y el arquitecto Óscar Tusquets, y cuya directora artística fue Leiz.

Sin duda alguna, la fotógrafo más vinculada con la Escuela de Barcelona fue Isabel Steva Hernández, «Colita», fotofija en casi todos sus films. Nacida en Barcelona en 1940, se inició en la fotografía como discípula de Xavier Miserachs, entre 1961 y 1963, y trabajó luego para el estudio que Oriol Maspons creó junto a Julio Ubiña. Comenzó sus colaboraciones en los órganos que más difundieron las aventuras de los miembros de la Escuela, como *Fotogramas*, la revista *Bocaccio* o el diario *Tele-eXprés*. Es autora, además, de diferentes libros de fotografías, el primero de los cuales, *Luces y sombras del flamenco*, lo comenzó en 1963 y lo publicó en 1975. Es una de las pocas profesionales de la fotografía que, formando parte del círculo creado alrededor de la Escuela, no se dedicó a la moda ni a la publicidad. Y a pesar de que en la época no se hablaba de una Escuela de Barcelona en el terreno de la fotografía, Colita sostiene la realidad de su existencia.[1]

La moda también estuvo relacionada con la personalidad de Andrés Andreu, el hombre que diseñó gran parte de los so-

1. Concretamente, en uno de los libros de la colección *Diàlegs a Barcelona: Colita/Miserachs*, conversación transcrita por Xavier Febrés, Publicaciones del Ayuntamiento, Barcelona, 1987, págs. 57 y 58: «De todas formas, en Barcelona siempre había habido más valoración de la fotografía que en el resto de España. Ahora Madrid también se mueve, pero los pioneros fueron con mucha diferencia los de la Escuela de Fotografía de Barcelona: Català-Roca, Oriol Maspons... [...] He hablado de Escuela de Fotografía de Barcelona porque somos un grupo de fotógrafos nacidos aquí y que hemos trabajado aquí, pero al margen de cualquier escuela como foco de enseñanza o de cualquier estilo unitario.» Por su parte, Miserachs afirma: «La Escuela de Fotografía de Barcelona es un término que nunca se concretó. Tengo la impresión de que si aquí surgió este grupo es porque los fotógrafos siempre nacen allí donde son necesarios. Me parece difícil que surja un buen fotógrafo en Cáceres. ¿Qué haría si surgiese? La renovación del lenguaje fotográfico en España se inició en Barcelona. El mundo editorial y las revistas eran de Barcelona y Madrid, aunque ahora se hayan decantado más hacia Madrid.»

fisticados vestuarios de algunos films realizados en los sesenta. Como Bofill o Esteva, Andreu era un antiguo estudiante de Arquitectura que abandonó la universidad para dedicarse profesionalmente a la moda, junto a Pedro Rodríguez, con quien aprendió diseño y costura. En 1966 realizó un viaje a Estados Unidos, donde trabajó un tiempo como estilista, y, al regresar a Barcelona, se hizo cargo del diseño de vestuario de películas como *Dante no es únicamente severo*, *No contéis con los dedos*, *Circles*, *Cada vez que...* o *Las crueles*.

Pero indudablemente la mayor aportación del universo de la moda a las películas de la Escuela fue la de las modelos, las musas de los jóvenes cineastas. La más significativa fue Teresa Gimpera, probablemente el rostro más popular, gracias a la publicidad, de la España de la época. Nacida en Igualada (Barcelona) en 1936, dedicada desde joven a la gestión de un colegio propiedad de su familia, Gimpera se casó y, hacia 1961, gracias a un físico y una belleza nada comunes para aquella época, fue invitada a posar para algunas fotografías publicitarias. Descubierta por Pomés, con quien sería pionera en la aparición en los *filmlets*, hizo centenares de ellos, hasta el hartazgo, como reconocía algún tiempo después: «Estuve tres años y medio metida en eso, y tenía la sensación de cooperar a la cretinización del país. El mundo de la publicidad es lo peor de esa sociedad que llaman de consumo.»[1] A pesar de que recibió ofertas para debutar en el cine con anterioridad a 1965, sólo se decidió cuando Gonzalo Suárez le propuso *Fata Morgana*, que marcó el comienzo formal de la trayectoria de la única actriz creada por la Escuela que tuvo una posterior carrera cinematográfica regular.

Carmen Romero, conocida por Romy, fue también modelo antes de conocer a Jacinto Esteva y comenzar su convivencia con él. Nacida en Melilla, Romy se trasladó a Barcelona a los 17 años, y fue primero maniquí para Pertegaz. «Después, de la mano de Pomés, comencé a hacer publicidad. Primero fue aquello del *chinchineando*, que se hizo tan popular. Ya en 1965, me nombraron Maniquí de España y estuve trabajando en Pa-

---

1. Teresa Gimpera a Baltasar Porcel, *Destino*, n.º 1.667, Barcelona, 13-6-69.

rís en casas de costura como Dior o Nina Ricci. Después regresé a Barcelona y empezó la locura de mi trabajo no profesional, que fue una locura maravillosa y muy enriquecedora», recuerda la actriz.

Y aunque sea sólo como ejemplo exótico, en la amplia nómina de modelos que aparecieron en algunos de los films de la escuela destaca el caso de la danesa Susan Holmqvist. Nacida en Aalborg en 1946, Miss Naciones Unidas en 1966, vivió primero en París y, desde 1965, fijó su residencia profesional en Barcelona, también por razones sentimentales, y debutó en el cine paradójicamente en un film comercial, *Vivir al sol* (1965), de Germán Lorente. Sus apariciones más impactantes en films de la Escuela se produjeron en *Cada vez que...* y, sobre todo, en *Dante no es únicamente severo*, en la cual su bellísimo rostro era profanado por la brutal operación de cataratas con la que culmina la película. Las modelos fueron uno de los signos de identidad más rompedores e indicativos del rechazo a las actrices profesionales, a quienes los directores de la Escuela encontraban demasiado identificadas con el cine establecido –las excepciones fueron Serena Vergano y los actores masculinos–, y también las que más contribuyeron, sin quererlo, a la caricaturización voluntaria de las películas por parte de quienes se oponían a este tipo de cine. Y, como también quedará más adelante de manifiesto, propiciarían conflictos con el Sindicato Nacional del Espectáculo, que en su corporativismo interesado no vio con buenos ojos la recurrencia a modelos –actrices no profesionales– en detrimento de las profesionales.

9. DEL FÚTBOL A «FOTOGRAMAS»

Último de los reductos del que se nutrió la Escuela, del periodismo barcelonés habría de surgir uno de los primeros exponentes del nuevo cine: Gonzalo Suárez. La personalidad de este escritor, actor y director, uno de los más cualificados y personales del cine español contemporáneo, es suficientemente compleja y fascinante como para analizarla en detalle. Nacido en

105

Oviedo en 1934, el futuro director comenzó en Madrid, en 1951, estudios de Filosofía y Letras, que abandonó para dedicarse al teatro. Fue miembro del TEU desde 1953 –debutó allí como actor con *El momento de tu vida*, de William Saroyan–, actuó en la radio (en Radio Intercontinental, concretamente) y, como muchos otros, se marchó a Francia, tras un amor que habría de convertirse en su esposa. Allí hizo de todo un poco: escritor, instalador de gasolineras, obrero en los astilleros de Tolón.

De regreso a España, decidió fijar su residencia en Barcelona, donde comenzó una incipiente actividad editorial y también periodística. Con el seudónimo de Martín Girard escribió en *El Noticiero Universal, La Vanguardia, Dicen* y *La Gaceta Ilustrada*. Se dedicó prioritariamente al periodismo deportivo, y además, valiéndose de este empeño, realizó trabajos como informador por cuenta del Inter de Milán en España, dado que su padrastro era ni más ni menos que Helenio Herrera, entrenador del Barça y luego del equipo milanés, con quien, algún tiempo después, habría de fundar la productora Hersua (nombre que se forma con las tres primeras letras de los respectivos apellidos, Herrera/Suárez). La empresa, cuyo nombre completo era Hersua Interfilms, fue inscrita en el Registro de Empresas Cinematográficas el 21 de enero de 1967, y lo fue en dicha fecha para que pudiese hacerse cargo de la producción de *Ditirambo* (1967), el debut en el largometraje del antiguo periodista.

Suárez obtuvo con sus crónicas, originales y a contracorriente, un amplio eco. Paralelamente, comenzó a escribir novelas y libros de relatos (*De cuerpo presente, Trece veces trece, Los once y uno*), de estilo tan poco habitual como el de sus crónicas, en los cuales las referencias a la literatura de género, en especial la policíaca, se constituyen en telón de fondo inquietante. «Estos libros ya empezaban, hasta cierto punto, a circular –me resisto a decir que tenían éxito– en los ambientes de Barcelona, y también por medio de Pere Gimferrer, que se dedicó a enviárselos a Max Aub –quien se interesó y se sorprendió con ellos–, a Vicente Aleixandre y a algunos otros. En resumen, se leían, se comenzaban a leer, y se ve que *Trece veces trece* cayó en manos de Vicente Aranda, que vino a proponerme la adaptación del cuento que después se llamaría *Las crueles*», rememora Suárez.

Pero antes de su encuentro con Aranda, que daría como primer fruto *Fata Morgana*, y antes también de venderle a Elías Querejeta los derechos de *De cuerpo presente* (que Antxon Eceiza convertiría en un film interesante en el que Suárez no quiso participar), el periodista y escritor había conocido a otro prominente futuro miembro de la Escuela: Joaquín Jordá. Como tantos otros barceloneses, éste sabía de Suárez por sus trabajos diarios en los medios de la ciudad: «En 1962 tuve un proyecto –recuerda– y escribí un guión, que se llamaba *Crónica de una noche*, y era la historia de un periodista. En el *Noticiero Universal* había, en aquellos años, una sección que se llamaba *Crónica de una noche*, que eran las aventuras de un periodista por Barcelona. Hice un guión sobre eso, que iba a producir Germán Lorente (un amigo mío de la infancia), y yo pensaba que Gonzalo, a quien conocía de las crónicas deportivas del *Dicen*, podía ser el protagonista.» El proyecto incluía también a Raimon en el papel del fotógrafo que acompañaba al periodista. El cantante aceptó, pero finalmente, como tantos otros, el proyecto no obtuvo financiación;[1] Suárez y Jordá, empero, habían dado ya los primeros pasos para una sólida amistad.

Esta breve referencia al mundo periodístico y a su relación con la Escuela no se puede cerrar sin recordar el papel desarrollado por la barcelonesa revista *Fotogramas*, auténtico portavoz del movimiento y máxima expresión, desde sus páginas, de la apertura de costumbres propia de la época. Fundada en noviembre de 1946 como revista especializada en cine y espectáculos, *Fotogramas* experimentó un pronunciado cambio a me-

---

1. Germán Lorente lo contó así en su momento: «Resultó que hicimos nuestros cálculos de producción y vimos que la película saldría, como mínimo, por unas seiscientas mil pesetas, y era muy difícil reunir ese dinero y tuvimos que descartar el proyecto» (Lorente a Augusto Martínez Torres y Vicente Molina Foix, *Film Ideal*, n.º 186, marzo de 1966, págs. 124 y ss.). Por su parte, en agosto de ese mismo año 1966, la Cooperativa Ibercine de Madrid presentó al Ministerio de Información y Turismo un proyecto con el mismo argumento, cuyo guión estaba firmado por Jordá y Jesús Yagüe, que era el director previsto. Pasó censura con algunas indicaciones, pero después no llegó a realizarse.

diados de los sesenta, cuando artículos sobre Andy Warhol y la Escuela de Nueva York, con otros sobre el cine más radical y rupturista, aparecieron junto a informaciones y fotografías del reducido mundo del cine comercial español y las manifestaciones –públicas y privadas: una de sus secciones habituales se dedicaba a las noches en Bocaccio– puntualmente comentadas de los jóvenes de la Escuela de Barcelona, creando así un sorprendente contraste. Elisenda Nadal, hija del fundador, fue la responsable de este cambio cuando empezó a tomar decisiones en el seno de la publicación. «Mis padres imprimían la revista en *La Vanguardia* –explica la actual editora de la publicación– y yo recuerdo que, de pequeña, me ponían encima de una mesilla y me picaban los nombres de los libros del colegio. O sea, que yo he estado metida en el mundo de la prensa desde muy pequeña.»

Nadal considera como natural sus simpatías por la Escuela: «Éramos amigos, nos veíamos con mucha frecuencia, íbamos a los mismos sitios.» La revista fue la plataforma ideal para el fomento de la EdB, el lugar desde el cual Muñoz Suay acuñó el nombre del engendro y mantuvo en ella una columna semanal (entonces era ésa la periodicidad de la revista) que era la voz de la Escuela, y desde la que promovió el cine de ruptura que entonces se producía..., aunque en muchos casos se tratase de autores y películas de imposible visión en España. Por otra parte, el crítico más reconocido de la revista, Jaime Picas, era amigo de muchos de los miembros de la Escuela de Barcelona y apareció brevemente en algunos de sus films, como ya veremos. Y en *Fotogramas* también publicaban con frecuencia los fotógrafos relacionados con la Escuela, muy especialmente Colita, que se peleaba con la censura por culpa de sus fotografías: «En aquella época, hacer fotos de tipo *sexy*, eróticas, era progresista, era un desafío cultural. Recuerdo que con Montse Faixat y otra gente hacíamos fotos más o menos eróticas, precisamente por eso: como un desafío. Casi me procesan por una fotografía de Teresa Gimpera abrazada a un cojín, por ejemplo; estábamos todos los días en los juzgados.» Elisenda Nadal también recuerda estos «problemas»: «Yo había tenido grandes discusiones, incluso con el director general, que un día acabó diciéndome: "Mira, por favor, no elijas tú las fotografías. Las ha de elegir un chico, porque tú me estás diciendo..." Yo le decía: "¿Me quiere explicar qué es lo que usted ve aquí?" Y al final me pidió que las fotos las seleccionara un señor... Era muy divertido, pero también muy enojoso, porque yo no lo veía, y él supongo que se daba cuenta de que yo no lo veía. Aquel señor no era estúpido. Era un problema de diferencia de mentalidades.»

III. CUANDO VICTOR HUGO PARECÍA POSIBLE

En el capítulo precedente hemos seguido las huellas dejadas por los futuros miembros de la Escuela en sus respectivos procesos de aprendizaje, que en algunos casos dieron como fruto unos proyectos que no se pudieron materializar –fundamentalmente por la falta de recursos, pero también por problemas de una deficiente inserción en el mundo profesional del cine, e incluso por razones jurídicas: muchos de ellos no tenían acreditados los necesarios trabajos en películas producidas comercialmente como para comenzar sus propias carreras como realizadores–, y en otros, fructificaron en algunas películas primerizas, algunas de las cuales no se conservan en la actualidad. Es el caso del primer documental de Aranda rodado en Trigueros, o de *Notes sur l'émigration* de Jacinto Esteva y Paolo Brunatto, a la que pronto nos referiremos y de la que no nos consta la existencia de copias.

Sobre otros todavía no mencionados entraremos inmediatamente en materia; pero lo que ahora interesa dejar claro son dos aspectos. Uno, que la función de estos films era similar a la que, para Durán, Jordá o, en otro registro, los estudiantes del IIEC o la EOC, tenían las prácticas de curso y de fin de carrera. No es ajeno a ello que el formato elegido en algunos casos –el 16 mm– y el estilo documental de algunos tenían como finalidad abaratar los costes y permitir así prácticas mucho menos onerosas. Y otro, que si sumamos a estos intentos otros films realizados, como *Brillante porvenir, Los felices sesenta, Noche de verano* o *El espontáneo* en el caso de Grau; *Día de muertos* o los

111

que ahora comentaremos –*Picasso, Autour des salines/Alrededor de las salinas* o *Lejos de los árboles*–, más otros proyectos abortados, llegaremos a la conclusión de que, antes de lanzarse por la ruta de un cine mucho más elíptico y, por ende, menos censurable, los futuros hombres de la Escuela intentaron afrontar el realismo, a veces con resultados notables. O para decirlo con las palabras de Jordá, antes de hacer Mallarmé hicieron literalmente Victor Hugo; con más propiedad, lo intentaron.

1. UN DILETANTE CON TALENTO

Amigo de Ricardo Bofill y de Pere Portabella, hijo de un importante accionista en diversas industrias farmacéuticas, Jacinto Esteva Grewe –nacido en Barcelona en 1936– estudió dos cursos de Filosofía y Letras (1953-1954) y había vivido en Roma, en 1955, antes de trasladarse a Ginebra para estudiar arquitectura, mientras paralelamente participaba en algunas exposiciones de pintura (en la galería Little Studio de Nueva York, 1958-1959; en la librería Fernando Fe de Madrid, en febrero de 1958; en la Galerie 5 de Ginebra, 1959) y en esporádicas colaboraciones periodísticas, por ejemplo, en la revista *Destino*.[1] Cuando fijó su residencia en la ciudad helvética, Esteva lo hizo junto con su joven esposa Annie Settimo, hija de una aristocrática familia monegasca y futura *script* en muchos films de la Escuela. Fue allí, y con la colaboración de un amigo italiano, Paolo Brunatto –futuro realizador de la RAI–,[2] donde Esteva realizó en 1960 su primer y muy comentado cortometraje, nominalmente producido por una empresa ginebrina, Müller, con el cual ganó el premio de la crítica en el Festival de Moscú de 1961. Desde los inicios de su carrera, este joven de

1. Datos extraídos de un currículum presentado por el interesado al Ministerio de Información y Turismo, actualmente depositado en el archivo del Ministerio de Educación y Cultura.
2. Nacido en París en 1935, hijo de madre francesa y padre italiano, Brunatto había estudiado en la Universidad de Florencia antes de trasladarse a Ginebra para, como Esteva y Bofill, ampliar estudios de arquitectura. Durante su etapa ginebrina, Esteva también coescribió junto con él el guión para el mediometraje *Nous irions a Tahiti* (1963), dirigido por Brunatto.

buena familia e inquietudes artísticas fue un diletante con talento, según acertada expresión acuñada por José Luis Guarner cuando, años más tarde, escribiría su epitafio.[1]

La fotografía de *Notes sur l'émigration* era de Leopoldo Pomés, y para el montaje de este cortometraje, que se llevó a cabo en Barcelona, Esteva recurrió a un profesional de la televisión, el futuro actor Luis Ciges, por aquellas fechas realizador de TVE en Cataluña y, desde entonces, compinche del director en numerosos proyectos, tanto en la vertiente de actor como en la de guionista. No obstante, la película conoció una carrera accidentada: pocos días después de un pase público en Milán, un grupo de fascistas italianos que trabajaba en colaboración con las autoridades españolas robó por la fuerza la copia, algunos de cuyos fragmentos fueron difundidos por la inefable televisión franquista como «prueba» de una supuesta campaña internacional contra el régimen.

En el segundo volumen de sus apasionantes, literariamente excelentes y no siempre exactas memorias, Juan Goytisolo, que no sólo estaba presente en el acto, sino que sufrió sus consecuencias, relata el incidente con profusión de detalles. De su minuciosa relación se reconstruye lo siguiente: el acto, organizado por la editorial Feltrinelli para presentar la edición italiana de uno de los libros del novelista, tuvo lugar el 11 de febrero de 1961. Goytisolo, de acuerdo con un asesor de la editorial, propuso la exhibición de *Notes sur l'émigration*, película que él conocía desde su gestación. Cuando el teatro donde se celebraba el acto estaba lleno de gente y se procedía a comenzar la proyección, alguien lanzó un par de petardos y, en perfecta operación de comando, otros individuos asaltaban la cabina y se llevaban la copia del film. La policía italiana detuvo, unos días después, a cuatro militantes neofascistas, miembros de un club de paracaidistas que realizaron algunos encargos para el régimen franquista, pero la identidad de los inductores sólo se conoció en 1965, cuando Eduardo Haro Tecglen contó a Goytisolo que el cónsul general de España en Tánger se vanagloriaba

1. José Luis Guarner, «Un diletante con talento», *La Vanguardia*, 12-9-1985.

113

de haber actuado en el asunto y haber sido el responsable de la llegada de la copia a nuestro país.

El tema tuvo una amplia repercusión en los medios de comunicación de todos los países implicados (Italia, Suiza),[1] pero también en Francia (*Le Monde* del 10 de marzo de 1961 hablaba de «honda conmoción»), Gran Bretaña y hasta Argentina; por supuesto, también en los españoles, sobre todo en los más adictos al régimen. El 22 de febrero, once días después del incidente, el diario *Arriba*, órgano del Movimiento, tituló: «CNT-FAI, Álvarez del Vayo, Waldo Frank, Goytisolo: nueva fórmula del cóctel Molotov contra España», mientras *Pueblo* afirmaba: «Juan Goytisolo intenta proyectar un documental falso e injurioso contra España, y un grupo de espectadores protesta y lanza bombas de humo.»[2] Por su parte, la revista oficial de TVE, *Tele Radio*, publicaba una editorial con el llamativo título de «No indignación, desprecio», en la que, sin mencionar jamás el título del film ni el real objeto de sus pullas, y con el victimismo con que la prensa adicta solía abordar estos temas, se afirmaba que «desde la Contrarreforma para acá, España viene padeciendo los ataques más injustos, más irritantes, más intolerables que a nación alguna se le hayan podido dirigir», para seguir con una «descripción» del film y terminar afirmando que «toda posibilidad de indignación se convierte en el más absoluto desprecio».[3] Como se puede ver, no se ahorraron epítetos para masacrar a un modesto cortometraje de aprendizaje, involuntariamente convertido en algo así como un grave asunto para la seguridad del Estado.

Notes sur l'émigration es, según palabras de uno de sus autores, un film sobre el problema de la vivienda que sufrían los emigrantes italianos y españoles en Suiza. «Era el momento del plan de estabilización de la moneda en España, que provocó la primera gran afluencia de emigrantes. Estaba yo entonces estudiando arquitectura en Suiza –recuerda Esteva–. Realicé en la escuela un trabajo comparativo de las necesidades de "habita-

1. Tres días después del incidente de Milán, se produjo un atentado contra el consulado español en Ginebra, no reivindicado por nadie.
2. Juan Goytisolo, *En los reinos de taifas*, Seix-Barral, Barcelona, 1986, págs. 47-51.
3. *Tele Radio*, n.º 167, 6-3-1961, pág. 19.

114

ción" entre los países nórdicos y los meridionales, lo que me condujo a tomar contacto con los obreros emigrados en Ginebra y su consecuente conflicto de alojamiento. Decidí entonces ilustrar mi trabajo con un pequeño film. El problema de la vivienda de los españoles en Suiza me llevó a mí (y a mi cámara), siguiendo el mismo camino en sentido inverso, a España. En consecuencia, la película se compone de dos partes: una, rodada en España, buscando las causas intrínsecas de la emigración, y la otra, como efecto consecutivo, en Suiza. Terminado el trabajo, consideré que el film poseía un valor, al menos informativo, suficiente para funcionar a un nivel más amplio que el de adecuación a un trabajo de escuela.»[1] Según confiesa Goytisolo en sus memorias, fue él mismo quien sugirió a Brunatto y Esteva que rodasen en pueblos y comarcas de Murcia, Almería y Granada que él conocía de sus viajes por la zona, cuando junto con su compañera, Monique Lange, recopiló el material que le sirvió, en 1959-1960, para la redacción de *Campos de Níjar*.

El film despertó un inusual interés en los ambientes cinéfilos francosuizos. Una crónica de *Combat*[2] informaba acerca de un pase del film en un cineclub de jóvenes parisinos, llamado Anastasia, que proyectó, el 22 de marzo de 1961, una copia en el Studio Val-de-Grâce presentada nada menos que por François Truffaut. Por su parte, el luego muy influyente crítico suizo Freddy Buache escribió en la *Tribune de Lausanne* (26-3-1961) que *Notes sur l'émigration* «es una obra de verdadera vanguardia por su despojamiento, su verdad sociológica, su realismo estadístico. Es lo que (Jean) Vigo llamaba "un punto de vista documentado" y se inscribe en la tradición del gran cine de combate de la cual *Las Hurdes* de Buñuel y las obras de Joris Ivens son hoy clásicos ejemplares». Esteva y Bofill regresaron a Barcelona tras sus estancias ginebrina y francesa a comienzos de 1962,[3] pero antes, junto con Portabella, a quien

1. Jacinto Esteva a Augusto Martínez Torres, *Nuestro Cine*, n.º 95, marzo de 1970, pág. 63.
2. *Combat*, 31-3-1961, crónica firmada por Isabelle Vichniac.
3. En el citado currículum, Esteva incluye una enigmática anotación: «Colaboración con Joris Ivens, durante 1961.» Los autores no han encontrado ninguna pista fiable de que tal colaboración tuviese efectivamente lugar.

conocía por relaciones familiares, el primero se trasladó al sur de Francia, a la residencia de Pablo Picasso, para rodar un documental sobre el pintor andaluz.

2. PROVOCAR LA REALIDAD, CREAR LA FICCIÓN

Varios de los proyectos primerizos de los recién llegados a Barcelona tienen como protagonista a Portabella, no en vano parecía claro que su vocación primera era, a la vista de su trayectoria, la producción. Que no llegase a ser el principal impulsor de la Escuela es ya otro problema: probablemente entonces no tenía los recursos de que dispuso después. También debieron de influir problemas de carácter, diferencias afectivas (y también políticas, qué duda cabe) con algunos de los nuevos cineastas, pero conviene recordar, igualmente, que el régimen puso su granito de arena: desde que en 1962, a raíz del escándalo *Viridiana*, Portabella fue obligado a cerrar su productora, Films 59, hasta 1967, el año en que le autorizaron a volver a emplear esa firma para la realización de *No contéis con los dedos*, el cineasta se vio forzosamente apartado de tareas de producción.

En cualquier caso, en octubre de 1961, a raíz del ochenta aniversario del pintor Pablo Picasso, Portabella, Settimo y Esteva se trasladaron al sur de Francia para rodar lo que inicialmente estaba previsto que fuese un documental en 16 mm de homenaje al maestro. Al parecer, la iniciativa de tal celebración surgió de los cuadros intelectuales del PCE del interior, que en un intento de abrir el festejo a otros sectores –Picasso era un símbolo viviente, tal vez el más poderoso, del exilio republicano–, invitaron a él también a otro tipo de personalidades artísticas, frecuentes en fiestas incluso del régimen, como el bailarín Antonio o la cantante Nati Mistral. A través de su amistad con los Dominguín, Portabella se decidió a aprovechar el viaje. Él mismo lo recuerda así: «Rodamos muchas cosas. Era como quien puede rodar una boda, un hecho muy amateur, jugando con ese amateurismo, una cámara en la mano, e ir rodando... Hubo situaciones divertidas. Se hizo una pequeña corrida de

116

toros, cerca de Mogencs, en una plaza que se habilitó para la ocasión. Fueron Luis Miguel Dominguín y Domingo Ortega. Yo iba de "mozo de espadas" de Ortega. Entonces, a la hora de matar a la res, lo hicimos como los romanos: con el dedo hacia arriba o hacia abajo. A Picasso eso le encantaba, pedía sangre, y toda la gente estaba excitada. Y después rodamos en su casa, pero este material no lo he visto nunca.»[1] No hay ninguna otra constancia de la existencia de este film, a pesar de que Esteva lo incluye en su currículum oficial con el nombre de *Picasso* y la aclaración: «cortometraje en 16 mm sobre el Festival a Picasso en Niza. Producción Cinestudio, Barcelona». Annie Settimo, presente en el rodaje, afirma que nunca se montaron los planos rodados, y Francisco Ruiz Camps recuerda haber visto en la sede de Filmscontacto –posteriormente, por lo tanto, a la fecha de realización– diversas fotografías tomadas durante aquellos días en la Côte d'Azur, pero sin que Esteva le mencionase la existencia de un film que, con toda certeza, jamás se montó. También Muñoz Suay recordaba que Portabella y Esteva rodaron abundante material, aunque nunca lo vio positivado.

Aunque este intento no llegase a buen puerto, Portabella y Esteva prosiguieron su colaboración. El resultado fue *Autour des salines/Alrededor de las salinas*,[2] otro cortometraje documental producido por el primero y dirigido por el segundo. En el origen del proyecto, rodado en 1962, estuvo la voluntad de Esteva de realizar un film con posible destino final en diversas televisiones europeas, razón por la cual el director intentó encontrar un coproductor francés. Lo halló, pero antes del final

1. El asunto del cumpleaños de Picasso tiene amplia repercusión en los recuerdos de muchos de los involucrados. Uno de ellos era el entonces llamado «Federico Sánchez», seudónimo tras el que se escondía el futuro ministro de Cultura Jorge Semprún. En su *Autobiografía de Federico Sánchez* (Planeta, Barcelona, 1977, págs. 57-58) lo recuerda así: «Con ese motivo [el cumpleaños del pintor], ya se sabe, hubo pandorgas y fuegos, y otros nocturnos juegos como en el romance, y hasta una corrida de toros en la plaza de Vallauris, en la que lidiaron Domingo Ortega –"el que es filósofo de verdad", decía Domingo Dominguín, "mucho más interesante que el otro"–, Luis Miguel [Dominguín] y un tercero que no recuerdo.»
2. La única copia disponible del film, en depósito en el archivo de la Filmoteca de la Generalitat de Catalunya, tiene el título en francés.

éste renunció y el director se vio obligado a interrumpir el rodaje del film.[1]

Autour des salines/Alrededor de las salinas se inspira, sin duda, en los trabajos de Edgar Morin y Jean Rouch, los padres del denominado *cinéma vérité*. Se trata de un brutal docudrama de 22 minutos que, con la apariencia casi irónica de un documental para públicos extranjeros –se produce, hay que recordarlo, en un momento en el cual el régimen intenta vender la idea de España como paraíso turístico–, se convierte en un reflexión sobre los mecanismos de funcionamiento del sentido en el cine documental, mediante la irrupción de una ficción impuesta que, a su vez, constituye una provocación para medir las reacciones de los habitantes de un pueblo isleño y, especialmente, las de los trabajadores de las salinas donde se sitúa la acción del film. Casi al comienzo, Esteva introduce una variable, consistente en la propagación de la noticia de la falsa muerte de uno de los obreros salineros, sólo para ver –y filmar– las reacciones, sobre todo de incredulidad, de los compañeros del presunto muerto, que llega incluso a ser conducido hasta el cementerio.[2] El film termina con un plano fijo de unos niños que juegan con un gallo que acaba de matar a su contrincante en una lucha sangrienta. Ejercicio fronterizo con Buñuel y la crueldad (ya el maño había suscitado reacciones de este tipo en

1. «En medio del rodaje se acabó el dinero. Entonces intervino Portabella, que compró el film. Más tarde, por "impurezas" del laboratorio, se echó a perder el negativo. Creo que sólo existe la copia que se pasó en Cannes en 1963 como complemento del film de Buñuel *El ángel exterminador*. Creí en España se podía realizar un hinchado a 35 mm, como el que se había hecho en Suiza de *Notes sur l'émigration*. Tal como he dicho antes, el resultado técnico fue desastroso.» Jacinto Esteva a Augusto Martínez Torres, *Nuestro Cine*, n.º 95, marzo de 1970, pág. 63.

2. La manipulación a partir de elementos dramáticos, que veremos como una operación normal en *Lejos de los árboles*, ya la había empleado Esteva en su primer film, *Notes sur l'émigration*. Portabella, que vio la película en la época, aún recuerda un fragmento impactante: «Hay un momento muy hermoso, que es cuando la familia se despide del marido que se va a trabajar al extranjero, en la estación de Francia, y Esteva coloca el *Concierto de Aranjuez*, que es una cosa tremendamente ramplona. Allí consigue un momento dramático genial. Hubo algo que sucedió inesperadamente porque cuando rodaban eso la niña se creyó de verdad que su padre se iba y se puso a llorar y a correr detrás del tren. La cámara rodaba desde arriba. La madre cogió a la niña y le soltó dos bofetadas. Cinto aguantó el plano.»

su *Tierra sin pan/Las Hurdes*, un modelo que Esteva no olvidó nunca), *Alrededor de las salinas* es la primera ocasión en la cual el director se interesa cinematográficamente por el tema de la muerte y las raíces de los ritos y las ceremonias populares, eje a partir del cual construyó, con muchas dificultades, *Lejos de los árboles*, así como el discurso que preside sus posteriores trabajos: *Metamorfosis*, *El hijo de María* e incluso las imágenes rodadas en África.

Esteva se ocupó, tras su regreso a Barcelona y durante un tiempo, no sólo de proyectos arquitectónicos, como el «Proyecto de viviendas y centro cívico para Ciudad Diagonal», del que habló Enrique Badosa en un artículo publicado en la *Revista de Actualidades, Artes y Letras*,[1] que en realidad tiene fecha anterior, aunque fue recuperado en parte con posterioridad, en 1963, aunque ahora firmado por Bergadá, Esteva y Emili Bofill i Belessart (padre de Ricardo Bofill Levi; recuérdese que éste no podía firmar sus proyectos, porque no tenía reconocido su título suizo, lo que no quiere decir que no hubiese participado en éste) y publicado en la revista alemana *Bauwelt*;[2] sino también del rodaje de *spots* publicitarios. Desde 1963, por otra parte, comenzó el lento y complejo proceso de gestación del largometraje *Lejos de los árboles*, para producir el cual creó, en 1965, la empresa Filmscontacto.

3. NEGOCIOS DE FAMILIA

Si desde el punto de vista de la producción hubo un eje que ayudó a configurar la Escuela de Barcelona, ése fue sin duda Filmscontacto, aunque sus debilidades estructurales fueron también notables. En el origen de esta productora, incluida en el Registro de Empresas Cinematográficas en julio de 1965, con un único director-propietario, Jacinto Esteva, estuvo la ne-

1. Enrique Badosa en *Revista de Actualidades, Artes y Letras*, n.º 398, 28-11-1959. El artículo informa del proyecto, obra del llamado Equipo Forma, del cual son miembros, además de Esteva, Manuel Benet y León Bergadá.
2. *Bauwelt*, n.º 36, Berlín, 9-9-1963, proyecto de un chalet en Ciudad Diagonal.

cesidad pragmática de canalizar el difícil proyecto de posproducción de su primer largometraje, razón por la cual éste invitó
a un antiguo amigo, el ya mencionado Modesto Beltrán, para
que se hiciese cargo del negocio como primer jefe de producción. No parece, según todas las fuentes consultadas, que su
competencia profesional hiciese precisamente de Beltrán el
mejor situado para ocupar estas funciones, y de hecho, la productora se vio salpicada por un conflicto económico ajeno a
ella y que tuvo a Beltrán por protagonista, de forma que éste
tuvo que abandonar Filmscontacto. La persona que lo sustituyó era un abogado madrileño, Francisco Ruiz Camps, con larga
experiencia en gestiones administrativo-jurídicas, ya que no en
vano se había especializado en trámites cinematográficos.

Nacido en 1926, abogado en activo desde 1957, Ruiz Camps
fue socio fundador de Eurofilms, su primer trabajo en el cine,
antes de pasar a ser asesor jurídico, primero, y luego administrador de Films 59, la productora de Portabella, hasta la fecha
del cierre administrativo de la empresa. Entró luego en Films
Destino –la productora creada por Marco Ferreri para desarrollar sus proyectos en España– y en Documento Film,[1] que produjo varias películas de Isidoro Martínez Ferry, de quien el
propio Ruiz Camps fue coguionista en *Cruzada en el mar*
(1968), una peripecia sobre el navío *Almirante Cervera*.[2] El abogado era sobre todo un hombre de orden, alguien muy diferen-

---

1. Documento Film fue la empresa que terminó produciendo *El pisito*, de
Marco Ferreri, el proyecto rechazado en su momento por UNINCI y que,
por necesidades sindicales, está también firmado por Isidoro Martínez Ferry
como correalizador.

2. El abogado mantuvo sus veleidades de escritor mientras estuvo en Barcelona. Él mismo refiere un argumento, *La adivinanza*, sobre una vaca en es-
tampida, que le mostró a Esteva y que a éste le gustó mucho, aunque no llegase a materializar en una película: «Fue una idea, nada más. A Nunes y a mí nos
gustaban mucho los despropósitos, y a Jacinto también. Nunes me animaba; yo
escribía para mí y dibujaba, hacía viñetas sobre las películas que hacíamos, sobre las de Jacinto, y cuando él las veía se moría de risa. Se me ocurrió una idea
que podía estar muy en sintonía con las películas de Nunes; no pensaba dirigirla yo. Era una película vista desde los ojos de una vaca –podría ser otra cosa,
pero mejor una vaca–, que se desbocaba una noche por Barcelona. ¿Qué haría
una vaca, y qué haría la gente si se encontrase, de noche, con una vaca por los
callejones del Barrio Gótico? Hice algunas notas y nos reímos mucho con ellas,
pero nada más.»

120

te por carácter de los jóvenes de la Escuela y, tal vez por eso mismo, fue contratado en Filmscontacto con el visto bueno del padre de Esteva, que era el que ponía el dinero necesario para mantener la infraestructura de la empresa. Ruiz Camps se hizo cargo de ésta cuando ya había producido alguna película –*Noche de vino tinto*, de Nunes– y cuando el rodaje de *Lejos de los árboles* estaba prácticamente acabado. El propio abogado rememora así sus primeras funciones en Filmscontacto: «Yo hacía de jefe de producción, de abogado, preparaba los contratos, presupuestos, hacía los planes de rodaje, dirigía la producción y el montaje, llevaba todo el impresionante papelerío para que nos diesen la calificación (de las películas) y cuando se producía cualquier conflicto, lo resolvía.»

Filmscontacto era, a pesar de su carácter de productora emblemática de la Escuela, una estructura industrial proverbialmente débil. Según Muñoz Suay, que llegó más tarde, se trataba de una empresa «eminentemente familiar, financiada exclusivamente por la familia de Esteva, cosa que era una grave dificultad por la ausencia de una estructura industrial. [...] Otro problema grave era que Filmscontacto, a pesar de sus oficinas, empleados y yo mismo como jefe de producción, no era más que una apariencia, porque todo dependía de que el padre de Jacinto Esteva diera los fondos para los proyectos de su hijo. Por otra parte, éste sólo se interesaba en producir sus propios films, cosa que representaba una lucha constante por mi parte para que fuese también un auténtico productor. Con los otros pasaba lo mismo. Durán producía sus películas con la ayuda de amigos y familiares, y lo mismo hacían Aranda y Bofill; Nunes era el único diferente, el "paria" de todos nosotros, con su autodidactismo que contrastaba mucho en su ideología y en su forma de vivir con el resto del grupo».[1]

Para completar el cuadro, Jordá aporta su propia experiencia personal: «Tenías la seguridad de que pasara lo que pasara, nunca te hundirías del todo, porque Cinto siempre podía ir a hablar con su padre y éste, encantado de que Cinto hiciese algo

---

1. Ricardo Muñoz Suay a José E. Monterde, Esteve Riambau y Pere Roca, *Fulls de Cinema*, n.º 1, 1978, pág. 11.

y no desperdiciara su vida con el alcohol y las mujeres, soltaba una pasta. Ésta era la estructura de Filmscontacto. Pero cuando quiso hacer más cosas y comenzó a distribuir y a producir títulos que pretendían ser más importantes, como *Tuset Street*, fracasó porque no había estructura. Estaba Ruiz Camps, que era una persona muy bien intencionada y muy honesta, Muñoz Suay en una segunda fase, y una figura paternal, benévola y crítica que era el señor Esteva. No había nada más.»

Filmscontacto produjo una parte de los films de la Escuela y participó, de una u otra forma, en films ajenos, aunque había sido pensada para producir esencialmente los de Esteva, quien sólo aceptó entrar en otros proyectos cuando éstos contaban con una sólida base económica. Eso explica que Filmscontacto no fuese la productora del segundo film de amigos íntimos de su propietario, como Jordá o Durán, que tuvieron que arreglárselas para levantar, no sin problemas graves, sus siguientes films. En esa línea, la productora adelantó dinero para *Noche de vino tinto*, de Nunes, participó en *Cada vez que...* sólo cuando Durán tenía ya los fondos necesarios para el rodaje; proporcionó una parte de la infraestructura para el rodaje de *Ditirambo*, de Suárez, y de *Las crueles*, de la que Muñoz Suay fue productor ejecutivo, aunque no reconocido como tal en los títulos de crédito.

Las relaciones contractuales de Filmscontacto con sus colaboradores fueron muy flexibles. La idea de base era, como ya se ha dicho, la máxima reducción de costes, aspecto que compartía con todos los productores de nuevos cineastas, antes, entonces y siempre. La productora se benefició, directa e indirectamente, de las relaciones de amistad de su propietario con los miembros de los equipos con los que trabajó. Con algunos, como el director de fotografía Jaime Deu Cases, se establecieron vínculos laboralmente normales: «Yo mantuve una relación relativamente profesional –recuerda éste, que intervino en *El hijo de María* o *Cabezas cortadas*–. Se establecía una cantidad y la cobraba, con más o menos problemas, pero la cobraba. La gente de mi equipo y los eléctricos, todos cobraron.» Y Colita, fotofija de la casa, también lo testifica: «Se trabajaba muy seriamente, como en el cine de verdad; firmábamos un contrato como en cualquier otra película. La relación laboral era mucho más justa, más agradable que en el caso del cine comercial entre comillas, porque allí se trataba muy mal al trabajador. En cambio, en la Escuela de Barcelona se trataba divinamente a todo el mundo, era otra manera de plantear el trabajo.»

Pero no todos opinan lo mismo. Amorós siempre se quejó de que Filmscontacto nunca le había pagado una peseta, y que además Esteva tenía papeles firmados por el fotógrafo en los que se especificaba que había cobrado, para poder así presentar la documentación completa para recibir las subvenciones. También Teresa Gimpera se lamenta de los métodos de trabajo de Esteva: «Las única películas que no he cobrado nunca en mi vida han sido las de Cinto Esteva, porque tenía un arte, te hacía firmar unos contratos millonarios y te decía: "En el momento que venda la película cobras tantos millones", y todos caíamos en esa trampa, y digo trampa porque Amorós también trabajaba y nadie cobraba nada.» Otros, como Jordá y Manel Esteban, hablan de pagos recibidos de manera un tanto peculiar: «Recuerdo que por *Dante no es únicamente severo* yo cobré un coche, un deportivo. Pero como no he conducido nunca lo vendí en el mismo momento, por 250.000 pesetas, a Durán. Los tratos eran muy extraños. Enrique Irazoqui, para hacer de protagonista (del mismo film) cobró una moto. Le preguntaron qué quería, dijo que una moto y le compraron una fantástica», según Jordá. Y por lo que parece, la vida del mencionado deportivo, un Triumph TR 2 que acabó en manos de Jaime Camino, fue accidentada: «Durán me lo pasó a mí como una transacción, pero no lo quise porque gastaba un huevo», reconoce Esteban.

A pesar de que Ruiz Camps, el hombre que controlaba entonces las cuentas de la productora, confesó a los autores no haber tenido nunca conocimiento de estas operaciones, no es extraño que ambas partes, el administrador y los colaboradores, tengan sus razones respectivas: muchos de los proyectos nacidos en la época se concretaban más en las mesas de Bocaccio que en las oficinas de Filmscontacto, situadas primero en casa de Esteva, en la calle Juan Sebastián Bach, y luego en el

Paseo de Gracia, en un edificio propiedad de su familia, sin que probablemente nadie –comenzando por el mismo propietario de la empresa– comunicase oficialmente nada a la oficina de producción, signo suficientemente claro de la peculiar (no) estructura empresarial de Filmscontacto.

4. «LEJOS DE LOS ÁRBOLES, PARA PODER VER EL BOSQUE»

Así pues, el proyecto para el cual vio la luz Filmscontacto no fue otro que *Lejos de los árboles*, una suerte de caleidoscopio construido a partir de un viaje por toda la geografía española en busca de tradiciones locales y ancestrales, casi todas ellas marcadas por una profunda crueldad, cuyos protagonistas, sin exageración, son elípticos: la Muerte, la Superstición, la Religión y la religiosidad popular, el Sufrimiento. Más ciudadano, más burgués decimonónico que nunca –si por tal entendemos una persona que pugna por el mantenimiento de un punto de vista racional, que tiende a considerar el progreso como un valor positivo, y que mantiene una cierta mirada airada hacia una realidad sobre la que gravita el oscurantismo representado sobre todo por la Iglesia–, Esteva se sentía extrañamente atraído por las mismas ceremonias que la voz en *off* parece narrar asépticamente, pero que la imagen juzga implacablemente. Estas imágenes, entre las cuales aparece alguna vez el propio director, muestran con una secreta admiración prohibida las manifestaciones más increíbles y dolorosas del sentir colectivo, ancladas en lo más ancestral, irracional y oscuro. Es como si Esteva estuviera en el borde de un precipicio, cuyo conocimiento resulta racionalmente rechazado pero secretamente atractivo. No se puede hablar, en buena lógica, de complacencia con el dolor, pero no resulta exagerado hacerlo de atracción por esa cara oculta de la historia de una cultura a la vez tan cercana como desconocida.

En el origen del complejo documental hubo un encargo obtenido por Esteva de un productor francés y, una vez más, el interés del cineasta por analizar la España profunda. El operador Juan Amorós, que participó en la mayor parte del complicado rodaje itinerante, resume con claridad los objetivos del film: «Nos dimos cuenta de que sólo con seguir el calendario turístico español encontrabas que cualquier fiesta se podía ver desde un punto de vista folklórico o turístico o, sólo dándole un poco la vuelta, entrando por la puerta trasera, se podía encontrar en ella una serie de brutalidades y bestialidades; sin tener que manipular el hecho, sólo con una visión totalmente diferente, una situación podía ser en sí una denuncia.»[1]

Desde el punto de vista de la producción, el film, cuyo título original era *Este país de todos los diablos* –una frase que evoca un poema de Jaime Gil de Biedma–, título que la censura rechazó, supuso otro enfrentamiento entre Esteva y Portabella, suficientemente profundo como para dejar su amistad seriamente afectada y condicionar, se verá luego, el proyecto común que pensaban realizar a continuación, el film de episodios del que nacerían, por un lado, *No contéis con los dedos* y, por otro, *Dante no es únicamente severo*. El primer proyecto, en el cual el autor pidió asesoramiento y colaboración, entre otros, al economista Ramón Tamames, al antropólogo Julio Caro Baroja y al entonces director del Instituto de Opinión Pública de Madrid, el futuro ministro ucedista Luis González Seara, fue de larga elaboración.

Tras un tiempo de documentación y preparación del guión –que Esteva confesó de estructura y escritura similar a *Notes sur l'émigration*–, el rodaje de *Lejos de los árboles* comenzó en 1963 y se realizó en diversas etapas, condicionadas por el calendario de las fiestas populares de las que el film se nutre prioritariamente. No obstante, el productor se desligó pronto del proyecto; entonces, y ahora, Portabella afirmó que su separación de Esteva fue el resultado de discrepancias sobre el contenido del film: «Yo dejé la película al cabo de un tiempo porque Cinto la llevó hacia un terreno documental de selección de hechos, sin entrar en unos análisis que en aquella época me interesaban más. Sobre todo no distorsionaba la realidad tanto como yo imaginaba que se tenía que hacer. Yo me la imaginaba de una manera menos

---

1. En lo que respecta a la manipulación de los hechos, ya habrá ocasión de constatar que no siempre fue como Amorós recuerda.

naturalista. La película tiene cosas muy impactantes por la brutalidad de los hechos que muestra, pero yo me la imaginaba con introducción de más elementos de ficción. O sea, mucho más manipulada. De una manera amigable, él continuó la película y no hubo ningún otro problema. Nos separamos y yo me retiré de la producción porque el realizador era él.»

En otras entrevistas, Portabella iba considerablemente más lejos. Por ejemplo, en la ya mencionada a García Ferrer y Martí Rom declaró: «En su primer planteamiento (el film) intentaba poner en evidencia los puntos neurálgicos de la política económica: plan Badajoz, centros escolares, zonas agrícolas..., en contraposición con toda la mitología favorecida por la Administración: la iconografía religiosa, los toros, las fiestas populares-religiosas, etc. En fin, creo que ha pasado por demasiadas manos y que, lejos ya del año en que se inició, lo que había podido ser un film de choque se convirtió en un documental distanciado sobre la violencia y la España negra.»[1] Sin duda el tiempo jugó una mala pasada a Portabella, y confirmó la pertinencia del punto de vista adoptado por Esteva. Porque, más allá de la viabilidad del proyecto para eludir la censura, lo que evidencia el film es que sus imágenes –bárbaras, sangrientas, terribles si se quiere– vehiculan en su interior una realidad y un veredicto mucho más vigente, denunciador y contundente –a pesar de su «naturalismo» que, como se verá, tampoco es tan inocente como puede aparentar– que cualquier proclama política hecha con las mejores intenciones, pero obligadamente anclada entre los límites de lo decible en la época.

El rodaje del film fue largo y Esteva intentó alistar a su antiguo colaborador Paolo Brunatto, pero éste le escribió denegando su ayuda, toda vez que estaba a punto de rodar, también en España y por cuenta de la RAI, algunos documentales de actualidad sobre El Cordobés, el retiro de Di Stefano del fútbol o la situación del Real Madrid. El método de rodaje consistía en un equipo reducido que se desplazaba en viajes que duraban

---

1. Pere Portabella, entrevista parcialmente inédita concedida a J. M. García Ferrer y J. M. Martí i Rom, Barcelona, abril de 1973. Comentarios similares los realizó igualmente a Augusto Martínez Torres, *Nuestro Cine*, n.º 91, noviembre de 1969, pág. 26.

tres o cuatro días, según la fiesta que se deseaba filmar. Para evitar problemas, Filmscontacto consiguió una carta de Luis Ezcurra que justificaba que los rodajes se destinarían a un programa de TVE, pero no todos se creyeron tal camelo, hasta el punto de que una vez en Pontevedra, durante el rodaje de la fiesta de los Endemoniados de la Virgen del Corpiño, en Lalín, en la que los penitentes que creen estar poseídos por los demonios se lanzan a una verdadera orgía de confesiones masivas que acaban en danzas supuestamente liberadoras y en una catarsis colectiva impresionante –algo similar a la función ritual que tenían las tarantelas del sur de Italia–, un guardia civil se dirigió al equipo: «Era un teniente, joven y parecía acabado de salir de la Academia», rememora Juan Amorós. «Se acercó y nos dijo que él sabía que nosotros no éramos de TVE, pero que consideraba que lo que hacíamos estaba muy bien, porque todo aquello era una brutalidad.»

El producto de estos rodajes fue prolijo y más que ambicioso: miles de metros de película, fruto del trabajo de tres directores de fotografía diferentes. Amorós realizó la mayor parte de la tarea, pero también intervinieron Luis Cuadrado y Juan Julio Baena, además de Manel Esteban como colaborador ocasional, aunque de estos últimos quedaron muy pocos planos en el montaje definitivo. La absoluta imprevisión de los participantes, empezando por el productor, Modesto Beltrán, y la escasa profesionalidad del director dificultaron extraordinariamente el trabajo de montaje posterior, entre otras cosas porque el fruto de los numerosos rodajes parciales no tenía clasificadas las correspondientes latas. Pero también por la dificultad de crear con todo ello un film coherente. El montaje sólo se terminó en 1969 y el estreno, tras numerosas vicisitudes con la censura, que ya veremos, se autorizó en 1972, en una copia que duraba 79 minutos contra los 105 originales.

El primer montaje lo inició Juan Oliver. Dejó el metraje, según Nunes, en unas 16 horas; según otros, como el propio Esteva, en 18.[1] También Oliver se ocupó de una segunda reducción

1. Jacinto Esteva a Augusto Martínez Torres, *Nuestro Cine*, n.º 95, marzo de 1970, pág. 63.

hasta un total de unas cuatro horas. Entonces, y probablemente debido a la muerte prematura de Oliver mientras montaba *Dante no es únicamente severo*, fue contratado, por indicación de Muñoz Suay, nada menos que el guionista Rafael Azcona para que pusiera un poco de orden: «Cambié el orden de las secuencias, hice un remontaje que afectó a la estructura y no recuerdo mucho más. Trabajé con una montadora [María Dolores Pérez Pueyo], pero no con Jacinto Esteva, que no participó directamente en el montaje.»[1] Al director no le satisfizo este montaje y se lo encargó entonces a José M.ª Nunes: «Me ocupé de la dirección del montaje definitivo –recuerda éste–. Tuvimos que remontar incluso los negativos ya cortados [durante el montaje supervisado por Azcona], porque había planos que él [Esteva] los quería más largos y la película, que era de ocho rollos, la dejé en diez u once, más larga porque había cosas que no estaban bien aprovechadas. Hice el montaje definitivo, escribí y seleccioné los textos e incluso escribí otros; en definitiva, es la película que hoy existe: de 60.000 metros originales la dejé en unos 2.800 o 3.000».[2]

Además de Barcelona y la Costa Brava, el film fue rodado en Jerez, en la fiesta de la Virgen Blanca del Rocío, en Huelva; en Sabucedo y Gende (Pontevedra), en San Vicente de Sonsierra, en La Rioja, donde se rodaron algunos de los momentos más impresionantes del film (la procesión de los penitentes que se flagelan y luego, con bolas de cera llenas de esquirlas de cristal, les pinchan los hematomas resultantes); en la fiesta de los «burros flojos» de Casabermeja (Málaga); en Lalín (Pontevedra), en Redondela, en Dénia (Alicante), en Verges (Girona), en Híjar (Teruel) y en Las Hurdes. Pero no siempre las fiestas se

1. Rafael Azcona a Casimiro Torreiro, «Nosotros, que fuimos tan felices. Rafael Azcona en la Barcelona de la Gauche Divine», en Luis Alberto Cabezón (ed.): *Rafael Azcona, con perdón*, Ayuntamiento/Instituto de Estudios Riojanos, Logroño, 1997, pág. 336.
2. En la copia del film depositada en la Filmoteca de la Generalitat de Catalunya, la versión es la del estreno, pero con la salvedad de que alguien incluyó al final del metraje algunas de las secuencias prohibidas por la censura, y que producen el extraño efecto de estar ante un film que termina sin terminar, que salta más allá de sus créditos finales. Seguramente, una restauración definitiva tendría que situar cada una de esas secuencias adicionales en el lugar originalmente previsto por Nunes y aprobado por Esteva.

corresponden físicamente con los lugares de rodaje. La realidad es que Esteva y su equipo prepararon en otros espacios secuencias que reproducían fiestas existentes, pero en las que, por una u otra razón, no habían estado.

Esta predisposición a ordenar elementos profílmicos en un sentido previamente acordado por un guión aleja el film de la acusación de Portabella –el naturalismo– y, con claridad, indica el interés de Esteva por ilustrar unas tesis apriorísticas, de cariz denunciatorio, que no todos sus colaboradores aprobaban o entendían. Ruiz Camps, el jefe de producción, recuerda así el rodaje: «Iban demasiado al tópico, más allá de lo que eran las cosas, y muchas veces las cosas no les salían. En *Lejos de los árboles* se rodaron cosas reproducidas, no espontáneas ni en su lugar. Muchas de las secuencias sí que lo son, la mayoría: los bueyes de agua en Alicante, los bailarines que bajan las escaleras, los endemoniados en Galicia, todo eso sí. Lo del asno, en cambio, no. Y éste es un ejemplo de lo que yo digo que no me parecía bien. La costumbre de lanzar un burro que personifica al demonio desde lo alto de un castillo era una tradición que había existido. Pero si lo que se pretendía era representar la otra cara de España, que ya tenía la cara bien negra sin necesidad de ennegrecerla más, reproducir una tradición inexistente no me parecía bien.»

Además de algunos planos que poco tienen que ver con los lugares donde se desarrollaban las fiestas –como el baile flamenco que interpretan Antonio Gades y Antonio Borrero «Chamaco»–, las secuencias que no se corresponden con los lugares y acontecimientos que (teóricamente) representan son las de Las Hurdes –la despedida de un difunto por parte de los habitantes de un pueblo–, rodada realmente en Talamanca; la de los «burros flojos» de Casabermeja (Málaga), una carrera en la que se mantenían los asnos durante días sin comer para que ganase el que mejor soportara el hambre, y que en realidad se rodó con burros drogados, en la parte trasera del estadio de Montjuic, razón por la cual los planos sólo muestran la carrera y ningún plano del público teóricamente participante; y, sobre todo, el lanzamiento del asno desde lo alto de una montaña, inusitadamente cruel. El director de fotografía, Amorós, se justifica: «Manipulábamos para que la imagen quedase mejor. La escena del asno se nota porque fue rodada desde un helicóptero y desde dos cámaras situadas en tierra. Pero la fiesta era tan insólita y tan interesante –un asno al cual pintan siete cruces y lo lanzan por un despeñadero, lo que nos costó luego una multa de la Sociedad Protectora de Animales–, que es lo que yo llamaría una media ficción. Es reconstruir un hecho de la forma más semejante posible.»

Lejos de los árboles pagó cara, ante la censura, su osada visión de una España que no era la que precisamente pretendía potenciar el franquismo. Cuando se presentó a la Comisión de Guiones[1] por primera vez, en setiembre de 1965, ya se le censuró el título previsto, *Este país de todos los diablos*, y comenzaron las prohibiciones explícitas. Se exigía a la productora, por ejemplo, un guión preciso (como si tal cosa fuese fácil con un documental de estas características), y se le recordaba la obligación de suprimir «el episodio del encierro en Albacete, la fiesta del exorcismo y la procesión de los disciplinantes y todo aquello que presente una visión unilateral de una España bárbara sin contrastes positivos».

En su respuesta a este escrito, en noviembre de 1965, el propio Esteva aceptaba el cambio de título y justificaba la inclusión de las secuencias censuradas aludiendo: «Creemos que no presentan una visión negativa de una España bárbara, sino la posibilidad de enjuiciar de forma crítica constructiva una realidad española que debe ser considerada. [...] Por otra parte, en nuestra concepción de la película no pretendemos nunca una visión unilateral de España sino, precisamente, el contraste entre la España que nos parece encomiable y la que consideramos susceptible de perfección.»

En julio de 1970, Filmscontacto organizó una proyección clandestina de la película –finalizada pero no legalizada– para la prensa en el cine Publi de Barcelona, que los diarios recogieron, y dos días después Esteva intentó que se proyectase durante el Festival de San Sebastián. Pero el subdirector de Cinema-

1. Según consta en el expediente del film depositado en el archivo del Ministerio de Educación y Cultura.

tografía, presente en Donostia, la impidó, advirtiendo, tanto a las autoridades del festival como a los propietarios del cine Astoria, donde se había previsto su pase, de las reacciones administrativas a que tendrían que atenerse. En un oficio del subdirector al jefe del Gabinete Administrativo del ministerio, éste expresa que «existen fundadas sospechas de que la película no ha sido presentada a aprobación de los Organismos competentes por contener las mismas escenas u opiniones que la hacen inadmisible [...]. Se presume que la instancia dirigida al Director del festival tenía por objeto eludir esta formalidad [la obligación de tener el permiso de exhibición para que cualquier película se pudiese proyectar en un cine de España] e implicar al mismo en una transgresión de las disposiciones legales».

Como se puede comprender, las cosas no se pusieron precisamente fáciles para la trayectoria posterior del film en los vericuetos de la administración franquista. Cuando se volvió a presentar ante la censura, concretamente, a la Comisión de Apreciación de Películas, en mayo de 1971, ésta reaccionó fulminantemente: «1.º) Proponer le sean denegados los beneficios del Interés Especial. 2.º) Prohibir su exportación al extranjero.» Además, se ensañaban con una gran cantidad de planos y secuencias del film: «Rollo 5.º: Suprimir la carrera de los burros hambrientos. En la procesión de los ataúdes, suprimir el "zoom" sobre un cura sentado que presencia la ceremonia; Rollo 6.º: Suprimir la secuencia de los endemoniados de Lalín; Rollo 8.º: En el epidosio de la corrida de toros, suprimir los planos intercalados de la muerte, arrastre y descuartizamiento de un toro; Rollo 9.º: Suprimir el episodio de los flagelantes de San Vicente de Sonsierra. Suprimir el episodio del burro despeñado vivo; Rollo 10.º: La secuencia en el cabaret de Barcelona terminará cuando se lo llevan los guardias, con lo que desaparece la intervención del invertido; Rollo 11.º: Suprimir la secuencia de las plañideras y del cadáver sobre una burra. Y a lo largo de toda la película suprimir los planos más significativos de presencia de la Guardia Civil. Suprimir la música religiosa en escenas de acentuada brutalidad, especialmente en los rollos 4.º y 10.º». Como se aprecia, el oficio de la censura es casi una enmienda a la totalidad.

Filmscontacto terminaría aceptando la mayor parte de las sugerencias de los censores, de manera que cuando el film finalmente llegó al público, en junio de 1972, Esteva declaró: «Se estrena con una hora y cuarto escasa de proyección, y sin esa continuidad que habíamos pretendido darle. Porque al ir desapareciendo algunos fragmentos, se trunca lo que la película era en sí misma: un estudio socioeconómico sobre el país, a través de un análisis de los distintos cultos míticos y fetichistas. [...] La película ha sido vendida a dos distribuidoras internacionales, en su versión íntegra, y si finalmente he accedido a su estreno en España en las actuales condiciones es porque lo considero un poco como mi testamento cinematográfico como realizador y productor en este país.»[1]

Comercialmente, *Lejos de los árboles* fue un film tan accidentado como su proceso de realización, montaje y gestiones administrativas: sólo obtuvo licencia de exhibición el 19 de mayo de 1972, a casi 10 años del comienzo del proceso de preproducción. Para cuando fue terminado y pasó la segunda censura, probablemente Esteva ya estaba harto de chocar frontalmente contra una situación –política, legislativa, de protección al cine– bien diferente al final de 1969 y comienzos de 1970 que la que había al principio del proyecto, en 1963 y con García Escudero en la Dirección General. Entretanto se produjo ni más ni menos que la eclosión y la prematura defunción de la Escuela, y cuando el propio director anunció a la prensa el estreno de la película, se estaba consumando la diáspora definitiva de los antiguos miembros de la EdB.

---

1. Jacinto Esteva a Salvador Corberó, *El Noticiero Universal*, 6-6-1972.

IV. NI TAN «GAUCHE» NI TAN «DIVINE»

Interrogado sobre los intereses y las concepciones comunes que unieron a los miembros de ese genial invento que se dio en llamar la Nouvelle Vague, François Truffaut respondió que lo único que compartían todos era su afición por las máquinas del millón.[1] A pesar de defender pública y privadamente la necesidad de un cine que rompiese con los temas y las formas dominantes en el cine español de la época –incluido en él el Nuevo Cine surgido de la EOC–, lo que realmente unió a los miembros de la Escuela de Barcelona fue el rechazo del régimen. Ciertamente, no fue el suyo un antifranquismo siempre militante o comprometido con la conspiración diaria, el sacrificio y las privaciones. En todo caso, era una certeza compartida por todos que había que enfrentarse, en la medida de lo posible, a los conceptos ideológicos impulsados por los usurpadores del poder, los hombres del bando «nacional» al cual, por cierto, algunos de sus progenitores se habían adherido entre el posibilismo y el entusiasmo. Actitud ética era la de los jóvenes cachorros, es cierto; pero también esnob, provocadora, neodadaísta. Al fin y al cabo, también se trataba de un enfrentamiento generacional: para los Esteva, Jordá, Aranda, Durán y compañía, Franco era todavía, según la conocida frase de Juan Goytisolo, «el jefe monstruoso de mi familia».

Aunque la política les interesó a todos, y en el seno de los

1. «Veo sólo un punto en común entre los jóvenes cineastas: todos juegan con bastante frecuencia al *flipper* mientras los viejos realizadores prefieren las cartas y el whisky.» Truffaut en *Arts*, n.º 720, 29-4-1959.

ambientes en que se encontraban había representantes de todas las tendencias antifranquistas –desde monárquicos demócratas, como Senillosa, hasta militantes del Partit Socialista Unificat de Catalunya (PSUC), que era entonces la única organización con una cierta presencia en el mundo cultural, y cuya estructura férreamente leninista la preservaba mejor de las acometidas represoras del régimen que a otras, como el Moviment Socialista de Catalunya o el Frente de Liberación Popular, el célebre «Felipe»–, la militancia política era ya cosa del pasado para la mayoría de los hombres de la Escuela cuando ésta echó a andar.

Muñoz Suay lo rememoró así: «Creo que en aquellos momentos no era la huelga de tranvías lo que movía a aquel grupo, no eran las reivindicaciones obreras políticas las que lo movían; pero en el fondo había una posición antifranquista, antirrégimen en lo que se denominó la *gauche divine*. No era sólo la Escuela de Barcelona: era también la literatura, y sobre todo una manera de vivir, Bocaccio y una serie de manifestaciones que suponían una actitud de no aceptación de la sociedad que en aquellos momentos se nos imponía. En este sentido, creo que, una vez más, ya que no podíamos hacer Victor Hugo –la huelga de tranvías permanente–, pues hacíamos Mallarmé.» Ello no significaba, por otro lado, un compromiso sin fisuras con la entonces difícil militancia izquierdista clandestina: el propio Muñoz Suay tenía claro que las diferencias políticas jamás fueron el elemento clave que explica los malentendidos entre los que formaron parte de la Escuela y los que se quedaron fuera: «Los enfrentamientos no eran políticos», precisó, «eran de otro tipo. Las pasiones eran por irse a la cama con la actriz; creo que las diferencias políticas no tuvieron ninguna cristalización.»

A pesar de todo, la mayoría de los miembros de la Escuela habían militado en el PSUC o en el PCE porque, de hecho, era el único punto de referencia, desde la izquierda, en la lucha antifranquista. Román Gubern, que fue militante durante años, lo explica así: «Muchos de los que ingresamos en el PSUC o en el PCE no lo hicimos porque fuésemos comunistas *strictu senso*, sino porque era la única organización que tenía una vida anti-

134

franquista real. Es decir, donde realmente había iniciativas, propuestas, actos. Hablo de la vida política que conocí. No había ninguna otra alternativa política que tuviese la actividad y el rigor aparente que tenía el PSUC, y, por tanto, el lugar real donde combatir era el PSUC. Naturalmente, cuando llegó la democracia todo el mundo se puso en su lugar. El PSUC cumplió una función de suplencia de oposición democrática en general.»

Por otro lado, cuando se produjo el estreno de los primeros films de la Escuela, algunos de los más cualificados miembros del PCE en el sector cinematográfico se situaron decididamente en contra de las películas, en una posición que sus homólogos catalanes no secundaron. Es el caso de Juan Antonio Bardem, que con palabras no muy distintas de las de su lapidaria sentencia en ocasión de las Conversaciones de Salamanca, afirmó: «El cine de la Escuela de Barcelona está políticamente invalidado, y eso es grave.»[1] Y es el caso de algunos críticos de *Nuestro Cine*, militantes o simpatizantes del PCE, que mantuvieron actitudes de desconfianza hacia la Escuela, que más tarde se habrían de traducir en un abierto enfrentamiento entre ambos grupos: para esos creadores de opinión, las películas del NCE eran mucho más afines a sus planteamientos estéticos realistas; de ahí que también circulara la especie, difundida incluso internacionalmente, que los auténticos opositores al régimen eran los chicos del NCE y no los revoltosos y advenedizos barceloneses de la EdB. Como se verá más adelante, episodios como el rechazo de la crítica europea adscrita a la izquierda más ortodoxa hacia *Dante no es únicamente severo* y el ensalzamiento de *Nueve cartas a Berta*, de Basilio Martín Patino, en el festival de Pesaro, o incluso la jugosa misiva dirigida a Esteva y firmada por Francisco Regueiro y Antxon Eceiza –dos hombres inequívocamente del NCE–, son los perfectos barómetros de ese interesado enfrentamiento, que los hombres de la EdB no rechazaron, sino que fomentaron con su actitud –compartida también por sus detractados: la cuestión fue siempre mutua... o

---

1. Bardem a Enrique Vila-Matas, *Nuevo Fotogramas*, n.º 1.045, 25-10-1968, pág. 8.

así les interesó venderla– de olímpico desprecio por sus colegas madrileños.

Pero no es menos cierto que en Cataluña el PSUC no desaprobó la operación EdB, a pesar de la presencia en ella del disidente Muñoz Suay y de otros ex militantes, y a pesar, igualmente, de las discrepancias del núcleo central de la Escuela, Jordá y Esteva sobre todo, con gente que, como Portabella, estaba mucho más cercana a la órbita del partido. En este sentido, el PSUC no practicó el cainismo con sus ex camaradas, entre otras cosas por la propia política desarrollada por los comunistas catalanes en el ámbito de la cultura, que les llevó a mantener criterios muy amplios de aceptación, tanto de militantes como de «compañeros de viaje», para integrarlos en eso que tal vez un tanto exageradamente se denominaba, en el lenguaje militante de la época, el «frente cultural». Y no es menos cierto que el PSUC se volcó mucho más en el trabajo en el sector del teatro que en el del cine, por lo menos en la década de los sesenta, sin por ello dejar de jugar con inteligencia la carta de contemporizar y entender los productos de la Escuela. No yerra Jordá cuando afirma: «Yo supongo que les encantaba, les encantaba que hiciésemos cosas y poder aumentar el número de "abajo firmantes" cada vez más prestigiosos.» Y el propio realizador recuerda haber organizado una proyección de *Dante no es únicamente severo* para Manuel Sacristán, el gran ideólogo del PSUC en la época, quien tras un largo análisis opinó favorablemente sobre el film y continuó con el director una larga amistad de muchos años.

1. UNIVERSITARIOS Y DISIDENTES

Pero si ésta era la realidad hacia 1965-1966, el momento en que comenzaba la proyección de lo que poco después se llamaría la Escuela de Barcelona, no hay duda de que en el pasado de muchos de los futuros miembros estaban tanto el PCE como el PSUC. Ya hemos mencionado que Jordá había comenzado su militancia en la universidad, donde en 1955 fue uno de los fundadores de una célula clandestina antifranquista, junto a otros estudiantes de Derecho como Luis Goytisolo, el futuro sociólogo Salvador Giner y Octavi Pellissa (luego escritor y guionista con Portabella, entre otros films, de *Informe general* y *Pont de Varsòvia*). Después de algunos meses, también entraron en la célula el abogado August Gil Matamala (padre de la actriz Ariadna Gil) o Jordi Solé Tura –posterior ministro de Cultura con el gobierno socialista de Felipe González–, y creció después cuando se añadieron otros estudiantes de Filosofía y Letras, como Marcel Plans, Feliu Formosa (futuro director teatral y excelente traductor) o Joaquim Vilar. Igual que ocurrió con muchos compañeros de generación, el debate intelectual que precipitó su adhesión al PSUC se centró en la célebre polémica entre Jean-Paul Sartre y Albert Camus sobre el compromiso personal, que muchos de ellos abrazaron a veces con algunas dudas mientras que otros, como el editor Josep Maria Castellet, mayor que ellos y con quienes se reunían para discutir de política y de literatura, se mantuvieron como «compañeros de viaje» durante largos años.

Fruto de su militancia, algunos sufrieron en carne propia la represión: Octavi Pellissa conoció la prisión en febrero de 1957, tras los altercados del paraninfo de la universidad, la clandestinidad a partir de marzo de 1958 y el exilio (que duró hasta 1966), primero en París y después en Leipzig, entonces la República Democrática Alemana. Por su parte, Jordá fue objeto, en diciembre de 1956, de un conato de agresión a manos de un piquete de miembros de la fascista Guardia de Franco. En febrero de 1960, como consecuencia de una oleada represiva de la Brigada Político-social –al frente de la cual se encontraban los temibles hermanos Creix, comisarios de policía que años después comandaron el asalto de las fuerzas de seguridad al convento de los Capuchinos de Sarrià– contra el movimiento estudiantil, fue preso junto con Luis Goytisolo y el crítico literario Joaquín Marco.

Una vez que Jordá comenzó sus estudios cinematográficos en Madrid y se trasladó a vivir en la capital, continuó militando en el PCE; fue el hombre del partido en el IIEC y accionista, tal como ya hemos mencionado, de UNINCI, la productora cinematográfica en la cual figuraban varios miembros del partido.

Pero, de regreso a Barcelona, comenzó a mantener diferencias ideológicas con la ortodoxia comunista. El futuro director pasaba por un periodo particularmente difícil en su vida y, hacia 1963, dejó de asistir a las reuniones del PSUC, a pesar de que en aquel mismo año aún participó en una comisión de propaganda, junto con el periodista Manuel Vázquez Montalbán, el filósofo Manuel Sacristán, Manuel Mira (coguionista de *Los felices sesenta*, el primer largometraje de Jaime Camino) y el historiador Francesc Espinet, como recordó éste a los autores, para diseñar una publicación que pudiese hacerse desde el interior, en lugar de distribuir la que se editaba entonces en el extranjero.

La ruptura definitiva de Jordá con el partido se produjo cuando, en 1964 –el mismo año de la gran crisis interna del PCE que acabó con la expulsión de Fernando Claudín y Jorge Semprún–, se negó a aceptar la invitación de integrarse en las filas del PSUC. Según recuerda el cineasta, «yo había estado en tratamiento psiquiátrico... modesto, ¿eh?, no es que estuviese encerrado: iba al psiquiatra, simplemente. Recuerdo que vino el Guti [Antonio Gutiérrez Díaz, médico, posterior secretario general del PSUC y hoy eurodiputado en Estrasburgo] y me dijo: "¿Por qué no te reincorporas al partido?, porque el partido es el mejor médico que hay." Yo encontré la frase casi ofensiva y le dije que no. En realidad, no había nadie de la Escuela de Barcelona militando en el PSUC en aquellos años.»

Del núcleo de «los de Madrid», ya hemos especificado las relaciones y las rupturas entre Muñoz Suay y el comunismo. Por su parte, Portabella mantuvo buenas relaciones con el PSUC, el PCE y actualmente con Iniciativa per Catalunya. Éste reconoce que siempre ha actuado sin tener ninguna vinculación orgánica con los comunistas catalanes: «Una cosa es la adscripción y otra es lo que haces. Hoy pasa lo mismo. Yo puedo adscribirme y tener carnet, pero ¿qué haces con eso? En estos niveles, por ejemplo, Muñoz Suay es un hombre que tuvo una actividad intensísima en el PCE, y cuando vino aquí ya estaba expulsado del partido; pero su actividad política era su práctica, hacía un trabajo de político. En su relación con el resto, que era evidentemente gente de izquierdas, no se podía tener esta actitud global. Incluso este nivel de frivolidad respondía a un sentido ideológico, en el fondo. Una manera de responder y de contestar a todo el entorno era mantener unos comportamientos que lo contestasen: no había suficiente con decirlo. Todo eso se hacía en contra de todos los condicionamientos que había. Por lo tanto, cuando digo que mantenía este nivel de compromiso, quiero decir que en este estadio llevaba adelante un nivel de compromiso cotidiano. No tenía carnet; de todos ellos, seguramente el único que no tenía carnet era yo. Nunca milité en un partido político, pero siempre estuve junto a los comunistas, que estaban organizados, y a los socialistas cuando se les veía, que se les veía muy poco.»

Por su parte, los «ginebrinos» Ricardo Bofill y Jacinto Esteva también mantuvieron relaciones con el PCE. Bofill intentó, durante su primer año de carrera, la construcción de un sindicato estudiantil independiente del SEU oficialista, razón por la cual fue expulsado de la universidad. En ocasión de la huelga general (frustrada) de junio de 1959, Bofill y otros amigos lanzaron octavillas cerca de la estatua de Colón y en los almacenes El Águila, según recuerda Juan Goytisolo en sus ya citadas memorias. Y Bofill fue quien convenció a Román Gubern para que ingresara en el PSUC: «Efectivamente, nosotros éramos burgueses y vivíamos en un mundo burgués. Recuerdo –afirma Gubern– cuando comencé a ser activista del PSUC; entré en él gracias a Bofill, que era más joven que yo. Con Ricardo, alguna noche, habíamos ido a barrios obreros de Barcelona que yo desconocía, porque os aseguro que en la Pegaso no había puesto nunca los pies... Recuerdo que con su coche íbamos a tirar octavillas del PSUC, a las seis de la mañana, a la entrada de las fábricas.» No obstante, cuando comenzó la producción de las películas de la Escuela de Barcelona, Bofill ya se había alejado del partido de los comunistas catalanes.

Esteva no fue militante durante mucho tiempo, pero según todos los testimonios recogidos, entró en contacto con el partido durante su estancia en Ginebra. Así lo reconoce Romy, su compañera durante muchos años: «Cuando estaba en Suiza, militó en el Partido Comunista. Yo no lo conocía entonces, pero él me lo explicó. Decía que cuando volvió a España se sentía un poco controlado.» Esteva estaba, parece evidente, en las antípodas del leninismo de los «psuqueros» catalanes; incluso protagonizó un curioso incidente, bien ilustrativo del amor del cineasta por la aventura y los riesgos, más allá incluso de sus posiciones políticas vagamente simpatizantes de la extrema izquierda ácrata. Según numerosos testimonios (Ruiz Camps, Manel Esteban, Romy y Bernabé Pertusa), por casa de Esteva apareció un buen día un venezolano que dijo ser guerrillero y que, al parecer, necesitaba dinero para regresar a su país y continuar allí su lucha clandestina; con permiso o no de Esteva, lo cierto es que el individuo salió de allí con una pistola, marca Magnum, con la que el director había organizado algún estropicio limitado hasta entonces al ámbito estrictamente doméstico.

Según Ruiz Camps, el motivo de tal sustracción (o préstamo, según algunos) no fue otro que la organización de un atentado contra Franco, por lo que el real o pretendido guerrillero se trasladó a Andalucía con un futuro colaborador de Esteva, el periodista Bernabé Pertusa, porque al parecer el dictador debía presidir un desfile militar en Sevilla. Nunca llegaron: un fortuito accidente de carretera sufrido por ambos permitió a la Guardia Civil detectar la célebre Magnum, lo que tuvo repercusiones posteriores para Esteva. Romy recuerda la anécdota: «A cualquiera que viniese a casa, Jacinto le decía que se quedara. Yo le decía: "No sabemos quiénes son estas personas y tenemos a Raúl [el hijo de ambos] aquí. Hay que ir con cuidado." La casa parecía un hotel. Esa persona cogió el revólver de Jacinto y sufrió un accidente. Lo detuvo la policía y él dijo que era Esteva quien se lo había dado. Poco después vinieron a casa los de la Brigada Político-social y lo detuvieron. Fue algo increíble. Él estaba haciendo un guión y les dijo: "Esto que les ha explicado este señor es el guión de una película." No sabían si era verdad o se lo inventaba. Lo cierto es que los dejó tan convencidos que a los tres días salió de la comisaría. Jacinto sufría grandes angustias y depresiones, e incluso lipotimias. Le dije al comisario que, por favor, no lo metieran en un calabozo. Como a las dos de la madrugada aún no había llegado, me fui a Vía Layetana [sede de la comisaría central de policía]. No me dejaban entrar, pero les dije: "Vengo a buscar a mi marido y este señor está bajo tratamiento médico. No lo pueden meter en el calabozo." Lo consultaron y me tranquilizaron. Al día siguiente le llevaba la comida a Jacinto, al comisario y a sus ayudantes.» Romy dio pruebas de innegable firmeza al actuar de este modo pero, según Ruiz Camps, quien realmente hizo salir al director de la comisaría fue su padre y sus múltiples y poderosas relaciones en la Barcelona de aquellos años: «Al fin y al cabo, en esta ciudad siempre han mandado los mismos.»[1]

2. CAPUCHINOS Y BENEDICTINOS: CLAUSURAS Y ENCIERROS

Los sesenta fueron, tanto en Barcelona como en España y en buena parte del mundo, años de partos dolorosos, de represión y oscurantismo, pero también de revueltas y esperanzas. Huelgas, proclamas, manifiestos de protesta fueron, en España, los componentes habituales de un panorama atrozmente manipulado por los medios de comunicación: el silencio ha sido siempre el mejor aliado de los regímenes dictatoriales. En el aprendizaje democrático participaron las generaciones que nacieron durante la guerra y la primera posguerra, y éste estuvo marcado por fechas muy precisas: las huelgas obreras de 1962 en Asturias, la ejecución del dirigente comunista Julián Grimau y de los anarquistas Francisco Granados y Joaquín Delgado, en 1963; los estados de excepción

1. La obsesión por matar a Franco fue, como es bien sabido, común a buena parte del antifranquismo de aquellos años, lógica, por otra parte, dadas las peculiares características de la edificación del régimen alrededor de un líder militar indiscutido. Antonio de Senillosa confesó a los autores una supuesta conjura todavía más quimérica que el incidente protagonizado por el guerrillero venezolano. Según el viejo político monárquico, ya fallecido, durante algunos meses intentó infructuosamente convencer a Dioniso Ridruejo, militante histórico de Falange, autor de la letra del *Cara al sol* y que evolucionó en un claro sentido democrático, de la necesidad de que matara a Franco durante una recepción en el palacio del Pardo. Ridruejo le confesó, cuando ya estaba convencido a medias, que tenía problemas religiosos derivados de su catolicismo...; otra vez, *se non é vero, é ben trovato*. Por su parte, Goytisolo cuenta en sus memorias la disponibilidad de un grupo de franceses simpatizantes de la causa antifranquista para organizar un atentado que eliminara al dictador, mejor que montar un comité de intelectuales antifranquistas, como pretendía el novelista.

141

de enero de 1969 y de diciembre de 1970; el juicio de Burgos contra los dirigentes históricos de ETA de los mismos mes y año. Y junto con ello, fechas significativas para los catalanes: los incidentes del paraninfo de la universidad en 1957; la *capuchinada* de marzo de 1966; la comisión coordinadora de fuerzas políticas de Cataluña de diciembre de 1969 –primera fase de la constitución de la Assemblea de Catalunya, la reunión de la gran mayoría de los partidos antifranquistas catalanes en un frente común para reivindicar las libertades democráticas y nacionales, y que se crearía definitivamente en noviembre de 1971–; o el encierro de intelectuales y artistas en Montserrat, a finales de 1970, para protestar contra el juicio de etarras, celebrado en Burgos.

La actitud de los miembros de la Escuela fue diferente en cada uno de estos fenómenos. En algunos casos, porque no se vieron directamente involucrados en ellos; es el caso de la *capuchinada*, una reunión clandestina de estudiantes celebrada el 9 de marzo de 1966 que, después de tres días de asedio, acabó con asalto policial al convento de los capuchinos del barrio de Sarrià, cuando ya se hacían evidentes las grietas en el edificio tímidamente reformista que el ambicioso Fraga Iribarne pretendía seguir manteniendo en pie, siempre bajo la atenta mirada del dictador. No hubo allí miembros de la EdB, pero Portabella desempeñó un papel muy importante: «Estuve en la *capuchinada* y presidí la Taula Rodona», declaró a los autores. Jordá recuerda las cosas de una manera radicalmente diferente: «Estábamos juntos y se produjo la *capuchinada*. Por medio de él [Portabella] se mezcló en el encierro Antoni Tàpies, y cuando él, que no participaba en la *capuchinada*, porque era un acto de tercera categoría (que después se magnificó), supo que habían detenido a Tàpies, dijo que se sentía muy responsable de haberlo mezclado y que él mismo iría a Vía Layetana para hacer algo. Yo le dije: "Déjalo, ya irán otros." Él me respondió: "No, porque ya es hora de que me meta en política." En aquellos momentos, la suya era la única casa grande que teníamos, y allí fue donde se hicieron las reuniones de la mesa previa a la futura Assemblea de Catalunya. Al principio, Pere y yo estábamos fuera de la reunión y entonces él entró, como siempre ha hecho. Su carrera política siempre ha sido la de alguien que entra en la habitación, en la Assemblea, en el Senado o en la presidencia de la Generalitat. Entra y sale. Es más el propietario del espacio que el actor de ese espacio. Su militancia en el PSUC siempre fue la de "nuestro independiente". Estaba pero no estaba. Hacía el papel de embajador.»

La ironía de Jordá no invalida un compromiso de Portabella verdaderamente asumido. Según el historiador Joan Creixell, el cineasta participó, el mismo 9 de marzo, fecha en la que la policía rompió el cerco al convento, en una reunión en casa de Jordi Carbonell, en la que estaban también el socialista Joan Raventós y el comunista Gutiérrez Díaz, y que continuó con otras, en las que participaron Joan Armet, Joan Cornudella, Josep M. Castellet y Joan Ballester, para preparar la defensa de los estudiantes. Estas reuniones continuaron, ya con el nombre de Taula Rodona, y fue la primera vez, desde 1939, que todo el arco político de la oposición antifranquista catalana se reunía en el embrión del que nacería la Assemblea de Forces Polítiques y, dos años más tarde, la Assemblea de Catalunya. Portabella fue designado moderador de la Taula, y además desarrolló una función primordial en la recaudación de dinero para pagar las multas que sufrieron los encerrados que fueron detenidos por la policía. «Había que buscar dinero como fuera. La Galerie Maeght de París, dirigida por el poeta Jacques Dupin, era la expositora en la capital francesa de la obra de Antoni Tàpies. Pere Portabella entró en contacto con el señor Dupin, quien le dijo que se podría montar una subasta y así recoger dinero. Dicho y hecho.»[1] Portabella fue encargado, además, de recoger las 2.600.000 pesetas reunidas en la subasta –en la que había manuscritos y libros de numerosos intelectuales y artistas, mayoritariamente franceses, catalanes y españoles– y entregárselos a Josep Benet.

Es preciso reconocer que no era probable que los miembros de la Escuela estuviesen presentes en el convento de los capuchinos de Sarrià, situado en la calle Cardenal Vives i Tutò. Y no

<hr>

1. Joan Crexell, *La caputxinada*, Edicions. 62, col. «Llibres a l'Abast», Barcelona, 1987, págs. 124 y ss.

lo era porque el motivo del encuentro era la constitución del primer Sindicato Democrático de Estudiantes Universitarios de Barcelona (SDEUB), algo ajeno al ámbito del cine, y porque, como reconoce Jordá, aparentemente se trataba de un tema menor, al cual las vacilaciones de la policía –entrar en el convento significaba violar el Concordato firmado con el Vaticano– terminaron convirtiendo en un éxito propagandístico de la oposición.

No obstante, cuando se produjo el otro gran encierro, esta vez voluntario y en Montserrat, para protestar por las condenas a muerte dictadas por un tribunal militar contra los dirigentes de ETA, en diciembre de 1970, muchos de los miembros de la Escuela, así como gente de la llamada *gauche divine*, estuvieron presentes desde los primeros momentos. Es el caso de Portabella, impulsor de la Assemblea d'Intel·lectuals y uno de los hombres fundamentales en la organización del encierro; de Manel Esteban, quien, junto con Pere Domènech, rodó unas cinco horas de película con el resto de los encerrados; de Colita, que hizo las únicas fotografías que se dispararon en el encierro (por lo cual le impusieron una multa de 5.000 pesetas), de Octavi Pellissa, pero también del actor Luis Ciges, de Nunes y de Aranda, a quien Durán –igualmente presente– convenció de la importancia del acto.

En tono irónico, Aranda recordaba, años después, aquellos momentos: «Yo fui allí porque Carlos Durán me dijo que el que no iba allá, en la vida podría seguir hablando mal de Franco. Entonces me pareció horroroso y me lo creí. Además, fui porque había de por medio algo que me impresiona tremendamente: penas de muerte. Aunque no tenga una adscripción política definida –más bien huyo de eso–, lo que no soy es de derechas. Eso por descontado. Lo pasé muy mal allí. No tengo la capacidad de adscripción de la mayoría que se encerró. Con todo, estuvo bien. Aquellos condenados están ahora en libertad. [...] A nivel de anécdota te diré que en el encierro lo que me hacía más ilusión era ver a la policía excomulgada. Dijeron que los monjes de Montserrat se pondrían en línea ante el templo. Si la policía entraba, el abad giraría su báculo y todo el cuerpo, toda la policía española quedaría excomulgada ipso facto. Al final

144

no ocurrió nada de eso. No tuvimos suerte. Me perdí el espectáculo.»[1] A pesar de ello, que el de Montserrat no fue un encierro como cualquier otro –¿cómo podría serlo, estando de por medio personajes tan *boutadiers* y provocadores como los chicos de la EdB y la *gauche divine*?– lo simboliza la anécdota, contada luego por algunos de los participantes, del avituallamiento previsto para los encerrados. Según Portabella, el encargado de tal asunto no fue otro que Oriol Regàs, y el propietario de Bocaccio no tuvo mejor idea que encargar una furgoneta llena de canapés hechos en las cocinas de uno de los mejores restaurantes de la ciudad condal...

Algunos de los participantes en el encierro entienden ahora, a toro pasado, que Montserrat fue algo más que una toma de posición frente a las últimas arremetidas del franquismo: fue algo así como el final de la *gauche divine*. Lo expresa con toda contundencia Xavier Miserachs en sus memorias cuando afirma que «a partir de Montserrat, ser *gauche* se volvió ser algo más concreto, más comprometido, y con poco margen para la frivolidad. [...] En nuestro limitado mundo local, eso sí, hay que reconocer que la disolución por agotamiento y esterilidad de la *gauche divine* significó la clausura definitiva de la modernidad. Los arquitectos mesiánicos de vocación redentora, los artistas de vanguardia, los marxistas ortodoxos, los cineastas de arte y ensayo y los psiquiatras freudianos de buena fe fueron adquiriendo un cierto patetismo».[2] Ciertamente, Miserachs no adoptó la vía del compromiso político que asumieron Portabella, Esteban o Durán, quien poco después de Montserrat ingresó en el PSUC y en él permaneció hasta el final de su vida.

1. Vicente Aranda a Tomás Delclós, *Nuevo Fotogramas*, n.º 1.506, 26-8-1977, pág. 33. Años después, Aranda volvió a dar una vuelta de tuerca esperpéntica a su visión del encierro cuando, con el auxilio de otro participante, Juan Marsé, cuya novela homónima sirvió de excusa al film, mostró el ambiente en *El amante bilingüe*, haciendo que el «charnego» Imanol Arias se enrollase sentimentalmente con la «pija» catalana Ornella Mutti justamente bajo una manta de apariencia castrense en medio de la célebre protesta montserratina.
2. Xavier Miserachs, *Fulls de contactes. Memòries*, Edicions 62, Barcelona, 1998, págs. 144-145.

3. TUSET, MARIONA, BOCACCIO

Más allá de sus militancias, los integrantes de Escuela de Barcelona se caracterizaron por una determinada manera de vivir; superficialmente denunciada a veces como esnob, incluso por razones políticas. Su hábitat natural fueron los lugares de moda de la ciudad o de la costa, muchos de ellos animados por unos jóvenes a los que no les gustaba el panorama social y cultural que les había tocado en suerte, y que se refugiaban en una utopía en la cual la estética pop, Londres, la música, el mundo de las modelos y el cine de la Nouvelle Vague fueron sus signos externos más evidentes. Fue éste, a pesar de todo, un refugio provisional; como recuerda Amorós, «a nosotros nos gustaba mucho ser una élite, formamos guetos dentro de una ciudad como Barcelona. Queríamos vivir según el sistema francés, estábamos totalmente afrancesados y eso lo podemos ver en la perspectiva que da el tiempo. Pero no creo que sea algo diferente a lo que se vive hoy en día. Hay una parte de esnobismo, de querer ser diferentes al resto que después, cuando pasa el tiempo, se ve ridículo». Este mundo hecho en parte de apariencias, irónicamente europeo, atrajo sobre todo a la gente que vivía en Madrid. Incluso García Escudero lo expresó con claridad en su diario: «Venir a Barcelona es siempre fiesta para mí, por algo más que razones de gusto personal: veo en Barcelona el estilo de vida complementario que España necesita. ¡Lástima que estos buenos amigos catalanes estén tan metidos en lo suyo que apenas si entienden que a los que no somos catalanes puedan gustarnos los *rovellons* y las cosas de ellos, y ellos también!»[1] Y de aquí a considerar el cine de la EdB como algo complementario –del de Madrid, claro está–, sólo hay un paso.

Los habitantes de ese mundo mágico y aparentemente feliz, casi propio de un cuento de hadas, fueron bautizados por el periodista Joan de Sagarra, en sus magistrales crónicas en *TeleeXprés* y con una buena dosis de sarcasmo, como la *gauche divine*.[2] Esta nueva etiqueta –como la que se inventó el editor Jo-

1. García Escudero, *op. cit.*, págs. 221-222, 12 de octubre de 1966.
2. Hay una excelente recopilación de dichos artículos en *Las rumbas de Joan de Sagarra*, Kairós, Barcelona, 1971, prólogo de Josep M. Carandell. En

sep M. Castellet para definir a la generación poética de los cincuenta, o la propia EdB en el campo cinematográfico– resultó muy eficaz a la hora de vender periodística y publicitariamente un estilo de vida inédito en el Estado, empezando por Madrid. Estilo de vida, además, en el cual los viajes al extranjero (Nueva York, París, Londres, pero también al paraíso artificial de los sesenta que fue Ibiza), constituyeron uno de sus capítulos fundamentales. El editor Jorge Herralde, uno de sus integrantes, define la *gauche divine* con claridad: «Un grupo de gente inquieta, con ganas de hacer cosas, y un estilo de vida que nada tenía que ver con el estilo puritano y encorsetado de la gente que militaba, por ejemplo, en el Moviment Socialista de Catalunya o similares: ni Pasqual Maragall ni Raimon Obiols pusieron jamás los pies en un lugar como Bocaccio. Si se acepta como hipótesis la existencia de una *gauche divine*, los de la Escuela de Barcelona estuvieron incluidos en ella, puesto que formaban parte de este grupo que podemos considerar de quinientas o seiscientas personas que, en Barcelona o en la costa, pululaban por ciertos lugares, y alrededor del cual fructificaron algunos proyectos editoriales, ciertas librerías que surgieron entonces, los fotógrafos, etc. Dentro de este mundo, el del cine era un grupo más.»

Sedes habituales de este reino privilegiado y efímero fueron el Pub de Tuset, y la propia calle con sus establecimientos *in*, unos pocos, creados según el modelo importado de la londinense Carnaby Street; el Stork Club, regentado por el entrañable Quimet Pujol –que aparece brevemente en *El hijo de María*– y situado muy cerca, en el pasaje Arcadia, junto al cine donde se estrenarían algunos de los films de la Escuela; la *boîte* Tiffany's de S'Agaró; el Drugstore de Paseo de Gracia; el restaurante Flash-Flash, creado en 1969 según el diseño más vanguardista por el fotógrafo Leopoldo Pomés, su dueño; el Hotel de Mar de Cadaqués, la casa de Rosa Regàs en Calella de Palafrugell, la de Alberto Puig Palau, Mas Castell, en la Costa Brava; Madame Zozó, un local situado en Mont-ras, y el barcelonés

---

una de ellas, justamente llamada «Bocaccio», el cronista resume el aire del lugar y la catadura de sus habituales.

147

restaurante La Mariona (Ca L'Estevet).[1] Pero, por encima de todas ellas, destacaba con especial relevancia la discoteca Bocaccio. Inaugurado por Oriol Regàs en la primavera de 1967, en plena eclosión de la Escuela, en este local nocturno situado en los bajos de unos apartamentos en los que vivía el propio Sagarra, en la parte alta de la calle Muntaner, pusieron dinero muchos de sus propios clientes, según un método un tanto peculiar: podían beber sin restricciones, pero, a final de año, el importe de tales copas se deducía del monto de su inversión. Inútil es decir que varios de los socios originales se bebieron literalmente sus acciones, que acabaron en manos de Regàs. Mientras existió, sin embargo, fue el lugar por excelencia de las confabulaciones, los proyectos y las juergas.

Entre Bocaccio y el Pub Tuset, otro local cuyo propietario era el mismo Regàs pero ofrecía las copas a precios más asequibles –según Manel Esteban, un whisky costaba en Bocaccio unas 100 pesetas, cantidad que no todos se podían permitir, contra las 25 del de Tuset Street–, se montó la operación del encierro de Montserrat, tal como recuerdan algunos de los participantes, entre ellos, Gubern: «De Bocaccio surgió la famosa reunión de Montserrat, a raíz del proceso de Burgos. Se formó con Regàs e incluso vino Vargas Llosa, que estuvo allí como testigo.» Para Esteban, en cambio, las cosas fueron un poco diferentes: «El Pub Tuset era el punto de encuentro de todo el mundo. Era el bar de todos, de Regàs, de Oriol Bohigas. Allí se cocinó la política de aquí, se montó el tinglado de Montserrat.»

1. En una guía considerablemente informal de entonces, *Esto también es Barcelona*, escrita por Josep Maria Espinàs, con fotos de Maspons y Ubiña y dibujos de Cesc, publicada por Lumen (Barcelona, 1965), se hace un aparte sobre este restaurante, definido en los siguientes términos: «Es un establecimiento pequeño y modesto y en esto no se diferencia de multitud de restaurantes barceloneses del mismo tipo; el carácter de Ca La Mariona nace sobre todo de sus clientes y un poco también, de los cuadros de las paredes (que son consecuencia de sus clientes). [...] La mesa del fondo, que queda un poco aparte, es la que ocupan los "íntimos" de la casa» (pág. 99). De esa misma mesa habló con los autores la editora Elisenda Nadal: «Estaba Llorens Artigas, que recuerdo que venía los miércoles porque creo que daba clases en la Llotja; estaban Xavier Corberó, Raimon, Colita, Català-Roca, Beatriz de Moura, Serena Vergano... Era una mesa larga que había en el fondo y allá fui conociéndolos a todos: a Carlos Durán, a Jorge Herralde, y a otros desgraciadamente muertos.»

En el Pub Tuset más que en Bocaccio.» Haya sido en uno u otro de dichos locales –o en ambos, tanto da–, lo cierto es que allí se reunían dos de los grupos del campo cinematográfico más característicos de aquellos años: el de Esteva, en Bocaccio, y el de Portabella, en el Pub. A pesar de todo, no era infrecuente que todos confluyeran en uno u otro lugar, según testimonio de varios de los parroquianos habituales.

La asidua frecuentación de estos locales los convirtió también en escenarios privilegiados de algunos films de la Escuela. Bocaccio, la Cova del Drac, el Stork Club o el Pub Tuset aparecen fugazmente en *Cada vez que...* y mucho más explícitamente reflejados en *Tuset Street*. En pequeña venganza por las exclusiones de las que había sido objeto, Grau los desmitificaba al poner en boca del protagonista el grito: «¡Viva la calle Robadors!» (uno de los principales focos de prostitución del Distrito Quinto), poco después de una escena en la cual el paso de una banda de música ante una terraza de la calle Tuset, donde el mismo personaje está leyendo una revista francesa, provoca el siguiente comentario: «¡Cómo hemos de reproducir lo que dice la revista si esto parece la plaza mayor de Colmenajero!» Otros puntos de reunión de los miembros de la Escuela también lo fueron para los protagonistas de sus films, y así fueron inmortalizados el bar Samoa (situado frente a las oficinas de Filmscontacto) en *Cada vez que...*, el sofisticado restaurante La Gàbia de Vidre en *Dante no es únicamente severo*, el club de jazz Jamboree en *Ditirambo*, el Drugstore del Paseo de Gracia en *Historia de una chica sola* y los múltiples bares que aparecen en *Biotaxia*, desde el Zodíaco de la plaza de la Villa de Madrid, donde se celebraban tertulias culturales semanales; el Popo, situado detrás del mercado de la Boquería, o El Macareno, delante del local nocturno L'Ovella Negra, donde aparece Jordi Vallmajor, su propietario.

La *gauche divine* no sólo tuvo sus lugares de encuentro, tuvo también sus órganos de prensa. Uno fue la revista *Fotogramas*, que publicitó el mundo nocturno y la forma de vida de los miembros de la Escuela y sus amigos, tal como ya hemos apuntado. Elisenda Nadal no cree que haya habido una actitud consciente de convertir la revista cinematográfica fundada por su padre en el portavoz de nada: «Fue por casualidad, porque aquellos señores eran amigos

149

míos, con los que cenaba, almorzaba, íbamos juntos a La Mariona.» El segundo portavoz fue la revista *Bocaccio*, creada a partir de la propia discoteca, que llegó a editar unos cincuenta números y duró casi cuatro años. El director artístico era el fotógrafo Xavier Miserachs, y el jefe de redacción, el escritor Juan Marsé.

Vivir entonces alrededor de la *gauche divine* significaba dar la espalda a las formas habituales de la vida cotidiana. Era, ni más ni menos, una forma de bohemia de lujo en la que no eran raros los cambios de pareja, las escapadas de cama en cama, un ludismo practicado a veces con los lógicos problemas de conciencia derivados de una educación que muchos no tenían tan asumida como desearían o proclamaban. No es éste el lugar de incidir sobre asuntos que, en todo caso, pertenecen a la memoria de los que lo vivieron. Pero es bueno recordar que esos escarceos no fueron gratuitos, y que en algunos casos acabaron con relaciones sólidas, bloquearon incluso proyectos de trabajo que hubiesen tenido tal vez otro rumbo de no mediar entre ellos asuntos de cama, celos o disputas.

Fruto de estas circunstancias, la etiqueta *gauche divine* se cargó de connotaciones tan peyorativas –ya en la época, y mucho más años después– que, tal vez imbuidos algunos de quienes eran definidos –o se consideraban– como miembros de esa peculiar «movida», o de una respetabilidad de la que entonces se hubiesen mofado, se han esforzado en restarle entidad y reducirla a un asunto propio de gamberrillos culteranos. Por ejemplo, el editor Salvador Pániker es inclemente en su definición de la misma: «Un círculo de burgueses ilustrados, antifranquistas de salón, asiduos de la discoteca Bocaccio, medianamente esnobs, latentemente desencantados. Como dijo Rubert de Ventós, "una experiencia de modernismo cultural sin modernismo político".»[1] Ya en aquellos años, Jacinto Esteva negó acaloradamente que a él se le pudiese incluir en ninguna movida: «Mi cine nada tiene que ver con ninguna *gauche divine*. Voy a Bocaccio porque vivo en Barcelona, tengo un coche porque puedo pagarlo, nací en el seno de una familia burguesa porque en algún lugar hay que nacer, pertenezco a la sociedad de consumo porque

---

1. Salvador Pániker, *Segunda memoria*, Seix-Barral, Barcelona, 1988, pág. 265.

estoy en Occidente. ¿Es que por vivir en el área de la sociedad de consumo voy a hacer la huelga de hambre? Si estoy aquí debo trabajar aquí. O irme. Nadie puede criticarme por cobrar unos honorarios.»[1] Portabella, por su parte, además de haberse negado siempre a sentirse incluido dentro de la etiqueta EdB, juzga implacablemente el periodo y la gente que se movía por Bocaccio y los lugares de moda, como «mucha gente ligada, obsesionada y fascinada por las modas, las corrientes, la inmediatez y sobre todo lo que no duraba, la cosa efímera: se tenía que estar al día. Empezaron a descubrir el "emporrarse", las hierbas con el alcohol, pero no como vicio, sino como una especie de juego. También hubo excepciones, personas que no participaban de esa extracción social y de este medio. Pero que estaban insertos y vivían dentro de ese marco». Aunque tal vez nada mejor que dar la palabra al inventor de la célebre y tan denostada *gauche divine*, quien, en un artículo posterior, deja bien claras las cosas: «Pero, vamos a ver, qué es eso de hablar en *serio* sobre la *gauche divine*; de la *gauche* sólo se puede hablar en broma. Al fin y al cabo nació –y murió– como una broma. Una broma que nos inventamos Colita y un servidor para *epatar* a los provincianitos madrileños que a finales de los sesenta y principios de los setenta llegaban a la *Gran Encisera* con una manifiesta gazuza cultural –y sexual–, dispuestos a creerse que Beatriz (de Moura) era la hija natural de la condesa Marga de Andurráin, la aventurera que había inspirado a Pierre Benoit *La châtelaine du Liban*, y que el alexander que sorbía su amante de turno, repantigado en un butacón de Bocaccio (con sólo tres ces, cosas de la cultureta), era aquel famoso vaso de esperma que Cocteau exigía, a gritos, en *Au boeuf sur le toit*. [...] Que se trataba de un engañabobos que había funcionado, especialmente para Oriol Regàs y su Bocaccio, el cual nos devolvía el favor pagándonos las copas. Eso de la *divine* se reducía, pues, a una barra libre, algún que otro polvo y un viaje a Londres o Amsterdam. Lo demás no pasaba de bernardinas.»[2]

1. Jacinto Esteva a Baltasar Porcel, *Destino*, XXXII, n.º 1.720, 19-9-1970, pág. 15.
2. Joan de Sagarra, «La gauche qui rit», *El País*, 17-4-1989. Actualmente recopilado en J. M. García Ferrer y J. M. Martí i Rom, *Joan de Sagarra*, Col·legi d'Enginyers Industrials de Catalunya, Barcelona, 1995, págs. 113-115.

V. NO LOS CONTÉIS CON LOS DEDOS

Pierre Kast escribió: «No era una escuela, como el manierismo o el impresionismo. Tampoco el siniestro "realismo socialista", producto contra natura de Aragon y de Jdanov, con la Lubianka como decorado de fondo y un icono para San Lyssenko. Tampoco era un grupo estructurado, como el grupo surrealista, con sus exclusiones y sus cismas, o algunas ejecuciones que, por suerte, permanecieron en el nivel de los simulacros.

»Ni siquiera el expresionismo alemán, tal como lo describió Lotte Eisner o el neorrealismo italiano, que Sadoul, Aristarco o Zavattini quisieron encerrar dentro de los límites de una definición.

»Si miramos a los viajeros de ese "tren de recreo" apenas remolcado por la célebre locomotora de la historia, veremos claramente que entre ellos no había en común ni ideología, ni estética, ni metafísica, ni religión, ni posición política, ni siquiera, las más de las veces, gustos comunes. Eran, fueron y siguen siendo, aunque de otro modo, extremadamente distintos en su estilo de vida, en sus costumbres, en sus hábitos, en sus relaciones con las mujeres o las bebidas, en su relación, crítica o no, reservada o no, con la sociedad, con las estructuras sociales y económicas.

»Entonces... ¿qué ocurre?

»Elemental, mi querido Watson. Eran de un lugar y de un tiempo, sometidos a las mismas condiciones cinematográficas de temperatura y presión. A las mismas variaciones climatoló-

153

gicas de la producción, de la distribución y de la explotación de los films.»[1]

La cita del realizador de Le Bel âge (1958) corresponde a la Nouvelle Vague pero sus palabras son estrictamente aplicables a la Escuela de Barcelona. Tras un periodo de confluencias y endogamias entre sus integrantes, este movimiento afrontó su consolidación a través de una actitud mimética respecto a otros nuevos cines y que, inevitablemente, pasaba por cuatro ejes fundamentales: la acuñación de una etiqueta identificatoria, la realización de un film emblemático –que sería Dante no es únicamente severo–, la promoción publicitaria desde un soporte teórico –la columna que Ricardo Muñoz Suay escribía en la revista Fotogramas– y el intento de insertar el movimiento en las estructuras del cine español del periodo.

1. BAUTISMO DE UNA ESCUELA

Mientras el término Free Cinema apareció por primera vez en un artículo de Alan Cooke –publicado en la revista Sequence– para referirse a algunos cortometrajes independientes norteamericanos o la etiqueta correspondiente a la Nouvelle Vague surgió, en octubre de 1957, de la portada del semanario L'Express en el cual Françoise Giroud publicó los resultados de una encuesta sociológica sobre la juventud francesa, el bautismo de la Escuela de Barcelona tiene unos orígenes menos precisos. En cualquier caso, se remontan a unas reuniones celebradas en 1966 por Bofill, Durán, Esteva, Jordá, Aranda, Amorós y Serena Vergano en el domicilio madrileño de Muñoz Suay. El objeto de estos encuentros era, según su anfitrión, «animarme a que yo viniese a Barcelona, dada mi experiencia profesional, para que fuese –en un cierto sentido– el motor de producción de aquel grupo».[2]

1. Pierre Kast, «La nueva ola: observaciones, notas y recuerdos», Quaderns de la Mostra, n.º 3, Valencia, 1984, pág. 3.
2. Ricardo Muñoz Suay a Juan Antonio Martínez-Bretón Mateos-Villegas, La «denominada» Escuela de Barcelona, tesis doctoral, Ed. de la Universidad Complutense, Madrid, 1984.

Fue, sin embargo, en una posterior reunión en casa de Esteva –en Barcelona– cuando surgió el consenso para un nombre que catalizase el espíritu del grupo. Según Nunes, la coincidencia cronológica entre una serie de films, como *Fata Morgana*, de Aranda, *Acteón*, de Grau, *Noche de vino tinto*, del propio Nunes, *El último sábado*, de Pere Balañá, y *La piel quemada*, de Josep Maria Forn, provocó que «los periodistas empezaran a hablar del Nuevo Cine Catalán. Estábamos en casa de Esteva, donde la oficina de Filmscontacto estaba en una habitación a la cual se entraba por la cocina o por el servicio..., tenía mucha gracia. Estábamos Jordá, Esteva, Durán, la chica que hacía más o menos de secretaria, Ruiz Camps, que era el gerente, el que llevaba las cuentas, y yo. Leí alguna cosa y dije: "No es verdad, yo no hago nuevo cine catalán, yo, que soy un gran barcelonés, no tengo este afán de nacionalismo, no sé qué son los nacionalismos; en todo caso defendería el nacionalismo del barrio, de la casa, de la taberna y de nosotros aquí y ahora: eso sí es nacionalismo. Eso de poner fronteras no lo entiendo: hago cine de Barcelona, no cine catalán." Entonces a Durán se le ocurrió: "Podríamos crear la Escuela de Barcelona, igual que en Nueva York hay la Escuela de Nueva York." Todos dijimos que estaba muy bien y así fue como se creó la Escuela de Barcelona». Desgraciadamente, los dos únicos asistentes a esa reunión –históricamente informal– que actualmente podrían confirmar la rotunda afirmación de Nunes no tienen una memoria tan precisa como la del portugués. Romy, anfitriona de esas reuniones, lo corrobora: «Sí, fue precisamente en casa donde se reunían Suárez, Durán, Nunes, Aranda... todos los miembros de la Escuela de Barcelona... Jordá... y allí fue donde se parió la idea. Salió de casa y creo que sí, que fue Durán.» En cambio, en unas declaraciones publicadas algunos años después de aquellos hechos, Esteva no dudó en atribuirse la paternidad: «Este eslogan de Escuela de Barcelona fue inventado por Muñoz Suay y por mí, en mi casa. Se trataba de encontrar un denominador común para una serie de directores, técnicos y actores que querían hacer, hacían, un cine diferente al de esta vieja escuela de cine realista entronizada en Madrid. Inventamos eso de Escuela de Barcelona como simple aglutinante geográfico sin que significara que sus componentes eran catalanes ni que nuestras películas pertenecieran a la cultura catalana. Aunque cuando la cosa dejó de funcionar todos dijeron que no pertenecían al grupo, casi todos formaron parte de él.»[1]

Sea quien fuere el padre de la etiqueta –bajo una «denominación que, como afirma Suárez, tampoco es muy original porque en aquel entonces, en los años sesenta, todo el mundo parecía deseoso de encuadrar en escuelas o movimientos equiparables al surrealismo lo que se hacía en el cine»–, lo cierto es que el nombre hizo fortuna y provocó adhesiones inmediatas. Grau recuerda que Néstor Almendros le confesó: «Si ahora sale un movimiento desde España que tenga una etiqueta que se reconozca fácilmente, eso enganchará enseguida.» Ya en aquellas fechas, el currículum del director de fotografía barcelonés incluía el largometraje colectivo *Paris vu par...* (1964), integrado por episodios de distintos realizadores surgidos de la Nouvelle Vague, y en coherencia con aquel planteamiento, dos años más tarde escribiría al crítico José Luis Guarner: «Con mi corto *El bastón* hay que decir "como lanzamiento publicitario" de cara a Barcelona que con esto "me incorporo al movimiento publicitario de la Escuela de Barcelona". A menos que tú creas que sea éste un enfoque publicitario equivocado.»[2]

La operación, como bien apuntaban algunos de sus participantes, no era nueva, y la importancia de la etiqueta no procedía tanto de su conmemoración emblemática como de su naturaleza instrumental para acceder a determinados sectores de la industria cinematográfica. Según Jean Gruault –guionista de *Jules y Jim* o *Las dos inglesas y el amor*–, «el propio Truffaut convenía, me lo repitió varias veces al final de su vida, en que la *politique des auteurs* era una "máquina de guerra" inventada por el equipo de *Cahiers* para forzar las murallas de la fortaleza del cine francés de los años cincuenta, donde no se dejaba pe-

1. Jacinto Esteva a Baltasar Porcel, *Destino*, XXXII n.º 1720, 19-9-1970, pág. 14. En otra entrevista de aquella época, Esteva matiza que «la Escuela de Barcelona fue una invención de un valenciano que trabajaba en Madrid. Fue un eslogan publicitario muy hábil para lanzar unos productos al mercado» (J. Esteva a E. Ripoll Freixas, *Imagen y sonido*, n.º 87, 1970).
2. Carta manuscrita inédita, Benalmádena, 10-11-1970.

netrar a los recién llegados más que con cuentagotas. Se produjo el hecho de que esta fórmula simplista encontró su camino gracias a los periodistas, que la adoptaron precisamente a causa de su sencillez. Satisfacía simultáneamente la pretensión y la megalomanía de algunos realizadores con consecuencias a veces catastróficas».[1] Una vez más, las analogías entre la Nouvelle Vague y la Escuela de Barcelona resultan sumamente ilustrativas, ya que entre las pretensiones de ésta también figuraría el asalto al cine español institucionalizado. Sin embargo, su referente nominal más inmediato era otro. «Rechazaron explícitamente llamarse Nuevo Cine Catalán –certifica Gubern– y adoptaron el referente de Nueva York, un cine urbano, de cultura urbana, del cual se habían visto algunas películas en Perpiñán, en las sesiones que hacía Arnau Olivar en la Linterna Mágica. Concretamente, yo recuerdo haber visto *Shadows*, de John Cassavetes, *On the Bowery*, de Lionel Rogosin o *The Cool World*, de Shirley Clarke, y no sé si todos las habíamos visto, pero seguramente sí. De modo que era un referente. Además, claro está, Nueva York era modernidad, era un mundo cosmopolita, era un referente igual al que también era París.»[2]

Aranda mantiene una postura más escéptica sobre este referente: «En aquella época yo no había visto nada. Ni siquiera recuerdo si tenía noción de ello.» Pero, en cambio, apunta un matiz revelador cuando especula que «quizá una razón por la cual se llamaba Escuela de Barcelona es que en Barcelona no había escuela. En Madrid había una escuela de cine y yo frecuenté bastante a la gente que estaba en ella. En aquellos mo-

1. Esteve Riambau y Casimiro Torreiro, *En torno al guión. Productores, directores, escritores y guionistas*, Festival Internacional de Cinema, Barcelona, 1990, pág. 52.
2. En el número 21 de la revista *Nuestro Cine*, correspondiente a 1963, Gubern publicó un artículo sobre «Cine americano independiente» a raíz de un ciclo «visto en uno de estos frecuentes viajes transpirenaicos que nos vemos obligados a hacer para nutrir y poner al día nuestra cultura cinematográfica». En el texto no menciona el término «Escuela de Nueva York», pero la última frase del artículo sentencia premonitoriamente: «Las lecciones del New American Cinema Group pueden ser muy útiles a España.» Jorge Herralde, en testimonio a los autores, corrobora la asistencia de miembros de la Escuela de Barcelona a una sesión de Linterna Mágica consagrada, en noviembre de 1968, al Free cinema o a otras en las que se exhibieron films de la Escuela de Nueva York.

mentos, más que las enseñanzas que pudiesen partir de una institución en la cual había unos discípulos y unos maestros, tenía mucho más valor la relación que los alumnos pudiesen mantener entre ellos. Y eso es lo que se trasladó a Barcelona. Puesto que no había escuela, con una fórmula de maestros y discípulos, éstos se reunían para intercambiar sus conocimientos y sus inquietudes». Ser o no ser miembro de una escuela no era una cuestión meramente académica. En un país donde la administración primaba los films realizados por los alumnos de la EOC, la falta de bagaje académico de la mayoría de cineastas barceloneses les situaba en clara desventaja. De ahí su interés en institucionalizar su movimiento, aunque fuera nominalmente. Así lo entendió también García Escudero cuando, en unas declaraciones efectuadas en la ciudad condal, reconocía públicamente la existencia de dos escuelas de cine en España: «la de Madrid y la de Barcelona».[1]

En ese momento, julio de 1967, la única constancia que el público barcelonés había tenido de la existencia de la Escuela era el estreno de *Noche de vino tinto*. No obstante, sus componentes ya tenían a punto un film emblemático que, antes de su botadura como buque insignia del movimiento, presentaba elocuentes cicatrices derivadas de un parto tan dificultoso como conflictivo y polémico.

2. LAS DIVERSAS CARAS DE DANTE

Tras un serie de precedentes *avant la lettre*, todavía realizados sin conciencia de escuela, a mediados de 1966 los miembros del recién nacido movimiento se plantearon la necesidad de materializar un manifiesto cinematográfico que sintetizase sus inquietudes y diese consistencia a la etiqueta. El origen de esta operación corresponde a Suárez, quien, tras haberse visto desplazado por Aranda de la realización de *Fata Morgana*, dirigió un cortometraje. «Yo no quiero reivindicar nada ni conver-

1. José María García Escudero a Del Arco, *La Vanguardia Española*, 5-7-1967.

158

tirme en ningún precedente –afirma–, pero cuando hice *Diti-rambo vela por nosotros* en 16 mm, se planteó el hecho de que era posible hacer películas en este formato, y entiendo que, en cierta manera, fue algo que incentivó para hacer algo parecido. Se planteó entonces una reunión en casa de Ricardo Bofill; estaban Portabella, Jordá, Esteva, Durán y no sé si Nunes, no me acuerdo. En cualquier caso, en esta reunión se debatió un proyecto, y quedamos en llevarlo a cabo, en el cual cada uno de nosotros haríamos un corto en 16 mm. Su reunión conjunta sería una película hecha libremente y fuera del contexto cinematográfico oficial. El que se lanzó al agua inmediatamente, por las muchas ganas que tenía de hacer cine, fui yo y, prácticamente apenas salido de la reunión, empecé a plantearme lo que se había acordado, el cuento de *El horrible ser nunca visto.*»

Este cortometraje fue financiado por Antonio de Senillosa, quien también tenía que dirigir uno de los episodios de la futura película y aportaba la presencia de Néstor Almendros como director de fotografía. «En honor a la verdad –afirmó Senillosa–, el único proyecto de guión que interesó a Almendros era el mío: era la historia de un señor obligado a hacer una película, como en cierto modo era mi caso. Este señor se pregunta cómo hacer una película, se va al No-Do, coge un noticiario y le sale Franco diciendo: "Españoles..." Bien, aquello que ve es la política y la guerra y no quiere hacer el film sobre ese tema. Después, el personaje se pregunta de qué más sabe... ¿de toros?... Entonces aparece Jaime Camino y yo le pregunto qué quiere decir eso de los toros, se explica un poco y yo voy tirando... El cine, ¿qué quiere decir el cine? Venían Alain Delon y Maurice Ronet... Al final, el personaje acababa diciendo: "No sé hacer cine, no quiero hacerlo y no hago ninguna película." Así pues, era la historia de alguien que fracasa en el intento de hacer una película, muy en la línea de una historia de Scott Fitzgerald que a mí me gusta mucho, donde sale uno que pide dinero y explica cómo no puede hacer una película, está alcoholizado y no puede escribir... En mi opinión, es una de las historias más bonitas que he leído nunca.»

Identificado con la idiosincrasia del personaje de su cortometraje, Senillosa se descolgó rápidamente del proyecto colec-

159

tivo, provisionalmente titulado *Barcelona 66* en un escasamente disimulado homenaje a *Paris vu par...* De acuerdo con este precedente, los cinco episodios se rodarían en 16 mm y después se ampliarían a 35 mm pero, a pesar de la experiencia aportada por Almendros –director de fotografía de algunos de los *sketches* franceses–, la evidencia demostraba que aquello que se ganaba en una fase inicial se perdía durante un proceso de ampliación que, para reunir las máximas garantías de éxito, se tenía que llevar a cabo en Suiza, con las consiguientes dificultades administrativas. En consecuencia, la precipitación de Suárez para rodar en 16 mm un corto que no pudo sonorizar por falta de presupuesto le colocó en una situación de franca desventaja respecto a los restantes proyectos. Él mismo lo lamentaría algunos años después mediante unos argumentos[1] que coincidían con los que Esteva utilizó para negarse a rodar en 16 mm «después de la triste experiencia del hinchado a 35 mm de *Alrededor de las salinas*. El 16 mm sólo sirve para pases por televisión. El 8 mm sólo sirve para proyecciones particulares, entre amigos. El 35 mm vale prácticamente lo mismo que el 16 mm (contando el hinchado), y con un poco de suerte lo ven unas dos mil personas, en España. Decidimos, pues, rodar en 35 mm».[2]

Autoeliminados Senillosa y Suárez, Nunes quedó al margen del proyecto de sus colegas de la Escuela: «Ellos empezaron a pensar en una película en la que cada uno tuviese su *sketch*. Naturalmente, yo no intervenía en ella: además de que yo ya tenía hecha *Noche de vino tinto*, no tenía dinero para pagar mi *sketch*, porque la Escuela de Barcelona fue de muchachos con posibilidades, menos yo y Aranda. Los demás eran todos niños

1. «Que el 16 mm era la bandera del cine independiente me lo contó mi hermano; yo no lo sabía. Como tenía una cámara lo hicimos, pero más que nada como un juego. [...] No creo que la diferencia económica que hay entre el 16 mm y el 35 mm valga la pena, salvo que uno sea millonario, porque el 16 mm es lo suficientemente caro como para ser prohibitivo, y por otra parte tiene el inconveniente de las menores posibilidades de explotación. [...] La solución del 16 mm como panacea para un cine de vanguardia no me parece convincente» (Gonzalo Suárez a Antonio Castro, *El cine español en el banquillo*, Fernando Torres, Valencia, 1974, pág. 414).
2. Jacinto Esteva a Augusto Martínez Torres, *Nuestro Cine*, n.º 95, marzo de 1970, pág. 64.

160

ricos.» Concretado el formato en el cual se rodaría la p
–cuyo título, *Dante no es únicamente severo*, había sido e*lla*
«al azar de las memorias de alguien tan poco dadaísta ᵖ
Ilia Ehrenburg, concretamente de su tomo titulado *Gente,*
vida, en cuyo vigésimo capítulo escribe (según la edición ɪ
cana de Joaquín Moritz que circuló en España) que "Dant
es sólo terrible"»–,[1] el 1 de agosto de 1966 se firmó un cont
de coproducción entre Filmscontacto y Tibidabo Films. La ᴄ
presa de Esteva intervenía en un 75% de la misma al arroj
los episodios *Más por menos*, *Carmen* y *La Cenicienta. Una h*
toria vertical, respectivamente dirigidos por Jordá, Portabella
el propio Esteva. La productora de Camino, en cambio, asumɪ
Ofelia, el *sketch* de Bofill que, en caso de tener problemas coɪ
la censura o impidiese la concesión del Interés Especial, dejaba
las puertas abiertas para que Filmscontacto lo sustituyese por
otro de su libre elección.

El episodio de Bofill respondía a su condición de arquitecto
ya desde su primer título previsto: *Las cinco caras del cubo*.
Sólo la cuarta de las versiones del guión que hemos consultado
incorpora el nombre de *Ofelia* como subtítulo, pero, en todas
ellas, se muestran las relaciones entre tres personajes anóni-
mos –dos mujeres y un hombre que muestra signos de regre-
sión a la infancia o al transexualismo– encerrados en un cubo
de cinco caras en el cual la sexta correspondería a la cámara.
Según Serena Vergano, protagonista del film, «Ricardo hizo un
producto que era consecuencia directa de su oficio, de la arquitectura. Es una película de un purismo absoluto, con unos encuadres absolutamente estudiados. La composición geométrica
está en la base de todo, sin ninguna pretensión realista, al contrario, y con una música que homogeneiza la imagen».

En menos de un mes, sin embargo, Bofill cambió de estrategia y decidió desvincularse del proyecto colectivo. Oficialmente, el divorcio se produjo por su insistencia en rodar en un formato cuadrado que era incompatible con los restantes. En
cualquier caso, el arquitecto –poco amigo del trabajo comparti-
do y probablemente escarmentado de la experiencia colectiva

1. Román Gubern, *Viaje de ida*, Anagrama, Barcelona, 1997, pág. 203.

abía resultado de *Brillante porvenir*, donde figuraba nomi-
nente como coguionista– asumiría plenamente las conse-
ncias derivadas de descabalgar su participación en un lar-
metraje colectivo para reconvertirla en un cortometraje.
amino mantuvo su firma, Tibidabo Films, como paraguas legal de *Circles* y le facilitó el rodaje en los estudios Balcázar,
donde se construyó el decorado que el guión exigía. En cambio,
su recuerdo de la experiencia no es precisamente positivo:
«Todo se lo cocinó Ricardito –afirma el director de *Los felices
sesenta*– y yo fui un solo día al rodaje.»

Paralelamente, el episodio de Portabella –que se llamaba
Carmen porque Jordá eligió un libro al azar de su biblioteca,
que era la *Carmen* de Merimée– también causó baja en el proyecto. En este caso, discrepancias de orden personal entre Esteva y Portabella –cuando Annie Settimo dejó de ser la mujer
del primero para unirse sentimentalmente con el segundo, sin
que ello impidiera que ésta siguiera trabajando como *script* en
futuros films de Esteva– truncaron una relación iniciada muchos años atrás que, sin embargo, ya se había comenzado a de-
teriorar a raíz de las discrepancias surgidas por *Lejos de los árboles*. Estaba previsto que el rodaje de este episodio fuese el
primero de los cuatro, pero, según Portabella, «un día o dos antes de rodar, Cinto me explicó –no sé si era en Bocaccio– que
quizás a ellos les interesaba más hacer una película en conjunto, que quizá la otra era un error. Le escuché y le dije que de
acuerdo. No pasó nada. No recuerdo que eso provocase ningún
conflicto». En cualquier caso, su episodio también dejó de formar parte de *Dante no es únicamente severo* para convertirse en
un cortometraje independiente cuya fisonomía sufrió, en el camino, algunas transformaciones significativas. En la portada
de la nueva versión del guión no sólo cambió el título –de *Carmen* a *No contéis con los dedos*–, sino que en ella apareció el
nombre de Joan Brossa como coguionista y, en consecuencia,
probable responsable de los textos que –en versión traducida al
castellano por Pere Gimferrer– acompañan las primitivas descripciones de escenas que subvierten el lenguaje publicitario.

Esta asociación entre el cineasta y el poeta motivó sarcásti-
cos comentarios por parte de Esteva, quien, refiriéndose a la

162

deserción de su ex amigo, afirmaba: «Portabella, por su guión *No contéis con los dedos* (que yo titularía "No comáis con los dedos", dada la importante aportación de grosería intelectual de Brossa), escapó también del film, convirtiéndose en otro corto independiente.»[1] No resulta, por lo tanto, sorprendente que en la cabecera de la instancia fechada el 2-5-67 y dirigida por el cineasta al director general de Cinematografía con el fin de solicitar el permiso de rodaje sin volver a pasar la censura previa del guión, ya no figurase el membrete de Filmscontacto sino el de la resucitada productora Films 59, inactiva desde el ya lejano escándalo de *Viridiana*. Además de los conflictos personales antes aludidos, entre Esteva y Portabella «hubo discrepancias que, quizás como amigos, se hubiesen resuelto. Pero como estaba yo de por medio –recuerda Francisco Ruiz Camps–, no sólo como director de producción, sino como responsable empresarial –la empresa era la película y no otra cosa–, y yo, fríamente, dije que aquello no interesaba, pues se rompieron las negociaciones. Quizás Jacinto no lo hubiese hecho, quizá me agradeció que yo lo hiciese por él».

Portabella aplazó el rodaje de *No contéis con los dedos*, con un presupuesto declarado de 1.578.907 pesetas, hasta el otoño de 1967. Previamente, Esteva se encontró con su *sketch* y el de Jordá como únicos supervivientes de una aventura repleta de deserciones pero para la cual ya disponía de la licencia de rodaje y, lo que es más importante, del Interés Especial que aseguraba su rentabilidad. El film debía hacerse a cualquier precio y éste fue que Jordá aportase a Filmscontacto su participación como director, guionista, actor y montador de + × – *(Más por menos)*, su episodio centrado en la historia de un hombre-pez. Esteva, por otra parte, era el autor de un guión titulado *La Cenicienta. Un historia vertical*, que respondía a la idea de Romy consistente en explicar –a partir de las evocaciones oníricas de un personaje infantil tumbado en su cama– el cuento de *La Cenicienta*, con un príncipe que literalmente fuera de color azul. Algunos de los nombres de los personajes juegan con los de los amigos del cineasta, y, de este modo, aparece Francisco

---

1. Jacinto Esteva a Augusto Martínez Torres, *op. cit.*, pág. 64.

Jordá como director gerente de una fábrica de Sabadell o la paternidad de un tal José Bofill de Mora, como preámbulo de una serie de secuencias centradas en un cazador de leones –curiosa premonición de la futura atracción que Esteva sentiría por África–, el paseo de la protagonista por un campo de fútbol o ante el incendio de un gran cartel publicitario y la visita final al citado príncipe azul. En realidad, se trata de secuencias exclusivamente ligadas por el hilo conductor del sueño del niño, pero no desprovistas de un poder de fascinación visual que contrastaba con los juegos de palabras y la retórica de la que abusaba el episodio de Jordá.

Bajo la intuición de que «las dos historias no tenían nada que ver en sí mismas pero operaban con unos elementos, unos temas, unas sugerencias, si no parecidas, complementarias»,[1] ambos rodajes se llevaron a cabo de forma independiente, aunque sus realizadores compartían un mismo equipo en el cual la fotografía de Amorós o la presencia de Serena Vergano, Romy y Enrique Irazoqui como respectivos protagonistas garantizaba una cierta homogeneidad. Ante esa situación y a fin de encontrar una fórmula destinada a asegurar la viabilidad de la película –condenada al ostracismo si se mantenía reducida a la asociación de dos episodios independientes, como así se deducía de la instancia dirigida a la Dirección General de Cinematografía en marzo de 1967–, el montador Juan Luis Oliver propuso –a la vista de los primeros copiones montados de forma independiente– la posibilidad de refundir los dos *sketches* en una unidad, para lo cual se rodaron escenas adicionales. Entre ellas figuraban un prólogo en el cual se maquilla a una modelo y un epílogo donde el mismo personaje es sometido a una traumática operación oftalmológica.

Por si quedaba alguna duda acerca de las raíces surrealistas de la Escuela de Barcelona, ese homenaje al preámbulo de *Un chien andalou* subrayaba una herencia buñueliana que, en la concepción original de los cuatro episodios iniciales, incluía las plataformas artísticas interdisciplinarias en las que se había

1. Joaquín Jordá, documento inédito procedente del legado de Carlos Durán depositado en la Biblioteca de la Filmoteca de la Generalitat de Catalunya.

forjado el espíritu de la Escuela. Dirigiéndose a las autoridades franquistas que tenían que conceder la subvención que sufragaría la película –lo cual acentúa todavía más el carácter surrealista de la situación–, Esteva definía el proyecto en estos términos: «Voluntariamente alejado de cualquier pretensión realista, el film se ofrece como un producto decididamente cultural, que reúne las tendencias más representativas y avanzadas del arte contemporáneo. En sus cuatro *sketches* están presentes, desde el ballet abstracto, a la manera de un Maurice Béjart –en *Ofelia*–, hasta el grafismo publicitario de la plástica moderna en *La Cenicienta*, pasando por el *filmlet* y el teatro del absurdo, tratados respectivamente en *Carmen* y en *Más por menos*.»

Concebido como un proyecto unitario, después sometido a las discordias que también jalonaron la efímera vida de la Escuela de Barcelona, *Dante no es únicamente severo* nació con todos los atributos propios de un film-manifiesto. El parto presentó complicaciones hasta el último momento, ya que Oliver murió sobre la misma moviola mientras ejecutaba la idea que había permitido su alumbramiento, pero de algún modo este trágico acontecimiento subrayó con definitiva rotundidad las palabras de Durán cuando afirmaba que «*Dante* es como el *aboutissement* de las diferentes películas de la Escuela de Barcelona. Esta experiencia es un punto de llegada y puede ser un punto de salida»[1].

3. UN VALENCIANO, ENTRE MADRID Y BARCELONA

La misma semana de agosto en la que Bofill, Esteva, Jordá y Portabella oficializaban el contrato de *Dante no es únicamente severo*, Ricardo Muñoz Suay, todavía desde Madrid, estrenó una flamante columna de opinión en las páginas de la revista *Fotogramas* con un artículo que –no por casualidad– hablaba de *Ditirambo vela por nosotros*, aludiendo a las similitudes entre el cine de Nueva York y el de Barcelona, de acuerdo con la etiqueta acuñada por Durán y también empleada indirecta-

1. Carlos Durán a Joaquín Jordá, *Nuestro Cine*, n.º 61, abril de 1967, pág. 40.

mente por Esteva en la carta –fechada el 1-8-1966– en la que, al solicitar el Interés Especial para *Dante no es únicamente severo*, invoca: «Nuestra raza ha creado estilos y sentado *escuelas* [el subrayado es nuestro] en el Arte.» Muñoz Suay se hacía eco de este mismo espíritu cuando, refiriéndose al primer cortometraje de Gonzalo Suárez, escribía sin emplear todavía la palabra mágica: «Dentro del mundo no-mundo del cinema-no cinema de las Españas, este primer ensayo de G.S. podría ser la primera piedra –sin monedas ni periódicos conmemorativos– de un cinema independiente, para los amigos. Como fue, al principio, el de Nueva York.»[1]

Fue éste, por lo tanto, el primer paso de Muñoz Suay para acreditar la patente pública de un invento que, aun no siendo suyo, supo promocionar con la habilidad propia de alguien que si entonces aún no tenía intereses propios en el negocio, poco después asumiría el liderazgo del movimiento. «Con esta columna –reconocería posteriormente– yo me convertí en promotor, más que en productor. Dentro de la Escuela de Barcelona yo sólo era el productor ejecutivo, no aquel que aporta el dinero sino quien establecía unos planes de producción acogidos a una economía familiar, artesanal la mayoría de las veces. La columna se convirtió en una promoción, que la revista aceptó inmediatamente, sin problemas.» En artículos posteriores, la etiqueta evolucionó y, en noviembre de 1966, al hablar de *Circles*, Muñoz Suay confirma «la existencia de una *escuela* que, por lo menos en su propósito, puede ir adquiriendo una personalidad. [...] Lo que importa es que esta posible *escuela* que surge entre amigos y que, de momento, florece como espectáculo para los amigos, devenga testimonio, incluso industrial, de una crisis que nos entorna y aliena. Todavía Madrid no es Hollywood y, por tanto, Barcelona *todavía* no es Nueva York, pero en esa coordenada puede cobijarse un futuro cinematográfico».[2] El texto es diáfano, pero, entre líneas, también se lee que los alumnos de esta hipotética escuela todavía cursan párvulos, que ninguno de los films realizados hasta aquel momen-

1. R.M.S., «El Match de Ditirambo», *Fotogramas*, n.º 929, 5-8-1966.
2. R.M.S., «Bofill ha dado en el blanco», *Fotogramas*, n.º 943, 11-11-1966.

to –*Noche de vino tinto, Dante no es únicamente severo, Circles* o ni siquiera *Fata Morgana*– ha encontrado un canal para la exhibición comercial y que una posible vía de promoción es la propiciada por la confrontación entre Barcelona y Madrid.

Muñoz Suay vivía en Madrid, pero ya había efectuado diversas incursiones profesionales en películas producidas en Barcelona cuando, a principios de 1967, una recomposición de su vida familiar le impulsó a abandonar Madrid y, dejándose seducir profesionalmente por los cantos de sirena que le llegaban desde Barcelona, se instaló en la ciudad condal como director de producción de *Ditirambo*. El primer largometraje de Gonzalo Suárez estaba nominalmente producido por Hersua Interfilms, pero el domicilio social de esta productora era una habitación del piso que Jacinto Esteva tenía en la calle de Juan Sebastián Bach de Barcelona, donde compartía espacio con Filmscontacto. Desde su nueva sede, en pleno núcleo de la Escuela, el productor valenciano seguiría insistiendo, en sus columnas de *Fotogramas*, en la denominación de origen del movimiento. En marzo de 1967, en un artículo dedicado a la memoria de Oliver, se refiere «a la que denominamos provisionalmente escuela de Barcelona»,[1] y un mes más tarde –tres semanas después del estreno de *Noche de vino tinto*– certifica que «la que ya hace muchos meses denominamos Escuela de Barcelona y después, con reiteración, aludimos en estos papeles, va adquiriendo cuerpo y contenido».[2] Sin embargo, los linotipistas le jugaron una mala pasada que sería premonitoria acerca del carácter efímero del movimiento. Allí donde el título del artículo se refería originariamente a «El nacimiento de una escuela, que no de una nación» –en un brillante juego de palabras que reivindicaba el precedente del histórico film de Griffith y, simultáneamente, se desmarcaba de cualquier *nacionalismo*–, los duendes de la imprenta escribieron «Nacimiento de una escuela que no nació», sentenciando prematuramente un proyecto recién acabado de nacer. Llegados a este punto parece claro, pues, que si Durán la bautizó, Muñoz Suay fue el titular de la

1. R.M.S., «La muerte de un segundo», *Fotogramas*, n.º 961, 17-3-1967.
2. R.M.S., «Nacimiento de una escuela que no nació», *Fotogramas*, n.º 965, 14-4-1967.

patente de la Escuela y su mejor publicista. Maliciosamente conocido en la época como el Papa Negro, él mismo reconocería posteriormente que «mi responsabilidad era la de un productor ejecutivo que pretendía coordinar una industria más o menos mediana, que tenía que hacer lo que fuese para que las distribuidoras nos hiciesen caso, para que la crítica nos hiciese caso y para que no hubiese ese divorcio entre creador y público. Creo yo, oyendo mis palabras dichas entonces, que mi realismo, que supongo era un realismo circunscrito a la defensa de una parcela de producción, se contradecía probablemente con las aventuras verbales que creo que muchas veces eran sinceras pero otras eran insinceras». Además de estos dos nombres –Durán y Muñoz Suay–, conviene no olvidar el de Jordá, quien prefiere el ser calificado de «grafista» que de «ideólogo» y reconoce que «cuando Muñoz Suay empezó a hacer de propagandista, yo lo dejé estar». Según Gubern, el reparto de funciones se hizo en los siguientes términos: «Hubo el estratega promotor que fue Muñoz Suay, apoyándose en la columna de *Fotogramas*, y el cerebro cultural que sería Jordá. Cultural, porque era un omnilector, estaba leyendo todo el día. En cambio, como hombre de ideas era bastante ágrafo, escribía muy poco. En la Escuela no había ningún teórico porque el teórico natural era Jordá, pero era un teórico oral.» A pesar de ello, el frente propagandístico se multiplicó con un artículo, publicado en *Nuestro Cine* en abril de 1967, donde Jordá entrevistaba a Durán –a propósito de *Cada vez que...*, un film cuyo coguionista era el propio Jordá– tras un encabezamiento consistente en un manifiesto programático previamente debatido por los miembros del grupo, incluido Muñoz Suay. Su texto, claramente inspirado en el del New American Cinema Group, proponía las siguientes características de la Escuela:

«1) Autofinanciación y sistema cooperativo de producción.

2) Trabajo en equipo con un intercambio constante de funciones.

3) Preocupación preponderantemente formal, referida al campo de la estructura de la imagen y de la estructura de la narración.

4) Carácter experimental y vanguardista.

168

5) Subjetividad, dentro de los límites que permite la censura, en el tratamiento de los temas.

6) Personajes y situaciones ajenos a los del cine de Madrid.

7) Utilización, dentro de los límites sindicales, de actores no profesionales.

8) Producción realizada de espaldas a la distribución, punto éste último no deseado sino forzado por las circunstancias y la estrechez mental de la mayoría de los distribuidores.

9) Salvo escasas excepciones, formación no académica ni profesional de los realizadores.»[1]

En un brillante ejercicio de síntesis programática, estos nueve puntos resumían las realidades y proyectos de la Escuela a la vez que anunciaban –entre otros aspectos que serán tratados en sucesivos capítulos– un proyecto que no llegaría a ver la luz y parece haber sido borrado de la memoria de sus protagonistas, pero resulta extraordinariamente ilustrativo sobre la dimensión industrial que Muñoz Suay pretendía dar a la Escuela para asegurar sus perspectivas de futuro. Se trata de la creación de la Asociación de Productores Independientes de Cine-Barcelona (ASPIC), una organización cuyos orígenes se remontan al prematuro proyecto de una Unión de Productores, en abril de 1966, y que intentó consolidarse entre agosto y diciembre de 1967, un momento de euforia propiciado por la presentación de *Dante no es únicamente severo* en Pesaro y su estreno en Barcelona o el premio de interpretación obtenido por Serena Vergano en San Sebastián a raíz de *Una historia de amor*. Su primer borrador, fechado en agosto de 1967, define ASPIC Films como «la forma asociativa adoptada por un grupo de directores-productores de la Escuela de Barcelona para unir sus esfuerzos sin menoscabo ni riesgo de sus respectivas posibilidades económicas y creativas». A continuación se proponía el ingreso a Aranda, Bofill, Durán, Esteva, Grau, Jordá y Suárez, fijándose el 1 de octubre de 1967 como fecha inicial de actuación. Los objetivos básicos inmediatos eran «la promoción y el control técnico y financiero de las películas producidas por sus

1. Joaquín Jordá, «La Escuela de Barcelona a través de Carlos Durán», *Nuestro Cine*, n.º 61, abril de 1967, págs. 36-37.

miembros», y a largo plazo se propone «la creación de una distribuidora comercial y de redes de distribución que faciliten la salida y producción de sus films». El ritmo de trabajo se establece en cuatro largometrajes anuales y constan, como personal fijo, Muñoz Suay –con firma exclusiva en la cuenta bancaria de la empresa– y Ruiz Camps.

Unas posteriores correcciones de Muñoz Suay advertirían lúcidamente de los peligros de un proyecto de estas características. Reconocía, en primer lugar que «hoy, las circunstancias "objetivas" son las mejores. De no lograrse la constitución, las dificultades para producir, en unos meses, habrán aumentado. Los problemas personales, unos más agudos que otros, de cada uno de nosotros tienden a empeorarse si no aceptamos el principio de la unidad como esencial». Por otra parte, también deja entrever la precariedad financiera del grupo, advirtiendo que «nadie, o prácticamente nadie, dispondrá de unos dineros necesarios o inmediatos. Ésta es la realidad. Habría sido necesario que alguien nos avanzase una cantidad fundacional. Yo creía que podía ser Jacinto. Pero él tiene la impresión de que es víctima de un complot y de una estafa, más o menos. [...] Hay que partir con una reserva monetaria, lo demás es hacer madrileñismo de cocido y callos». Es sintomático el párrafo en el que garantiza que no habrá «ni una sola imposición "ideológica" (no sobre qué cine hay que hacer, o cómo funcionar ideológicamente, o sobre gustos, preferencias, "estilos" o vicios en el jugar, beber, hacer el amor o vestir)». Pero las conclusiones sobre la falta de cohesión del grupo son también definitorias: «Si adquirimos conciencia de que lo que queremos hacer es cine, es ahora el momento. Luego, o será tarde o imposible. Ante la afirmación de Jacinto de que sólo le interesa hacer sus películas, una responsabilidad orgánica y colectiva se hace necesaria.»

Como consecuencia de estos juicios de Muñoz Suay, un nuevo documento fechado el 1 de diciembre de 1967 demuestra que el proyecto ha cambiado de nombre –Centro de Producción Cinematográfica (CPC)– y que, de los siete miembros fundadores, ha desaparecido Suárez. En cambio, los objetivos y proyectos son los mismos. Se estipulan en 99.000 pesetas mensuales los gastos de funcionamiento –que incluyen un sueldo de 45.000 pesetas para el director general y otro de 20.000 para el jefe de administración–, se ubican las oficinas en el mismo local que Filmscontacto poseía en el Paseo de Gracia y también se especifican las cuotas de los nuevos socios: 25.000 pesetas al ingreso, 50.000 a los seis meses, 75.000 a los nueve y 100.000 al año. Según Grau, «el proyecto era hacer una productora que se llamase Escuela de Barcelona, como empresa, de la cual los capitalistas éramos los directores. Se hizo una reunión en casa de Esteva en la que estaban Portabella, Aranda, Esteva, Jordá, Nunes, Suárez, Bofill, Durán y yo... Entonces se presentó el proyecto, que significaba que cada uno de nosotros tenía que pagar cincuenta mil pesetas al mes, para pagar los gastos de esta empresa que sería productora, distribuidora y promotora. Estaba bien visto, pero los que entonces podían pagar cincuenta mil pesetas al mes eran cuatro. Los demás íbamos colgados, y de Nunes no hablemos, de Suárez tampoco. No aceptamos tirar adelante porque cuando llegó el momento de hacer las cosas bien hechas, con una cosa concreta, no fue posible. Habría sido necesario encontrar, en aquella época, un gran espónsor y entonces sí que habría funcionado porque la idea era muy buena».

El fracaso de este proyecto no menguó la campaña propagandística de Muñoz Suay en *Fotogramas*, y si tras el estreno de *Fata Morgana* y *Dante no es únicamente severo* en Barcelona proclamaba enfáticamente que «un cinema recorre estas tierras, el de la Escuela de Barcelona»,[1] tres semanas más tarde saludaba *No contéis con los dedos* con un tono laudatorio más propio de su deseo de obtener el consenso que el CPC necesitaba que de una repentina reconciliación con Portabella, con quien mantenía viejas y profundas discrepancias jamás cicatrizadas. Las raíces –escribía Muñoz Suay a propósito de este cortometraje– «hay que buscarlas en preocupaciones comunes con las de las gentes de la Escuela de Barcelona. Aún más: es aconsejable, ante esta película de P., no contar con los dedos el número de los miembros de esta escuela, porque para unos se

1. R.M.S., «Salida de la escuela», *Fotogramas*, n.º 996, 17-11-1967.

convertirían esos dedos en huéspedes y para otros en preocupaciones localistas. La Escuela (que no los posibles organismos industriales de la misma, que son otra cosa bien distinta) está adquiriendo tal elasticidad que puede decirse que en ella caben unos y otros de los que como P. (o en la antípoda Nunes) intentan crear un cine nuevo, veteado de un realismo que aflora o que permanece recóndito, según los casos o las conveniencias».[1]

---

1. R.M.S., «Contad con Portabella», *Fotogramas*, n.º 998, 1-12-1967.

VI. LAS FRONTERAS DE LA ESCUELA

La Escuela de Barcelona no fue un movimiento cerrado y uniforme. Tal como dijo Serena Vergano, en ella «no se ingresa como en el Cuerpo de Artillería».[1] Sin embargo, estableció una serie de fronteras que delimitaban –por analogía o por antonomasia– el terreno en el cual se desarrolló su breve pero intenso ciclo vital. Estas fronteras definían diversos frentes, encabezados por el de la relación estrictamente personal entre una serie de personajes sometidos, por una determinada forma de vivir, a grandes pasiones y a odios irreconciliables. Otros límites situaban el cine de Barcelona al margen de una conciencia nacional catalana y, al mismo tiempo que se distanciaban provocativamente de Madrid, buscaban referencias en modelos importados de París.

1. NÓMINAS, ODIOS Y PASIONES

Establecer, desde la actualidad, quién, cuándo y cómo perteneció a la Escuela de Barcelona es tarea estéril. Bastaba con frecuentar Bocaccio, el Stork Club o el Pub Tuset, tener amigos que escribieran en *Fotogramas* o *Tele-eXprés*, ser admitido en algunas de las proyecciones privadas que se hacían en el cine Publi después de la última sesión abierta al público o desplazarse hasta el sur de Francia para asistir a los *weekends* de la

---

1. Serena Vergano a M. Manzanera, *Fotogramas*, n.º 1.015, 29-3-1968.

Linterna Mágica y pasar los fines de semana en Cadaqués o Platja d'Aro para superar el examen de ingreso que, a través de la *gauche divine*, daba acceso a la Escuela.

Ciertamente, circularon algunas nóminas que actualmente pueden orientar sobre la composición básica del movimiento. En el texto introductorio al manifiesto publicado en *Nuestro Cine*, en abril de 1967, Jordá citaba explícitamente «diez films con características muy concretas y comunes: *Fata Morgana*, de Aranda, *Raimon*, de Durán, *Noche de vino tinto*, de Nunes, *Ditirambo vela por nosotros*, de Suárez, *Circles*, de Bofill, *Lejos de los árboles*, de Esteva, *Dante no es únicamente severo*, de Esteva y Jordá, *Carmen*, de Portabella, *Cada vez que...*, de Durán, y *Ditirambo*, de Suárez». Posteriormente, anunciaba que «la lista podría aumentarse con obras como *Mañana será otro día*, de Camino, *La piel quemada*, de Forn y *El último sábado*, de Balañá, que, por razones de tipo formal y económico, escapan al fenómeno Escuela de Barcelona. Grau, como siempre, es capítulo aparte».[1] Poco después, el propio Jordá no tenía inconveniente en reconocer que «tanto *Fata Morgana* como *Noche de vino tinto* son precedentes que ahora nos hemos inventado y es mentira que sean de la Escuela de Barcelona. Son películas que han existido pero por este camino podríamos llegar muy lejos y haber hablado de una peliculita del año 32 o de una pequeña producción del año 49. Yo, en Italia, llegué a dar una lista de diez películas, unos proyectos que me sacaba de la manga y que daba por realizados y otras cosas que iba relacionando».[2] Actualmente, Jordá es todavía más escéptico y reconoce que si, desde su púlpito como ideólogo de la Escuela, citó nombres como el de Camino «era porque en aquel momento eran amigos míos. Él, concretamente, me había dado trabajo en *Los felices sesenta*».

Poco antes del estreno de *Dante no es únicamente severo*, en

1. Joaquín Jordá, «La Escuela de Barcelona a través de Carlos Durán», *Nuestro Cine*, n.º 61, abril de 1967, pág. 36.
2. Joaquín Jordá a Augusto Martínez Torres y Manuel Pérez Estremera. Entrevista registrada el 13-10-1967 con destino a *Cuadernos para el diálogo* pero nunca publicada. Citada por Juan Antonio Martínez-Bretón Mateos-Villegas, *La «denominada» Escuela de Barcelona*, tesis doctoral, Universidad Complutense, Madrid, 1984.

octubre de 1967, Esteva hacía pública una relación de miembros de la Escuela, entendida, simplemente, como «la agrupación de unos intereses intelectuales e industriales. Sólo con este fin nos hemos unido los siete que hasta el momento formamos el grupo, y que son: Joaquín Jordá, Carlos Durán, Vicente Aranda, Ricardo Bofill, Gonzalo Suárez, Jorge Grau y yo».[1] Curiosamente, estos nombres corresponden a los socios fundadores de ASPIC Film, con la significativa exclusión de Nunes –por motivos económicos– y la cuestionada presencia de Grau –entonces involucrado por Muñoz Suay en el proyecto de *Tuset Street*– o la de Suárez, antes de que causara baja en el proyecto del Centro de Producción Cinematográfica.

Frente a la consulta de estas nóminas de frágil consistencia y sometidas a los vaivenes derivados de empresas coyunturales, a repentinos cambios de pareja o a maquiavelismos perpetrados en la barra de Bocaccio, resulta mucho más operativo asimilar el «tren de vacaciones» aplicado por Pierre Kast a la Nouvelle Vague con la metáfora igualmente ferroviaria que Muñoz Suay empleaba para afirmar, entonces y veinte años después, que «la Escuela de Barcelona era como el vagón de un metro en el que la gente entraba y salía según las estaciones. No había ni coherencia ni unidad en aquel grupo. Todos se aproximaron porque, supongo, pensaban que Esteva con su productora, que era la única que existía, podría ayudar a unos y a otros y porque había ciertos contactos entre unos y otros. Pero si los analizamos y observamos bien, veremos que el cine de Nunes no tiene nada que ver con el de Jacinto, el de Aranda no tiene nada que ver con el de Jordá».

En definitiva, la Escuela giraba en torno a un núcleo integrado por Esteva, Jordá y Durán, con una distribución de funciones perfectamente definida: «Esteva, el dinero y la sensibilidad; Jordá, la inteligencia y la maquinación, y Durán, el trabajo.»[2] De estos tres nombres –a los cuales se puede añadir el de Bofill, decantado hacia la arquitectura después de la realización de *Circles*– surgió el impulso que posibilitó la existencia

1. Jacinto Esteva a Juan Francisco Torres, *Fotogramas*, n.º 993, 27-10-1967.
2. Pere Portabella a Juan Antonio Martínez-Bretón Mateos-Villegas, *op. cit.*

de los films que imprimieron en celuloide los eslóganes de la
Escuela y también las provocaciones que crearon enemistades
en algunos casos irreconciliables. Los restantes componentes
de la Escuela –ya fueran realizadores, técnicos o actores y
actrices– fueron compañeros de viaje en este vagón de metro
citado por Muñoz Suay. Para acceder a él no se evaluaba el entusiasmo del viajero, ni siquiera su oportunismo, pero su recorrido fue un barómetro que medía no tanto la existencia de la
propia Escuela como los diversos posicionamientos de algunos
de sus pasajeros respecto al juego de intereses –económicos
y profesionales, pero también sentimentales– que se movían
detrás de esta fachada. El gran capital de la Escuela de Barcelona fue, sin duda, una etiqueta tan simplista como indiscutible, hasta el punto que el siempre entusiasta Carlos Durán
afirmaba: «Yo no puedo trabajar en ningún film que no perte-
nezca a la Escuela de Barcelona. Y este grupo se puede ampliar
tanto que me gustaría trabajar con cualquiera que entre en
él.»[1]

Portabella también habría pertenecido al núcleo central de
la Escuela si no hubiese sido por las discrepancias que mantenía con dos de sus puntales. De Jordá se había distanciado a
raíz del litigio mantenido por la propiedad intelectual del guión
de *Guillermina*; de Esteva le separaban irreconciliables problemas de índole personal. Voluntariamente autoexcluido de las
nóminas de la Escuela pero autor de films muy cercanos a su
espíritu, el realizador de *No contéis con los dedos* desvinculó su
episodio de *Dante no es únicamente severo* y dijo de la etiqueta
que «sólo puedo considerar esta denominación como un "slo-
gan". Debo confesar que no tengo criterio formado sobre "slogans" publicitarios. Quizá lo que mejor la califica sea el hecho
de que ha "cuajado" publicitariamente».[2] A continuación también fijó sus propias fronteras en relación a Madrid, mientras
en Barcelona jugaba la carta del catalanismo a partir de su vinculación con Joan Brossa, su militancia política y unas raíces
culturales entroncadas con la vanguardia artística de Cataluña.

1. Carlos Durán a Juan Francisco Torres, *Fotogramas*, n.º 1.004, 12-1-1968.
2. Pere Portabella a Juan Francisco Torres, *Fotogramas*, n.º 997, 24-11-
1967.

Actualmente, en cambio, Portabella no renuncia a la herencia de aquel movimiento, matizando los defectos ajenos –la falta de originalidad de la etiqueta, entre otros– y subrayando las aportaciones personales a partir de una concepción multidisciplinar del lenguaje cinematográfico: «Ciertamente, fue muy útil para todos no producir nuestras películas en solitario. La idea de adoptar como etiqueta publicitaria y de proyección del conjunto de los films de la Escuela de Barcelona fue eso, un acierto de promoción aunque no fuese original. Ya en los años cincuenta lo hicieron un grupo de poetas barceloneses. Y más tarde los arquitectos, cuando empezaban a tener una cierta proyección internacional, fueron también reconocidos como una escuela barcelonesa. Personalmente, opté por poner el acento en el lenguaje como el auténtico discurso del film: asumiendo la poesía, la pintura o la música como puntos de referencia para servirme de ellas y no únicamente para servirlas, rodeándome de colaboradores procedentes de otras disciplinas.»[1]

Una actitud opuesta es la mantenida por Camino, el otro viajero ocasional en el vagón de la Escuela más reticente a su pertinencia. Después de contar con la colaboración de Jordá, Durán, Settimo o Senillosa en el equipo de *Los felices sesenta*, Camino bajó en la primera estación para emprender, con *Mañana será otro día*, una línea claramente antagónica a las posturas de la Escuela que provocó comentarios contrarios por parte de Durán[2] y una agria polémica con Jordá reflejada en las páginas de la revista *Mundo*. Camino afirmaba rotundamente: «Soy totalmente independiente en cuanto a escuelas y producción. Yo no tengo nada que ver con la Escuela de Barcelona. Es cierto que, como lanzamiento publicitario, la Escuela barcelonesa ha sido un hecho, pero su balance artístico es nada o prácticamente nada.» Jordá, por su parte, replicaba: «No tengo ningún

1. Pere Portabella, «El nou cinema a Catalunya», *Cultura*, n.º 15, Barcelona, setiembre de 1990, pág. 51.
2. «Camino ha pasado de un cine de autor a un cine comercial. Sus personajes ya no reflejan la vida de Barcelona, son los "clisés" del cine comercial. *Los felices sesenta* han quedado muy lejos. Creo que es un error por su parte» (Carlos Durán a Joaquín Jordá, *op. cit.*, pág. 40).

interés de entrar en polémica con Camino, porque la verdad es que me interesa muy poco. No estoy de acuerdo con su posibilismo, con sus historietas ni con sus películas de Guerra Civil. Prefiero hacer una película sobre una cosa tan sencilla como puede ser, por ejemplo, una bola de billar, que sobre una cosa tan seria como la Guerra Civil, con el compromiso que esto implica. O al menos me parece más honesto.»[1] Tras esas posturas encontradas palpitaba entonces el fracaso de un proyecto común, *El viaje*, pero la trayectoria posterior del director de *Los felices sesenta* no deja ningún lugar a la duda acerca de su voluntario distanciamiento de los postulados de la Escuela.

A pesar de que Aranda constaba en el proyecto de una productora unitaria de la Escuela, el director de *Fata Morgana* –incluido entre los films bendecidos por Jordá– nunca fue un entusiasta de la experiencia. Desde una periferia voluntariamente asumida, ahora certifica que «nunca me preocupó demasiado saber si yo pertenecía o no a la Escuela de Barcelona. Ni lo afirmé ni lo negué. A mí me parecía un grupo de gente interesante y no me molestaba encontrarme con ellos y hablar de cine e incluso llegar a tener algún proyecto en común. Eso no ocurrió, pero yo lo habría aceptado perfectamente bien. Ahora, todo aquello no lo acepto más que como una incongruencia. Pienso que aquello que se impone es la etiqueta, que tuvo mucho éxito». Suárez también dudaba sobre su adscripción al movimiento barcelonés y mantenía una actitud ambigua basada en el hecho que «a mí no me gustan los grupos. Odio la mentalidad de grupo y por eso rechacé la identificación con la Escuela de Barcelona. El grupo no deja de ser una institución, y por lo tanto de tender claramente hacia la muerte. [...] La Escuela de Barcelona como grupo me fastidiaba mucho. Pero también teníamos puntos en común. Les interesaba un cine hecho sin guión, con total libertad, aunque las cosas que les obsesionaban eran distintas de las que a mí me podían interesar; ahora pienso que mi intolerancia hacia ellos fue excesiva».[2]

Diez años después de que *Mañana* anticipase algunos de los

1. Jaime Camino y Joaquín Jordá a *Mundo*, 8-2-1969.
2. Gonzalo Suárez a Antonio Castro, *El cine español en el banquillo*, Fernando Torres, Valencia, 1974, pág. 421.

elementos propios de la Escuela, Nunes se encontró con un grupo sociológicamente antagónico a su idiosincrasia pero que sintonizaba plenamente con su particular concepción del cine. Su talante anarquizante entraba en contradicción con cualquier etiqueta, pero, en este caso, no le quedó otro remedio que aceptarla: «Ellos me han llamado, son ellos quien lo quieren. En principio, yo no quiero estar incorporado a ninguna escuela ni a ningún grupo. No estoy suscrito a ninguna publicación para evitar que mi nombre conste en ninguna lista.»[1] Orgulloso, en la actualidad, de haber pertenecido a este movimiento incluye en él a «Esteva, Durán, Jordá, Suárez, Bofill, Aranda y yo... Me dejo uno: Pere Portabella, el que no lo quería ser pero toda su obra era de la Escuela de Barcelona». De Grau, Jordá escribió, en 1967, «que era un caso aparte», y ahora todavía pontifica que «era un "chico del Opus" y, además, no me gustaba lo que hacía». Pero, a pesar de esas reticencias, coincidiendo con el proyecto de *Tuset Street*, fue el propio Jordá quien telefoneó a Grau para proponerle su inclusión en la Escuela de Barcelona. La respuesta del realizador de *Acteón* fue la reivindicación de sus antecedentes profesionales: «Si *Noche de verano* –recuerda ahora que le dijo a Jordá– no forma parte de la Escuela de Barcelona, entonces es que la Escuela de Barcelona no existe. Yo considero, quizá de una manera pretenciosa, que *Noche de verano* es una película totalmente barcelonesa. Hay un retrato de dos Barcelonas, que son la de Diagonal hacia arriba y la de las Rondas y el puerto, que son las mismas que aparecen después en *Tuset Street*. Yo me consideraba de la Escuela de Barcelona y ellos no sé si me incluían en ella porque nunca acabé de entender muy bien qué es lo que ellos entendían por Escuela de Barcelona.»[2]

1. José M.ª Nunes a Jordi Soler, *Presència*, n.º 130, 30-12-1967.
2. Esas declaraciones de Grau a los autores serían posteriormente ampliadas y matizadas en el artículo «Todavía la Escuela», *Boletín de la Academia de las Artes y las Ciencias Cinematográficas de España*, n.º 9, febrero de 1996, pág. 3. Por si alguna duda cabía acerca de la adscripción del director de *Acteón* al movimiento barcelonés, él mismo ha querido dejar constancia para la historia de que su voluntad estaba por encima de cualquier otra circunstancia.

2. LA FRONTERA INTERIOR: BARCELONA Y CATALUÑA

Si algo quedó claro desde el nacimiento de la Escuela fue que la reivindicación de Barcelona se llevaba a cabo, entre otros antagonismos, por oposición a Cataluña. Parecería lógico, y así se intentó potenciar desde sectores nacionalistas, que la respuesta que se diera desde Barcelona al Nuevo Cine Español fuese un Nuevo Cine Catalán. La participación de Nunes en la adaptación cinematográfica de *María Rosa* y en el cortometraje *Raimon*, realizado por Carlos Durán, o la colaboración de futuros integrantes de la Escuela en *Los felices sesenta* –donde Joan Capri interpretaba un personaje secundario que hablaba en catalán y la banda sonora estaba igualmente compuesta por el cantautor valenciano–, crearon expectativas que después no se cumplieron.

La excepción fue la relación que Portabella –desde su heterodoxia en relación a la Escuela– mantuvo con la cultura catalana, pero sus films tampoco respondieron a lo que, desde estos sectores, se esperaba del cine. Por militancia política, por sus vinculaciones con la vanguardia artística pero también como signo diferencial de los integrantes de la Escuela, Portabella buscó, desde su primer film, la identificación formal con una cultura catalana que no era la considerada ortodoxa por los sectores nacionalistas. «Mi catalanidad –recuerda el futuro senador por la coalición Entesa dels Catalans en las primeras elecciones democráticas– procedía de vivir cerca de Tàpies o Brossa y era lo contrario de la barretina. Era la de la catalanidad de las vanguardias, la de la imaginación y la de reivindicar el hecho nacional desde un prisma de modernidad.» Por este motivo, si Brossa figura acreditado como coguionista de *No contéis con los dedos*, *Nocturno 29*, *Umbracle* o *Cuadecuc/Vampir*, tampoco resultan sorprendentes las colaboraciones de Pere Gimferrer –traductor al castellano de los textos de Brossa y ocasional intérprete de *Umbracle*–, de Antoni Tàpies –autor del cartel publicitario de *No contéis con los dedos* y presente en una secuencia de *Nocturno 29* en compañía de Antonio Saura y Joan Ponç– o de Joan Miró, que dibujó el cartel de *Umbracle*.

Pronto se vio que el embrión de un hipotético Nuevo Cine

180

Catalán estaba más cerca de films como *Vida de familia* (1963), *El último sábado* (1965) o *La piel quemada* (1966), todos ellos rodados en castellano y próximos al modelo neorrealista, común con el NCE, que de la línea de investigación abierta por Portabella o incluso de los largometrajes estrenados en catalán –*El Baldiri de la costa* (1968), *L'advocat, el batlle i el notari* (1969) o *Laia* (1969)– que el crítico Miquel Porter Moix consideraba como requisito imprescindible para que las revistas *Destino* y *Serra d'Or* les extendieran sus correspondientes certificados acreditativos de su denominación de origen. Sin embargo, la irrupción de la Escuela desbarató cualquier perspectiva unitaria de estos otros sectores a partir de la utilización de una etiqueta que monopolizaba cinematográficamente el nombre de la capital catalana.

Muñoz Suay descartaba cualquier posible equívoco cuando escribía: «Precisemos, antes de nada, que esa, esta Escuela de Barcelona, no es, ni será, la precisa y deseada *escuela catalana* a la que, en muchas ocasiones se refiere, alentándola, entre otros, el preciso Porter Moix. Ésta nace –o nacerá– partiendo del hecho nacional. Aquélla ha brotado y se desarrolla en estos días partiendo de un concepto del realismo cinematográfico adoptado a nuestras diarias circunstancias y conglomerando una visión diferencial que *en* Barcelona se obtiene de manera diversa a como, por ejemplo, en la meseta.»[1] Junto a ese doble frente abierto desde la ciudad condal, contra el nacionalismo y contra la meseta, Esteva añadía una justificación del cosmopolitismo de la Escuela basada en sus propios antecedentes biográficos: «Desconozco en gran medida la cultura catalana, porque ya a los diecisiete años me fui a Roma a estudiar Bellas Artes, dos años; luego pasé cinco en Ginebra, con la arquitectura; después marché a París, dos años, para hacer urbanismo... Prácticamente he estado sin contacto con la cultura catalana en mi vida digamos adulta. Incluso se me ha atacado por esto. Miquel Porter lo hizo antes de conocerme. Después de estar en contacto con estas culturas extranjeras me es difícil entrar en

1. R.M.S., «Nacimiento de una escuela que no nació», *Fotogramas*, n.º 965, 14-4-1967.

la catalana. Y te diré más: me repele extraordinariamente la vieja cultura catalana explícita, por ejemplo, en la Liga Regionalista y similares. [...] A mí, la cultura catalana me interesa lo que pueda interesarme la sueca, la checoslovaca. El hecho de haber nacido en Cataluña y ser catalán no me hace sentir ninguna necesidad de integrarme en la cultura catalana. Aunque no quiero que parezca que adopto una posición anticatalanista porque, en definitiva, me interesan todas las culturas. Me interesa la cultura, venga de donde venga.»[1]

En coherencia con su militancia catalanista, Porter Moix aprovechó el estreno de *Dante no es únicamente severo* y *Fata Morgana* para responder a las provocaciones de la Escuela de Barcelona invocando las «gravísimas responsabilidades éticas, estéticas y aún biológicas» que comportaba utilizar el nombre de Barcelona para bautizar una escuela cinematográfica que buscaba el reconocimiento internacional. Porter conocía la inconsistencia de la base sobre la cual se había edificado la Escuela, y, por este motivo, denunciaba: «Dar, en estos momentos, un nombre concreto y un especial *bombo* a una *moto*, queriendo hacerla pasar por un Rolls Royce, nos parece por demás arriesgado, casi irresponsable.» Tampoco escapaba de su crítica el origen social de los miembros de una Escuela que, «desde Madrid, es una escuela realmente barcelonesa, pero de barrio: de Tuset Street, de Bocaccio, de traje a lo Mao, de dinero en el bolsillo o en el banco, de europeísmo provinciano. La Barcelona de estos films es la de sus autores. Y sus autores son estupendos para representar a la más pequeña minoría. Cierto que pueden existir intenciones secretas, pero no menos cierto que si son tan secretas que tan sólo serán entendidas por sus amigos, por sus deudores y por sus más claros enemigos, habrán ganado bien poco». Finalmente, Porter matizaba sus ataques con una comprensión quizás excesivamente paternalista –de nuevo basada en las relaciones de la Escuela con su grado de catalanismo como único barómetro– pero no exenta de una lúcida mirada sobre la naturaleza del movimiento: «Todo ello

1. Jacinto Esteva a Baltasar Porcel, *Destino*, XXXII n.º 1.720, 19-9-1970, pág. 15.

podría ser tomado por un ataque apasionado. Y lo más paradójico es que amamos muy apasionadamente a los autores, comprendemos muy melancólicamente sus intenciones y quisiéramos poderles dar toda la razón. Aquí y allá asoman resabios de una auténtica cultura catalana –referencias al Dalí más añejo, por ejemplo– y en ciertos momentos existen testimonios útiles de una parte del gran todo que constituye un país. Pero todo queda diluido en el mimetismo de una Europa rica, de la que somos parientes pobres, en concesión a una cultura casi moribunda, en la que no se aguanta ni el nivel universitario.»[1]

Independentistas, como Josep Maria López Llaví desde las páginas de Serra d'Or,[2] o comunistas, como Alfons García Seguí –cuando, a pesar de su amistad con Néstor Almendros, definía la Escuela como «la versión provinciana de una moda impuesta en París»–,[3] se adhirieron al «antimanifiesto» de Porter. Además del rechazo de orden lingüístico, se criticaba de la Escuela su desvinculación de un realismo que políticamente se reclamaba como sustrato de lo que –desde estos sectores– se consideraba que tenía que ser el cine catalán, a pesar del reciente fracaso del Nuevo Cine Español. Juan Francisco de Lasa, quien acuñó esta etiqueta, también se apuntó incondicionalmente al bombardeo de la Escuela cuando pontificaba su intención de seguir «abominando de los "godardianos" de pies a cabeza, francamente aburrido de tanto "comepiedras", tanto Bocaccio y tanta divagación absurda de dos señoritos "in" ante sus respectivos martinis con aceitunas..., mientras tantas y tantas cosas auténticas y terribles, admirables y desesperanzadoras –y todas ellas al alcance de nuestras cámaras– pugnan para contar su historia a las gentes deseosas de verdad y de comprensión, a

1. Miquel Porter Moix, «Entre el "ensayo" y el "comercial"», Destino, XXX, n.º 1.581, 25-11-1967.
2. «Hacer cine hoy y aquí, si queremos tender hacia la normalidad, significa trabajar de acuerdo con la evolución y las tendencias actuales del arte, y concretamente del cine, y debe hacerse tocando con los pies en el suelo, lo cual quiere decir en una tierra concreta, incidiendo en los problemas de estos hombres y de este pueblo y en un lenguaje que este pueblo pueda entender» («Nova renaixença al cinema: moment zero», Serra d'Or, IX, n.º 7, julio de 1967, pág. 605 [77]).
3. Alfons García Seguí, Questions d'Art, n.º 12, diciembre de 1969.

toda esta gente cansada de "slogans" y de "contamos contigo" que esperan encontrar en el cine un eco de sus propias ilusiones y un reflejo de todo aquello que brilla, grita y vive a su alrededor».[1] Nunca un movimiento cinematográfico surgido en España, y mucho menos en Cataluña, despertaría rechazos tan beligerantes como la Escuela de Barcelona. Desde su doble provocación, antirrealista y anticatalanista, este movimiento de raíces vanguardistas fue el objetivo de una feroz agresividad crítica derivada de la simultánea frustración provocada por la prematura defunción del NCE y el abortado intento de gestación de un Nuevo Cine Catalán.

Tras el rodaje, de *Después del diluvio* en Girona, Jacinto Esteva recurrió a un tono conciliador con los sectores catalanistas, pero cualquier intento de acercamiento entre posturas irreconciliables era imposible. Uno de los argumentos críticos que Porter Moix utilizaría con mayor insistencia –la necesidad de regresar al realismo emprendido por los primeros films de los miembros de la Escuela– reapareció con motivo del tardío estreno de *Lejos de los árboles*. Sólo cuando este film, cuyo rodaje había comenzado en 1963 –en un momento que, de acuerdo con la terminología de la Escuela, todavía era posible Victor Hugo–, se dio a conocer en un pase clandestino a la prensa de Barcelona, el crítico de *Destino* tuvo unas palabras elogiosas para con un film de Esteva, no sin antes haber ajustado cuentas con Muñoz Suay al recordarle que «hace algún tiempo nació, creció, brilló y murió una llamada Escuela de Barcelona, apelación inventada en Madrid».[2]

Ciertamente, en los cenáculos de la *gauche divine* no sólo se hablaba en castellano sino que se vivía de espaldas a la cultura catalana. Según el editor Jorge Herralde, estos ambientes eran «compartimentos estancos, en una situación que todavía persiste. Hay escritores barceloneses en lengua castellana y escritores barceloneses en lengua catalana, de la misma edad y que prácticamente no se conocen. No es que se odien o se detesten,

1. Juan Francisco de Lasa, «Cada vez que....», *Imagen y sonido*, n.º 59, mayo de 1968.
2. Miquel Porter Moix, «Por fin vemos el bosque, o los aciertos de Jacinto», *Destino*, 25-7-1970.

184

son como dos raíles paralelos. La Escuela de Barcelona era un fenómeno muy cosmopolita y muy barcelonés con un interés muy escaso por la Cataluña profunda. Recuerdo que a mediados de los sesenta, en uno de los aniversarios de Josep Pla, la revista *Destino* hizo una encuesta y escritores como Barral o Gil de Biedma reconocían que no habían leído a Pla».

No obstante, esta ignorancia –más o menos sincera– entre los dos sectores de la cultura barcelonesa se borró cuando algunos integrantes de la Escuela comprobaron que Filmscontacto concentraba sus esfuerzos en los proyectos personales de Esteva. Proyectos que, antes de 1965, habrían podido parecer heréticos desde el punto de vista de la Escuela, pocos años después se convirtieron en una nueva vía de exploración. Antes de rodar *Mañana será otro día*, Camino se planteó la posibilidad de adaptar a la pantalla *La plaça del Diamant*. «Yo sólo tenía los derechos de la novela –recuerda el cineasta–, que me los dio de palabra Mercè Rodoreda. Me puse a trabajar en el guión pero me di cuenta de que saldría una película que no habría pasado la censura. Era una obra donde los héroes eran los rojos y, aunque la Colometa no esté muy implicada políticamente, vive en un ambiente republicano y catalanista. Por otra parte, llegué a la conclusión de que el texto era irreducible y llegó un momento en el cual me sentí incapaz de traducir el lenguaje literario de la Rodoreda a una película que no fuese una traición al libro. Ésta fue la cuestión fundamental.» Otro desencantado fue Durán; tras los problemas de censura que sufrió con el cortometraje *Raimon*, llegó a la conclusión de que «ya que no podíamos hacer un cine catalán, era muy difícil hacer resurgir la cultura catalana si no se tiene la posibilidad de expresarse en su propio idioma».[1]

Al margen de frivolidades, como el proyecto de Aranda para adaptar *Tirant lo Blanc* –que el realizador definía como «una especie de vodevil medieval impresionante»–,[2] Jordá vio en el potencial económico de una burguesía catalana que en aquel momento apostaba explícitamente por otros sectores cul-

---

1. Carlos Durán a Antonio Castro, *op. cit.*, pág. 137.
2. Vicente Aranda a M.S., *El Correo Catalán*, 30-8-1968.

turales, una posible vía de continuidad a su carrera cinematográfica. Mal visto entre los sectores catalanistas –él mismo reconoce que «yo entendía la crítica que se nos hacía, que aquello no era un cine nacional catalán. Ni lo quería ser. Era un
cine de un grupo que quería expresar una manera de vivir dentro de una ciudad, que era bastante agradable en las circunstancias de aquel momento. No íbamos más lejos»–, el cineasta
inició una interesada reconversión de estos postulados que cul-
minaría con su intervención en el guión de *La llarga agonia dels
peixos* (1970), una adaptación de la novela *Vent de grop*, de Aurora Bertrana, dirigida por Francesc Rovira Beleta y protagonizada por Joan Manuel Serrat, quien, por aquellas mismas fechas, había colaborado en la banda sonora de *Después del
diluvio*.

Dos años antes, por encargo de Elías Querejeta, Jordá había
emprendido una adaptación espuria de *Laura a la ciutat dels
sants*, la novela de Miquel Llor que Gonzalo Herralde –hermano del editor– llevaría a la pantalla en 1987. En la versión de
Jordá, «para no pagar derechos, el proyecto consistía en introducir numerosas modificaciones. Yo la titulaba *El jardín de los
ángeles*, y como pensaba rodarla en catalán, creí oportuno acu-
dir a Maria Aurèlia Capmany para que interviniese como coguionista». En realidad, la escritora aportó poca cosa más que
el nombre y algunas indicaciones acerca de la primera parte
del guión, consistente en una transposición de la trama y de los
personajes originales de la novela a los años sesenta. La acción
arrancaba en Vic pero, en su último tercio, concretamente a
partir de una escena onírica en la que se produce el asesinato
del amante de la protagonista, ésta busca liberarse de la opre-
sión familiar a la que ha estado sometida con un viaje a Ibiza y
Formentera, acompañada por un hombre provisto de una cámara de 16 mm. Bajo esta estructura, característica del universo de Jordá, proliferan las citas de sus mitos –King Kong, Carl
T. Dreyer, Vladimir Maiakovski o Leopoldo Panero–, en aparente armonía con el poema *Valéry, el cementiri marí*, de Jaume
Vidal Alcover, escrito expresamente para el film. Al final, una
manifestación pacifista provoca la detención de la protagonista
por la policía, quien la entrega a su cuñada y ésta la hace inter-

186

nar en una clínica psiquiátrica. Una última escena, de carácter simbólico, habría mostrado a los espectadores de un campo de fútbol guardando un minuto de silencio.

Los protagonistas previstos eran Josep Maria Flotats –en la que hubiese sido la primera interpretación cinematográfica del actor teatral en una producción española, tras su breve aparición en *La guerre est finie* (1966), de Alain Resnais– y Emma Beltrán –cuando todavía no había sustituido su apellido familiar por el de Cohen–, pero a Querejeta «no le gustó –prosigue Jordá– y lo boicoteó. Después Saura aprovechó algunas escenas, realmente las copió, en *La madriguera*. La escena en que Geraldine se encerraba en una buhardilla y hablaba con unos juguetes procede de aquel guión». El hecho de que este proyecto no se materializase no interrumpió la relación entre Jordá y Capmany, que incluso coincidieron como actores en un film de Basilio Martín Patino –*Del amor y otras soledades* (1969)– antes de que la escritora propusiese al cineasta una adaptación de su novela *Un lloc entre els morts*, de cuyos resultados se habla en un posterior apartado de este libro. En cualquier caso, estos contactos de Jordá con la cultura catalana no alteraron la naturaleza de la Escuela ni el talante del cineasta y, si hizo «el film con la Capmany –recuerda Manel Esteban, que intervino en él como director de fotografía–, fue porque la historia le interesaba políticamente o porque le apeteció. Jordá iba por libre y ésta fue, precisamente, su etapa más autónoma».

3. LA MESETA: BARCELONA Y MADRID

Paradójicamente, esta confrontación interna de la Escuela nunca trascendió en las no menos ásperas relaciones existentes entre Barcelona y Madrid. Desde la capital española, lo que realmente preocupaba era el cosmopolitismo de un cine que, a pesar de expresarse en castellano, utilizaba el francés como segunda lengua, prolíficamente empleada en la escena de *Dante no es únicamente severo* donde Serena Vergano declama a Baudelaire, en los títulos de crédito de *Tuset Street* –en los cuales aparece un cómic con rótulos en este idioma–, en las canciones

187

de Barbara y Adamo incluidas en *Circles* o en el *Ne me quitte pas* interpretado por Jacques Brel en *Historia de una chica sola* y en el largo monólogo de Mijanou Bardot en *Después del diluvio*. Esta escena provocó airadas protestas del crítico de *El Alcázar*, indignado ante un personaje que «utiliza exclusivamente el francés sin que nadie se haya preocupado en colocar algún tipo de subtítulo que aclare lo que dice, como si cualquier espectador estuviese obligado a ser políglota».[1]

Desde Madrid, Barcelona se veía entonces con una envidia no exenta de una cierta admiración. «Nos envidiaban las farmacias –recuerda Jordá–, la calle Tuset y que estuviese cerca de la frontera. Envidiaban Bocaccio, envidiaban que creían que la gente de aquí follaba más que en Madrid y envidiaban que gastábamos más. No sé si teníamos más dinero, pero gastábamos más. Envidiaban que se comía mejor; en Madrid se comía peor, no en cantidad pero sí en calidad. Había más lujos aparentes.» Desde los ambientes más selectos de esta Barcelona cosmopolita que se veía más cerca de Europa que de Madrid, la capital española era un punto de referencia inevitablemente negativo. Según Colita, «había algo que nos hacía ir de culo. Era: "Hagamos cosas que no tengan nada que ver con esta estética espantosa de chorizo y vino rancio que viene de Madrid." Eso era algo que parece muy simple pero que nosotros no podíamos soportar. Nosotros admirábamos el cine europeo, el cine norteamericano y lo que aquí se planteaba hacer era un producto distinto de los que llegaban de Madrid; al margen de casos aislados, como *La caza* de Saura o *Nueve cartas a Berta* de Martín Patino, el resto era infumable, terrorífico. Nosotros decíamos: "Madrid es un istmo rodeado de agua por todas partes menos por un lugar, que lo une a Toledo." O: "Hueles a trigo." Era una forma de distanciarse de aquel ambiente absolutamente terrorífico que había en la capital del reino. Nosotros éramos diferentes. En Madrid se hablaba de Barcelona como de algo mítico y con razón, porque allí lo estaban pasando realmente muy mal, pobres, pero que muy mal: hacían excursiones a Barcelona como quien va a Lourdes, para que les diese un poco el aire».

1. J. Peláez, «Después del diluvio», *El Alcázar*, 10-2-1972.

Entre esos peregrinos que acudían a la ciudad condal había algunos de los «actores más admirados en Madrid, como Gila o Alberto Closas, que venían a pasearse por Barcelona, si no por Bocaccio sí por Tuset Street o para ir a la Barceloneta porque para ellos era como una bocanada de aire libre. Era el momento –certifica Camino– en que todos habían estado aquí: Azcona, Saura... Venían a pasárselo bien, pero acabada la anécdota, más simbólica que nada, el problema que tenían los de Madrid es que no existía un buen ambiente. Cuando yo alquilé un apartamento en Madrid, para trabajar en un guión con Azcona, me tenía que pasear por la Gran Vía hasta las tres de la madrugada para que los amigos tuviesen tiempo de pasárselo bien». Recíprocamente, el guionista confiesa que ese periodo era probablemente «de los mejores de mi vida, la primera vez que tenía dinero en el bolsillo y no tenía que contarlo moneda a moneda para ver si me alcanzaba para la comida». Hasta entonces, el riojano no había pisado nunca Barcelona, pero la conocía casi de memoria gracias a la literatura: «Sabía dónde estaban las cosas, los edificios y las calles, porque había devorado muchas novelas ambientadas allí, me podía pasear por la ciudad sin perderme. Sin duda, la que más me marcó en este aspecto fue *La Marge*, de Pierre-Louys de Mandiargues.»[1]

Estas discusiones sociológicas se trasladaron también a la confrontación entre el cine hecho en Madrid y el de la Escuela de Barcelona a partir de una diversa concepción estética e ideológica que Jordá polarizaba en estos términos: «En España hay dos cines posibles: uno que mire hacia atrás y que explique que estamos como estamos y otro que explique nuestro presente e intente ver cómo podríamos estar. El primero se hace en Madrid; el segundo en Barcelona.»[2] La frontera que separaba el NCE del movimiento barcelonés era nítida en términos estéticos e incluso ideológicos, pero Durán recurrió al espíritu pro-

1. Rafael Azcona a Casimiro Torreiro, «Nosotros que fuimos tan felices. Rafael Azcona en la Barcelona de la *gauche divine*», en Luis Alberto Cabezón (ed.), *Rafael Azcona, con perdón*, Ayuntamiento/Instituto de Estudios Riojanos, Logroño, 1997, pág. 333. *La marge*, reeditada en castellano recientemente (*Al margen*, Altera, Barcelona, 1996, prólogo de Joan de Sagarra), había obtenido en 1967 el premio Goncourt y obtuvo un éxito impresionante en la época.
2. Joaquín Jordá, en *Destino*, n.º 1581, 25-11-1967, pág. 10.

vocador de la Escuela para subrayar que «en el cine de Madrid aparecen como personajes mujeres feas, que dan la sensación de oler mal y que después de la más mínima escena amorosa quedan siempre embarazadas y viven grandes tragedias».[1]

A pesar de matizaciones efectuadas por el propio Durán,[2] estas declaraciones corrieron como la pólvora y suscitaron una serie de reacciones en cadena. La revista *Cinestudio* quiso rentabilizar la competencia con los colegas de *Nuestro Cine* con un dossier encabezado por un artículo de Ángel Llorente que, tras una entradilla humorística –«*Are you mesetero?* / *¿Mande?* / *I'm sorry* (Breve diálogo entre uno de la escuela de Madrid y otro de la de Barcelona)»–, utilizaba munición de mayor calibre para acusar al movimiento barcelonés de promover un «cine reflejo de un mundillo muy pequeño pero real, de coches deportivos, chicas modelos, publicidad, moda y falso socialismo. El grupo cinematográfico catalán se sumergió así en un sueño creado por la comodidad y el snobismo, con el que se enterraron en una nueva y brillante torre de marfil, tan inútil y antisocial en el fondo como la de nuestro intelectualismo tradicional. Esta postura es la de negarse a ver lo que les rodea, defendidos en una cortina de humo por sus chaquetas Mao, su música de la Cuba de Fidel, sus "pubs", sus excursiones colectivas a las Baleares, su Tusset [sic] y su idioma catalán. Todo es lo mismo, es cerrar los ojos para no ver: a veces han mantenido la convicción de que irritan, de que molestan, de que su actitud es eficaz y combativa. La triste realidad es que pertenecen a una generación asustada que si en la meseta se manifiesta en tímidas obras pseudosocialistas, en Barcelona en estúpidas acciones pseudocosmopolitas. La decoración "beat" del *Pub Tuset* no tiene junto a ella un público "beat". Los adornos "pop" del *Drugstore* no ven a su alrededor verdaderos espíritus "pop". *Tuset* es

1. Carlos Durán a Joaquín Jordá, *Nuestro Cine*, n.º 61, abril de 1967, pág. 39.
2. «Quisiera aclarar que no existe antagonismo entre la Escuela de Barcelona y los cineastas de Madrid. Ellos intentan un cine de acuerdo con la realidad que les rodea. Aquí queremos quizás organizar esta realidad transformándola en lo que nos gustaría que fuese, sin que por ello pueda llamársela un cine de escape» (Carlos Durán a Juan Francisco Torres, *Fotogramas*, n.º 1.004, 12-1-1968).

Carnaby con olor a fábrica textil de papá. En cine, es lo mismo».[1] En un sentido parecido, el sector madrileño de *Nuestro Cine* aplazó su réplica hasta el estreno del primer largometraje de Durán, al reconocer que *Cada vez que*... «y otros films de la EdB tienen el atractivo, bastante insólito en el cine español, de que las chicas (en general modelos y no actrices) sean monas, y sepan andar, cepillarse los dientes y dar saltitos con bastante soltura, pero si ésta es la aportación de Durán –por ejemplo– no es necesario que sigan haciendo cine, pues las composiciones estéticas de chicas monas, viradas en colorines y con letreros "Carnaby Street", tienen su marco más adecuado en revistas como *Elle, Mademoiselle âge tendre, Salut les copains* o sus equivalentes hispanas».[2]

No sólo los críticos, sino también los realizadores y productores entraron en esa polémica, alineándose en uno de los dos bandos. Los que, como Luis García Berlanga,[3] José Luis Borau[4] o Manuel Summers,[5] intuyeron que el fenómeno de la Escuela

1. Ángel Llorente, «Cine Made in Barcelona», *Cinestudio*, n.º 65, enero de 1968, pág. 10.
2. Miguel Marías, «Carlos Durán: Virados, colorines, escuela pseudofrancesa y un poquito de coquetería», *Nuestro Cine*, n.º 77-78, noviembre-diciembre de 1968, pág. 22.
3. «De momento sólo he visto *Fata Morgana* y aquello en 16 mm de Gonzalo Suárez. En principio debo decir que, como valenciano, me siento sentimentalmente cercano a la Escuela» (Luis García Berlanga a Maruja Torres, *Fotogramas*, n.º 1.006, 26-1-1968).
4. «Yo siempre digo que Barcelona no está más próxima a Europa, sino tan sólo más cerca de Perpignan. Es verdad que las películas hechas allí eran menos *garbanceras* que las de aquí, pero también menos realistas; en Madrid todos nosotros estábamos más influenciados por el neorrealismo italiano que los de Barcelona, que curiosamente está mucho más cerca de Italia que Madrid. En realidad, no existía una verdadera rivalidad entre nosotros; es cierto que había un poco de tendencia en Madrid a burlarse de los de Barcelona, porque allí todo era blanco, todo era estético, y ellos de nosotros porque éramos más *garbanceros*, y mostrábamos las casas con tejas y los remiendos, la gente fea; en definitiva, la zarrapastrosería nacional» (José Luis Borau a Sara Torres, en VV.AA., *Tiempos del cine español*, Patronato Municipal, San Sebastián, 1990, pág. 38).
5. «Referente a la escuela barcelonesa, soy muy amigo de Grau, por ejemplo, y a mí el que estos señores tengan éxito me beneficia. En vez de ir por ahí hablando mal de unos y de otros me parece que lo que tendríamos que hacer es decir que todos son estupendos, aunque realmente la película sea malísima» (Summers a J. L. López del Río, *Cinestudio*, n.º 63/64, 1967, pág. 11).

de Barcelona beneficiaba al conjunto del cine español, y aquellos que se manifestaron abiertamente en contra, como José Luis Dibildos –cuando afirmaba que, excepto Grau, «me parece que los otros directores "juegan al cine"»–[1] o Bardem, quien, como hemos visto, restaba legitimación política al carácter antirrealista del movimiento. No obstante, el momento culminante de esta confrontación llegó de Cuba. Francisco Regueiro y Antxon Eceiza, dos de los realizadores más carismáticos del NCE –aunque, curiosamente, ambos habían rodado sus primeros largometrajes bajo la cobertura de productoras barcelonesas–, efectuaron desde allí unas agrias declaraciones contra la Escuela, que Muñoz Suay reprodujo generosa e interesadamente en tres entregas consecutivas de su columna en *Fotogramas*. Tras subrayar la diversa procedencia geográfica de los alumnos de la escuela madrileña, los realizadores de *De cuerpo presente* –adaptación de un relato de Gonzalo Suárez– y de *Amador* –protagonizado por el francés Maurice Ronet– especificaban que «la mayoría de nosotros somos de extracción fundamentalmente humilde, o de la pequeña burguesía, que llegamos a Madrid para luchar por la vida». En cambio, «la inmensa mayoría del grupo de la Escuela de Barcelona se autofinancia, es el dinero de su padre el que produce la película».[2] El ataque de Eceiza proseguía, la semana siguiente, con la denuncia de las analogías de la Escuela de Barcelona con la Nouvelle Vague, porque «para un catalán de la burguesía no le cuesta ningún trabajo ir todos los sábados a Perpiñán, es decir, en cierta manera es un ciudadano francés de segunda división».[3] El realizador de *El próximo otoño* también replicaba a Durán: «Las mujeres del cine catalán son todas rubias, altas, suecas. La eterna

1. José Luis Dibildos, *Fotogramas*, n.º 1.028, 28-6-1968.
2. R.M.S., «Primera cara del disco», *Nuevo Fotogramas*, n.º 1.024, 31-5-1968, pág. 29.
3. R.M.S., «La misma cara del disco», *Nuevo Fotogramas*, n.º 1.025, 7-6-1968. Contra este carácter peyorativo atribuido a la proximidad entre Barcelona y Perpiñán, Antoni Kirchner advertía «a estos respetables profesionales del centro de la Península que, otra vez, si quieren encontrar un calificativo despectivo para unas películas de procedencia catalana no se les ocurra usar el de "escuela de Perpignan", ya que es posible, por no decir casi seguro, que los autores de estas películas se sentirán halagados por la referencia» («La escuela de Perpignan», *Destino*, n.º 1.567, 19-8-1967, pág. 40).

discusión nuestra es que las mujeres que salen en nuestras películas, independientemente de que parezca que huelan mal o que queden embarazadas o no, son las mujeres españolas, y es que no conocemos otras.» Finalmente, siempre en el mismo artículo, el equívoco sobre la identidad nacional de los films de la Escuela aparecía demagógicamente deformado mediante la invocación de que, «incluso los representantes de la cultura catalana real, es decir de la poesía catalana, de la literatura en lengua catalana, del teatro catalán, tienen una especie de rechazo muy grande hacia este grupo, porque dicen que realmente mientras sea hablado en español y pasado por los organismos españoles no hay por qué ponerle el membrete de cine catalán, serán una cultura distinta cuando se expresen en su propia lengua, cuando recojan realmente los problemas de su propia nacionalidad».

Una semana más tarde, Muñoz Suay replicaba estas declaraciones con un tercer artículo en el que consolidaba la base programática de la Escuela con argumentos ya conocidos: la diferencia entre EdB y Escola Catalana, la existencia de subvenciones estatales comunes para Madrid y Barcelona o los orígenes realistas de los primeros films de miembros de la Escuela. Pero también especificaba, no sin una cierta contrademagogia, la diversidad de orígenes sociales de sus pupilos, la proximidad entre San Sebastián y Bayona, la distinción entre el «manifiesto» y las «declaraciones» de Durán a *Nuestro Cine*, la presencia de actrices extranjeras en el cine de Madrid, o el derecho a la intimidad en las relaciones sentimentales.[1] En este texto, Muñoz Suay se limitó a responder las declaraciones públicas de Eceiza y Regueiro, pero éstos atizaron todavía más la polémica con la carta, firmada de puño y letra, que dirigieron a Jacinto Esteva. Fechada en Madrid el 8 de junio de 1968 –un día después de la publicación del segundo artículo de *Fotogramas*–, en ella increpan directamente al realizador de *Después del diluvio* porque «han llegado a nuestros oídos rumores en el sentido de que en la película que estás terminando, te propones una vez más in-

1. R.M.S., «La otra cara del disco», *Nuevo Fotogramas*, n.º 1.026, 14-6-1968, pág. 29.

sultar al pueblo español, es decir, a la esencia castellana de este pueblo, al que, por defender sus eternos valores, hemos estado más de una vez tanto Francisco como yo a punto de perder el documento nacional de identidad». Posteriormente reaparecen las suspicacias idiomáticas, ya que «según nos han dicho, es decir, nos han asegurado, en Cuba, que en tu película la gente habla en francés, en inglés y en catalán, todo ello claro está para que nadie, sobre todo ningún obrero español, pueda entenderla, y así crear unas minorías aristócratas y limitar el acceso a la cultura de la masa. Además creemos que la actriz era francesa y muy bella». Finalmente, no dudan en recurrir al escarnio: «Para rebajarte estos aires de superioridad que os dais (Regueiro me pide que añada que no os daréis por mucho tiempo), te diré que un amigo mío me ha dicho que el título de tu película no es muy original, porque hay una poesía de un francés que se titula *Après le deluge*, que me han dicho que significa *Después del diluvio*, en la vernácula del país vecino al vuestro. El francés en cuestión se llama Rimbaud, o algo así.»

Desde la actualidad, el director de *Madregilda* (1993) recuerda que «esta carta fue una respuesta a las provocaciones mutuas que nos cruzamos entre los cineastas de Madrid y Barcelona. Todo empezó en una Semana de Molins de Rei donde se organizaron unas conversaciones que pretendían emular las de Salamanca y una carta como ésa sólo puede ser leída en clave de humor. Hay que tener en cuenta que el piso que Antxon Eceiza tenía en la madrileña calle del padre Xifré era el lugar habitual de citas y fiestas a las cuales también acudían los miembros de la Escuela de Barcelona». Basilio Martín Patino, en una mesa redonda sobre las relaciones cinematográficas entre Madrid y Barcelona celebrada en el Centre de Cultura Contemporània de esta ciudad a finales de 1997 también desmintió cualquier enemistad personal por encima de ligeras asperezas que el tiempo también ha contribuido a suavizar. Tal como corrobora Jordá, «era y soy íntimo amigo de mucha gente de Madrid. Tanto de Regueiro, como... Yo no tenía nada en contra. Tenía la impresión de que cuando los insultábamos, ellos sabían que no los insultábamos, que era una polémica para la galería... Si no se daban cuenta, eso ya era asunto suyo. Había un mutuo juego a la contra y yo no tengo esa impresión de enemistad real. Aquellos que se lo miraban desde más lejos quizá sí podían pensar que era una batalla a muerte».

Las heridas, sin embargo, seguían abiertas –por lo menos de cara a una galería probablemente interesada– y la polémica se reactivó, en febrero de 1969, con nuevas provocaciones por parte de la Escuela en un dossier monográfico de la revista *Film Ideal*,[1] pero, sobre todo, a raíz de un artículo de Enrique Vila-Matas titulado «¿Adónde va el cine mesetario?».[2] Este adjetivo, que según el autor de este texto tiene sus orígenes en *Los golfos* (1959) de Carlos Saura y encontraría en Rafael Sánchez Ferlosio o Luis Martín Santos su correspondencia literaria, fue otra etiqueta que hizo fortuna en Barcelona pero despertó renovadas iras en Madrid. El director general de cinematografía lo encajó con sentido del humor,[3] pero José M.ª Pérez Lozano, desde *Cinestudio*, proclamaba sin rubor «*I Am A Mesetario*» en un artículo en el que ironiza sobre las divergencias entre la mujer mediterránea y la mesetaria –aludiendo, una vez más, a las declaraciones de Durán– comparadas con «la diferencia entre el embutido de Vic y el chorizo de Logrosán (Cáceres)».[4] En un tono mucho más sereno, Ángel Fernández-Santos rechazaba esta etiqueta desde *Nuestro Cine*[5] no en función de cuestiones personales sino de la falacia que implica cualquier etiqueta, incluida la de NCE, y –en especial– la rivalidad ilusoria como pa-

1. «Madrid es la capital de un pueblo muy atrasado de veinte millones de analfabetos que tienen la boina muy caída» (José M.ª Nunes a Ramon Font, José Luis Guarner, Ramón Moix, Segismundo Molist y Luis Plana del Llano, *Film Ideal*, n.º 208, 1969). O, «me interesa más una minifalda en Salamanca que toda la obra de Unamuno, aunque literariamente es más interesante Unamuno que una minifalda» (Carlos Durán a Jos Oliver, *Film Ideal*, n.º 208, 1969, pág. 97).
2. Enrique Vila-Matas, «¿Adónde va el cine mesetario?», *Nuevo Fotogramas*, n.º 1.061, 17-2-1969, pág. 6.
3. «Los chicos de la "escuela de Barcelona", si se hubiesen atrevido, en vez de utilizar la denominación mesetaria, hubiesen dicho "que es un cine que huele a vinazo"» (José María García Escudero, *La primera apertura. Diario de un Director General*, Planeta, Barcelona, 1978, pág. 250).
4. Pérez Lozano, «I Am A Mesetario», *Cinestudio*, n.º 72/73, enero-febrero de 1969, pág. 5.
5. Ángel Fernández-Santos, «El llamado "cine mesetario" o la técnica de los falsos comentarios», *Nuestro Cine*, n.º 84, abril de 1969, págs. 8-10.

rámetro de autodefinición. En cambio, según Muñoz Suay, «tuve una conversación telefónica con Carlos Saura, muy desagradable, porque yo le había acusado de mesetario y él decía que mesetario equivalía a llamarle falangista. Entonces le tuve que explicar que la palabra mesetario no tenía nada que ver con Falange, aunque quizás el falangismo había utilizado la meseta, sobre todo Valladolid, para la difusión de sus ideas antes de la Guerra Civil. Estas dificultades existieron, pero yo creo que en la medida de lo posible hice todo lo que pude para que no se rompiesen los puentes».

La construcción de estos puentes se remonta a principios de los sesenta, cuando algunos de los miembros de la Escuela todavía residían en Madrid. Concretamente, en 1961, Jordá ya colaboró con Mario Camus, Regueiro y Miguel Picazo –un entusiasta de la Escuela–[1] en un guión, *Jimena*, que pretendía aprovechar el éxito de *El Cid* (1961), de Anthony Mann, subvirtiendo su contenido. Surgido de la imaginación de Marco Ferreri, el proyecto debía ser producido por Films Destino –la marca que el cineasta italiano había registrado en España–, UNINCI y Films 59 –la empresa con la que Portabella ya había producido *El cochecito* (1961)–, pero la censura prohibió el guión porque «empezaba con una menstruación y terminaba con un cinturón de castidad».[2] Según precisa Jordá, los motivos de dicha decisión se basaron en «argumentos del estilo de que "había cerdos en el palacio" o "no es correcta históricamente", de modo que nos enviaron a la Academia de la Historia. Allí nos atendió su vicepresidente, que era un almirante, quien además de estar muy interesado sobre si sabíamos cuánto dinero había cobrado Menéndez Pidal por el asesoramiento histórico de *El Cid*, nos

---

1. «[La Escuela de Barcelona] me interesa mucho, no sólo en el orden artístico sino como planteamiento de un grupo para realizarse como entidad dentro de la profesión. Conozco a la mayoría de sus componentes y sé que son inteligentes en la medida de conseguir los objetivos que se propongan» (Miguel Picazo a Juan Armengol, *El Correo Catalán*, 27-1-1968).
2. José María García Escudero, *La primera apertura. Diario de un Director General*, Planeta, Barcelona, 1978, pág. 224. Regueiro, en testimonio a los autores, recuerda que fue Jordá «quien propuso esta escena para el inicio de la película, con gran indignación por parte de Mario Camus». Al parecer, la anécdota hizo fortuna y llegó hasta los oídos del director general.

sugirió que hiciésemos una película de marineros, tema en el cual él era un especialista».[1] Con Marco Ferreri ya en Italia y Mario Camus contratado por la productora barcelonesa de Ignacio F. Iquino, éste volvió a solicitar el cartón de rodaje de *Jimena* con el membrete de su empresa, pero, en enero de 1963, la censura tumbó definitivamente el proyecto.

Tras haber recibido elogios de Umberto Eco,[2] el director de *La tía Tula* (1964) permaneció en una órbita cercana a la de la Escuela. En 1967 siguió los consejos de Muñoz Suay para contratar a Amorós como director de fotografía de *Oscuros sueños de agosto*, y dos años más tarde estuvo a punto de rodar *La tierra de Alvargonzález*, un romance de Antonio Machado, con producción de Procinsa y la presencia de Joan Manuel Serrat como protagonista –además de coproductor, mediante una participación económica de 100.000 pesetas, a través de un contrato firmado en febrero de 1969 con Filmscontacto–. Sometido el guión a la Comisión de Apreciación, ésta aplazó la concesión de los beneficios de Interés Especial al examen de la película realizada y, en lo que se refiere a censura, recibió la advertencia de que «el sueño de Alvargonzález se realice sin que se concrete ninguna simbología religiosa ni sexual, tal como se desprende del guión; lo que quiere decir que las cenefas no tengan santos y santas con pechos y falos puntiagudos ni que el vestuario de las hilanderas sea el de vírgenes y santos barrocos de pueblo con abundancia de escapularios, etc, etc. Asimismo los varones de los Alvargonzález no irán desnudos». Además de Serrat, el reparto previsto incluía la presencia de Enriqueta Carballeira, Julia Peña o M.ª José Goyanes para el papel de «Asun», Milagros Leal, Aurora Redondo o Julia Caba Alba para el de la madre y Paco Martínez Soria para el de Alvargonzález. Sin embargo, el proyecto acabó cancelándose.

1. Joaquín Jordá a Esteve Riambau y Casimiro Torreiro, *En torno al guión. Productores, directores, escritores y guionistas*, Festival Internacional de Cinema de Barcelona, 1990, pág. 98.
2. En el citado encuentro, en febrero de 1967, del Gruppo 63 con diversos intelectuales barceloneses en la Escuela Eina, el semiólogo italiano resolvió la confrontación entre películas de Picazo y Bofill –según testimonio de Román Gubern– con el siguiente veredicto: «La película moderna y buena es *La tía Tula*, y la antigua, vieja y poco interesante es *Circles*.»

Otro de los puentes que se levantaron entre Madrid y Barcelona fue el establecido por Patino en *Del amor y otras soledades* (1969), un film producido por Cesáreo González –a posteriori de *Tuset Street*– en el cual participaban el director de fotografía Luis Cuadrado –que fluctuaba entre ambas ciudades–, Lucia Bosé –la protagonista de *Nocturno 29*–, Carlos Estrada –intérprete de *Las crueles*– y Maria Aurèlia Capmany y Jordá en papeles secundarios. A pesar de sus raíces indudablemente mesetarias, el realizador de *Nueve cartas a Berta* poseía una casa en Tossa de Mar donde a menudo escribía los guiones de sus películas. Pero quizá fue Saura –precisamente el objeto de la polémica con Muñoz Suay a raíz de las connotaciones del término «mesetario»– el más directo heredero de las influencias de la Escuela de Barcelona. Luis Cuadrado ya había trabajado a sus órdenes como director de fotografía de *La caza*, pero resulta indudable que, tras las experiencias barcelonesas de éste junto a Portabella o Camino, *Peppermint frappé* cambiaría radicalmente el estilo visual hasta entonces utilizado por el cineasta de Cuenca.

Las confrontaciones que la Escuela de Barcelona estableció entre sus miembros, con otros sectores de la cultura catalana o con el cine que se hacía en Madrid fueron importantes, qué duda cabe, pero no debe perderse de vista que todos los sectores implicados tenían en el franquismo un enemigo común. Las diferencias entre Barcelona y Madrid podían referirse al paisaje, a una forma de vivir, a unos gustos estéticos o al origen social de un determinado sustrato de la burguesía, pero, tal como recordaba Muñoz Suay en una conciliadora homilía provocada por recientes heridas abiertas con Madrid y una cierta sensación de catástrofe derivada del desencanto colectivo de 1969, «el cine que se hace en Barcelona o el que se hace en la otra capital, tropieza con los mismos obstáculos y ya es hora de que, juntos, intenten superarlos. Luego, queda otra ocasión, no la menor, muy significativa sin embargo, pero que está vinculada a unas distintas preocupaciones de índole particular, interna. Nos referimos a "la manera" de hacer cine, a la visión de la realidad tan diversa en una escuela como en la otra. Pero estos problemas de lenguaje –que no tienen nada que ver con eso que llaman estética y sí mucho con un concepto de ruptura o de desesperación, ambos útiles para designar

198

respectivamente a estas dos escuelas– no pueden motivar un distanciamiento en este plano práctico del entendimiento mutuo».[1]

4. LA BARRERA DE LA LIBERTAD: BARCELONA Y PARÍS

Una de las grandes ventajas que el cine de Barcelona poseía en su confrontación con el de Madrid era el desfase cronológico. Si el NCE nació, en 1962, con seis años de retraso con respecto al Free Cinema y tres en relación a la Nouvelle Vague, la Escuela de Barcelona no adquirió un estado embrionario hasta 1966 y el definitivo certificado de nacimiento hasta bien entrado 1967. En consecuencia, sus integrantes habían sido testigos del fracaso, frente a la censura franquista, del realismo propugnado por el NCE y a la vez disponían de un *background* de casi diez años de Nuevos Cines europeos. El hecho de haber tenido acceso –dentro o fuera de nuestras fronteras– a *La bahía de los ángeles*, de Jacques Demy, *Vivre sa vie*, *Los carabineros*, *Le Mèpris*, *Bande à part*, *Lemmy contra Alphaville* y *Pierrot el loco*, de Jean-Luc Godard, *Muriel*, de Alain Resnais, *La commare secca* y *Antes de la revolución*, de Bernardo Bertolucci, *Las manos en los bolsillos*, de Marco Bellocchio, *El evangelio según San Mateo*, de Pier Paolo Pasolini, *El cuchillo en el agua* y *Repulsión*, de Roman Polanski, *Señas particulares: ninguna*, de Jerzy Skolimowski, *El ingenuo salvaje*, de Lindsay Anderson, *Los amores de una rubia*, de Milos Forman, o *¡Qué noche la de aquel día!* y *¡Socorro!*, de Richard Lester, les aportó, entre 1962 y 1966, unas nuevas coordenadas estéticas mucho más atractivas que las procedentes de Madrid. En consecuencia, no resulta sorprendente que la Escuela de Barcelona buscase en París su punto de referencia y en la Nouvelle Vague una doctrina seguida con especial devoción.[2] Tal como afirma Terenci Moix en el

1. R.M.S., «El poder de la imaginación», *Nuevo Fotogramas*, n.º 1.048, 15-11-1968, pág. 31.
2. Véase: Esteve Riambau, «De Victor Hugo a Mallarmé (con permiso de Godard). Influencias de la Nouvelle Vague en la Escuela de Barcelona», en *Las vanguardias artísticas en la historia del cine español*, Actas del III Congreso de la Asociación Española de Historiadores de Cine, Filmoteca Vasca, San Sebastián, 1991, págs. 393-411.

tercer volumen de sus memorias, «esperanzados con la idea de que el franquismo quedaba a seiscientos kilómetros de distancia, los barceloneses nos disponíamos a inaugurar una época de feliz optimismo y quien más quien menos sacaba ánimos de flaqueza pensando que Francia estaba a la vuelta de la esquina. Así, empezaba a no ser extraño que un barcelonés culto se encontrase más a sus anchas en Aviñón que en Valladolid, y que leyese *Le Monde* antes que cualquier periódico de Madrid».[1]

El nombre del movimiento cinematográfico francés fue repetidamente invocado por los cineastas barceloneses y resulta curioso constatar como –tanto los sistemas de producción como los métodos de trabajo– mantienen sorprendentes paralelismos. Estéticamente, los films también reflejan el interés de sus autores para superar las fronteras que les separaban de la libertad e inscribir sus coordenadas geográficas y sociológicas en los límites del cosmopolitismo proclamados por una Escuela autodefinida mediante una referencia a Mallarmé. Tal como afirma Gubern, «Godard era San Godard, y *Pierrot le fou*, como película, fue un fetiche»; desde este *leit-motiv*, las citas y homenajes de los films más emblemáticos de la Escuela fueron tan explícitas como numerosas. Jordá, a quien le habían retirado el pasaporte entre 1962 y 1967, declaraba con una resignación compensada por su propio entusiasmo y el de las circunstancias políticas de la época, estar «muy influido por Skolimowski, Straub y toda esta gente, pero a través de una interpretación muy personal, ya que todas las ideas que tengo sobre ellos son puramente literarias. Leo sus declaraciones y las críticas que se publican en revistas extranjeras y me hago una idea de ellos y creo que sus preocupaciones, en general, coinciden con las mías».[2] En cambio, resulta obvio que había visto *Al final de la escapada* –concretamente en el Festival de San Sebastián de 1959–, ya que su aparición en *Cada vez que...*, con gafas de sol y semioculto detrás de las páginas de una revista, es un homenaje directo a la presencia de Godard en su célebre ópera prima. Por otra parte, si en el film de Durán se

1. Terenci Moix, *Extraño en el paraíso*, Planeta, Barcelona, 1998, págs. 550-551.
2. Joaquín Jordá a Jos Oliver, *Film Ideal*, n.º 208, 1969, pág. 85.

asociaban conceptos a determinados films –bumerán a *Al final de la escapada*, los neumáticos a *Jules y Jim*, los teléfonos a *La aventura* o los billetes a *Pierrot el loco*–, en *Dante no es únicamente severo* aparece un juego consistente en puntuar algunos films, con el siguiente resultado: «*Pierrot le fou*: muy bonita, un 4. *My Fair Lady*: superespectáculo, un 3. *Ascensor para el cadalso*: un poco pasada, un 2. *Don Quijote*: ¡estos rusos!, un 1. *Mientras haya salud*: no me gusta nada, ¡viva Buster Keaton!, un cero.»

A pesar de no haber visto *Made in USA*, Gonzalo Suárez mostró en sus primeros films una idéntica fascinación por la literatura policíaca norteamericana que también habían alabado Godard, Truffaut o Chabrol. En cambio, Nunes, que había seguido los pasos de *Al final de la escapada* con el thriller *No dispares contra mí*, calificó después a Godard de «director que confunde a las masas»[1] para reivindicar, en su lugar, los nombres de Jean Epstein y Luigi Chiarini o citar *Jules y Jim* de Truffaut como analogía al triángulo de *Sexperiencias*. Proliferaban las referencias a la cultura francesa –Baudelaire en *Dante no es únicamente severo* y *Biotaxia*, la revista *Paris Match* en *Sexperiencias* o Proust y Balzac en *Cada vez que...*, donde también se escuchaba la frase: «*J'aime la France parce que il y a Brigitte et De Gaulle. Brigitte est belle et De Gaulle est drôle* (Me gusta Francia porque allí están Brigitte y De Gaulle. Brigitte es hermosa y De Gaulle es divertido).»

Se produjo, en definitiva, un fenómeno de alucinación colectiva, que propiciaba que Muñoz Suay volviera del festival de Cannes, en 1965, afirmando que *El Knack y cómo conseguirlo* –el film de Richard Lester que había conseguido la Palma de Oro– era *El acorazado Potemkin* de los años sesenta o a Portabella renegando de la Escuela de Barcelona para suscribirse a la de Nueva York, «a la que pertenece gente que intenta llevar la ruptura a sus últimas consecuencias», pero sin poder evitar que *No contéis con los dedos* se estrenase en Madrid como complemento de *Lola*, uno de los films más emblemáticos de la Nouvelle Vague. Era tal la fuerza de la cultura francesa que Du-

1. José M.ª Nunes a Ana M.ª Moix, *Presència*, n.º 97, 13-5-1967, pág. 4.

rán, después de titular *Cada vez que...* en honor a una cita de Brigitte Bardot tomada de Simone de Beauvoir –«cada vez que me enamoro pienso que es para siempre»–[1] un día propuso a sus amigos un lugar para cenar en Barcelona. Pero, de pronto, se quedó pensando y dijo: «¡Ah, no, que está en París!»[2] Incluso Sara Montiel tenía la lección bien aprendida cuando protagonizó *Tuset Street* pero, entrevistada por Maruja Torres, tuvo la desgracia de sufrir algunos problemas de pronunciación que la periodista transcribió íntegramente después de preguntar a la vedette:

«– Con qué director extranjero le gustaría trabajar?
»– Con Leloc.
»– ¿Cómo?
»– Sí, Leloc. "Ba-ba-da-ba-da" –inicia la melodía de *Un hombre y una mujer*.
»– ¡Ah, Lelouch!»[3]

1. Una frase idéntica comienza una conocidísima canción anterior, *When I Fall in Love*, de Edward Heyman y Victor Young.
2. Román Gubern, «Célula clandestina», *El País*, 11-11-1989.
3. Sara Montiel a Maruja Torres, *Fotogramas*, n.º 1.008, 9-2-1968.

VII. PREBENDAS Y CASTIGOS: EL «INTERÉS ESPECIAL» Y LA CENSURA

Los Nuevos Cines surgidos en los años sesenta, en general, y el Nuevo Cine Español y la Escuela de Barcelona en el caso particular de nuestro país, sometido a un régimen dictatorial, fueron el resultado de una operación política que exigía de un cierto compromiso mutuo entre los cineastas y el Estado. Éste los apoyaba económicamente para obtener unos determinados productos que, al ser expuestos en escaparates minoritarios pero prestigiosos –como podían ser los festivales internacionales o las salas especiales–, ofreciesen una renovada cara del franquismo. A cambio, aquéllos forzaban los límites de lo políticamente decible a sabiendas de que cualquier transgresión sería castigada económica o políticamente. Prebendas (subvenciones, que bien administradas cubrían la práctica totalidad de la producción de una película) y castigos (a través de las diversas modalidades de censura) establecían, por lo tanto, los platos de la balanza en los que reposaba el equilibrio que permitió la existencia de estos movimientos cinematográficos.

Como director general de Cinematografía y Teatro, García Escudero impulsó la existencia de un(os) Nuevo(s) Cine(s) en España por interés político pero también por una entusiasta convicción personal. Tras su breve experiencia en el mismo cargo, una década antes, él sabía mejor que nadie que ese «cine nuevo» no sólo debería salir, obligatoriamente, del apoyo decidido por parte de la administración sino, incluso, de la confrontación con algunos sectores de la industria que no lo verían con buenos ojos. La política proteccionista de García Escudero

203

se basó, esencialmente, en la sustitución de un mecanismo de clasificación subjetiva, derivado de consideraciones de orden político, por un sistema automático basado en la aportación de un porcentaje de las recaudaciones (15 % de los ingresos brutos en taquilla durante los primeros cinco años de exhibición). Estas normas favorecían, por lo menos en teoría, el desarrollo de un tejido industrial que reposaba en el cine realizado de cara a la taquilla, pero, plenamente consciente de la naturaleza artesanal que caracterizaba el cine español, García Escudero diseñó paralelamente unas parcelas específicamente acotadas para la realización de películas dotadas de aspiraciones mínimamente culturales. No en vano era un cinéfilo de pro que se había hecho acreedor del calificativo de «director general de cineclubs».

La primera medida destinada a favorecer esas reservas protegidas fue la transformación del Instituto de Investigaciones y Experiencias Cinematográficas (IIEC) en una remodelada Escuela Oficial de Cine (EOC). De sus aulas, como ya se ha dicho, surgió buena parte de la nómina de realizadores que integraron el NCE a partir de 1963. De ahí que cuando, cuatro años más tarde, algunos cineastas barceloneses se autoconstituyeron en Escuela, aunque fuera sin un local estable ni una estructura académica, García Escudero no tuvo ningún reparo en reconocerla oficiosamente aunque discrepara de sus contenidos. «Hacían un cine exquisito –recuerda–, vacío, muy aburrido, muy europeo y muy esnob, de aceptación popular difícil, pero que en su momento significó un interesante correctivo al cine "mesetario", como los de Barcelona llamaban al que se hacía en la Escuela Oficial; en voz baja lo llamaban también cine pobre, que olía a vinazo. El suyo olía a whisky, y del caro. Pero venía bien, repito, que donde hasta hacía poco tiempo se hablaba del nuevo cine español, fuese ya necesario preguntar: ¿cuál de los dos?»[1] Cuando la primera de estas escuelas prácticamente ya había muerto, la segunda adquirió un renovado impulso que la administración, por lo menos mientras dependió de García Es-

1. José María García Escudero, *Mis siete vidas. De las brigadas anarquistas a juez del 23-F*, Planeta, Barcelona, 1995, pág. 278.

cudero, bendijo. En la práctica, la clasificación de los films de la Escuela de Barcelona como de Interés Especial era el mejor certificado académico que podía otorgarse a sus alumnos.

1. INTERESES INTERESADOS

El precedente legal del Interés Especial estipulado por García Escudero en la nuevas Normas de Protección al Cine Español era el Interés Nacional creado por la Vicesecretaría de Educación Popular en 1944 que, a su vez, estaba inspirado en la categoría de Especial Valor Político y Artístico aplicada por el cine nazi a aquellas películas que ofrecieran «muestras inequívocas de valores raciales o de enseñanzas de nuestros principios morales y políticos». También poseía un equivalente en la Ley de Protección a las Nuevas Industrias de Interés Nacional de octubre de 1939, por la cual éstas se beneficiaban de una serie de facilidades económicas y fiscales.

Sobre esos cimientos dictatoriales, el nuevo director general de Cinematografía y Teatro amplió el reconocimiento estrictamente ideológico hasta el «notorio propósito de elevación artística» que se exigía para la concesión del Especial Interés Cinematográfico. La gratificación consistía en una subvención del 50 % del presupuesto de la película –reconocido por la administración–, hasta un máximo de cinco millones de pesetas, y un porcentaje máximo de incremento de las ayudas iniciales del 25 %. Recelosa de la marginación que podían sufrir los valores inherentes al franquismo, la O.M. del 16-2-1963 equiparaba estas medidas con las de una categoría de Interés Nacional que el propio García Escudero –tal como anotó en su diario el 22 de noviembre de 1962– consideraba «demasiado solemne, está desprestigiada y, sobre todo, es otra cosa. Con ésta no se trata de hacer patria; nos contentamos únicamente con que se haga cine».[1] En consecuencia, una disposición del 16-7-1963 primaba el Interés Nacional sobre cual-

1. José María García Escudero, *La primera apertura. Diario de un Director General*, Planeta, Barcelona, 1978, pág. 48.

quier otra categoría, pero la O.M. del 19-8-1964 creaba definitivamente la nueva clasificación del Interés Especial. Sus hipotéticos beneficiarios eran: 1) «los proyectos que, ofreciendo suficientes garantías de calidad, contengan relevantes valores morales, sociales, educativos o políticos»; 2) «los especialmente indicados para menores de catorce años, por ajustarse a su inteligencia y sensibilidad»; 3) «los que, con un contenido temático de interés suficiente, presenten características de destacada ambición artística, especialmente cuando faciliten la incorporación a la vida profesional de titulados de la Escuela Oficial de Cinematografía o, en general, de nuevos valores técnicos y artísticos»; 4) «las películas que hubiesen obtenido gran premio en los festivales internacionales de categoría A, o sean declaradas de mayores méritos artísticos entre las producidas cada año».

Mientras el primer apartado quedaba reservado para las hagiografías del franquismo y el segundo pretendía potenciar el cine infantil, los dos últimos estaban específicamente diseñados para reproducir el modelo de los nuevos cines europeos a partir de la confrontación de intereses entre una vieja industria instalada sobre sus privilegios y una nueva generación que aportaba una renovación artística bajo la doble tutela del Estado y de los intereses de la distribución controlada por las multinacionales. No fue fácil imponer este modelo en un cine como el español en el cual la Iglesia más ultramontana, el Ejército o el funcionariado sindical tenían voz y voto en el control de su gestión junto a productores que habían consolidado su poder durante los primeros años de la dictadura. «El gran tema polémico fue la protección al cine de calidad –reconoce García Escudero–, a la que los "comerciales" se oponían tenazmente. Hubo quien llegó a invocar, cualquiera sabe por qué, el 18 de julio.»[1]

Paradójicamente, García Escudero encontró mayores apoyos para el desarrollo de su política en sectores afines a la izquierda –Muñoz Suay le felicitó el nombramiento con un tele-

---

1. José María García Escudero, *Mis siete vidas. De las brigadas anarquistas a juez del 23-F*, Planeta, Barcelona, 1995, pág. 280.

grama en el que afirmaba: «Estoy de tu lado completamente, con sincera lealtad»– que desde los sectores más inmovilistas del régimen. La ASDREC, presidida por el comunista Juan Antonio Bardem, o la revista *Nuestro Cine* fueron los aliados naturales del director general frente a la sistemática oposición desarrollada por la Agrupación de Productores o el Sindicato Vertical, controlado por Falange a partir de una base integrada, sobre todo en Cataluña, por viejos sindicalistas anarquistas.

La relación de películas distinguidas con el Interés Especial en 1965 revela un contradictorio cajón de sastre que contiene todas las variantes posibles: desde un film políticamente crítico, como *Nueve cartas a Berta*, hasta beligerantes apologías del régimen –*Morir en España*– o retratos sociológicos del franquismo –*La familia y uno más*–, pasando por una película infantil –*Aventuras de Quique y Arturo robot*– para llegar a dos films que respondían al criterio de «buen cine» previsto por García Escudero: *Acteón*, de Jorge Grau, o *Campanadas a medianoche*, de Orson Welles. También los viejos productores, reticentes a este sistema de subvenciones, intuyeron sus beneficios y pronto se vio, en el caso de Cataluña, cómo Ignacio F. Iquino contrataba a Mario Camus para mejorar las clasificaciones que habitualmente recibían los productos de su empresa y, finalmente, obtenía el codiciado Interés Especial con *El primer cuartel* (1966), crónica histórica de la fundación de la Guardia Civil. De acuerdo con el diario del director general, los equilibrios que el sistema exigía para dignificar la producción española eran evidentes:

«*El primer cuartel*: la izquierda de la Junta dice que es mala y es verdad; pero le damos Interés Especial.

»*El último encuentro*, de Eceiza: la derecha de la Junta dice que es minoritaria, y lo es; pero le damos Interés Especial.

»*La busca* lo obtiene igualmente y también con los beneficios máximos.

»*El primer cuartel* es el precio de las otras dos declaraciones de Interés Especial, y éstas son la compensación de aquél.»[1]

La maniobra de García Escudero era transparente. Mien-

1. José María García Escudero, *La primera apertura. Diario de un Director General*, Planeta, Barcelona, 1978, pág. 214.

tras la industria tenía que defender sus productos ante el público para acceder a las subvenciones automáticas, el precio que debía pagar el cine de Interés Especial era una cierta sintonía con los intereses del Estado, algo no siempre fácil por obvios motivos ideológicos pero, en la práctica, inevitable. «Que el cine de calidad era paternalista –certifica el director general–, lo era por una razón: porque la industria no lo quería. No sólo no lo quería sino que se oponía tremendamente a él. [...] En vista de ello, ¿quién podía financiarlo?, pues no había más que una financiación posible, que era la del Estado. ¿Qué comportaba esto? Que dependían del Estado, esto es evidente.»[1]

En Cataluña, este tipo de cine habría podido depender de la política de mecenazgo de la que se beneficiaron otras industrias culturales, pero, tal como ya se ha indicado, esa circunstancia no se produjo. Huérfanos, por lo tanto, de otro apadrinamiento que no fuera el del Estado, los cineastas antifranquistas que vivían en Barcelona no tuvieron otra alternativa que seguir la tónica del resto de la producción, y tanto el cine realista equiparable al producido en Madrid –*El último sábado* (1966), de Pere Balañá, *Mañana será otro día* (1967) y *Jurtzenka/Un invierno en Mallorca* (1969), de Jaime Camino, *La piel quemada* (1967), de Josep Maria Forn, o *Laia* (1969), de Vicenç Lluch–, como los films de la Escuela de Barcelona en peso se hicieron acreedores del Interés Especial. Las contrapartidas, sin embargo, no fueron inocentes y en muchos casos exigieron actitudes serviles, cuando no humillantes, por parte de los solicitantes.

Desde el desdoblamiento de funciones desarrolladas por la Junta de Clasificación y Censura, sus componentes aprovechaban el anonimato de los informes particulares –actualmente consultables en los expedientes administrativos depositados en el Ministerio de Cultura– para expresar sus gustos particulares que, pertinentemente traducidos a un aséptico lenguaje burocrático, llegaban posteriormente hasta sus destinatarios. Pedro Rodrigo, crítico cinematográfico del diario *Madrid*, te-

1. J. M.ª García Escudero a Luis Blanco Mallada, «I.I.E.C. y E.O.C.: Una escuela para el cine español», tesis doctoral, Universidad Complutense de Madrid, Departamento de Comunicación Audiovisual y Publicidad I, Facultad de Ciencias de la Información, Madrid, 1990, págs. 65-66.

nía una especial animadversión hacia los films de la Escuela
de Barcelona. En su informe particular (24-8-1966) del guión
de *Dante no es únicamente severo* cuando todavía constaba de
los episodios de Esteva, Jordá, Bofill y Portabella, el censor
afirmaba: «Asunto sencillamente inexplicable. Cuatro historias
o episodios, por llamarlos de alguna manera, en los que se
manejan personajes abstractos, con diálogos sin ton ni son,
poemas, peroratas, monólogos, etc. El afán preconcebido de
extravagancia más que de originalidad ha movido a los autores de las cuatro partes que componen este guión ha [sic]
mostrar este disparate, donde no hay acción ni posible perspectiva fílmica, ni lógica, ni correlación, ni sentido... El dislate
se combina con la nadería, los diálogos estúpidos con la vana
retórica... Nada, en definitiva. No merece la menor atención.
A efectos de censura, aprobado. A efectos de apreciación, rechazado.» Para rebatir argumentos de este tipo, Esteva no
dudó en recurrir a la más castiza retórica franquista cuando
culminaba una instancia dirigida a la Dirección General de Cinematografía con fecha del 1 de agosto de 1966 con una pa-
triótica declaración de principios: «Nuestra raza ha creado en-
tresijos y sentado escuelas en el Arte. Pretendemos que en
cine dejemos de hacer películas "al estilo de..." y crear el nuestro propio.»

2. PACTOS, OBREROS Y FUSILES

Un pacto de imprecisos perfiles en la memoria de algunos
de sus protagonistas selló, al parecer, el compromiso entre la
administración y la Escuela de Barcelona, tan pronto como
ésta garantizó su consolidación. Según Jordá, García Escudero
convocó en Madrid a los representantes visibles del movimiento en el verano de 1967, poco antes de los altercados producidos en Sitges pero después de la proyección de *Fata Morgana*
en la Semana de la Crítica de Cannes y de *Dante no es únicamente severo* en los festivales de Hyères y Pesaro.
Los cineastas que integraron la delegación barcelonesa que
viajó a Madrid fueron Esteva, Durán y Jordá. Dado que, de un

modo u otro, los componentes de la Escuela consideraban a Portabella como un realizador situado en su órbita, le invitaron a acompañarles, pero éste, inteligentemente, rechazó la proposición. Por una parte, su compromiso político –ya se había producido la *capuchinada*– le impedía, según le dijo a Jordá, participar en una reunión en la cual, sin lugar a dudas, García Escudero propondría algún tipo de pacto que él no estaba dispuesto a aceptar. Por otra, los motivos que le habían alejado de la Escuela le permitían seguir manteniendo las distancias.

Jordá prosigue su crónica de esta expedición, que define como «un viaje muy alcohólico. Ricardo Muñoz Suay nos recibió en su casa, nos sirvió el desayuno y nos dejó corbatas. El viaje fue importante porque fue entonces cuando Ricardo aceptó y entró en el juego, a pesar de que él no vino con nosotros a la entrevista. A primera hora de la mañana nos vimos con García Escudero. No había nadie con él, era una especie de entrevista clandestina, fuera de programa, a las ocho de la mañana, supongo que para que no constase en el libro de visitas». Durán corroboró que el objetivo de la reunión era «hablar de la discriminación existente en la concesión del Especial Interés en relación con las películas de la Escuela»,[1] y Jordá precisa que también se mencionó que la contrapartida para que continuáramos recibiendo el dinero de las subvenciones era que «no sacáramos obreros en las películas». «Evidentemente –prosigue el cineasta–, nosotros no pensábamos hacer salir obreros en nuestras películas y ésa era una petición bastante absurda.»

García Escudero afirma haber «tenido relación con Suárez y Aranda, pero no recuerdo esta especie de entrevista más solemne» y, en relación al pacto basado en la presencia de *obreros*, «no le digo yo que no, pero me parece una frase un poco demasiado rotunda para mi modo de ser. Demasiado categórica, porque películas con obreros y temas sociales se habían hecho ya, empezando por *El espontáneo*, de Jorge Grau. Lo cierto es que toda la temática de la Escuela de Barcelona no me daba quebraderos de cabeza mientras que la de Madrid sí los había

1. Carlos Durán a Juan Antonio Martínez-Bretón Mateos-Villegas, *La «denominada» Escuela de Barcelona*, tesis doctoral, Universidad Complutense, Madrid, 1984, pág. 355.

210

dado. Apenas plantearon problemas de censura, porque incluso desde el punto de vista erótico eran tan finas, tan hechas de matices y sutilezas...».[1] Muñoz Suay también pone en duda la existencia de esta entrevista, al afirmar que «he hecho esfuerzos de memoria para recordar esa reunión en casa, preparatoria de la de García Escudero, y no la recuerdo»,[2] pero lo cierto es que el pacto trascendió públicamente y obtuvo naturaleza histórica. Aunque no estuvo físicamente presente, Román Gubern hacía alusión explícita a él cuando declaró que «en la Escuela de Barcelona hubo algo turbio, y siento mucho decir esto porque nos salpicamos todos un poco. Se me ha dicho (o por lo menos me consta) que hubo conversaciones con García Escudero, en las cuales se dijo algo así (resumo): "Nosotros queremos hacer un cine que no incordie políticamente, pero nos interesa mucho la experimentación formal, los problemas de la vanguardia." Añado por mi parte que no estoy haciendo una crítica, me parece muy legítimo preocuparse en plan formal del lenguaje y de la vanguardia. "Por consiguiente, déjenos usted a nosotros hacer un cine de experimentación formal, un cine de investigación del lenguaje, un cine de ruptura estética, y sea consecuente con la política de Interés Especial con nosotros"».[3]

Hubiese o no tal pacto, pronto fue papel mojado. García Escudero fue cesado de su cargo en noviembre de 1967, y aunque en 1968 los films de la Escuela siguieron recibiendo el Interés Especial, las negociaciones entre sus integrantes y Carlos Robles Piquer se efectuaron en términos más beligerantes. Tal como había hecho su antecesor, el nuevo director general de Cultura Popular y Espectáculos convocó a los miembros del movimiento barcelonés para una entrevista a celebrar en la ciudad condal. Entonces, los mismos que habían viajado a Madrid para hablar con García Escudero se negaron a mantener una reunión privada o a aparecer en el No-Do junto a él y sólo acep-

1. J. M. García Escudero a Esteve Riambau, «La producció cinematogràfica a Catalunya 1962-1969», tesis doctoral, Universitat Autònoma de Barcelona, Departament de Comunicació Audio-visual i Publicitat, Facultat de Ciències de la Comunicació, Bellaterra, 1995, págs. 256-257.
2. Ricardo Muñoz Suay, carta a los autores, Valencia, 9-12-1994.
3. Román Gubern a Iván Tubau, *Crítica cinematográfica española*, Edicions i Publicacions de la Universitat, Barcelona, 1983, pág. 194.

taron acompañar al resto de la profesión cinematográfica barcelonesa en un encuentro con el futuro parlamentario de Alianza Popular, que tuvo lugar el 11 de octubre de 1968, cuando éste visitó las instalaciones de Sonimag, salón de la imagen que albergaba la X Semana de Cine en Color.

El temario, previamente pactado entre Jordá y Juan Cirera, responsable de la delegación de Información y Turismo, incluía la supresión de la censura de guiones, la equiparación de criterios de censura entre películas extranjeras y nacionales, la contratación de actores y técnicos no sindicados, la promoción de nuevos valores no titulados de la EOC y los problemas administrativos de los productores locales. Sin embargo, llegados al punto cuarto, relativo a la utilización de cualquier idioma en las películas nacionales, la discusión subió de tono cuando, según testimonios de algunos de los presentes –Jordá, Forn, Guarner o Gubern, entre otros–, el productor demócrata-cristiano Jordi Tusell, que hasta entonces había desarrollado una influyente carrera cinematográfica en Madrid al frente de Estela Films, exigió la posibilidad de realizar películas habladas en catalán. Cuando éste invocó los conflictos étnicos y lingüísticos producidos en la India o en Bélgica, Robles Piquer le respondió: «Yo le conozco desde hace mucho tiempo y nunca le había visto así. Porque estos temas llevan una profunda carga política y no se pueden tratar. Ya una vez empuñamos el fusil para reconquistar esta entrañable tierra de Cataluña y si es necesario lo volveremos a empuñar.»[1] Según recuerda Forn, «entonces, muy oportunamente, Cinto Esteva dijo: "¡Coño!, señor Robles Piquer, hasta ahora el discurso podía estar politizado, pero ahora usted lo ha militarizado." Con aquella frase reímos todos y allá se terminó la reunión».[2]

---

1. La frase quizá no sea rigurosamente exacta pero, en todo caso, responde al mismo tono que el cuñado de Fraga Iribarne ya había empleado para afirmar, refiriéndose a la *Història de Catalunya Il·lustrada*, de Ferran Soldevila, que «libros como éste pueden llevarnos a una guerra civil» (Albert Manent, *Solc de les hores. Retrats d'escriptors i de polítics*, Destino, Barcelona, pág. 68).
2. Josep Maria Forn a Esteve Riambau, *op. cit.*, pág. 386.

3. OPERACIONES RENTABLES

Apenas una decena de productoras respaldaron los films más emblemáticos de la Escuela de Barcelona. Los titulares de la mayoría de éstas eran los propios realizadores de los mismos, una de ellas –Filmscontacto– desplegó una cierta línea de producción coherente con el movimiento y sólo en contadas excepciones, como Estela Films o Proesa (Cesáreo González), eran empresas dotadas de una actividad regular al margen de los estrechos márgenes de la Escuela.

Desde esa perspectiva se entiende que la fluidez de sus relaciones con la administración fuera esencial para garantizar la financiación de unas películas mediante un proceso que puede deducirse al leer entre líneas algunos de los puntos recogidos en el citado manifiesto de Jordá publicado en *Nuestro Cine*. Cuando éste hablaba de «autofinanciación y sistema cooperativo de producción» se refería, sin lugar a dudas, a la operación consistente en disponer de un anticipo económico para afrontar las primeras facturas mientras se esperaba la llegada de la correspondiente subvención estatal, que sufragaba buena parte del coste global. Otro punto programático, el «trabajo en equipo con un intercambio constante de funciones», se traducía, en la práctica, en lo que Durán llamaba «coproducciones», entendidas éstas como la inversión de los sueldos de determinados técnicos o actores en la financiación de un film.[1] Dicho con otras palabras: apenas nadie –excepto algunos técnicos profesionales– cobraba nada por su participación en un film de la Escuela.[2] De ahí que otro de los apartados del manifiesto, también abordado en la reunión con Robles Piquer y fuente de múltiples problemas administrativos,

1. Carlos Durán, «Nuevo cine catalán. La Escuela en dos de sus hombres», *Cinestudio*, n.º 65, enero de 1968, pág. 12.
2. Así lo reconoció Francisco Rabal en unas declaraciones efectuadas durante el rodaje de *Después del diluvio* pero que pueden ser aplicadas a la práctica totalidad de films situados en la órbita de la Escuela: «Existe un equipo estupendo, que es lo importante. Y mucha seriedad a la hora del trabajo. Nadie cobra nada. Formamos una cooperativa de amigos, diría yo. En realidad, nuestro jornal queda invertido en la película» (Francisco Rabal a Pius Pujades, «L'Escola de Barcelona a Girona», *Presència*, n.º 139, 2-3-1968, pág. 8).

213

fuese la «utilización, dentro de los límites sindicales, de actores no profesionales».

Como ya se ha dicho, la buena sintonía existente entre García Escudero y la Escuela de Barcelona situaba automáticamente a ésta en el punto de mira del Sindicato Vertical. Además de por motivos ideológicos, los funcionarios de éste sabían que los rodajes del movimiento catalán discrepaban absolutamente de las disposiciones legales entonces vigentes para el control, político y laboral, de los profesionales del cine. Cualquiera de ellos, excepto los titulados en la EOC –nueva discriminación respecto a la Escuela barcelonesa– debía seguir un largo y laborioso proceso de meritoriaje no exento de cortapisas y corruptelas, y para la autorización de un rodaje se exigía un equipo mínimo que, especialmente en un sistema de producción como el de la Escuela, raras veces se cumplía. Por este motivo, algunos de los nombres que aparecen oficialmente acreditados en determinadas películas, no efectuaron los cometidos que se les atribuyen. Amorós, por ejemplo, no intervino en *Mañana será otro día* como ayudante de fotografía de Cuadrado: «Yo sólo iba a a ver el rodaje –explica– y a veces salíamos a tomar una copa. Debo figurar como segundo de cámara para cubrir la cuota sindical. De la misma manera que hay películas que Aurelio Larraya me firmaba a mí, o películas que yo le firmé a Carlos Suárez, como *Morbo*, que figura que es una película hecha por mí. Otras que hizo Fernando Arribas también fueron firmadas por mí... Entonces éramos una piña.» Llorenç Soler también necesitaba incrementar su currículum profesional y, por este motivo, trabajó como *script* en *Ditirambo*, precisamente en el mismo momento en que Durán rodaba *Cada vez que...*, donde figura acreditado como ayudante de dirección... Si alguien se pregunta alguna vez por el don de la ubicuidad de determinados profesionales cinematográficos, la picaresca de los créditos sindicales explica algunas aparentes incompatibilidades.

Estos equívocos también se dieron en el caso de los intérpretes, ya que muchos –y, especialmente, muchas– eran extranjeros y carecían de currículums profesionales. La presencia de la monegasca Annie Settimo, *script* de la mayoría de los films de la Escuela, en *Noche de vino tinto* «provocó las iras del Sindicato Vertical, porque decían que yo no podía hacer de actriz. Me parece que la productora respondió alegando que también aparecía un señor en un tienda que yo no decía alguna cosa y no era un actor sindicado». En la misma película, la sustitución de Núria Espert –que era la protagonista prevista– por la italiana Serena Vergano provocó tensiones con el Sindicato, que se permitió juzgar los méritos profesionales de una y otra. En carta dirigida por J. Ferré de Calzadilla, presidente de este organismo, a Filmscontacto, se lamentaba «la sustitución de una actriz española, de reconocida categoría artística, por una extranjera que, si bien ha trabajado en anteriores ocasiones en nuestra cinematografía, no tiene la calidad ni la categoría artística de la señorita Nuria Espert». En el caso de *Cada vez que...*, Durán llegó a ser multado con 50.000 pesetas por haber incluido en el reparto a Irma Walling y Jaap Guyt, actores holandeses cuya intervención había sido previamente denegada por la Dirección General de Cultura Popular y Espectáculos.

Sobre esas premisas, no resulta difícil deducir que el coste de las películas de la Escuela de Barcelona no era elevado o que, en cualquier caso, resultaba inferior a la media del cine español de la época y, por supuesto, a lo declarado oficialmente por las productoras como si de un rodaje normal se hubiese tratado. Los cálculos realizados por José Luis de Zárraga acerca del coste real de una película española producida entre 1965 y 1971 estipulan las siguientes categorías: «caras»: 7,8 millones de pesetas; «medianas»: 4,8 millones; «baratas»: 2,8 millones; «ultrabaratas»: 2,0 millones.[1] Una aproximación más cercana al periodo que nos ocupa (1962-1964) evalúa en torno a los 4,5 millones de pesetas el coste medio de una película española rodada en blanco y negro y entre 6 y 7,5 millones si era en color.[2] Finalmente, un cálculo efectuado a partir de un muestreo aleatorio de películas producidas en Cataluña entre 1962 y 1969 in-

---

1. José Luis de Zárraga, «La estructura económica del cine español», en AA.VV., *Siete trabajos de base sobre el cine español*, Fernando Torres, Valencia, 1975, pág. 27.
2. Ramón del Valle Fernández, *Aspectos económicos del cine español (1953-1965)*, Servicio Sindical de Estadística, Madrid, 1966, págs. 32-33.

dica que el coste aprobado por la administración oscilaba entre los 4,4 y los 6,3 millones de pesetas si eran en blanco y negro y entre los 6,8 y los 9,8 si eran en color.[1]

Si la práctica totalidad de los films producidos hipertrofiaban sus presupuestos de cara a incrementar las subvenciones estatales, los de la Escuela de Barcelona no fueron una excepción. Según los expedientes presentados en el Ministerio de Información y Turismo, *Dante no es únicamente severo* hizo constar un presupuesto de 7,8 millones de pesetas, de los cuales le reconocieron 5,1 y le subvencionaron 1,5 (30 %), posteriormente elevados hasta 2,5 (50 %). *Cada vez que...*, otra producción de Filmscontacto previamente acogida por Tibidabo, presentó un coste por el mismo valor, del cual le reconocieron 4,5 y le subvencionaron 1,8. Más redonda fue la operación de *Noche de vino tinto* –rodado en blanco y negro– cuando declaró un coste de 6,2 millones. De ellos le reconocieron 4,5 y, según Nunes, se rodó exclusivamente con el importe de la subvención derivada del Interés Especial, es decir 2,3 millones de pesetas. En cambio, el siguiente film del director portugués, *Biotaxia*, estaba presupuestado en 5,2 millones de pesetas, de los cuales se reconocieron tres, recibió 1,2 y costó ochocientas mil pesetas más. Cifras similares, alrededor de los dos millones de pesetas, es lo que también costaban las películas producidas por Tibidabo Films, según testimonio de Camino.

4. ECONOMÍAS SUMERGIDAS

El hecho de que Filmscontacto «produjera» *Noche de vino tinto* o *Cada vez que...*, además de los films de Jacinto Esteva, no implica que el padre de éste corriera con los gastos de su financiación. En palabras de Francisco Ruiz Camps, jefe de producción de la empresa, «el bajo coste de las películas no era tal: es que no costaban nada; ni en escenografía, ni en vestuario, ni en fotografía: alguien lo proporcionaba todo. Los cabezas de equipo –director, músico, director de fotografía, guionistas–

---

1. Esteve Riambau, *op. cit.*, pág. 240.

216

aportaban su trabajo en un régimen de cooperativa encubierta, con un raro contrato de participación en el que el trabajador aportaba su trabajo y quedaba en espera de los beneficios. No eran socios industriales; y ahí hubo también discrepancias y disgustos, porque esa cooperativa se basaba en la potencia económica de Jacinto, y lógicamente a él no le salían gratis las películas. Él manejaba créditos, porque si el laboratorio no cobra una peseta, hay que arreglarlo con un crédito; si el equipo técnico no cobra, igual. Eran créditos aceptados por letras de cambio, y había que devolverlos. Llegó un momento que, entre lo que la productora costaba y lo que había que pagar, los que aportaban su trabajo se quedaban sin ver nada. Pero también era chocante porque todos lo hacían más que nada por hacer cine, la verdad es ésa».

La empresa, por lo tanto, cedía la marca y el Ministerio de Información y Turismo aportaba el dinero, siempre y cuando el proyecto gozara del Interés Especial. El capital familiar de los Esteva, como mucho, pagaba las copas mientras la labor de Muñoz Suay consistía precisamente en intentar multiplicar los proyectos de la productora, más allá de los intereses personales de Esteva. A la función de paraguas realizada por Filmscontacto en los films de Nunes y Durán, se añadieron posteriormente las intervenciones en el proyecto, ya citado, de *La tierra de Alvargonzález* o en las secuencias de *Dillinger ha muerto* rodadas por Marco Ferreri en Barcelona en 1968. En esa misma línea, a principios de 1969, Filmscontacto –autodefinida como «la productora que ha centrado, en tantos aspectos, los orígenes y el desenvolvimiento de la Escuela de Barcelona»– convocó sendos concursos destinados a premiar con 50.000 pesetas un cortometraje ya rodado y con 25.000 un guión de largometraje, inédito y escrito preferentemente por noveles. El jurado del primero lo integraban Juan Amorós, Pere I. Fages, Jacinto Esteva, Elisenda Nadal, Miguel Picazo y Leopoldo Pomés. El del segundo estaba formado por Rafael Azcona, Luis G. Berlanga, Jacinto Esteva, Román Gubern, Basilio Martín Patino y Ramon/Terenci Moix. El veredicto debía hacerse público en enero de 1970 pero, para aquellas fechas, la Escuela de Barcelona ya había pasado a la historia y Mu-

217

ñoz Suay había trasladado sus proyectos a otras latitudes menos endogámicas.

Las restantes empresas que generaron los otros films de la Escuela fueron, sin embargo, todavía más endebles. A diferencia de otros integrantes de la Escuela, Gonzalo Suárez estaba casado y tenía tres hijos –los tres niños que aparecen al final de *El extraño caso del Dr. Fausto*–, y su primer cortometraje, *Ditirambo vela por nosotros*, era prácticamente un *home movie* rodado en casa de sus padres, en Madrid, y con la colaboración de su hermano Carlos como responsable de la fotografía. El segundo, *El horrible ser nunca visto*, contó con un apoyo económico de Senillosa, pero éste no bastó para completar la banda sonora, con lo cual permaneció inconcluso y nunca se exhibió públicamente. Tiene razón el cineasta asturiano, por lo tanto, cuando afirma que «no debe olvidarse –porque explicado *a posteriori* parece que todo este movimiento surge de Filmscontacto– que mi trayectoria se desvincula desde los orígenes de la Escuela de Barcelona, dado que el dinero para hacer cine yo lo fui a buscar a Milán».

Efectivamente, tras haber sido desbancado de la posibilidad de dirigir *Fata Morgana*, Suárez tuvo que utilizar los recursos de su padrastro, Helenio Herrera, para la producción de su primer largometraje bajo la marca Hersua, domiciliada en una habitación alquilada a Esteva en su mismo piso de la calle Juan Sebastián Bach donde también tenía su sede Filmscontacto. Alberto Moratti, el millonario italiano que presidía el Inter de Milán, club de fútbol que entonces entrenaba Herrera, le propuso «la representación de una marca de aceites e hidrocarburos. Era un montón de dinero y no tenía que hacer nada más que la representación –recuerda Llorenç Soler, que trabajó como ayudante de Suárez en la época–, pero cuando aquel hombre se lo ofreció, Gonzalo se quedó pálido». Finalmente, el cineasta consiguió lo que realmente quería: dinero para poner en marcha el proyecto de una película cuyo presupuesto oficial fue de 6,5 millones de pesetas y exigió de laboriosas negociaciones posteriores para la concesión del Interés Especial.

Cuando la Comisión de Apreciación únicamente le otorgó un 30 % del coste aceptado, Suárez no dudó en alegar ante la administración, no sin un cierto rencor, que «las otras películas basadas en mis escritos han obtenido la protección máxima a pesar de que en ellas el tono peculiar de mi obra resultaba irregular y el rigor intelectual balbuceante. [...] Asimismo, me resulta difícil comprender cómo se me ha podido apreciar un coste estimativo similar cuando no inferior al de otras películas jóvenes íntegramente rodadas en Barcelona, mientras que la película *Ditirambo* ha sido rodada en Palamós, París, Milán, Appiano Gentille y contando con algunas colaboraciones ilustres». Cuatro días después, Fraga Iribarne recibía una misiva de Helenio Herrera en la que reforzaba estos argumentos con la consideración de que «dado que la película es además éticamente irreprochable y sin ningún contenido político tendencioso, yo esperaba un apoyo inicial similar al otorgado a otras películas del joven cine español, incluidas las dos basadas en obras de Gonzalo Suárez, para seguir adelante en mi plan de producción».

La maniobra surgió efecto, porque en febrero de 1968 se aprobaba la concesión del 40 % (1.900.000 pesetas) del coste reconocido del primer largometraje de Suárez. A continuación, éste rodó *El extraño caso del Dr. Fausto* con un coste real de 2 millones de pesetas frente a los 6 que había presupuestado y los 5,1 que le reconocieron, pero, de nuevo, surgieron trabas con la calificación administrativa. Animado por el resultado de sus anteriores gestiones, Suárez envió una carta manuscrita, fechada el 6-9-1969, en la que invocaba la alta cultura germana para seducir a la administración franquista a cambio del preciado Interés Especial:

«Creo que no es necesario recalcar en este caso el carácter netamente artístico de la producción mencionada y su difícil viabilidad comercial, pero sí quisiera poner de manifiesto la oportunidad de dicha película, según mi criterio, en nuestro país, ya que *Caso Fausto* no sólo reúne aspectos filosóficos y psicológicos que reclaman la atención de los investigadores de nuestro tiempo a partir de Jung, sino que en sus facetas plásticas reúne reminiscencias de los pintores clásicos y las vincula con hallazgos del arte cinético de última hora. Asimismo, puede considerarse la primera película animada por un espíritu cibernético.

»Por otra parte, deseo que mi película sea un homenaje al genio universal de Goethe y, en esa medida, he querido sintetizar y poner de relieve las líneas de fuerza del *Fausto* clásico, interpretándolas forzosamente dentro de una sensibilidad moderna y consecuente por otra parte con la obra que llevo a cabo a través de mis libros y películas con las que desearía contribuir al florecimiento cultural de nuestro país en la medida de mis escasos medios y de mis fuerzas.

»Hago observar asimismo que no se encontrarán en mi obra elementos negativos, ni morbosos, ya que el interés que me anima al realizarla es, como resulta evidente, estrictamente artístico.»

No es estrictamente cierto, como se ha dicho en otros lugares, que Aranda se autofinanciase *Fata Morgana*, un film precisamente basado en un guión de Suárez. Su primer largometraje, *Brillante porvenir*, rodado en colaboración con Gubern, llevaba la marca de Buch Sanjuán, y el segundo, ya en solitario, fue legalizado en nombre de la empresa madrileña Films Internacionales S.A. Esta productora representaba los intereses en España del norteamericano Sidney Pink,[1] asociado para la ocasión con José López Moreno, Antonio Recoder y la compañía de servicios Mole Richardson, y posteriormente se responsabilizaría de sendos films de Jesús Franco: *El caso de las dos bellezas* (1967) y *Bésame mucho* (1967). No resulta descabellado aventurar, por lo tanto, que el apadrinamiento de *Fata Morgana* buscaba los sustanciosos beneficios del Interés Especial. Nunes estableció tratos similares con Filmscontacto a propósito de *Noche de vino tinto*, pero no pudo repetir la operación con *Biotaxia* a pesar de que esta empresa llegó a solicitar el cartón de rodaje en diciembre de 1966 y de que «también tenía concedido un millón de pesetas de la Dirección General de Cinematografía sobre el guión. Nos daban un crédito hasta cubrir el coste con un aval, el mismo proceso que en *Noche de vino tinto*, pero no sé si en realidad Esteva no quiso hacerlo o la fór-

1. Para un análisis de las actividades de este singular personaje, que también intervino en la producción de *Las crueles*, véase: Sidney Pink, *So you want to make movies. My life as an independent film producer*, Pineaple Press, Sarasota (Florida), 1989.

mula que él quería aplicar no fue aceptada por mí. A pesar de todo, pude resolverlo sin ayuda de nadie».

El realizador portugués rodó *Biotaxia* y se hipotecó en casi un millón más del que le había concedido la administración tras una marcada división de opiniones entre los miembros de la Junta. Mientras Pedro Rodrigo afirmaba que en este guión «no hay ningún valor formativo, artístico ni de ningún otro orden que pueda justificar este ensayo pedantesco, donde los diálogos antifílmicos guardan estrecha relación con la nadería del tema», Marcelo Arroita Jáuregui, otro crítico metido a labores censoras, opinaba que sólo «Claude Lelouch ha impedido a esta historia –antiunamunesca y antipirandelliana–, que podría llamarse *La sumisión del personaje*, llegar a obra maestra». En cualquier caso, como que Nunes no disponía de dinero en efectivo, tuvo que recurrir a amigos y conocidos hasta poder empezar el rodaje «con una cantidad de dinero que me dio Joaquín Soler Serrano; la continué con otra que me dio Joan Rosselló, de Los Tarantos; alguna cosa que me envió de sus ahorros mi hermano Jorge desde Estocolmo, y mi amigo Ramiro, que ojalá esté en la mejor taberna del cielo, empeñó un anillo con no sé qué piedra para que la última semana pudiese afrontar el pago de los sueldos; todo el equipo cobraba más o menos la mitad de lo que eran los precios de la época, excepto Jaime Deu Cases, que sólo había de cobrar, como en todas las películas en las cuales colaboramos, cuando diesen algunos resultados que permitiesen un reparto de dividendos. En este caso, Núria Espert no cobró; naturalmente, nunca le habría podido pagar lo que le correspondía. Ni tampoco cobró José María Blanco, que no sé por qué se encaprichó en llamarse en aquella época Pablo Bussoms. ¡Ah! Y que fue, y es oficialmente, el productor porque utilizamos su marca».[1]

1. José María Nunes, suplemento del programa de mano de la Filmoteca de la Generalitat de Catalunya, Barcelona, 8-15 de noviembre de 1990. En posterior testimonio a los autores, el realizador ha desmentido que el anillo que sirvió para financiar *Biotaxia* tuviese nada que ver con que «gracias a empeñar el brillante de compromiso de una pareja sentimental previamente muy bien casada, se pudo acabar el rodaje de un film de la Escuela de Barcelona que había agotado el presupuesto...», tal como Xavier Miserachs relata en sus memorias (*Fulls de contactes. Memòries*, Edicions 62, Barcelona, 1998, pág. 136). Pero, en cualquier caso, no deja de ser sintomática esta coincidente forma de financiación de por lo menos dos de los films del movimiento.

Inscrita en el registro de productoras el 3 de abril de 1966 a nombre de este profesor mercantil formado en el cine de animación y publicitario, Hele Films volvió a ceder su marca al proyecto de largometraje de animación *Koki Bolo el mentiroso*, del propio José María Blanco, y quedó al margen de *Sexperiencias*, el siguiente largometraje de Nunes, rechazado por censura y, por lo tanto, exento de cualquier posibilidad de subvención. Según Jaime Deu Cases, director de fotografía del film, «*Sexperiencias* es *underground* de verdad. No había nada más que nosotros, una cámara y todos los trucos posibles para poder acabar la película». Él consiguió colas de negativo caducado, que le proporcionó Alfonso Balcázar, para rodar en los estudios que éste poseía en Esplugues y también en el piso que la protagonista del film tenía en la calle Rosellón. La absoluta imposibilidad de amortizar este film ilegal dejó a Nunes con deudas de casi un millón de pesetas que, según su testimonio, tardó años en pagar y abrió una brecha en su filmografía, que no reanudaría hasta 1975.

Bofill, Durán y Jordá, beneficiarios de la marca Filmscontacto para sus primeras películas, tuvieron que buscar otras alternativas una vez que Esteva redujo las actividades de la empresa a sus propios films. La solución momentánea fue la creación, en 1968, de una productora bautizada con el nombre de Films de Formentera. El editor Jorge Herralde, que fue su presidente, recuerda que «éramos seis: Carlos, Joaquín, Gubern, Bofill, Amorós y yo. El único que no tenía un trabajo concreto relacionado con el cine era yo, y por eso mismo me hicieron presidente. Además, la sede social de la productora fue durante años la misma que la de la Editorial Anagrama». Inicialmente fue así, pero, a partir de su legalización en 1970, se trasladó al domicilio de Carlos Durán. Haciendo honor a un nombre que evocaba la cultura de la droga a través de uno de sus paraísos más cercanos, los dos únicos films que generó Films de Formentera hicieron gala de ella: *Maria Aurèlia Capmany parla d'«Un lloc entre els morts»*, a través de los delirantes insertos rodados en Ibiza con los que Jordá puntuó una entrevista con la escritora catalana; y *Liberxina 90*, mediante la metafórica utilización de un gas tóxico que la censura detectó como pernicioso y canceló la carrera de Durán como realizador. De ambos films se habla ampliamente en un siguiente apartado.

Tras el escándalo suscitado a raíz de la Palma de Oro concedida a *Viridiana* en el Festival de Cannes de 1961, Films 59 fue expedientada por la administración franquista. Por este motivo, Portabella se movió en la órbita de otras empresas –Filmscontacto, Tibidabo o en Italia– hasta que solicitó el alta de su productora en el registro sindical, en junio de 1967, coincidiendo con la separación de *No contéis con los dedos* del proyecto inicial de *Dante no es únicamente severo*. Cuando presentó el presupuesto de *Nocturno 29*, de los 6,1 millones estipulados sólo le reconocieron 3,5, un porcentaje muy inferior al de cualquier otro' proyecto de la Escuela de Barcelona. La administración franquista utilizaba con absoluto maquiavelismo político el sistema de subvenciones pero, a pesar de todo, los 1,7 millones derivados del Interés Especial bastaron para amortizar buena parte del rodaje de un film que había merecido el siguiente comentario por parte del censor Arroita Jáuregui: «Guión para una película del grupo barcelonés (llamado por unos "el P.C. de Cadaqués" y por otros "los Astados Unidos"), y totalmente dentro de la línea de cine, paraíso cerrado para muchos que les es habitual: hermetismo total en cuanto al contenido, belleza formal más o menos conseguida –cuestión de gustos–, y unas claves que conocen unos pocos y que quieren ser destructoras y revolucionarias y que son las que, conociéndolas, porque no pueden adivinarse a través de la película, entregan el mensaje. En conjunto, me parece una broma privada, contra la que no tengo nada, pero que creo que no debe conseguir ningún respaldo oficial, como podría ser la concesión del Interés Especial.» Frente a tal rechazo, Portabella siguió los pasos de Nunes camino de la clandestinidad con sus siguientes proyectos y financió *Cuadecuc/Vampir* y *Umbracle* «con los beneficios obtenidos de la venta al extranjero de los *Miró*, cortos que han resultado económicamente excelentes en relación a su bajo coste. En líneas generales, planteo la producción en base a rodar con un equipo de tres personas y en un tiempo muy breve».[1]

1. Pere Portabella a Antonio Vilella, *Terror Fantàstic*, n.º 9, junio de 1972.

223

Jorge Grau, como bien dijo Jordá en la época, era un caso aparte. Desde su inicios trabajó para productoras consolidadas, como la opusdeísta Procusa o, posteriormente, Estela Films, empresa promovida en Madrid por Jordi Tusell que, antes y después de la fallida aventura de *Tuset Street*, le financió *Una historia de amor* e *Historia de una chica sola*. Por este motivo, los films de Grau gozaron de presupuestos más elevados que los de la Escuela –*Acteón* costó 3 millones de la época y *Una historia de amor* llegó a los 3,5, mientras el presupuesto inicial de *Tuset Street* era de 8 millones de pesetas–, y, una vez liquidada ésta, no tuvo necesidad de crear una empresa propia para seguir trabajando.

5. VIGILAR Y CASTIGAR

Además de la concesión del Interés Especial, arma fundamental con la cual la administración reguló la efímera vida de la Escuela de Barcelona, el franquismo disponía de otro mecanismo adicional –no menos importante– para el control de las películas producidas a su costa. Si las subvenciones constituían un primer filtro que decidía quién y cómo hacía cine, la censura era el instrumento represor que castigaba a los transgresores del orden; a aquellos cineastas que, aún habiendo sido beneficiarios de la generosidad económica del Estado, abusaban de su confianza.

Ya hemos visto cómo, incluso antes de la promulgación de la Nuevas Normas para el Desarrollo de la Cinematografía, García Escudero estableció, en febrero de 1963, unas Normas de Censura Cinematográfica que, por primera vez desde el final de la Guerra Civil, estipulaban públicamente los criterios aplicados por la administración en base a tres vertientes fundamentales: la de carácter moral y de costumbres, la religiosa y la política.[1] Por una parte, el director general apelaba a la rigidez

1. Sobre la censura cinematográfica en España, véase: Román Gubern y Domènec Font, *Un cine para el cadalso. 40 años de censura cinematográfica en España*, Euros, Barcelona, 1975; Román Gubern, *La censura. Función política y ordenamiento jurídico bajo el franquismo 1936-1975*, Península, Barcelona, 1981; y Teodoro González Ballesteros, *Aspectos jurídicos de la censura cinematográfica en España*, Universidad Complutense, Madrid, 1981.

Romy en *Dante no es únicamente severo* (Archivo Filmoteca de la Generalitat).

Serena Vergano en *Dante no es únicamente severo* (Archivo Filmoteca de la Generalitat).

Aurelio G. Larraya, Carlos Durán y Vicente Aranda durante el rodaje de *Fata Morgana* (Foto: Jorge Salvador Casamián, Archivo Filmoteca de la Generalitat).

Joaquín Jordá en *Dante no es únicamente severo* (Archivo Filmscontacto).

Jacinto Esteva en una pausa del rodaje de *Lejos de los árboles* (Archivo Films-contacto).

Juan Amorós (con la cámara) junto a Gonzalo Suárez durante el rodaje de *Ditirambo* (Archivo Filmoteca de la Generalitat).

De izquierda a derecha: Jacinto Esteva (de espaldas), Sara Montiel, Ricardo Muñoz Suay, Vicente Aranda y Jorge Grau en Bocaccio, en la época del rodaje de *Tuset Street* (Archivo Filmoteca Valenciana).

Rodaje de *Lejos de los árboles*. En el centro, con gafas oscuras, José María Nunes (Archivo Filmscontacto).

Pere Portabella (con la mano extendida) y el operador Luis Cuadrado (a la derecha, de perfil) durante el rodaje de *No contéis con los dedos* (Archivo Filmoteca de la Generalitat).

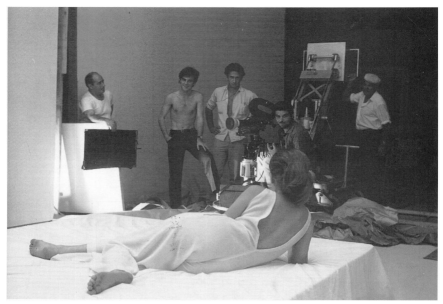

Ricardo Bofill, Carlos Durán y Juan Amorós, junto a la cámara, conversan con Serena Vergano (de espaldas) durante el rodaje de *Circles* (Archivo Filmoteca de la Generalitat).

Annie Settimo y Enrique Irazoqui durante el rodaje de *Noche de vino tinto* (Foto: Alberto Ripoll, Archivo de la Filmoteca de la Generalitat).

Teresa Gimpera en *Fata Morgana* (Archivo Filmoteca de la Generalitat).

Jaime Camino (en el centro, consultando el guión) y Carlos Durán (a la izquierda), durante el rodaje en Cadaqués de *Los felices sesenta* (Archivo Filmoteca de la Generalitat).

Enrique Irazoqui en *Dante no es únicamente severo* (Archivo Filmoteca de la Generalitat).

Núria Espert en *Biotaxia* (Archivo Filmoteca de la Generalitat).

Capucine y, en primer término, Teresa Gimpera en *Las crueles* (Foto: Colita, Archivo Filmoteca de la Generalitat).

Francisco Viader y Paco Rabal en *Después del diluvio* (Foto: Colita, Archivo Filmscontacto).

Liberxina 90 (Archivo Filmoteca de la Generalitat).

Paco Rabal y Francisco Viader en *Después del diluvio* (Foto: Colita, Archivo Filmoteca de la Generalitat).

Romy en *Aoom* (Foto: Antonio Baños, Archivo de la Filmoteca de la Generalitat).

Christopher Lee, dirigido por Pere Portabella (de espaldas), durante el rodaje de *Umbracle* (Foto: Albert Fortuny, Archivo Esteve Riambau).

Serena Vergano y Germán Cobos en *Brillante porvenir* (Archivo Biblioteca Delmiro de Caralt).

Jaap Guyt e Irma Walling en *Cada vez que...* (Foto: Martha G. Frías, Archivo Filmoteca de la Generalitat).

El conjunto musical Adam Group, autor de la banda sonora de *Cada vez que...*, durante el rodaje de la película (Foto: E. Puigdengolas, Archivo Filmoteca de la Generalitat).

Claudia Gravy en *Acteón* (Archivo Biblioteca Delmiro de Caralt).

Jacinto Esteva (a la derecha, con gafas de sol) y el operador Juan Amorós (en la cámara) durante el rodaje de *Lejos de los árboles* (Foto: Maspons-Ubiña, Archivo Filmscontacto).

Serena Vergano y uno de los mimos que intervienen en *Schizo* (Archivo Esteve Riambau).

De izquierda a derecha, Juan Amorós, Luis Ciges y Jacinto Esteva en una pausa del rodaje de *Dante no es únicamente severo* (Archivo Filmscontacto).

al afirmar que «hace falta censura; lo digo y repito, precisamente cuando más popular sería en ciertos medios proclamar lo contrario».[1] Por otra, sintetizaba una actitud posibilista –basada en la existencia de una supuesta «censura social»– al afirmar que «por arriba está la línea de lo imposible, por abajo está la línea de lo inaceptable».[2] Él mismo se vanagloriaba, estadísticamente, de los resultados de su política al cuantificar el porcentaje de películas prohibidas por temporada en torno a un 10 % durante el periodo comprendido entre 1962 y 1965, para descender a un 7,4 % en la temporada 1965-1966.[3] Sin embargo, este análisis no sólo ignoraba la autocensura o aquellas películas extranjeras que los distribuidores no se atrevían siquiera a presentar, sino que correspondía a un periodo aislado y, precisamente, inmediatamente anterior a la eclosión de la Escuela de Barcelona.[4] Sin tocar una sola coma de las Normas de Censura de 1963, la interpretación que de ellas hicieron los miembros de la Junta de Censura y Apreciación de Películas –que en 1965 habían sustituido a la Junta de Clasificación y Censura de Películas Cinematográficas– a partir de 1967 demostró la futilidad de los tan bienintencionados como contradictorios argumentos de García Escudero en el contexto de una

1. José María García Escudero, *Cine español*, Rialp, Madrid, 1962, págs. 45-46.
2. José María García Escudero, «Discurso en el Palacio de la Música el 20-10-1963 con motivo de la inauguración del curso de la E.O.C.», *Film Ideal*, n.º 131, 1963, pág. 637.
3 José María García Escudero, *La primera apertura. Diario de un Director General*, Planeta, Barcelona, 1978, pág. 238.
4. El propio director general anotaba en su diario, el 28-11-1966: «La apertura que se inició en 1962 se ha parado. No se ha retrocedido, como dicen, pero la impresión es inevitable si se considera que el tiempo, en cambio, no se ha detenido. Puede ser cuestión de sacudir un poco por los hombros a los censores, pero no es sólo ni principalmente problema de las Juntas, ni de que me sacuda yo por si me he quedado adormilado. [...] Me pregunto si eso valdrá la pena cuando toda la energía es poca para resistir las presiones y mantenernos –sólo mantenernos– donde estamos: si no se ha llegado al límite; si podemos continuar cuando a cada estreno hay que ponerse a pensar, no en el público, que éste ha encajado la apertura, sino en si van a escandalizarse este o aquel grupito, este o aquel señor influyente, o la señora de tal cual autoridad, o tal cual autoridad que ni siquiera vio la obra en cuestión» (José María García Escudero, *ibid.*, págs. 228-229).

dictadura. Enrique Thomas de Carranza, que en 1969 sustituyó a Robles Piquer al frente de la Dirección General de Cultura Popular y Espectáculos, mostró el verdadero rostro del franquismo cuando justificó la existencia de la censura «como una de las más altas misiones que tenemos, en defensa de los valores del individuo y de la sociedad. Nosotros no lamentamos que la censura exista, sino que tenga que existir como control a quienes pueden no saber hasta dónde se puede llegar».[1] Bajo estos criterios represivos, entre otros motivos, desapareció la Escuela de Barcelona incluso cuando «hacía Mallarmé». La opción Victor Hugo hacía años que había sido abortada.

Gracias al hipotético pacto entre García Escudero y los cineastas barceloneses, la Escuela no era un objetivo prioritario de la censura. No andaban equivocados los productores de un cine más comercial cuando afirman, como José Luis Dibildos,[2] que los censores eran mucho más exigentes en el ejercicio de su escasamente ilustre oficio cuando se trataba de producciones destinadas al gran público que en el caso de los nuevos cineastas. Indudablemente, el hecho de que el cine de género estuviese muy cerca del público mayoritario condicionaba una lectura mucho más atenta por parte de los censores, especialmente en los ámbitos morales y religiosos, que los films minoritarios de la Escuela, condenados a los circuitos restringidos de las salas especiales. Incluso la censura eclesiástica fue consciente de este hecho, y mientras la práctica totalidad de los films del movimiento barcelonés fue calificada «para mayores», con la excepción del «para mayores con reparos» que mereció la homosexualidad latente en *Después del diluvio*, *Tuset Street* fue etiquetada de «gravemente peligrosa». Evidentemente, la presencia de una estrella como Sara Montiel era quien añadía ese plus de peligrosidad moral.

Antes que una censura de tijeras, reservada sólo para aquellos cineastas que aún habiendo sido advertidos se atrevían a desafiar las indicaciones recibidas, el cine sufrió una censura

1. *Nuevo Diario*, 6-3-1970.
2. Entrevista inédita con los autores, parcialmente reproducida en *En torno al guión. Productores, directores, escritores y guionistas*, Festival Internacional de Cinema, Barcelona, 1990.

226

de lápiz rojo. Sobre el guión –cuando las supresiones todavía no tenían una trascendencia económica– y, sobre todo, sobre las intenciones. En páginas precedentes ya han ido apareciendo proyectos situados en la órbita de la Escuela que jamás vieron la luz: porque fueron prohibidos o porque ni siquiera llegaron a ser presentados. Antes del rodaje de *Noche de vino tinto*, Nunes había sufrido las prohibiciones de tres proyectos previos. Entre ellos figuraban *Marido de tu destino*, que estuvo a punto de rodarse, y *Esa chica*, un argumento de Jaime Picas que después éste convirtió en la novela titulada *La chica del Cadillac negro*. El tercero fue *Nochera*, «un guión magnífico, que fue prohibido en tres ocasiones y en el cual trabajé tres años... Como que ya sabía lo que tenía que hacer, con *Noche de vino tinto* no tuve ningún problema, no me pusieron ninguna excepción».

Las palabras de Nunes son explícitas: «Ya sabía lo que tenía que hacer»; le habían enseñado las normas para evitar problemas al rodar un guión en el que los miembros de la comisión de censura que revisó el manuscrito le indicaron que «con carácter general deberán cuidar las escenas íntimas y de ambiente, así como en el diálogo las expresiones que puedan resultar inconvenientes». Eso no implica que el portugués o cualquiera de los directores de la Escuela aceptasen indefectiblemente los *diktats* de la censura pero el carácter de experimentación formal del movimiento fue el aliado –consciente o inconsciente– que permitió saltar barreras en las cuales otros films tropezaron. La experiencia de haber pretendido hacer Victor Hugo antes que Mallarmé también evitaba repetir errores, y así lo asumió, entre otros, Vicente Aranda.

A pesar de las advertencias de los censores del guión de *Brillante porvenir*, el cineasta barcelonés decidió mantener el plano final en el que una amiga del protagonista insinuaba la reconciliación de la pareja. A copia vista, la censura lo hizo sustituir por una voz en *off* del protagonista masculino en la que repite una anodina frase pronunciada al principio de la película. «Con un simple corte –certifica Aranda– la convirtieron exactamente en lo contrario que pretendía. [...] Era así de sencillo. De alguna manera, esa lección la aprendimos varios al mismo tiempo, y la consecuencia no fue otra que la Escuela de Barcelona. Nosotros nos dijimos: "Atención, no es posible atravesar ese muro sin rompernos la cabeza. Hay que buscar la libertad en donde sea posible." Y ese terreno fue la fantasía. Era un momento en el que se consideraba, por ejemplo, que el sexo podía ser tan revolucionario como el marxismo, y así lo creíamos. Por eso, en *Fata Morgana* ya no me cortaron ni un fotograma, porque la experimentación dejaba automáticamente de preocupar a los censores.»[1]

Esa frontera, la de la experimentación, existió para ambos bandos –los cineastas y los censores–, y los segundos fueron plenamente conscientes de ella cuando algunos films de la Escuela abordaron cuestiones de índole sexual –como le ocurrió al propio Aranda cuando los censores se empeñaron en que cortara «una entrepierna» que, según ellos, aparecía en *Las crueles*– o política. *Lejos de los árboles*, como ya se ha expuesto en un apartado anterior, o *Liberxina 90*, cuyo penoso calvario será abordado posteriormente, fueron objeto de iras censoras que también afectaron a *Raimon*, el cortometraje de Carlos Durán sobre el cantautor valenciano. El realizador «había ilustrado las letras protestatarias de Raimon con imágenes documentales del terror nazi, de violencia racial en los Estados Unidos y de la guerra de Vietnam. A los censores no agradó aquella denuncia y pidieron a Durán que la equilibrara con imágenes de represión en los países socialistas, en la extensión de un 50%. Durán incorporó entonces a la película planos con tanques soviéticos en las calles de Budapest en 1956, pero no fue juzgado suficiente por la censura y tras varias gestiones el director acabó por fatigarse de actuar como un montador al servicio de los censores».[2] A pesar de que se proyectó en circuitos marginales y clandestinos tanto al final del franquismo como en los primeros años de la democracia, el primer cortometraje de Durán –como también ocurriría con el posterior *BiBiCi Story*– nunca tuvo una exhibición comercial normalizada.

A pesar de ser considerado como un «experimentador»,

1. Vicente Aranda a Esteve Riambau y Casimiro Torreiro, *op. cit.*, pág. 197.
2. Román Gubern y Domènec Font, *op. cit.*, pág. 142.

228

Portabella también era conocido entre los censores por su militancia política. De ahí que *Nocturno 29* fuera objeto de una especial vigilancia que comenzó en la Comisión de Apreciación del Guión. Según el informe remitido por los críticos-censores de turno –Luis Gómez Mesa, Pedro Rodrigo y Marcelo Arroita Jáuregui– con fecha 31 de enero de 1968, quedaba autorizado con una retahíla de advertencias que ponían en evidencia un completo repertorio de obsesiones políticas, sexuales y religiosas: «Págs. 1, 2, 3 y 4: Cuidar exhibicionismos en la escena. P. 6: Que el hombre que orina se dedique a otro menester. P. 8: Suprimir transparencia del desnudo de Lucía. P. 9: Suprimir caravana de coches oficiales. P. 10 y 11: Suprimir desfile militar. P. 17: Cuidar diálogo en *off* de los tertulianos. P. 29: Suprimir mano de hombre descubriendo el pecho de la mujer. P. 58: Que los tricornios no sean identificables. P. 65: Que las prendas que muestran en la tienda a L. no sean banderas. Suprimir imágenes de condecoraciones y ceremonias religiosas.»

Este texto fue el que llegó a manos del cineasta, en papel carente de cualquier membrete oficial para así evitar la vergüenza pública a la que se exponía la administración, pero en el correspondiente expediente se conservan los informes particulares que lo inspiraron. Según Arroita Jáuregui –quien, como hemos visto, no era precisamente un admirador de Portabella–, el guión de *Nocturno 29* era «esteticísima nadería. Caos que encubre un vacío absoluto, adornado con diálogos increíbles y salpicado de faltas ortográficas, amén de algún claro desconocimiento del idioma castellano. En la famosa línea barcelonesa, la apoteosis: secuencias independientes y hueras, planificadas de manera complicada y con ciertos pobrísimos resabios surrealistas, dentro de lo que Alfonso Sánchez, por ejemplo, llama "cine de autor", que, naturalmente, no es eso. Para dar animación a la cosa se intercalan algunos planos groseros, eróticos y de retranca política. Honradamente, creo que a estos juegos de señoritos capitalistas decididos a deslumbrar a su *cercle de famille*, no se les debe ayudar, por mucha *ambición artística* que se le eche al proyecto (máxime si, como en este caso, el arte supuesto no pasa de algunos mínimos ejercicios de esteticismo)». Pedro Rodrigo reafirmaba: «Asunto ininteligible e inexplicable.

229

Se trata de una serie de secuencias que no parecen tener ilación (so pena de una clave ideológica) y que combina las escenas donde aparecen coches oficiales, un desfile militar, el fútbol, la tala de árboles, un salón de baile, un banco, campos de golf... [...] Hasta la pág. 50 no hay diálogo y a partir de ese momento, mejor que no lo hubiera... En consecuencia, se trata de un proyecto confuso, indescifrable y sin el menor interés, con simbolismos de difícil interpretación y sin sentido. No merece el menor estímulo. De tal guión no puede salir nada viable.»

Denegado, en consecuencia, el Interés Especial, *Nocturno 29* regresó a la Comisión en noviembre de 1968. En ella se volvieron a indicar algunas supresiones basadas en el nuevo informe particular de Arroita: «Me parece que alguna advertencia que se le hizo a la primera versión, la recoge la segunda. El hombre de espaldas, meando, se ha convertido en hombre de espaldas simplemente, pero ya veremos en proyección qué está haciendo. La broma de los tricornios, ya veremos en qué se convierte. Y hay un pecho de mujer que sigue figurando: esperemos que venga tapado. [...] Al margen de todo esto, esperemos que el Sr. Portabella no tenga preparada una versión en catalán, firmada por Pere, y titulada *Nocturn 29*, lista para ser proyectada como película catalana en cualquier jolgorio internacional de cine, como pasó con *No compteu amb els dits*, conforme debe constar en alguna parte.»[1]

Una vez rodada, la película volvió a pasar por la Comisión de Censura, que, en oficio fechado el 5 de febrero de 1969, ordenó diversos cortes: «Rollo 1.º: Suprimir planos del pecho desnudo de la chica "hippye" [sic] en la playa. Rollos 2.º y 3.º: Suprimir todos los planos del desfile en la TV. Rollo 5.º: Suprimir plano de pecho desnudo femenino en el juego del timbre. Rollo 6.º: Suprimir toda la secuencia de la ceremonia eclesiástica. Rollo 9.º: Suprimir en la escena de las banderas el menosprecio a la bandera portuguesa.» En cambio, tal como recuerda jocosamente Portabella, no se percataron de que «en el título se apre-

---

1. El censor se refería, con encomiable memoria, al oficio que García Escudero remitió a Portabella, con fecha 3 de octubre de 1967, para advertirle que los títulos de crédito de su primer cortometraje «deben figurar en castellano».

ciaba claramente que eran 29 años de nocturno franquista. Y mira que estaba claro. Yo siempre había pensado que no autorizarían este título y, en cambio, se metieron con un señor que hacía pipí».

Prototipo de la «experimentación» que se esperaba de la Escuela, *Dante no es únicamente severo* apenas sufrió problemas con la censura. Su guión fue autorizado con la advertencia de «cuidar la escena de las caricias a un maniquí» y tan sólo dos supresiones. Una de ellas, la frase «hacer el amor» fue sustituida en el film por un escueto «vamos a...» con lo cual resultaba todavía más provocativa. La otra, eliminar la frase «ha cazado Ud.. otro golf» (borrada con un bolígrafo «por evidente mal gusto»), se mantuvo íntegra en la película. En cambio, el film de Esteva y Jordá fue objeto de una censura paralela –práctica habitual en la época por parte de los diversos sectores representados en la cúpula de un Estado autoritario– cuando este último, en la conferencia de prensa que siguió a la proyección en el festival celebrado en la ciudad italiana de Pesaro, dijo «que no hablaba porque no me entenderían si lo hacía en castellano ni tampoco en catalán. El caso es que la anécdota llegó a oídos de Manuel Fraga, ministro de Información y Turismo, quien me envió una carta diciéndome que nos quitaba la subvención porque nos negábamos a emplear el español y que habíamos preferido hablar en catalán, "que es una lengua incomprensible". Nos puso una multa de 200.000 pesetas, creo recordar, por un hecho que se debía a rumores».[1] Como es patente, las diferencias que separaban a los miembros de la Escuela de Barcelona del nacionalismo catalán resultaban indiferentes para las autoridades franquistas.

Al margen de este incidente, Filmscontacto no fue una empresa conflictiva para la administración. La sombra del padre de Esteva era alargada y Ruiz Camps mantenía buenas relaciones con el Ministerio. Él fue quien tuvo que lidiar, por ejemplo, el paso de *Después del diluvio* por censura, cuyo guión fue tajantemente prohibido, en fecha 28 de febrero de 1968, por la tripleta titular de censores de la Escuela (Gómez Mesa, Arroita y Rodrigo). Un mes más tarde, fue revisado por otros miem-

1. Joaquín Jordá a Esteve Riambau y Casimiro Torreiro, *op. cit.*, pág. 198.

bros de la Comisión, quienes lo autorizaron «con la advertencia expresa de que en la realización no se advierta sugerencia de homosexualismo a fin de que no se incurra en la prohibición de la Norma 9, 1.ª. Igualmente se cuidarán los excesos de intimidad erótica, exhibicionismos y violencia». «Me llamaron –recuerda el gerente de Filmscontacto– y me dijeron: "Oiga, aquí hay una cosa... Estos dos hombres, que viven solos en una casa, se visten con ropas de mujer... aquí hay homosexualismo latente." Yo les dije que sólo aparecían símbolos: que aquellos dos hombres no tenían por qué ser homosexuales. Y que si tenían una habitación llena de vestidos de mujer, eso no implicaba que hubiese escenas escandalosas... Tuve que volver a escribir algunas secuencias, presenté de nuevo el guión y lo aceptaron. Después rodamos lo que pudimos.» Éste no fue, sin embargo, el único motivo de preocupación que provocó *Después del diluvio* ya que, frente a un presupuesto declarado de 7,5 millones de pesetas y una concesión del Interés Especial reducida a un millón de pesetas, Esteva se vio obligado a efectuar un nuevo montaje del film –que, entre otras modificaciones, redujo el metraje en unos veinte minutos–, y Ruiz Camps tuvo que desplegar toda su gama de influencias en el Ministerio para justificar «los sudores que estamos pasando por mantener la línea de cine que nos hemos impuesto y que, después de los resultados medianos de *Noche de vino tino* y *Dante no es únicamente severo*, habíamos echado todas nuestras energías económicas en ésta, que va a resultar precisamente la menos rentable».[1] A pesar de estas maniobras, la subvención no se modificó ante el pleno de mayo de 1969 y Esteva se vio obligado a dirigirse a Robles Piquer en estos términos: «Desde nuestra última entrevista que no fue particular, cuando su reunión en Barcelona, en octubre, han transcurrido unos meses que los he dedicado, en especial, al montaje de mi última obra *Después del diluvio*. [...] Desde aquella fecha hasta el día de hoy, tengo que confesar que mi otra gran preocupación es la de dotar a mi productora, Filmscontacto, de un centro de experimentación y de produc-

1. Carta de Francisco Ruiz Camps a Francisco Sanabria, Madrid, 18-3-1969 (Archivos Centrales del Ministerio de Educación y Cultura).

ción capaz de estimular eso que deseamos desarrollar: un nuevo cine español. Mi esfuerzo es considerable, pues mi productora no está apoyada por ninguna casa de distribución, puesto que el cine que realizo y produzco, si bien está considerado por ustedes como cine de Interés Especial, no logra ningún apoyo comercial ya que mis productos son considerados como "no comerciales". Por otra parte, tal como lo expresé en aquella reunión, ni yo ni mi productora estamos vinculados a nadie, ni sufrimos ninguna presión y sólo deseo producir un cine independiente, joven y experimentado. Pero el resultado ha sido hasta ahora tan negativo que dudo poder proseguir con mis tareas de producción. Me encuentro solo, aislado, y la verdad es que no sé por dónde seguir para continuar produciendo un cine que yo juzgo experimental e interesante. Por lo que no tengo otro recurso que rogarle que preste la mayor atención a mi nueva versión de *Después del diluvio* para que logre, si ello es posible, un mejor beneficio proteccionista.»

En esta misiva se detectan manifiestos síntomas de la agonía de la Escuela de Barcelona, encarnada en su más emblemático representante. Estrictamente dependiente de una administración que, por un momento, había decidido apostar a su favor, el movimiento barcelonés fue simultáneamente víctima y gracia de la censura. De haberse podido hacer Victor Hugo, probablemente no habría sido necesario hacer Mallarmé, pero cuando éste se llevó a término –con o sin pacto entre los cineastas y la administración–, su existencia también fue efímera. La censura –y no sólo la política– no es negociable, sino irremediable. Sus efectos resultan intrínsecamente abominables pero es probable que, sin ellos –no gracias a ellos sino a las amenazantes consecuencias que se derivaban–, en la España franquista jamás hubiese surgido un cine con unas características tan peculiares como el de la Escuela de Barcelona.

6. SITGES NO FUE SALAMANCA

Conscientes del doble control ejercido por el Estado a través de las subvenciones y la censura, algunos cineastas españoles aprovecharon los resquicios abiertos por el régimen para plantear abiertamente esta cuestión. La ocasión se produjo durante la celebración de la Primera Semana Internacional de Escuelas de Cine, que tuvo lugar en Sitges del 1 al 6 de octubre de 1967. La fecha es clave porque probablemente marca el punto de inflexión de la política aperturista de Fraga Iribarne –fue escasamente un mes y medio antes del cese de García Escudero como responsable de la Dirección General de Cine– y la participación conjunta de algunos cachorros tardíos del NCE con miembros de la Escuela de Barcelona subraya la artificiosidad de las fronteras que presuntamente separaban ambos movimientos, al tiempo que define un frente común radical y rupturista que superaba ampliamente los postulados promulgados doce años antes en las Conversaciones de Salamanca.

La Semana de Sitges, que se pretendía que se convirtiese en plataforma de discusión entre escuelas de cine, y que estableció un calendario de proyecciones y de debates con participación de estudiantes y docentes, tenía que haber sido presidida por el prestigioso crítico, historiador y guionista Manuel Villegas López, antiguo cargo durante la República, exiliado y ya reinstalado en España; pero al fin, en ausencia del director de la EOC, Carlos Fernández Cuenca, que llegó sólo al final, y vista la no comparecencia de Villegas López, extremadamente temeroso en lo que hacía a sus relaciones con las autoridades, la presidencia de los debates y deliberaciones recayó en Román Gubern.

No es preciso extenderse aquí sobre el desarrollo de las jornadas, pero sí conviene recordar que se mostraron películas de la Escuela de Barcelona junto con las prácticas fílmicas de diversas escuelas de los países del Este europeo, de Latinoamérica, de la India y EE.UU., así como de la EOC madrileña. No fue éste, sin embargo, el motivo por el cual las Jornadas han pasado a la historia del cine español. Cuando su desarrollo llegaba a su fin, algunos alumnos de la EOC, entre ellos Antonio Artero, Manolo Revuelta, Julián Marcos, Bernardo Fernández, Pedro Costa Musté y José Luis García Sánchez, junto con sus colegas barceloneses, redactaron unas conclusiones que Gubern –que

234

no participó en su gestación– define como de «coloración ácrata».[1] Jordá, que fue uno de los padres del manifiesto, junto con Artero y Revuelta, las considera con mayor precisión como «inspiradas por las lecturas situacionistas de aquellos años». En todo caso, y sobre todo a causa de su carácter marcadamente utópico, el manifiesto merece situarse, a pesar de que sea anterior en el tiempo, en el mismo rango que otros que, como «La cultura al servicio de la revolución» (Pesaro, junio de 1968) o el «Manifiesto por un cine militante» de los Estados Generales del Cine Francés (posterior a mayo de 1968), pueden ser considerados como expresión de la politización del cine en aquellos años.[2]

Además de la petición de disolución del Sindicato Nacional del Espectáculo y la creación de un sindicato de base democrática (punto b); de la supresión del cartón obligatorio de rodaje y de cualquier otro tipo de permiso (punto c); de la petición de libertad de exhibición sin controles gubernativos ni administrativos de ningún tipo, lo que suponía la pura y simple eliminación de la censura cinematográfica (punto d), reforzada por el punto e, que pedía claramente la supresión de la censura previa y la transformación de la EOC en una escuela democrática gestionada por el mencionado sindicato de base (punto h), lo que parece más sorprendente, a tenor de toda la historia anterior de la protección cinematográfica en España, es la petición de la supresión del Interés Especial y de «cualquier otra forma de subvención como mecanismo de control y su gestión por parte del sindicato democrático» (punto f). Eso sólo se entiende en el contexto de una actitud propagandística de denuncia: el radicalismo de la propuesta resulta la otra cara de la moneda del posibilismo que en su tiempo había presidido las Conversaciones de Salamanca. Doce años después, ya no eran pacientes hombres del PCE/PSUC quienes estaban detrás del asunto, sino ra-

1. Además de sus declaraciones a los autores, Gubern recordó ampliamente esa semana suburense en *La censura. Función política y ordenamiento jurídico bajo el franquismo (1936-1975)*, Península, Barcelona, 1981, págs. 230-231.
2. Los textos de ambos manifiestos se pueden consultar en: Julio Pérez Perucha (ed.): *Los años que conmovieron al cinema. Las rupturas del 68*, Filmoteca de la Generalitat Valenciana, Valencia, 1988, págs. 249-272.

dicalizados aspirantes a profesionales que ideológicamente les superaban por la izquierda.

La evaluación que los hijos cinematográficos de Salamanca hacen de esta manifestación no puede ser más clara: aquellas conversaciones sólo sirvieron para que el régimen se apuntase propagandísticamente el gol de una apertura que, en octubre de 1967, ya parecía claramente ahogada por los sectores más «bunkerianos» e inmovilistas del ejército y el *establishment* franquistas. El Nuevo Cine Español, y con él la Escuela de Barcelona, no parecían tener posibilidades de continuidad, los segundos y terceros films de los nuevos cineastas tardaban demasiado en ser producidos y el poco éxito de las películas no ayudaba a sostener la política de subvención y de promoción, que parecía hecha más a la medida de los festivales internacionales que de cara al público español. En la misma línea de utopismo se sitúa una conclusión como la propuesta de control de las tres ramas de la cinematografía por parte de los miembros del sindicato democrático. O, dicho en otros términos, lo que se pedía en Sitges era la pura y dura nacionalización de la industria y su autogestión por parte de los propios creadores.

Sitges no cambió prácticamente nada de la situación que comenzaba ya a experimentar el cine español, y con él el catalán. En todo caso, sirvió para debilitar aún más la ya tambaleante posición política de García Escudero, cuya destitución se produciría un mes y medio después. No es extraño que, en su diario, el director general apuntase: «Han querido hacer en ellas otras Conversaciones de Salamanca, pero actualizadas y revolucionarias. Han pedido la desaparición de la censura, por supuesto; y Sindicato democrático, lo que no deja de tener humor pidiéndolo quienes me imagino; ¡y que desaparezca el Interés Especial! Los de Salamanca teníamos los pies en la tierra. Éstos los han echado por alto.»[1]

La lectura que hace García Escudero de los sucesos de Sitges, sesgada como es lógico, silencia discretamente la actuación de la Guardia Civil y la detención de algunos de los participantes, en especial de la actriz Serena Vergano en el curso de una

1. José María García Escudero, *op. cit.*, pág. 253, 7-10-1967.

tormentosa cena de clausura. Tampoco hay reflejo del alboroto en el *Fotogramas* de la semana posterior, a pesar de que dedica una columna entera a informar sobre las jornadas: cosas de la censura de prensa de la época. En cambio, menciona la «desaparición del Interés Especial», cuando lo que los participantes en los encuentros suburenses pedían era la desaparición de los mecanismos que regulaban la forma en que éste se concedía en la época. En el fondo, posiblemente quería decir lo mismo, ya que los cineastas que compusieron la plataforma de Sitges sabían que ésta era imposible de asumir por una administración totalitaria. Resulta ocioso agregar que, a pesar de las expectativas iniciales, Sitges no tuvo continuidad, ni dentro ni fuera de Cataluña; y que, poco tiempo después, las previsiones más pesimistas comenzaban a concretarse, otorgándole la razón histórica a los autores del manifiesto: el régimen endureció su represión y sólo un año y medio después, la picaresca desarrollada por los productores «comerciales» para exprimir las arcas del Estado a partir de las fisuras legales abiertas esencialmente en la subvención devengada por las coproducciones generó una deuda que superaba cualquier expectativa por parte de la administración. El escándalo MATESA, que salpicó al Banco de Crédito Industrial, que alimentaba el Fondo de Protección desde el cual se canalizaban las subvenciones, agravó todavía más la situación, hasta el punto de colapsar transitoriamente la totalidad del cine español, descapitalizar aún más a unos productores precarios e hipotecar durante algún tiempo su continuidad.

VIII. TRABAJOS ESCOLARES

1. LA ESCUELA DE BARCELONA COMO NUEVO CINE

Surgido cuando se había extendido ya ampliamente la influencia de la Nouvelle Vague y, en general, la de todos los movimientos que le antecedieron o nacieron bajo la inspiración de su profunda huella (desde los cronológicamente anteriores Nuevo Cine Polaco y el británico Free Cinema, hasta el resurgir de ciertos cines nacionales, como el cubano, el brasileño y el argentino, o el encumbramiento, vía festivales, del Nuevo Cine Japonés o el Neue Deutscher Film), e incluso cuando el Nuevo Cine Español había dado ya sus primeros productos, la Escuela de Barcelona apareció entonces, y mucho más hoy, cuando sus frutos pueden ser evaluados sin el ruidoso fragor de la polémica y la animadversión desembozada que se gastó en la época contra sus films, como uno más de los nuevos cines que, en la lógica de aquellos tiempos, revolucionaron el panorama de las cinematografías mundiales.

Ciertamente, la influencia de la EdB sobre el cine del país no fue, ya lo veremos, tan radical como la de otros movimientos rupturistas, un poco por su carácter aislado, y bastante por las condiciones sociopolíticas e industriales en las cuales cuajó y echó a andar. Pero lo que aquí interesa señalar es el cúmulo de características comunes que, en tanto movimiento de contestación al cine instituido, compartió con los que le precedieron y sirvieron de inspiración. En primer lugar, hay que constatar que, con mucha más claridad que sus homólogos ma-

239

drileños, la EdB representó la irrupción de la conciencia lingüística del medio en el cine español de los sesenta. Esta irrupción se hace manifiesta, en primer lugar, en aspectos superficiales, como la cita cinéfila y los homenajes implícitos a directores y prácticas fílmicas específicas admiradas por los jóvenes realizadores: por ejemplo, Luis Buñuel, evocado en *Umbracle* y en la secuencia reiterativa de la operación de cataratas de *Dante no es únicamente severo*, donde tal intervención quirúrgica funciona como homenaje a *Un perro andaluz*, y como el film de Buñuel y Dalí, también como una invitación radical a ver el cine con otra mirada. Es el caso, también, de Orson Welles, imitado al final de *BiBiCi Story* cuando una voz en *off* afirma, igual que ocurría con la del director americano al final de *El cuarto mandamiento*, «My name is Orson Welles». Es el caso, igualmente, del cine de Georges Méliès y, en general, de los pioneros mal llamados «primitivos», objeto del homenaje de Jorge Grau cuando, en *Acteón*, hace que el protagonista, Martín Lasalle –importado de su reciente participación como protagonista de *Pickpocket* (1959)–, mire en dos momentos del film sendos espectáculos de *nickelodeon*, y en ambos se repiten los motivos, tan mélièsianos, de la magia y las apariciones y desapariciones de personajes y objetos, en cámara fija que reproduce el proscenio teatral, en plano general, tal como hacía el realizador francés y todo el cine de los orígenes. O, finalmente, y por no hacer más exhaustiva una lista que bien podría serlo, el einsensteiano montaje de atracciones de *Nocturno 29*, que ya mencionaremos más adelante.

Pero hay, además, aspectos más profundos y que constituyen propiamente la reflexión lingüística antes mencionada. Por un lado, y en relación directa con una de las preocupaciones centrales de la estética de los Nuevos Cines, muchos films de la EdB se orientan hacia la ruptura de la noción de transparencia, que André Bazin asimiló al cine clásico, y que se caracteriza por la ausencia voluntaria de un enunciador, las marcas de cuyo trabajo se borran en el relato. Pero también en su doble vertiente de historia y de discurso, o si se prefiere, de historia que esconde sabiamente el discurso de un autor. Cuando, por ejemplo, una mano con la claqueta aparece en *Umbracle* para

240

recordarnos que asistimos, como en varios films de Ingmar Bergman de aquellos años (*La hora del lobo*, *Persona* o *Pasión*), a una función ordenada para nosotros por un narrador, y no, como pretendía el cine clásico y su «transparencia», a una narración anónima cuyo autor se esconde tras los pliegues de las instituciones cinematográficas más arraigadas (la etiquetación genérica, la imposibilidad del actor de mirar a la cámara para no disturbar la atención del espectador, fórmulas narrativas muy trilladas, pero de enorme funcionalidad, como el suspense; la identificación con un *star system* pensado para contentar a toda la platea), a la imprevisibilidad misma de la vida transcurriendo ante nuestros ojos. Cuando, en el prólogo de *Dante no es únicamente severo*, asistimos a la operación de maquillaje de la actriz y a los prolegómenos del comienzo del propio rodaje del film, en la Dehesa de Girona, con Jacinto Esteva y Carlos Durán en el encuadre. Cuando, finalmente, en *Nocturno 29* se nos propone una larga secuencia inicial en la cual el único sonido es el de un proyector de cine, jugando con la ambigüedad de no saber si estamos contemplando un film dentro de otro, o si el proyector es una analogía sonora del que va proyectando el film...

Pero la influencia de los Nuevos Cines se concretó también en otros aspectos del trabajo de la EdB. Siguiendo las «enseñanzas» de la Nouvelle Vague, que asestó un duro golpe a una tradición sólidamente instituida por la industria cinematográfica, la del rodaje en estudios y con guión previo férreamente respetado, también hubo aquí un olímpico desprecio por el guión como pauta de rodaje. Desprecio aparente, empero: si bien es cierto que la EdB huyó de ciertos productos comúnmente asimilables a la producción industrial, como las adaptaciones literarias, que siempre parten de un férreo guión previo, no obstante, y en la propia lógica funcionarial en que se movía el cine español, el libreto existió en todos los casos como una realidad previa al rodaje.

Para poner en marcha cualquier producción era preciso, en la época, un permiso de rodaje y la presentación del guión a la aprobación de la censura. En consecuencia, aunque a la hora de la verdad estos guiones tenían un grado diferente de utilidad

241

práctica, el hecho que Colita diga, por ejemplo, que «a veces, el guión servía para envolver el desayuno», refleja más un estado de ánimo que una realidad. Godard decía lo mismo, y era éste uno de los grandes puntos de referencia para los de la Escuela; pero el productor Pierre Braunberger reveló hace unos años que *Al final de la escapada* salió de un guión de trescientas páginas, «del cual [Godard] extrajo la mayor parte de su obra, pero después se perdió».[1] Por otra parte, la realidad de la Escuela, y probablemente de la mayor parte de los nuevos cines, era que «cuando nosotros comenzamos, no teníamos ni idea sobre qué era escribir un guión. No es que prescindiéramos ideológicamente de él, sino que prescindíamos porque no sabíamos hacerlo. Ése es el tema».[2]

Teniendo en cuenta estas coordenadas, cabe reconocer que Esteva fue quien trabajó con una mayor independencia respecto al guión. Aranda recuerda «haber oído jurar a Esteva que nunca haría una película con argumento»,[3] pero probablemente esta declaración de principios respondía al hecho de que, como recuerda su operador, Juan Amorós, «Cinto era un gran creador, pero al mismo tiempo era muy poco trabajador, muy poco aficionado a trabajar. En primer lugar, porque no tenía horas. Era un hombre a quien le gustaba vivir de noche, y de día no tenía tiempo para llevar a cabo sus ideas. Cinto era un creador muy intuitivo a quien lo que más gustaba era provocar situaciones, y a partir de aquí extraer lo que le interesaba. Él tenía pasión por la imagen, y todo lo abocaba a la imagen. El contenido venía después. Una vez que tenía las imágenes hechas, les encontraba el lugar. En la parte intelectual sabía buscarse aliados. Tenía gran confianza y admiración, por ejemplo, por Bofill, Jaime Gil de Biedma, Federico Correa, José Agustín Goytisolo. [...] Entre ellos le armaban los guiones a partir de las imágenes que había concebido. No diré que sea ni mejor ni

1. Pierre Braunberger a Gérard Langlois, en Jean-Luc Douin (ed.), *La Nouvelle Vague 25 ans après*, Cerf, París, 1983, pág. 140.
2. Jaime Camino a Esteve Riambau y Casimiro Torreiro, *En torno al guión. Productores, directores, escritores y guionistas*, Festival Internacional de Cinema, Barcelona, 1990, pág. 44.
3. Vicente Aranda a Riambau y Torreiro, *op. cit.*, pág. 44.

peor, pero era una fórmula.» Y para que no quede ninguna duda sobre la ciega confianza que Esteva tenía en el poder de la imagen, baste recordar algunas frases extraídas de los diálogos de *Dante*: «A partir de una imagen se puede inventar una historia. Más tarde fluyen las ideas, pero es necesaria una imagen. Una imagen puede conducir hacia una historia. Una historia nunca a una imagen, sino más bien a una confusa multitud de imágenes.»

Esteva, y también Nunes, como veremos, imaginaban sus películas a partir de una casualidad, de una imagen fuerte que los conmovía. Por ejemplo, en *Después del diluvio*, la idea surgió viendo un incendio en un lugar escarpado de la Costa Brava. «Quise localizar el equipo para rodar al día siguiente. No encontré a nadie. Quería rodar entre el fuego. Deseaba rodar una historia a partir de una sola imagen. No lo pude hacer. Después se escribió una historia, pero en el bosque quemado comenzaba a crecer la hierba.»[1] Pero, ya lo sabemos, las ansias de espontaneidad de Esteva chocaban con la dura realidad administrativa del cine de aquel tiempo, lo que le obligaba a recurrir a los servicios de Ruiz Camps, que era quien efectivamente daba forma a los guiones para presentarlos a la censura.

El método de Esteva, difícilmente repetible, se demuestra no obstante particularmente brillante en algunos momentos de sus films. Por ejemplo, en *Dante no es únicamente severo*, cuando en algunas secuencias (el incendio de una gigantesca valla publicitaria, sin ir más lejos) la imagen, tal vez irrepetible, adquiere un poderoso aliento no sólo poético, sino también intrínsecamente ideológico. Pero, en cambio, en las imágenes del mismo film, las secuencias imaginadas por Esteva, de fuerte raigambre visual, coexisten y contrastan con las realizadas por Jordá, en las cuales el diálogo adquiere características preponderantes. De hecho, el pretexto que da coherencia a la película es un esquema estructural de raíz tan literaria como que se inspira en *Las mil y una noches*, para narrar cómo una mujer cuenta historias a un hombre para evitar su destrucción y así

1. Jacinto Esteva a Augusto Martínez Torres, *Nuestro Cine*, n.º 95, marzo de 1970.

da pie a numerosas narraciones indistintamente ideadas por Esteva y Jordá. Este último, por su parte, tenía una experiencia superior en la escritura de guiones profesionales, y eso le permitía intervenir, en la tradición americana de los «cirujanos de guiones», en casos de urgencia, como ocurrió en *Cada vez que...*, en la que Durán, en palabras del propio Jordá, «se planteaba hacer un mediometraje porque no veía la manera de alargarlo más. Entonces inventamos una segunda historia, la de los adultos que viven más distanciados de todo lo que gusta a la pareja de jóvenes, absolutamente fascinados por la publicidad. Yo escribí la segunda historia y retoqué la primera».

A medio camino entre la práctica profesional de Jordá y la intuición de Esteva, Portabella rodaba con unos medios de producción tan reducidos que en algún caso –por ejemplo, en *No contéis con los dedos*– el equipo técnico se limitaba a cuatro personas. El director describe así el trabajo: «Sólo salgo a rodar cuando sé muy bien la óptica, el ritmo y el tono que cada secuencia juega en la película. Sólo queda el problema de realizarla. En el momento en que ruedo la enriquezco o la modifico de acuerdo con la geografía del escenario y la presencia de los actores. Sin tener una imagen previa al rodaje, es inútil tratar de extraerla de la realidad. En la realidad siempre existen todas las posibilidades. Es necesario vaciarla de sus contenidos habituales y darle una nueva significación; es la única manera de salvarse del descriptivismo, que es uno de los peores males del cine español.»

También común a la experiencia de otros nuevos cines fue, en la lógica de un renacido interés por las materias expresivas de la imagen, la investigación formal en fotografía, realizada tanto por jóvenes operadores como Amorós como por veteranos que, como Aurelio G. Larraya, fueron capaces de reciclarse y de experimentar sus inquietudes junto con cineastas mucho más abiertos a las nuevas tendencias. En Barcelona, además de la influencia de los nuevos cines, la revolución fotográfica de la Escuela también llegó por otras vías, como la tradición publicitaria y de diseño fuertemente enraizada en la ciudad y conectada con los propios realizadores de la EdB, así como por ciertas influencias directas: las revistas de modas, la publicidad o la

244

presencia en Barcelona de Gianni di Venanzo, el operador de *El momento de la verdad*, de Francesco Rosi, de quien aprenderían algunos directores locales.

Larraya, que había debutado en el cine en 1946 y que había sido el operador de *No dispares contra mí*, de Nunes, de *Brillante porvenir*, de Aranda y Gubern, o de *Acteón*, de Grau, todas en blanco y negro, aplicó en el rodaje en color de *Fata Morgana* la misma técnica de la luz rebotada puesta en práctica por Raoul Coutard, ese mismo año, en *Pierrot le fou* (1965), de Jean-Luc Godard.[1]

Al igual que ocurrió con las innovaciones formales de la Nouvelle Vague, también aquí desempeñaron un papel importante tanto el pragmatismo como la necesidad de reducir costes de producción. Sin disponer de grupo electrógeno, lo que obligaba a conectar las luces de incandescencia a las tomas de corriente que había en los lugares donde se rodaba, Aranda insiste en que «se improvisaba porque no había elementos para construir una iluminación sin contar con el día que hacía, por ejemplo. Ni siquiera en interiores. No llevábamos grupo y en exteriores se utilizaban pantallas. En interiores, cuando el tiempo lo permitía, también se utilizaban pantallas que se colocaban fuera y desde allí enviaban luz a otras pantallas que rebotaban en el interior y reflejaban la luz sobre los actores. Aurelio (Larraya) es un hombre muy ingenioso y el resultado fue una fotografía que, escena por escena, era muy bonita, pero en cambio, de una manera general, no obedecía a ninguna ley específica. No tenía un denominador común de iluminación porque se trabajaba a favor de lo que el tiempo ofrecía».

En cambio, Jaime Deu Cases, que había debutado como segundo operador de Larraya en *No dispares contra mí*, rechaza-

---

1. «En aquellos momentos, la luz rebotada era un hallazgo, luego se convirtió en una conquista y ahora creo que ya solamente es un recurso. Cuando se empezó a utilizar servía para eliminar sombras, quitar dureza y poder iluminar en sitios angostos donde no cabían los aparatos. Con el paso del tiempo, sin embargo, se ha producido un exceso de luz envolvente, con el peligro adicional de que la luz rebotada es difícil de controlar, por lo que cada día se utiliza menos como luz básica y tiende a emplearse más como luz de relleno.» Juan Amorós a Carlos F. Heredero, *El lenguaje de la luz. Entrevistas con directores de fotografía del cine español*, Festival de Cine, Alcalá de Henares, 1994, pág. 123.

245

ba esta técnica de la luz rebotada, que fue la marca de estilo por excelencia de la fotografía de la EdB. De ahí que la iluminación sea uno de los elementos que distancian dos de las películas emblemáticas de Nunes, *Noche de vino tinto* y *Sexperiencias* –rodada con una película virgen caducada de fecha–, del *look* del resto de las películas de la Escuela.

Uno de los casos paradigmáticos de investigación con la luz se desarrolló no en un largometraje, sino en un corto, *Circles*, de Bofill, que alcanzó cotas inéditas de popularidad porque se exhibió como complemento de uno de los mayores y más duraderos éxitos del cine de «arte y ensayo», *Repulsión*, de Roman Polanski. Fotografiado por el ubicuo Amorós, también operador en *Dante no es únicamente severo, Cada vez que...* (en la que rodó siempre con luz natural, con excepción de una sola secuencia) o en *Ditirambo*, que presenta unos magníficos contrastes en blanco y negro, el propio fotógrafo recuerda que la primera premisa de Bofill fue su voluntad de que «todo se desarrollase en un espacio blanco, en una superficie blanca que tenía que ser un cubo. Lo que más le preocupaba era cómo podríamos eliminar las sombras. Como eso no era posible, porque era de un coste fuera de nuestro alcance, la otra posibilidad fue comenzar a rebotar la luz sobre unas superficies blancas, lo que disminuía las sombras. Cuando conseguí que las cuatro fuentes de luz estuviesen equilibradas, suprimí totalmente las sombras. Yo me había inspirado un poco en *Vogue* y en las revistas de modas, y por aquí comenzó su investigación formal».

La otra gran característica definitoria de los nuevos cines, sobre todo los europeos, consistió en prescindir del viejo *star system*. Por una parte, esta operación tenía como objetivo, como en el caso de los rodajes en exteriores o el empleo de técnicas de iluminación baratas, reducir los siempre limitados presupuestos de las películas. Por la otra, no obstante, los viejos actores de Barcelona o Madrid no eran los de París, y la Escuela propuso una generación de recambio surgida de la confrontación entre los requisitos sindicales, que exigían una mínima profesionalización de los intérpretes, y la potenciación de una serie de nuevos rostros, que si bien respondían al principio neorrealista de buscar actores no profesionales, también eran fruto de un tejido de relaciones personales que elevaron a la categoría de musas a algunas de las compañeras sentimentales de los directores y de la mímesis de un modelo de mujer importado del cosmopolitismo definido en el ideario de la EdB.

No obstante, hay que decirlo de entrada, de todos los elementos que participan en el proceso de creación de la obra cinematográfica –con la excepción de Grau, autor del libro *El actor y el cine*–,[1] la interpretación es lo que menos interesó a los realizadores de la Escuela, tal como propugnaban, por otra parte, autores tan idolatrados por los integrantes de la Nouvelle Vague, como era el caso de Robert Bresson. «La parte que nunca supimos controlar –reconoce Jordá– fue el pésimo y superficial tratamiento con los actores. No los tratábamos como a personajes, sino como a figuras. Eran volúmenes antes que personajes reales. En consecuencia, la mayoría de los actores, como también determinados escenarios que aparecían en sus films, pertenecen prioritariamente a la cotidianidad del mundo de los realizadores. De esta manera, los extras solían reclutarse entre los amigos de juergas, o se improvisaban según viniera a mano: en *Metamorfosis*, por ejemplo, la llegada de Romy al aeropuerto de Barcelona aprovechó un regreso de Joan Manuel Serrat tras una gira para rodar a los enfervorecidos fans del cantante, que era, recordémoslo, también un amigo "de la casa."

Contrariamente a lo que acostumbran a esgrimir los detractores de la Escuela como uno de sus elementos negativos, el hecho de trabajar con actores y actrices extranjeros (Serena Vergano, Martín Lasalle, Yelena Samarina, Jacques Doniol-Valcroze, Susan Holmqvist, Marianne Bennett, Christopher Lee, Patrick Bauchau, Mijanou Bardot, entre otros) no fue un invento barcelonés, sino, una vez más, la adecuación de una de las *características* distintivas de la Nouvelle Vague. La norteamericana Jean Seberg, la canadiense Alexandra Stewart, la danesa Anna Karina, la rusa Marina Vlady o la marroquí Macha Merril fueron rostros habituales en el primer cine de Godard,

1. Ediciones Rialp, Madrid, 1962.

247

según un modelo también repescado en el cine español: Bardem con Lucia Bosé en *Muerte de un ciclista* (1955), Betsy Blair en *Calle Mayor* (1956), Corinne Marchand en *Nunca pasa nada* (1963) o Melina Mercouri en *Los pianos mecánicos* (1965), por no mencionar ya a los «nuevos directores». Regueiro empleó a Maurice Ronet en *Amador* (1964) y a Robert Packard en *Si volvemos a vernos* (1967), Miguel Picazo a Viveca Lindfords en *Oscuros sueños de agosto* (1967), Carlos Saura a Geraldine Chaplin, su compañera sentimental, en varios films, pero sobre todo en uno del periodo, *Stress es tres, tres* (1968), o Antxon Eceiza a Françoise Brion en *De cuerpo presente* (1965) y a Jean-Louis Trintignant en *Las secretas intenciones* (1969). Conviene recordar, en fin, que la presencia de actores extranjeros era, desde la década de los cuarenta, una constante en el cine español, gracias sobre todo a las coproducciones, a la vez búsqueda de comercialidad interna y denodado deseo de ocupar pantallas en los países de origen de tales actores..., además de obvia imposición por parte de las coproductoras extranjeras.

Y al igual que ocurrió en el resto de los nuevos cines, también en la Escuela se reprodujeron los binomios, sentimentales y profesionales, formados por realizadores y actrices. Según los modelos proporcionados por Anna Karina/Jean-Luc Godard, Stéphane Audran/Claude Chabrol, Marie Laforet/Jean-Gabriel Albicocco, Harriet Anderson/Jörn Donner, Ingrid Caven/Rainer W. Fassbinder o Margarethe von Trotta/Volker Schlöndorff, las endogamias producidas en el seno de la Escuela propiciaron la consolidación de tres actrices, Serena Vergano, Teresa Gimpera y Romy, que, a pesar de sus correspondencias sentimentales con algunos realizadores –Romy/Esteva, Vergano/Bofill–, se erigieron en verdaderas musas de toda la Escuela, la materialización de un prototipo idealizado de mujer que partía de las modelos publicitarias.[1] Una profesión –también evocada por

1. El débil «estrellato» escolar fue sobre todo femenino. Cierto es que algunos actores notables, como Francisco Rabal, o entonces en boga, como Enrique Irazoqui, dieron marca de estilo a los films de la EdB. Pero no cabe duda de que la contribución mayor y, desde luego, el elemento de distinción por excelencia de las películas fueron las actrices y las modelos recicladas.

248

Godard en *La mujer casada* (*Une Femme mariée*, 1964) y especialmente por Jacques Demy en *Estudio de modelos* (*Model Shop*, 1968)– que ejercían las dos últimas y de la cual surgiría toda una serie de nombres tangencialmente presentes en films como *Dante no es únicamente severo*, *No contéis con los dedos*, *Cada vez que...* o *Ditirambo*.

No obstante, es preciso recordar que, en general, ese rol de musas sólo lo cumplieron en las películas de la Escuela: en ese sentido, el movimiento barcelonés apenas fue capaz de exportar sus hallazgos actorales. A pesar de algunos trabajos aislados fuera de la Escuela, Romy no continuó con su carrera de actriz después de 1971, mientras que Vergano, que tenía una trayectoria italiana anterior a su primer trabajo barcelonés, en *Noche de verano*, y que ganó un premio de interpretación en San Sebastián por otro film de Grau, *Una historia de amor*, alternó sus trabajos «escolares» con algunos films comerciales (*Al ponerse el sol* y *Digan lo que digan*, de Mario Camus, en los que fue partenaire de Raphael; *La Lola dicen que no vive sola*, de Jaime de Armiñán), a los que hay que sumar un interesante papel en *Carta de amor de un asesino* (1972), de Regueiro, mientras que sus comparecencias posteriores se limitan a un título de Grau, *El extranjer-oh! de la calle Cruz del Sur* (1986) y en la virtualmente inédita *Blue Gin* (1987) de Santiago Lapeira.

En ese sentido, la única que mantuvo una carrera digna de tal nombre, aunque con los altibajos propios de la situación industrial de cine español, fue Teresa Gimpera. Una ojeada a su filmografía nos indica sus abundantes trabajos en los años de consolidación efímera y comienzo del final de la EdB, de 1966 a 1971, en los que hay temporadas en que llega a sumar hasta ocho títulos (concretamente, en 1969), aunque es bien cierto que en roles ciertamente poco estimulantes, con excepción de *El espíritu de la colmena* (1973), de Víctor Erice. Su carrera continuó, con docenas de títulos, hasta su última comparecencia en la pantalla, *El llarg hivern/El largo invierno* (1992), de Jaime Camino. Y si bien es cierto que otras profesionales vinculadas a la Escuela también siguieron carreras, incluso como realizadoras (el caso más notable es Emma Cohen, que apareció con su apellido real, Beltrán, en algunos films de la EdB), lo cierto es

249

que su trascendencia dentro de la Escuela no se puede comparar con la de las tres anteriores.

2. EL DESEO Y SUS FANTASMAS

Considerada publicitariamente por Muñoz Suay, desde su columna en *Fotogramas*, como el pistoletazo de salida para la Escuela, *Fata Morgana*, segundo film dirigido por Vicente Aranda tras su experiencia de codirección con Román Gubern en *Brillante porvenir*, constituye algo más que el primer (y único, a tenor de lo que se verá) trabajo en colaboración entre dos de los profesionales llamados a ser figuras relevantes del cine español: el propio Aranda y el siempre original Gonzalo Suárez. Pero este film fue también algo más: la constatación de que era posible huir del realismo por el atajo de un cierto *look* visual, en el que se incluía la presencia de una actriz tan inusual como Teresa Gimpera (lo veremos, auténtico motor que impulsó la idea de partida) o referencias genéricas hábilmente exploradas para ser desnaturalizadas, en las antípodas del cine producido entonces en Barcelona.

La idea del film surgió del rostro de la Gimpera como desencadenante del deseo de Suárez y Aranda. El primero lo reconoció a los autores, sin ambages: «En la base, había un atractivo erótico. Teresa antes que nada era una mujer que resultaba muy atractiva y también es cierto que su cara, su perfil, a través de la publicidad, se entendía como un prototipo.» Ese fue el origen: un rostro, una especie de numen tutelar de la relación entre ambos directores. «Íbamos al cine –recuerda Aranda–, veíamos *spots* antes de las películas y siempre aparecía Teresa Gimpera. Cuando salíamos a la calle, enfrente había una valla publicitaria que estaba ocupada por su rostro. Aparecía de manera casi continua. Eso nos daba de qué hablar, y de las conversaciones surgió la posibilidad de hacer una película a partir de este hecho tan cotidiano.»

En otras declaraciones, el escritor-director precisó aún más: «Mi intención era utilizar a Teresa Gimpera [...] como hilo conductor perfecto para que, una vez producida la automática

250

identificación del espectador con ella, le hiciera recorrer toda una serie de acontecimientos que se iban a desencadenar.»[1] Y más tarde aún, Suárez reconoció a los autores: «Mi idea de *Fata Morgana* había sido siempre hacer un documental en blanco y negro, con la cámara en mano, como si se tratase de un documental para la televisión, cosa que hacía contrastar la sofisticación del tema con un tratamiento que le diese un carácter de urgencia casi cotidiana, como una catástrofe que acaba de suceder y que, con medios precarios, alguien, un corresponsal de guerra, lo transmite».

Suárez se acercó a Gimpera no para proponerle un guión de cine, sino un libro sobre su propia historia, aunque desde el comienzo quedó claro que el novelista tenía *in mente* algo diferente: «Recuerdo que con Gonzalo era muy divertido, porque yo siempre he tenido complejo de no haber hecho estudios de arte dramático, y él me hacía estudiar fragmentos de Shakespeare para ver cómo los recitaba. Recuerdo sesiones en que yo estudiaba como una tonta en casa porque él intentaba hacerme de Pigmalión», rememora la actriz. Suárez se planteó una suerte de plan intensivo para hacer que Gimpera se pusiese al día de sus lagunas no sólo sobre teatro e interpretación, sino también sobre cine; por ejemplo, la hacía ver películas de Alfred Hitchcock, convencido que su *look* era similar al de la típica heroína rubia (Tippi Hedren, Kim Novak, Angie Dickinson) preferida por el avieso realizador británico.[2]

La actitud de Suárez no era sólo un capricho: pretendía que su heroína entrase en contacto con un mundo ficcional que, de alguna manera, aparecía también desde la escritura del proyecto. De hecho, el guión de lo que habría de ser *Fata Morgana*, escrito conjuntamente por Aranda y Suárez, muestra influencias recíprocas –a pesar de la solidez ya adquirida por el narrador siempre a contracorriente que era, y sigue siendo, Suárez,

1. Gonzalo Suárez a Jos Oliver, «Fata Morgana», *Film Ideal*, n.º 208, 1966, págs. 80-81.
2. Tanto es así, que la actriz catalana llegó a presentarse a un *casting* para un film de Alfred Hitchcock. Lamentablemente, lo que éste buscaba para el reparto de *Topaz* (1969) no era una de sus habituales tipologías sino un prototipo de mujer latina.

quien por aquel entonces acababa de terminar la escritura de *El roedor de Fortimbrás* y de vender los derechos de adaptación de tres de sus novelas, entre ellas *De cuerpo presente*, que dirigiría Antxon Eceiza con producción de Elías Querejeta– y diálogos que mezclan con desparpajo fragmentos de *Alicia en el país de las maravillas* con réplicas de *Hamlet*, situaciones propias del teatro del absurdo, muestras del interés manifiesto de Suárez por el esoterismo o parodias de Aranda sobre diálogos de Michelangelo Antonioni. Pero a pesar de esa estrecha colaboración en la escritura, la relación entre Aranda y Suárez acabaría mal y sería su abrupto final un pésimo augurio para otras aventuras colectivas de la futura EdB, como el desmembramiento del proyecto original de *Dante no es únicamente severo* o la frustrada creación de la productora ASPIC Films.

Una vez que el proyecto recibió el Interés Especial, según Suárez, «al día siguiente podíamos haber empezado a rodar. Pero Aranda no opinaba así. Empezaron a asaltarle terribles dudas sobre la conveniencia de hacer una película como la que teníamos entre manos. Me veía en la obligación, muy fatigosa, de convencerle una y otra vez. Por otra parte, si le sugería la posibilidad de ofrecer el proyecto a otra persona, me replicaba que la sola idea de desprenderse de la película le hacía comprender hasta qué punto se sentía interesado. Pero me objetaba que el guión estaba poco maduro, objeción contradictoria con la esencia misma de la película, que reclamaba esta libertad como punto de partida. No obstante, accedí a enfrascarnos de nuevo en una minuciosa reelaboración del guión, a mi entender contraproducente. [...]

»Cuando el guión estuvo acabado, las dudas de Aranda se centraron en otro aspecto de la cuestión: la codirección no era posible. Tenía que haber un solo director. Su argumento estaba avalado, según decía, por su experiencia anterior. Como él tenía el dinero, el director sería él, a no ser que yo encontrara quien me financiara el proyecto, cosa que a aquellas alturas, cuando mis reservas económicas, al pasar insensiblemente los meses, se habían agotado, resultaba problemático. Ahora ya sólo me importaba una cosa: que la película se hiciera como fuese. De lo contrario habría perdido tiempo, esfuerzo y dinero.

»De todas formas, los perdí. Aranda creía haberse aprendido la lección de memoria y tenía ahora mucho interés en hacer como que la recitaba solo, cosa ésta que, por otra parte, era verdad. Mi presencia en el rodaje era superflua y mi entusiasta aportación a una película que ya no era mía resultaba absurda. Cobré mi parte de guionista al contado, a cambio de renunciar a mi participación en beneficios, y quedó zanjado el asunto. Para mí resultó una experiencia en todos los aspectos negativa, por cuanto al final nada había aprendido».[1]

Estas declaraciones de Suárez a *Nuestro Cine* se publicaron en un número posterior al que contenía el dossier sobre *Fata Morgana*, en una solución salomónica acordada por la redacción de la revista como respuesta a las amenazas de Aranda, que pretendió retirar su texto sobre la película si en el mismo número aparecía simultáneamente el de Suárez. Lógicamente, la versión de Aranda discrepaba de la del escritor y la polémica se extendió entonces a las páginas de *Griffith*, otra publicación especializada en la que colaboraba el hermano de Gonzalo, Carlos Suárez, y en la que apareció una vitriólica nota acusatoria de la actitud de Aranda.[2] El propio director matizó luego a los autores su punto de vista respecto al conflicto, que culminó con agresiones físicas y un distanciamiento jamás resuelto entre ambos. «No recuerdo que hubiese ninguna lucha –dice Aranda–, lo que sí hubo fue una aclaración, antes de que se comenzara a rodar, de que la dirección no tenía que ser compartida; me parece que recuerdo que yo le ofrecí que la dirigiera él solo, él no aceptó, prefirió cobrar, cobró y aquí terminó todo. Sé que posteriormente sufrió mucho con esta historia, e incluso hizo cosas bastante inconcebibles, como hacer creer que a la

1. Gonzalo Suárez, «Fata Morgana», *Nuestro Cine*, n.º 55, 1966, pág. 32.
2. Este texto anónimo, aparecido en la sección «Cine a gogó» (*Griffith*, n.º 1, octubre de 1965), decía, entre otras cosas, que Aranda, una vez que se había ofrecido para financiar la película, «pronto se dio cuenta de que su discreta carrera de director cinematográfico tenía aquí su última posibilidad de sobrevivir» y que una vez en posesión del Interés Especial, «el señor Aranda se vio en condiciones de *fotografiar* él solo la película, prescindiendo de Gonzalo Suárez». Y concluía: «De todas maneras, es claro que desde *Brillante porvenir* hasta *Fata Morgana* existirá una distancia. Esta distancia se llama Gonzalo Suárez. Y también desde *Fata Morgana* a la próxima película del señor Aranda, si llega, habrá una distancia. Esta distancia se llamará Vicente Aranda.»

«Historia", así, entre comillas, que antes de la película había un relato, lo que es mentira, objetivamente: puedo jurarlo, que es mentira. Se apresuró a escribir un relato y a publicarlo, para que existiese una constancia antes del estreno de la película que él había escrito anteriormente este relato. Escribió una sinopsis que a mí no me gustó; comenzamos a trabajar; quien escribía era yo, y los dos nos consultábamos. A mí tanto me da todo esto. Lo que pasó fue que, después de la experiencia de codirección con Gubern en *Brillante porvenir*, experiencia que no fue mala, llegué a la conclusión de que la fórmula de codirección era una cosa que no funcionaba y que tendríamos que resolver quién realizaría, solo, la película. Yo le ofrecí el proyecto a Suárez, aun cuando él sabía que no podría hacer nada con él. Pero se lo ofrecí igualmente, porque no quería dar la impresión de que me quedaba con un trabajo suyo, a pesar de que en realidad era de los dos. Si llega a aceptar el encargo, lo más probable es que la película no se hubiese rodado, y en paz.»[1]

Fata Morgana cuenta, con el aparente rigor de una narración fuerte, pero con las formas reales de una antinarración, una abstrusa trama de asesinatos –falsos o reales, tanto da–, en un clima social marcado por una innominada pero también inminente catástrofe (el film termina con un helicóptero que ordena taxativamente a los habitantes de la anónima metrópolis: «Desalojen la ciudad»), en escenarios en los cuales Teresa Gimpera intenta escapar a la persecución de un asesino ciego (Antonio Ferrandis) que evoca la tipología del «hombre invisible». Pero lo que en realidad prevalece a lo largo y ancho del film –cuya acción remite a un jamás explicado acontecimiento que habría ocurrido en Londres– es un aire de perplejidad, numerosas citas surreales –entre las que una, no menor, es la identidad del título del film con un poema del mismísimo André Breton– y el gusto por la casualidad y el azar, tan común tanto al credo artístico del surrealismo como a la narrativa de Suárez.

Y no es extraño el interés que el film despertó tanto entre algunos críticos hispanos –entre ellos, Román Gubern, que es-

1. Vicente Aranda a Esteve Riambau y Casimiro Torreiro, *op. cit.*, págs. 131-132.

cribió un esclarecedor texto a propósito del film situándolo en la perspectiva de la rica vanguardia artística barcelonesa de posguerra–[1] como entre franceses, tras darse a conocer en el festival de Cannes de 1966: al fin y al cabo, con su estudiado ataque a la narración convencional, su establecimientos de falsos nexos entre acciones y modificaciones de los acontecimientos, el film se situaba en plena sintonía con distintas experiencias de ruptura, desde el cine de Godard hasta el de Vera Chytilová, por poner sólo dos ejemplos extremos.

Aunque pueda parecer paradójico, a pesar de la lamentable ruptura entre los dos cineastas, el siguiente proyecto de Aranda, ya en solitario, partió también de un relato de Suárez. Se trataba de *Bailando para Parker*, un cuento publicado en el libro *Trece veces trece*, del cual Aranda había comprado los derechos con anterioridad al conflicto de *Fata Morgana*. También Jaime Camino se había interesado por este relato, pero al final se echó atrás y Aranda lo adaptó en forma de un guión del cual se llegaron a escribir cinco versiones hasta dar como resultado *Las crueles*, un film de clara inspiración hitchcockiana, en el que subsisten algunos elementos propios del universo de Suárez, pero que contiene el error fundamental de revelar el suspense a la mitad de la duración del film.

Por su parte, Suárez, ya completamente inoculado por el virus de la realización, intentó llevar a cabo algunos de los numerosos proyectos que continuamente parecían salir de su fecunda inspiración; pero también quiso librarse de la mala experiencia que le dejó la pelea con Aranda: «Más que nunca se me puso en la cabeza que tenía que hacer cine. Todo fue muy rápido porque me llamó mi hermano Carlos, que debía de tener entonces unos diecisiete años y tenía una cámara Paillard, de esas que van con cuerda, y me propuso que hiciéramos una película en 16 mm. Entonces fui a Madrid y rodamos en un corredor de la casa de mi padre –si el corredor hubiese estado en Barcelona o en Bangkok era igual–, y allí rodamos una parte mientras que la otra la hice en Barcelona, en las terrazas del

1. Román Gubern: «*Fata Morgana*, epifenómeno de una cultura en crisis», en *Nuestro Cine*, n.º 54, 1966, págs. 6-9.

255

sobreático en que vivía, en la calle Amigó. Rodamos durante una semana, sin pensarlo dos veces, y fue uno de esos casos en que iba inventando el guión mientras se rodaba. Fue un ejercicio libre, divertido, un juego, y quedé muy sorprendido.»

A pesar de que reconoce que por entonces no conocía ninguna técnica, ni tan siquiera se podía considerar un cinéfilo, Suárez se lanzó a la aventura de rodar ese primer corto, *Ditirambo vela por nosotros*, con la ayuda del operador Llorenç Soler, que puso a su disposición la infraestructura imprescindible para la posproducción y le permitió llevar a buen puerto el asunto. No es el caso de *El horrible ser nunca visto*, su segundo corto, que como el anterior –y como buena parte de su producción posterior, a decir verdad–, testimonia la fascinación de Suárez por el otro lado del comportamiento, por la oscuridad del mundo del delito, por las huidizas verdades que se esconden en lo inexplicable, y que no pudo sonorizar por falta de presupuesto.[1]

La verdadera puesta de largo de Suárez vendría más tarde, en 1967, cuando abordó la realización de *Ditirambo*, libre adaptación de su novela *Rocabruno bate a Ditirambo*, y presentación de algunos personajes cuyas andanzas germinarían luego en otros films suyos, por ejemplo *Epílogo*. El propio Suárez se encargó de interpretar el papel protagonista, y entre los acompañantes figura ya una actriz que sería luego un auténtico fetiche para el autor, Charo López. Como en *Fata Morgana* y en sus dos cortometrajes, aquí también la casualidad preside el accionar de ese casi beatífico personaje de José Ditirambo que afirma tener la sensación de que «el mundo ha sido creado para mí» y que, en la lógica del género, se enfrenta a una cadena de enigmas a cuya resolución el director se aboca frontalmente, sin prestar ninguna atención a la sicología de los personajes, pero huyendo al mismo tiempo de los más habituales lugares comunes del género: el proceso de razonamiento, la obtención paciente de pruebas, el desvelamiento final de una in-

---

1. Suárez nos mostró una copia en vídeo de ese cortometraje, muchos años después sonorizado con música de fondo y del cual resolvió la continuidad narrativa con intertítulos perfectamente coherentes con el aire de cine mudo que preside todo el film.

triga pacientemente construida. Todo es aquí nervioso y directo, como si la intención principal del director fuese dar testimonio de un mundo, más que de una lógica narrativa, ayudado en ello por una magnífica fotografía en blanco y negro, obra del imprescindible Amorós; y a la postre, el film termina situándose en la misma línea de indagación formal, tratamiento metalingüístico del relato e implosión de la trama desde dentro que está en la sintonía con los más audaces cultores de la Nouvelle Vague: Godard, una vez más, parece una referencia imprescindible. Que el film fuese un efectivo, inapelable, fracaso de público –cuando se estrenó, en 1969, no llegaron a 20.000 sus espectadores entre Madrid y Barcelona– no amilanó a su creador, embarcado pronto en otras aventuras, entre las cuales *El extraño caso del Dr. Fausto* y *Aoom* justifican con creces su adscripción al entonces ya declinante espíritu de la EdB.

3. POÉTICAS DE SUBURBIO Y NOCTURNIDAD

Si *Fata Morgana* fue el pistoletazo de salida para la etiqueta que permitiría «vender» con posterioridad las nuevas películas barcelonesas, el primer film realizado claramente en un nuevo clima fue *Noche de vino tinto*, de José María Nunes, como se recordará, un precursor del movimiento con aquella película auténtica, ferozmente personal y a contramano que había sido, casi una década antes, *Mañana*. En realidad, *Noche de vino tinto* era un proyecto que Nunes arrastraba desde tiempo atrás, en el que se daban cita algunos de los elementos más queridos por el realizador: la disección de la pareja, el azar como desencadenante amoroso, las tascas populares de la parte vieja de la ciudad como provisional espacio para una ilusoria, mutilada liberación; el espeso manto de la noche como cómplice de un amor condenado de antemano al fracaso.

Autodidacta, en cierta manera excéntrico por origen de clase, pero también por formación, respecto del grupo de Filmscontacto en el que, no obstante, era pieza clave, Nunes puso en marcha el proyecto, aunque no sin grandes dificultades: carente de productora propia, necesitó del paraguas protector de

257

Filmscontacto para realizar la película. Pero sus problemas fueron, en su caso, de otro orden. El realizador concebía (y concibe) el rodaje como una suerte de admirada liturgia en la que no siempre resulta fácil penetrar. Era la suya una actitud conscientemente intimista, pensada ante todo para provocar una poética no siempre bien asimilada por sus colaboradores, con quienes mantuvo frecuentes fricciones. La protagonista deseada por Nunes para esta película era Núria Espert, pero a la postre, no pudiendo contar con sus servicios por compromisos previos de la actriz, echó mano de Serena Vergano, ya plenamente adaptada profesionalmente a Barcelona. Como *partenaire* masculino recurrió a Enrique Irazoqui, que no contaba con demasiados créditos previos, aunque su prestigio derivaba de su encarnación de Cristo en *El evangelio según San Mateo,* de Pier Paolo Pasolini,[1] entonces un film de culto para los nuevos directores.

Vergano, que ya había interpretado *Noche de verano* con Grau y *Brillante porvenir* con Gubern y Aranda, tuvo problemas de inmediato con los métodos de Nunes. Para la actriz, el director «era una persona bastante cerrada en su mundo. Yo no sé qué relación ha tenido con otros actores, pero en mi caso me sentía totalmente como un objeto en su película. No me gustaba su guión y él no me hacía partícipe en él. Supongo que me utilizaba como una presencia extraña que necesitaba para la película. Un paisaje distinto que creaba esa atmósfera de alienación. Nunca hubo un entendimiento real entre nosotros». También tuvo especial importancia en el desacuerdo entre actores y director el hecho, reconocido por Vergano, de haber escogido para el papel protagonista masculino a «un actor que no era actor y que odiaba lo que estaba haciendo. Es tartamudo y le cuesta mucho decir un diálogo de aquel estilo, grandilocuente y sentencioso. Entonces Nunes le dijo: "Mira, tú di lo que quieras y después ya te doblaré." Yo le decía: "Di números porque así estarás más relajado." En fin, la atmósfera de rodaje no era demasiado relajada. Eramos unos nómadas, gitanos que

1. Irazoqui sustituyó en la película a los candidatos inicialmente previstos por Pasolini, los poetas Jack Kerouac y Eugueni Evtushenko.

pasábamos las noches en el Barrio Chino, en los bares, sin dormir, a base de carajillos. Filmábamos las salidas del sol, no había plan de rodaje, era algo terrible. Estaba completamente exhausta, pero lo que me estimulaba bastante era su curiosísima estética. Lo veía cómo iluminaba y cuando vi la proyección me quedé bastante impresionada porque la película es muy hermosa. Cuando fui al estreno me tenía que tapar las orejas cuando salían aquellas frases, pero la gente se quedó subyugada por la imagen».

Annie Settimo, *script* del film, además de intérprete de un papel secundario, desdramatiza en cambio este rodaje. «Reíamos mucho con Serena. Yo tenía menos diálogo que ellos, mi papel era más corto, pero no recuerdo que hubiese problemas. Sí que recuerdo que en otro rodaje de Nunes todo el mundo gritaba y él, que estaba subido en una pared, comenzó a gritar: "¡Callad! ¡El cine es una misa!" Nosotros comenzamos a reírnos con una total falta de respeto porque en cierta manera tenía razón, pero él ponía aquel énfasis...» El problema es que, detrás de esos conflictos aparentemente profesionales y la conciencia de Nunes sobre unos diálogos que él mismo definía como una recopilación de las muchas cosas absurdas que pensamos cada día, también había una serie de matices sociales y de temperamento que provocaron la tensión.

Según el realizador portugués, era aquél, tanto el del rodaje como el de la EdB, «un mundo en el cual yo era el patito feo. Llegó un momento en que estábamos rodando en la plaza de la Llana y no sé por qué no les gustó la forma en que les dije que tenían que interpretar los diálogos. Yo no tengo miedo al ridículo, porque uno se ha de arriesgar al máximo para interpretar, para conseguir estos relámpagos de locura... Pero ellos sí que tenían un gran sentido del ridículo. Hubo un momento en que él [Irazoqui] cogía una lágrima de ella y decía: "Vete, lágrima." A mí me parecía una ingenuidad que quedaba bien después de ir por las tabernas. No sé por qué no les gustaba. "No se puede hacer", decían. Yo insistí y no recuerdo exactamente qué pasó, pero le dije a Vicente Lluch, que era el ayudante de dirección: "Coge al primer chico y la primera chica que pasen: ellos continuarán la película." Y a ellos: "Chicos, muy amables por vuestra colaboración, gracias y adiós." Era la única solución que yo tenía: no podía claudicar».

De hecho, esta banal anécdota sirve, por una parte, para ilustrar un método de rodaje concreto, asumido por buena parte de los realizadores de la Escuela; una concepción del cine como improvisación a partir de una idea primigenia que, en este caso, el propio Nunes sitúa en una imagen, «la de un hombre que vomitaba sobre unas vallas en una casa en construcción», a partir de la cual fue edificando, en un guión no siempre realizado como estaba escrito y sin planes precisos de rodaje, las relaciones entre el protagonista y el resto de los personajes, y los problemas que tal concepción de la arquitectura del film provocaban con actores acostumbrados, como Vergano, a otra manera de funcionar, y mucho más con intérpretes no profesionales como podía ser el caso de Irazoqui. Pero también sirve para situar perfectamente las diferencias, a la postre culturales y de comportamiento, de Nunes con respecto al núcleo central de la Escuela, frente al cual el realizador de origen portugués mantuvo siempre una postura entre la admiración personal, y en algunos casos artística, y la desconfianza profesional.

Curiosamente, vista hoy, *Noche de vino tinto*, que en su superficie cuenta el encuentro nocturno y casual de la Viajera, una chica de Vic, hija de un notario, de formación conservadora y hogar bienestante –a la que luego descubriremos embarazada y huida de su casa ante la falta de respuesta de su amante– y un joven, imprecisamente llamado Él, poético, bohemio y arrebatado, que ha sufrido también un desengaño amoroso por la infidelidad de su antigua prometida, a quien llama Encore (Settimo), y con quien se encuentra intermitentemente a lo largo del film. Este cruce se puede leer casi como una sorprendente reflexión sobre la imposibilidad de que alguien perteneciente a un medio acomodado sea capaz de romper con su educación, de ser consecuente hasta el fin con sus impulsos..., algo que, en el fondo, Nunes ha reprochado siempre a los jóvenes de la Escuela. Pero hay más. De hecho, al hacer que la Viajera regrese al hogar paterno y no se arriesgue a vivir la turbulenta historia de amor que Él le propone, el director parece estar decretando, con un curioso sentido de la anticipación y con un carácter ma-

260

nifiestamente premonitorio y lapidario, «la muerte de las ilusiones de sus colegas de movimiento. De una cierta ilusión, concretamente, aquella más defendida por los "escuelistas", la creación de un mundo artificial –el cine, los lugares que ellos mismos ponían de moda; una cierta actitud de provocación ante la vida– en medio del cual poder vivir la ficción de una existencia al margen de la gris España oficial del momento, lejos del padre putativo, del maloliente franquismo omnipresente e intolerante».[1]

Noche de vino tinto tiene, como efectivamente reconoce Vergano, un sorprendente aire de trascendencia voluntariamente asumida, que oscila continuamente entre lo sublime y lo banal, en un difícil equilibrio del que casi siempre sale airoso su director. Y si bien es cierto que los diálogos del film suenan a veces excesivamente pomposos, no lo es menos que la poderosa imaginación visual de Nunes logra preservar a sus criaturas del ridículo. Inocentes, *naïfs* incluso más allá de lo sensato, los desorientados personajes nunianos se mantienen en pie, no obstante, gracias a la desarmante sinceridad con que el director los viste. Angustiados seres que viven la pesadilla de su propio despertar a la madurez, la Viajera y Él terminaron por convertirse, al menos para el reducido núcleo de los habituales a los films de la Escuela, generacionalmente próximos a las propuestas de ese curioso Nuevo Cine, casi en una bandera existencial.

Y es que con los personajes de Nunes ocurre un poco lo mismo que con las clásicas heroínas «desviadas» de géneros tan clásicos como el melodrama, condenadas a la sanción –la pérdida del ser amado, pero más aún, a la infertilidad, la soltería, la soledad– cuando la ficción las pone en la disposición de manifestar abiertamente su deseo –y no sólo el sexual–. En la actualidad, sin embargo, algunas analistas cinematográficas feministas reivindican una mirada capaz de ver que tal vez no importa tanto la sanción final que la ficción les reserva cuanto el transcurso, el recorrido vital de su deseo que el film ilustra.

1. Casimiro Torreiro: «Noche de vino tinto», en: Julio Pérez Perucha (ed.), *Antología crítica del cine español. 1906-1995*, Filmoteca Española, Madrid, 1997, pág. 633.

Hay ahí, como ocurre también con las criaturas de Nunes, una posibilidad de empatía para un espectador atento que probablemente está por encima de las lecciones implícitas que todo final de relato reserva, y que, en este caso, se concreta en el amanecer como anticipo del final de la relación, la deserción de la Viajera y la intuida vuelta al orden que una noche de copas, confesiones e insospechados descubrimientos habían puesto provisionalmente en entredicho. Ahí radica la modernidad de *Noche de vino tinto*, el mejor y más injustamente olvidado trabajo de su autor: en ser, al mismo tiempo, un diagnóstico y un recorrido, una enseñanza y un camino abierto, una posibilidad de lectura por debajo de sus evanescentes, suburbiales, poéticas imágenes.

Para su siguiente proyecto, *Biotaxia*, Nunes contó por fin para el papel protagonista con su admirada Núria Espert, ya entonces una de las actrices fundamentales del teatro catalán, aunque no se prodigase mucho, ni entonces ni ahora, en el cine. Espert, para quien explícitamente está escrito el guión, es la musa indiscutible de Nunes. Éste había colaborado en el guión de *María Rosa*, interpretado por Espert y dirigido por Armando Moreno, marido de la actriz, y ella estaba prevista no sólo como protagonista de *Noche de vino tinto*, sino también de otros proyectos escritos por Nunes en la época –*Nochera, Vagabundo, La muchacha de los picos pardos* o *La lesbiana*–, pero jamás realizados. La trama del film se puede resumir muy sumariamente: se trata de la historia de un adulterio, el que vive una mujer de mediana edad, casada y con hijos, con un joven. Esa relación, que fracasa, se clausurará, al igual que ocurría en *Noche de vino tinto*, con un triste regreso a los orígenes, en este caso, de la mujer con su marido. Al igual que en su film anterior, estamos aquí ante una propuesta programática, un film hondamente sentido por su autor y en el que expresa sus convicciones sobre el desencuentro amoroso.

Pero lo que tal vez interesa más de *Biotaxia* es el hecho de revelar una superior conciencia lingüística por parte de su autor; de que, en una proporción mucho mayor aún que *Noche de vino tinto*, su apuesta no es tanto por sus personajes cuanto por la forma que el relato adopta. Ya desde su inicio, un larguísimo primer plano del rostro pétreamente inmóvil de la Espert que dura la friolera de 4 minutos –y que se repite al final, a modo de clausura, configurando un film encerrado entre dos miradas desoladas, derrotadas, tremendas–, *Biotaxia* parece estar reclamando una atención que en realidad se desvía constantemente de los personajes al entorno, del presente al pasado, a través de *raccords* siempre anticonvencionales. La ruptura de la continuidad narrativa, de las unidades clásicas de nudo, desarrollo y desenlace, se realiza en aras de un discurso autoral que toma, en las formas que adopta el relato, el camino de la reivindicación de una condición, la de la mujer enamorada, que se confunde con la orgullosa vindicación de una ciudad, la Barcelona que, así mostrada, ha sido muy poco vista en el cine catalán. Gaudí y los sorprendentes, casi caprichosos, perfiles de su arquitectura se convierten en metáfora y territorio de los mismos retorcimientos afectivos que sacuden a la protagonista; la Colonia Güell, la Casa Batlló o la Sagrada Familia se erigen en los escenarios de esa disección, esa biotaxia, intento de clasificación de un ser humano de sexo femenino que es la propuesta final del film. Que éste no encontrara su lugar en la taquilla está en su propia lógica expositiva: ya no hay aquí la poética tardoadolescente de *Noche de vino tinto*, la nocturnidad cómplice como escuela de vida; la angustia y la desesperanza de la protagonista dejaban, ya entonces, poco lugar para la empatía del espectador. Desde el fracaso comercial de *Biotaxia*, y habida cuenta la escasez de su cuenta corriente, no se le abrían a Nunes caminos precisamente despejados para su cine posterior.

4. RADICALIDAD Y EXPERIMENTACIÓN

El abortado proyecto de un film colectivo, a la vez punto de arranque y escaparate de la Escuela, dio lugar al final, ya quedó dicho, a hasta tres proyectos diferentes. Uno, *Dante no es únicamente severo*, reunió los trabajos individuales de Jordá y Esteva, hilvanados mediante el forzado recurso de rodar algunos planos extras; otro, *Circles*, separado de los anteriores, supuso el debut más o menos formal de Ricardo Bofill en la realización en 35 mm. El tercero, en fin, era aquel *Carmen*, un *sketch* que, tras las desavenencias que se produjeron entre Esteva y Portabella, pasó a convertirse en un cortometraje de 26 minutos, rebautizado como *No compteu amb els dits* aunque, imposiciones de censura mediante, terminó llamándose, en castellano, *No contéis con los dedos*.

La importancia de este trabajo, el primero de Portabella como director, es múltiple. Por un lado, significó por fin el paso que el productor llevaba madurando desde largos años atrás en dirección hacia la realización, su aspiración más personal, razón, además, por la que volvió a reflotar, tras el perceptivo permiso administrativo, su silenciada productora Films 59. Por otro, sienta las bases de lo que será prácticamente todo su cine futuro, una continua interrogación a los mecanismos de significación cinematográfica, un voluntario y constante forzamiento de los límites de la narración, un discurso a la contra del orden ideológico establecido, pero también del cine más ramplón realizado por hombres situados ideológicamente en la misma órbita que el director: nada hay más diferente, por ejemplo, que la producción de Portabella y el cine político italiano de los Elio Petri, Francesco Rosi o, en un registro menos interesante, Damiano Damiani, hecho con parecidas intenciones denunciatorias, aunque es bien cierto que bajo condiciones censoras bien distintas. Por otro, en fin, marca el origen de la colaboración entre el cineasta y el poeta Joan Brossa, uno de los espíritus más inquietos de la vanguardia artística barcelonesa de posguerra, que fue su guionista por espacio de cuatro films, algunos tan importantes como *Cuadecuc/Vampir*, y cuyo trabajo representa tal vez el punto más alto de coincidencia a que llegaron en Cataluña el cine y las vanguardias históricas reconstruidas con paciencia a lo largo de la década de los curenta tras la debacle que supuso, para cualquier vanguardismo, el triunfo del bando insurrecto en la Guerra Civil.

«Derrotado. Derrotado, pero no vencido. El hombre de hoy debe mantenerse al ritmo de la moda y sus variaciones», sentencia una implacable voz en *off* en el primer plano de *No contéis con los dedos*, un plano que muestra al torero, poeta y ocasional actor Mario Cabré mirándose en el espejo. El tono calculadamente anfibológico del film aparece claro desde el principio: se diría que la voz en *off*, en realidad, está hablando, con la entonación más habitual empleada en el lenguaje publicitario, de un hombre cualquiera, pero también, en una segunda lectura para iniciados, sugiere estar hablando de una derrota más sutil, más entre líneas: más política. La mejor idea, la que sustenta todo el film, es la de que sus imágenes actúen contra la propia publicidad. Joan Brossa recuerda así el origen del proyecto: «Se me ocurrió coger el tiempo publicitario normal del cine, el que la gente ya tenía asimilado, y hacer *filmlet* contra *filmlet*, a la contra, para que la gente no compre. Es decir, hacer una caricatura del *spot*, cargando el acento en la cosa poética.»

De hecho, *No contéis con los dedos* presenta una estructura hecha de fragmentos, brillantes ideas visuales aderezadas con la poesía surreal y provocadora de Brossa, en un sutil juego de mostración y ocultación tan propio de la magia escénica que tanto sedujo siempre al escritor barcelonés. Artículos del código militar leídos en *off*, lecciones de astronomía, un catálogo de látigos recitado igualmente en *off* mientras la imagen reproduce rostros de campesinas, una suerte de alucinante enumeración greenawayana antes de Greenaway; un cura que va al barbero, con abundancia de planos-detalle de la navaja recorriendo lenta, parsimoniosa y angustiantemente su rostro; y una advertencia final: «Cuando se apague el proyector no quedará más que el lienzo blanco», recuerdo al espectador del juego escópico en el que hasta ese momento está participando.

La colaboración con un guionista no profesional, pero al tiempo tan lleno de inspiración como Brossa, con el añadido de la siempre múltiple relación con el músico Carles Santos, habitual, ya lo hemos visto, de los elencos artísticos de Portabella hasta el presente, y que en muchas ocasiones aportaba ideas para el guión, es un caso único en la historia de la Escuela de Barcelona. Aunar el talento ecléctico, brillante y anarquizante del provocador poeta con los métodos de trabajo habituales en el cine parecía algo ciertamente difícil de compaginar. Portabella explica su forma de trabajar junto con su ocasional coguionista diciendo que el objetivo de su proyecto respondía al criterio de decidir, frente a una página en blanco, «lo que no queremos hacer, y después la primera idea es como una gota de tinta que cae sobre el papel. Después la extiendes y es como un tejido que va tomando forma». Pero el método, de resultados brillantes en un film corto y de estructura elástica como era *No contéis con los dedos*, comportó muchos más problemas, ya lo veremos, durante el desarrollo del siguiente film de Portabella, su primer largometraje, *Nocturno 29*.

El enigmático título indica los 29 años transcurridos desde el final de la Guerra Civil hasta la fecha de realización de la película, años de negritud, de nocturnidad. No resulta fácil resumir el contenido del film, pero se puede convenir en que, ante todo, muestra una multitud de imágenes de heterogénea procedencia, ordenadas alrededor del eje de una relación adúltera (Lucia Bosé, una mujer casada, y su amante, Mario Cabré), vista en sus ceremonias cotidianas. La abundancia de signos de estatus (el Jaguar en la puerta, la lujosa casa) se contrapone con una gran abundancia de planos aparentemente inconexos, pero creados para producir una suerte de sentido ulterior que pasa por encima de las propias imágenes. De hecho, en ocasiones se recurre a una suerte de montaje de atracciones: una misa, por ejemplo, se alterna con breves planos de marionetas, en un confeso homenaje a las teorías del montaje ideológico de Eisenstein.

Pero, en general, el film vuelve sobre los mismos pasos que *No contéis con los dedos*. Por un lado, la presencia de algunos personajes amigos o conocidos (Jaime Camino en el primero, los pintores Antoni Tàpies y Antonio Saura, jugando una partida de póquer con Cabré en la cual todos hacen trampas, en el segundo) es común en ambas. Por otro, también aquí se emplea la mezcla de película en blanco y negro y en color, siempre con resultados desconcertantes. «Un hombre sentado ante el televisor parece contemplar las imágenes de un desfile militar, pero de pronto extrae de sus órbitas dos ojos de cristal. Ése es tan sólo uno de los ejemplos de las múltiples proposiciones con que Brossa y Portabella bombardean al espectador a la búsqueda de efectos chocantes mucho más conectados con la realidad española del momento que lo que a simple vista puede parecer.»[1]

Además, y eso importa mucho más, la destrucción sistemática del concepto de narración adquiere en el film las más altas cotas alcanzadas en todo el cine de la EdB. De hecho, no se trata sólo de recordarle al espectador, como en el cortometraje anterior, que está participando de una ceremonia arbitrariamente preparada por alguien, por ese demiurgo imprescindible que es el autor/narrador –cosa que se hace, por otra parte, ya al comienzo de la película, cuando el fragmento que estamos viendo se demuestra, en realidad, un film dentro de otro, un golpe que desconcierta ya desde el principio, puesto que el espectador no sabe qué ficción tomar como la principal–. Aquí se trata de provocar una catarata de sugerencias visuales, formales e ideológicas que, es bien cierto, distan mucho de resultar prístinas para el gran público, empezando por el propio título, todo parece estar aquí indicando la presencia de un sentido oculto que cabe desentrañar, pero que son el producto final de la colaboración entre dos talentos francamente distintos.

Brossa y Portabella llevaron la experimentación formal en *Nocturno 29* considerablemente lejos. «Estaba previsto que [la película] fuese sin diálogos [y, de hecho, aunque haya una rica banda sonora, el primer diálogo se oye casi media hora después del comienzo de la proyección], no había ningún problema; pero le propuse a Brossa poner un diálogo que hiciera evidente ese silencio. Escribió un guión literario, libre, no condicionado a intentar reconciliar al espectador con el autor teatral, sino al contrario.»[2] Por otra parte, si bien el soporte literario de Brossa resolvía rompecabezas formales frente a la Administración, ya que Portabella deja amplio margen para la improvisación durante el rodaje, en otras ocasiones el procedimiento era inverso. Concretamente, en una secuencia que se desarrolla en el Círculo Ecuestre, la imagen se acompaña de un monólogo que Brossa escribió sobre los planos ya montados. También «antes de rodar el paseo –recuerda Portabella– le pedí

1. Esteve Riambau, «Nocturno 29», *Nosferatu*, n.º 9, junio de 1992, pág. 102.
2. Pere Portabella a Augusto Martínez Torres y Vicente Molina Foix, *Nuestro Cine*, n.º 91, noviembre de 1969.

267

a Brossa unos diálogos. Me preguntó: "¿Qué extensión?", y le dije: "Tres holandesas." Llenó cuatro y me dijo: "Me pasé un poco." Las leímos juntos y le dije que, como teníamos que cortar un poco y había algunas cosas que no veía claras, había que hacer algunas correcciones, y lo dejó en tres holandesas. Con estas tres monté la secuencia. Los diálogos tienen, expresamente, un ritmo que impide que se cree el ritmo de lo cotidiano».

El resultado, en consecuencia, no es tan homogéneo como en *No contéis con los dedos* e insinúa ya algunas diferencias entre Brossa y Portabella que su colaboración posterior en *Cuadecuc/Vampir* ya hizo irreconciliables, aunque los nombres de ambos vuelven a aparecer juntos en el guión de la posterior *Umbracle*. «Involuntariamente –reconoce Brossa hablando de *Nocturno 29*–, Portabella trabaja a su manera... Hay veces que pone en ello mucho entusiasmo, pero se entusiasma y se desentusiasma, y eso en cine es fastidioso porque la película presenta altibajos. Yo siempre digo, con todos los respetos, que no me gusta. Es una película que no me gusta.» El balance del director es, en cambio, mucho más positivo cuando replica que «encontrar a Brossa, para mí, fue clave y para él fue una liberación. De la misma manera que nos hizo coincidir y hacer dos películas juntos, después fue lo que nos separó. Yo, después de *Nocturno 29*, ya tiro hacia la especificidad cinematográfica. Aquél es el momento en que Brossa se desentiende porque, es claro, el cine ya no le sirve como soporte. Pero el encuentro entre los dos fue buenísimo».

5. «TUSET STREET», UN CALLEJÓN SIN SALIDA

En el verano de 1967, Ricardo Muñoz Suay estaba especialmente preocupado por sus intereses *profesionales*, tal como demuestra esta afirmación suya: «Una cosa es que esté parado con moral de espera de lo de Barcelona, y otra es que esté parado pero buscando trabajo urgentemente.» La solución, al final de ese mismo año, surgiría de los contactos del productor con el medio madrileño, en esta ocasión con Suevia Films, primero como director de producción de *Oscuros sueños de agosto*, de

Miguel Picazo, en el que Muñoz Suay incorporó a Amorós como director de fotografía, y después con una arriesgada maniobra que pretendía ser la puesta de largo de la Escuela a partir de la reconversión de uno de sus signos de identidad en trama ficcional: la calle Tuset, Tuset Street.

En el origen de este segundo proyecto había la idea de Jorge Grau de hacer una versión moderna del mito de Don Juan ambientándola, por contraste, en dos Barcelonas enfrentadas, una «que está llena de tradición, de una fuerza oscura, la de las Ramblas, con un tono trágico, y la otra limpia, aseada, un poquito frívola, que juega con las cosas y no sale de ellas con las manos limpias... es Tuset y la Diagonal». Grau parecía el hombre adecuado para la empresa. Por una parte, su anterior *Acteón* había suscitado el interés de los miembros de la EdB; por la otra, su film más reciente, *Una historia de amor*, acababa de triunfar en el Festival de San Sebastián, en el cual, a pesar de la hostilidad de un sector de la crítica, Serena Vergano recibió el premio a la mejor interpretación femenina. Y lo que es más importante, Grau parecía el cineasta más en forma en aquel momento entre los jóvenes barceloneses: el público le daría la razón a quien pensara, como Muñoz Suay, que el director barcelonés era capaz de realizar productos personales no reñidos con la taquilla, toda vez que *Una historia de amor*, tras su estreno, permaneció en cartel nada menos que 42 días en Barcelona y 28 en Madrid.

En un cierto sentido, *Una historia de amor*, producción de Estela Films realizada entre 1966 y 1967, aunque estrenada en febrero de 1968, plantea una trama original, o, por lo menos, poco vista así en el cine español del franquismo. La relación afectiva entre una mujer embarazada (Teresa Gimpera), su marido, un aspirante a escritor idealista y un tanto infantil (Simón Andreu), y la hermana de la mujer (Serena Vergano), joven y atractiva, además de secretamente enamorada de su cuñado, es la excusa para que Grau, por una parte, narre una relación a tres consumada y jamás vista desde una óptica culpabilizadora; por la otra, fustigue el arribismo de ciertos antiguos soñadores, convertidos ahora en inescrupulosos capitanes de empresa (el personaje que encarna Adolfo Marsillach), además de

269

situar el marco de toda la acción en la misma ciudad, la Barcelona popular que tanto le gusta a Grau, las Ramblas, además del barrio de Vallcarca.

Con inteligencia, Grau termina proponiendo una pequeña parábola moral, recorrida por una curiosa lectura bíblica y ambientada en días tan señalados como Nochebuena, Navidad y el fin de año: «El film presenta un triángulo compuesto por una mujer que responde al emblemático nombre de María, a punto de dar a luz; a un Daniel que debe enfrentar su particular Foso de los Leones en forma de responsabilidades concretas –la paternidad, su difícil situación laboral, sus sueños de escritor y la dura realidad del mercado editorial–, y una joven, Sara, que asume en esta curiosa familia un papel un tanto distinto al que desempeñó, según el libro sagrado judío, la esposa de Abraham del mismo nombre: si ésta, estéril, facilitó la cópula entre su marido y la egipcia Agar –de la que nacerá Isaac–, aquí Sara se comporta como objeto de seducción para Daniel –otro más de los leones del foso–, al tiempo que espera, como la Sara bíblica, el nacimiento del hijo del hombre que ama...»[1]

La positiva acogida brindada a *Una historia de amor* permitió a Grau poner en marcha su siguiente proyecto. El primer tratamiento del guión, llamado ya *Tuset Street* y escrito en colaboración con Enrique Josa poco después del Festival de San Sebastián de 1967, interesó a tres productoras: Paramount, Este Films y Suevia, que fue finalmente la escogida. «No es que me viniesen con un contrato –recuerda Grau–, pero quedamos en que yo haría un argumento y que ya hablaríamos. El resultado de este primer tratamiento era la historia de una corista de El Molino –un personaje que tenía que hacer Serena Vergano–, pero en Suevia Films dijeron que la película sólo se podía hacer si Sara Montiel era la protagonista. Yo dije que no; las conversaciones quedaron cortadas y comencé a buscar otro productor. Pero por una de esas cosas extrañas que pasan en este mundo, un día tienes tres productoras y cuando las buscas no tienes ninguna... Entre otras cosas, la gente pensó que cuan-

1. Casimiro Torreiro: «Una historia de amor», en: Julio Pérez Perucha (ed.), *Antología crítica del cine español. 1906-1995*, Filmoteca Española, Madrid, 1997, pág. 640.

do los de Suevia decían que no, es que algo pasaba, que no funcionaba... Total, que me encontré sin próductor, sin un duro y obligado, más o menos, a aceptar la propuesta de Suevia con Sara Montiel.»

En una carta dirigida a Marciano de la Fuente, gerente de la productora y futuro director general de Cine, datada el 9 de setiembre de 1967, Grau expresaba sus dudas sobre la actriz en función de tres puntos: la necesidad de su entusiasmo incondicional, su dudosa comercialidad en determinados mercados y su posición de fuerza respecto al proyecto, e insistía en la conveniencia de asegurarse la presencia de Keith Baxter como protagonista masculino –también se llegaron a proponer otros nombres: Maurice Ronet, Anthony Perkins, Jeffrey Hunter y, finalmente, el elegido, el francés Patrick Bauchau– y solucionar el problema de la protagonista.

Muñoz Suay ya tenía conocimiento del proyecto desde que Grau le mostró la primera sinopsis, y fue él quien lo trasladó a Marciano de la Fuente cuando aún era Serena Vergano la protagonista prevista y el propio Muñoz Suay concebía el proyecto como la ocasión de asumir personalmente la introducción de los miembros de la EdB en el seno de la industria cinematográfica. Consciente de que Grau poseía un oficio que no tenían otros miembros de la Escuela para abordar el proyecto, su primer paso fue propiciar la adscripción de Grau a la EdB, tal como lo confirmaría posteriormente una elocuente nota publicada en *Fotogramas* como preámbulo a una entrevista con el director, en la que se anunciaba que «la preparación de *Tuset Street* ha coincidido con el ingreso de Grau en la Escuela de Barcelona».[1] En segundo lugar, e incluso antes de decidir que Sara Montiel sería la protagonista, puso a su disposición a Rafael Azcona, un guionista de innegable prestigio que ya había colaborado con Esteva en el montaje de *Lejos de los árboles*.

Con estos elementos, Grau entendió que la única manera de concluir el proyecto sería con Sara Montiel. En una carta absolutamente ditirámbica con fecha 17 de octubre y dirigida a ob-

1. Jorge ·Grau a Juan Francisco Torres, *Fotogramas*, n.º 996, Barcelona, 17-11-1967.

tener sin ambages el definitivo visto bueno de la actriz, el director le dice, entre otras cosas: «Creo que eres una mujer que ha merecido otra suerte de acuerdo con tu gran categoría humana. Admiro tu constancia, tu capacidad de lucha y, por descontado, no admiro la soledad con que has tenido que pagar tu triunfo. De toda manera, no eres una mujer acabada, ni mucho menos, y creo que no has de tratar de vivir apoyándote en el pasado, en una experiencia cierta pero siempre limitada, sino proyectarte hacia el futuro. Sé que lo harás y eso me ilusiona. Sé que, poco a poco, irás confiando en mí y eso es lo que me preocupa, por la responsabilidad que entraña; pero te aseguro que haré todo lo que esté en mis manos para no defraudarte ni a ti ni a tu público.»

A pesar de la adulación de Grau a la Montiel, prometiéndole que reescribiría las modificaciones hechas por Azcona en el guión en función de las exigencias de la actriz, una nueva carta del realizador a Marciano de la Fuente –de fecha 9 de noviembre– es reveladora de la mutua desconfianza que los hechos posteriores mostrarían como sólidamente fundamentada.[1] Un día más tarde, Grau puso estas desavenencias en conocimiento de Sara Montiel, coproductora del film,[2] advirtiéndole por carta que los métodos de Suevia corresponden a «la gente acostumbrada al cine viejo, al cine sin ilusión y sin gracia, a pesar de que a veces sea un negocio. Para eso no me habrían tenido que llamar a mí, habían debido llamar a Amadori o Rafael Gil o, ya en un plan de atrevimiento, a José María Forqué». Por otra parte, antes de especificar la naturaleza de su personaje, le dejaba bien claro que «yo no deseo sacarte los cuartos, quiero hacer una gran película contigo; un gran negocio, sí, pero tam-

1. En su contrato definitivo, Grau exige una cláusula especial en la que «la productora se comprometa a no intervenir en ninguna de las funciones para las cuales he sido contratado, excepto en el caso en que yo me niegue a rodar el guión que ha sido aceptado por todos». Por otra parte, fija los términos para una reunión personal y «después de este día consideraré que se ha roto, por mi culpa, nuestro compromiso verbal».
2. «Sólo sé que el marido de Sara me da dinero todas las semanas, no el que necesito, pero... Creemos que la financiación es de la propia Sara, con una garantía de distribución verbal con Suevia, que se hará efectiva contra la entrega de la copia estándar» (Ricardo Muñoz Suay a José Luis Guarner, entrevista inédita, 5-1-1968).

272

bién una obra de arte; quiero que estés mejor que nunca y trataré de conseguirlo aunque me tenga que pelear contigo».

Esta premonición se cumpliría unos meses después; pero, previamente, Grau libró otra batalla, en octubre, esta vez contra la censura, ya que el guión pasó por una comisión en la cual Sebastián Bautista de la Torre y Marcelo Arroita Jáuregui lo prohibieron, mientras Pedro Cobelas lo aprobó. Ya en el pleno, sólo Juan Miguel Lamet se agregó a la defensa, mientras Luis Gómez Mesa se alineaba con Arroita Jáuregui en la oposición más radical. Por este motivo, Grau dirigió una carta a García Escudero en la que le decía que «es la primera vez que me sucede», sospechando que la prohibición tenía que ver con la presencia de Azcona y reconociendo que «sé que llegado el momento, actuarás en estricta justicia, como es tu norma». El director general le respondió, sólo un día antes de su cese: «Lamento que nuevamente haya sido desestimado, aunque no debo ocultarte que eso era de prever dadas las características del guión y que en conciencia yo he estado también entre quienes hemos votado su desestimación, casi por unanimidad.» La censura objetaba sobre todo una escena de amor en Montserrat, una canción llamada «El agujerito» y la machacona expectación de los amigos del protagonista por conocer a la chica, ya que eso creaba idéntica inquietud en el espectador.

Reescrito el guión en una semana y finalmente aprobado, Grau firmó contrato con Marciano de la Fuente, en calidad de director general de Proesa, una nueva empresa creada en función de la producción del film, en el cual se establecían las condiciones de rodaje, pero que obligaba a un añadido en el que se reconocía que, además del medio millón de pesetas inicialmente estipulado, Grau también tendría derecho a un 5 % de los beneficios de explotación del film. Mientras tanto, Muñoz Suay hacía tiempo que trabajaba al frente del equipo de producción, bendecido por una empresa que, como Suevia Films, veía con buenos ojos esa «modernización» de su producción con la integración de los miembros de la tan publicitada Escuela en el proyecto. Según Grau, Muñoz Suay vino a Barcelona para «aglutinar a todos esos personajes de la Escuela y ponerlos en un proyecto común. Él aprovechó que era un tema sobre Bar-

273

celona, que estaba yo, para poner algunos de sus amigos, pero a mí me pareció muy bien. Todo eso lo hicimos sin que hubiera ninguna otra imposición que no fuera Sara Montiel. Las otras eran cosas aceptadas perfectamente: Bocaccio, Cinto con una copa... Perfecto. Jordá como *script*... ¿qué más quieres? Aparecerían Romy, la Gimpera... Estaban todos». Con el fin de concretar esta colaboración, Muñoz Suay había propuesto el proyecto a Filmscontacto, que se integró en la firma Proesa, pero según Ruiz Camps «nuestra aportación fue la de acogerlos y rodar la película con nuestros equipos. Esteva intervenía aportando su trabajo como actor y cediendo a su jefe de producción. Pero no fue una coproducción. Fue un puro *divertimento* para todos ellos. A mí me plantearon la película con todo el verismo y la espontaneidad con que la Escuela de Barcelona acostumbraba trabajar, y cuando me presentaron un guión –por mucho que estuviese Sara Montiel– que giraba sobre la vida de una *vedette* del Molino, entonces presupuesté una película como las que hacíamos nosotros, aunque con más dinero».

Con un equipo que incluía a Marciano de la Fuente como director general de producción, Muñoz Suay como productor ejecutivo, Ruiz Camps como jefe de producción, Jordá en el doble papel de *script* y de actor, Azcona como guionista, y un elenco artístico integrado, además de Sara Montiel, por Patrick Bauchau, Esteva, Gimpera y el director Luis G. Berlanga, el rodaje se inició en diciembre de 1967 con aires de acontecimiento ciudadano que mereció comentarios en la prensa y hasta un diario (inédito) que el crítico José Luis Guarner, presente durante el rodaje, emprendió con las vicisitudes del proyecto, correspondencia privada y entrevistas, del cual se ha nutrido generosamente este capítulo.

Pero bien pronto comenzaron las discrepancias entre la *vedette* y casi todo el mundo: con Grau, por el *look* derivado de ciertos objetivos ópticos que podían perjudicar su imagen o del sistema de trabajo de los sucesivos directores de fotografía que pasaron por el rodaje, que fueron Amorós, Mario Montuori, un fotógrafo italiano que ya había trabajado con la Montiel (que se largó del rodaje no bien comprendió las diferencias entre la producción y la estrella); Néstor Almendros (que venía de rodar en Ibiza *More*, de Barbet Schroeder, con Durán como ayudante de dirección, y *La coleccionista*, de Eric Rohmer, con Bauchau como protagonista y Mijanou Bardot en un papel secundario); el francés Christian Matras, otro preferido de la actriz, a quien ésta no convenció para que se integrara en el equipo, y Alejandro Ulloa, que fue finalmente el que se hizo cargo del trabajo.

También fue motivo de discordia el vestuario de la vedette, diseñado por Núria Valldaura, la esposa de Amorós en la época, rechazado por la actriz con la excusa de que quería a su sastre de confianza en Madrid. Tampoco fueron cordiales las relaciones entre la protagonista y Bauchau, a quien obligó a cortarse el cabello antes del comienzo del rodaje, ni entre ella y la Gimpera, con quien Montiel se había negado a aparecer, con la excusa de que era «una chica que hace *spots* en la televisión». Gimpera lo recuerda así: «Pegarnos, no llegamos a pegarnos, pero ella tenía cara de cansada y yo, a su lado, quedaba muy bien, y eso hacía que los primeros planos no nos los tomaran nunca juntas... O sea, que cuando había un primer plano mío, a ella la hacían salir del plató, para que no tuviera celos.» Dicho de otro modo, la Montiel tenía verdadero talento para rodearse de enemigos.

En este ambiente infernal, Muñoz Suay intentó apagar todos los fuegos que iban apareciendo, pero sorteando constantemente a Marciano de la Fuente, y sobre todo sin conseguir amortiguar la explosión final, que se produjo el día 29 de enero de 1968, en ocasión de la realización de unas tomas en Bocaccio. Según el puntilloso informe de rodaje, se especifica que durante la realización de una panorámica vertical que seguía a Sara Montiel desde los pies hasta la cabeza, mientras la diva bailaba sobre un podio, ésta se negó a rodar «diciendo que ella no era ni una señora gorda, ni grotesca, ni cursi, que era Sara Montiel y que quería hacer una película para ella y para su público y que Jorge Grau la había engañado. Entonces, Jorge Grau dijo que era al revés, que ella lo había engañado a él. [...] Cuando el Sr. Muñoz Suay llegó al lugar del rodaje habló con la Srta. Montiel y el Sr. Grau, y a las 11.45, ante la imposibilidad de llegar a un acuerdo entre Sara Montiel y el Sr. Grau, el director general de Producción decidió suspender el rodaje hasta nuevas órdenes».

La noticia corrió como la pólvora, pero el pretexto inicial que se utilizó públicamente para modificar la interrupción del rodaje fue la hepatitis contraída por Patrick Bauchau y que la actriz temía haberse contagiado después del rodaje de una escena de amor que acaba con un beso. Por su parte, Grau pretendió no perder el control sobre el contenido del film, y en una carta escrita cuatro días después del incidente, y dirigida a Marciano de la Fuente, le recordaba los términos de su contrato y que se le había prometido apoyo «en mi gestión de director frente a las presumibles exigencias de Sara, a pesar de sus reiteradas promesas de docilidad». Pero De la Fuente, molesto con el realizador, le respondió con una airada misiva, en la que le reprochaba sus extemporáneas declaraciones a la prensa (entre ellos, estas perlas: «Quiero quemar la película si no la acabo a mi gusto», o «no quería hacer una película para el público bajo, como las anteriores de Sara Montiel»). La carta concluía con el despido de Grau y con un nuevo contrato (7-2-1968) en el que se reconocen las deudas pendientes con el realizador-guionista, pero en el que la empresa se reservaba el derecho de sustituirlo en su papel de dirección por otro miembro de la AS-DREC libremente elegido por Proesa. Grau consiguió una adición según la cual «no se podrán efectuar cambios en el guión ni sustancialmente en el montaje ni en la realización del film sin el consentimiento *expres* [sic] del Sr. Grau».

Tras intentar fichar a algún otro director, como Mario Camus (quien se negó en solidaridad con Grau), o el argentino Luis César Amadori, Proesa optó por el veterano Luis Marquina, que rodó sólo algunos *play-backs* en Madrid, entre ellos una recreación de El Molino «que parece una sucursal del Follies Bergère a causa de un falso escenario, un falso público y una falsa decoración», según el sarcástico Mr. Belvedere.[1] Otra modificación fue la inclusión de una no prevista partitura de Augusto Algueró. Y en cuanto al montaje, Grau llegó a realizar

---

1. Mr. Belvedere: «10 notas imparciales sobre *Tuset Street*», *Nuevo Fotogramas*, n.º 1.043, 11-10-1968.

uno previo con sonido de referencia, pero lo respetaron tan escrupulosamente, con tan poca imaginación, que «sólo funcionan las escenas documentales y las que están hechas en plano único, pero cuando hay un poco de montaje, es insoportable...». Cuando el realizador lo vio, abandonó la idea de firmar la película resultante como «un film de Jorge Grau dirigido por Luis Marquina» y retiró su nombre del proyecto.

¿Y la Escuela de Barcelona? Todos sus miembros implicados en la producción del film, menos Ruiz Camps, fueron despedidos cuando se suspendió el rodaje. Grau apunta, en el haber de los «escolares», que Durán era «un espléndido ayudante. Supongo que en las cosas a las que no podía llegar Jordá como *script*, el otro le echaba una mano y la cosa funcionaba. Esteva era un entusiasta total, era una gran persona y todo funcionó muy bien. Lo que no marchaba bien era la relación con Sara Montiel. Ellos eran como eran y cuando veían a Sara en determinadas circunstancias, se burlaban de ella, le tomaban el pelo. ¡Y cómo sabían hacerlo!... Lo que pasa es que la otra se dejaba tomar el pelo, pero cuando llegaba al hotel, supongo que se cagaba en todos los dioses posibles e imaginables, y se iba cabreando cada vez más. En este sentido, yo era menos hábil con ella, yo iba con mi ingenuidad de entonces, y tal vez de siempre, para hacer mi película y quería que las cosas se hiciesen de una manera determinada, y basta. Las cosas fueron llevando a este enfrentamiento del cual no quedaron fuera Esteva, ni Jordá, ni Durán, ni todos éstos».

Menos benévolo con sus pupilos, Muñoz Suay, que había confesado que le interesaba hacer la película «1) por Jorge; 2) por Jorge y Azcona; 3) por la Escuela de Barcelona; 4) para asegurar la continuidad del grupo de Barcelona; 5) por el fenómeno de integrar, de recoger el último aliento de una *star*-actriz que busca la salvación convirtiéndose en una actriz-*star*»,[1] atribuyó luego las causas del fracaso del film a la inexperiencia técnica «de los amigos de la Escuela de Barcelona que también querían intervenir en esta producción. Eso sí que fue un desastre: el aspecto técnico de Jordá haciendo de *script*, sin tener

1. Ricardo Muñoz Suay a José Luis Guarner, entrevista inédita, 3-1-1968.

idea de qué era. La producción no tenía nada que ver con las artesanías de Barcelona. La intervención como actores no sólo de Teresa Gimpera, sino incluso de Jacinto Esteva, que el pobre era uno de los peores actores que se han podido ver en la pantalla, aparte de los problemas fundamentales, como la fotogenia de Sarita Montiel... Evidentemente, se vio que la Escuela de Barcelona, en el sentido que hasta entonces dábamos a este término, no servía para hacer una producción diferente a los ensayos provocadores que hacíamos aquí. Lo que era evidente es que ni Jordá, ni Esteva, ni Portabella –aunque no estuviera en la Escuela–, no podían adaptarse a un proceso de producción distinto y menos *amateur*, menos improvisado como es el de las películas corrientes». Sobre el papel, el doble fracaso de la creación del Centro de Producción Cinematográfica –mantenido en la más estricta intimidad– y el de la operación orquestada por *Tuset Street* hirió de muerte la etiqueta que había agrupado a la EdB.

Jordá reconoce con un cierto escepticismo que «yo ahora no me tomo nada seriamente, pero pienso que antes tampoco. Los que estaban alrededor, en las fronteras de la Escuela, se lo tomaban más seriamente que nosotros. Y cuando nos lo hicieron tomar en serio fue el final, cuando nos dijeron que había que salir a la calle de las marquesinas, salir de los pequeños cines y pasar a las grandes salas. Eso fue el intento de *Tuset Street*, y es evidente que no estábamos preparados para eso ni lo deseábamos, seguramente. Y eso fue el final, un final que todos agradecimos, porque lo que ninguno quería, pienso yo –aunque tal vez le interesaba a Muñoz Suay–, era convertirse en una productora importante. Eso debía de interesarle a Muñoz Suay, y tal vez al padre de Cinto Esteva, que era el señor que lo pagaba todo. A los otros, lo que nos interesaba era ir haciendo cosas o cosillas que nos permitiesen hacer otras cosas o cosillas». Ciertamente, la etiqueta de EdB sobrevivió algunos meses a aquel febrero de 1968, pero todo se vio de otra manera a partir de las consecuencias inmediatas de *Tuset Street*. Ruiz Camps tuvo que ir a Madrid para solucionar el desequilibrio existente entre la cantidad presupuestada y una inversión muy superior. Esteva –tal como Muñoz Suay había advertido– sólo estaba interesado en rodar sus propios films, y como necesitaba un jefe de producción que sustituyera momentáneamente al fiel Ruiz Camps para preparar *Después del diluvio*, su proyecto siguiente, contrató a Muñoz Suay en Filmscontacto, y confirmó así el carácter endogámico de un movimiento cinematográfico que, a falta de una estrategia coherente, tenía muy bien definidas sus fronteras.

6. HACIA EL APOCALIPSIS

A pesar de los contratiempos sufridos por *Lejos de los árboles* y la fórmula de compromiso que había dado como resultado *Dante no es únicamente severo*, Jacinto Esteva no detuvo su imparable, premonitoriamente autodestructiva búsqueda de un absoluto cinematográfico que reflejase una concepción del mundo dotada de connotaciones apocalípticas. Como se ha dicho, la idea de rodar *Después del diluvio* surgió ante la visión de un paisaje quemado en la Costa Brava. El prólogo del film advierte contra un temor, decididamente bíblico, del diluvio y, a continuación, muestra a dos hombres (Francisco Rabal y Paco Viader) que conviven en ese paisaje amenazante y utilizan una escopeta –haciendo gala de otra de las grandes pasiones de Esteva, las armas– para disparar contra una de las escasas flores que brotan entre las cenizas.

Cerca de ese mundo yermo y calcinado, hacia el cual el cineasta se dirigía inexorablemente, existe otro que es el de las discotecas de la Costa Brava y de una cena de gala entre cuyos comensales se puede reconocer a Romy, Alberto Puig Palau, Antonio de Senillosa y Ricardo Muñoz Suay, quien, en una frase tomada al vuelo, proclama: «Viva la monarquía, con rey y por decir algo.» Esteva parte del segundo escenario para acompañar a la protagonista del film, la francesa Mijanou Bardot –a quien había conocido durante el rodaje de *Tuset Street* cuando llegó a Barcelona acompañando a Patrick Bauchau–, hacia el primero. La trayectoria de esta muchacha que ha abandonado a su rico marido americano está llena de dificultades y, entre otros obstáculos, debe zafarse del extraño individuo que finge

279

enseñarle el camino, para retenerla en un cementerio. La vida con los dos ermitaños tampoco es fácil. Ambos mantienen un secreto común –una habitación llena de vestidos de mujer–, el mayor combate la depresión con whisky y excita su imaginación con vino tinto y ambos desarrollan su pasión por la violencia destruyendo el coche deportivo de la muchacha, quien, a pesar de todo, se enamora del más joven de ellos. La huida de la pareja les lleva hasta el Londres pop de la genuina Carnaby Street, donde el personaje interpretado por Paco Rabal hace desesperados intentos por hacerse entender hasta que encuentra a los dos amantes en un restaurante y consigue convencer a su amigo para que regresen a su primitivo refugio. Allí se visten de mujer, en la secuencia que tanto hizo sospechar a la censura acerca de una más que probable homosexualidad latente de esos dos hombres que acabarán abatidos, a tiros, por la muchacha.

Después del diluvio es, a todas luces, un film característico de los nuevos cines, tanto por su temática –la búsqueda de la identidad en una sociedad posapocalíptica– como por su estructura –«el film niega la estructura dramática, es un discurso no dramático»–[1] y su estilo: cámara en mano, planos-secuencia o diálogos improvisados por los actores, tal como así aparecen acreditados. Pero, al mismo tiempo, no deja de ser un paso más en la búsqueda de las máximas preocupaciones de Esteva acerca de la ritualización de la muerte que acecha a personajes mutantes, inadaptados en el hábitat en el cual les ha tocado vivir.

Esa característica es ya diáfana en *Metamorfosis*, el siguiente largometraje que el realizador barcelonés rodará a principios de 1970, en la que será su definitiva plataforma de despegue hacia otras aventuras –no sólo cinematográficas– en las cuales el retorno ya no sería posible. Recreación de un caso real que Romy había vivido de cerca, «era la historia de una chica que quería ser modelo –recuerda la protagonista del film– y tenía un mérito impresionante porque toda ella sufrió una metamorfosis. Se operó en diversas ocasiones, se sometía a dietas espe-

---

1. Jacinto Esteva a Ramon Font y Segismundo Molist, *Film Ideal*, n.º 208, 1969, pág. 104.

cialísimas porque quería ser maniquí. Lo consiguió y fue una gran profesional, pero Jacinto lo llevó a su terreno e hizo *Metamorfosis*». Rodado en el plazo de cuatro semanas en la finca familiar de Avinyonet, el film partía de un guión que Nunes había escrito en Ibiza pero acusa inequívocos rasgos identificados con las obsesiones de Esteva. Si *Después del diluvio* terminaba con la muerte de dos personajes sexualmente indefinidos, el siguiente largometraje del realizador comienza con el parto de una criatura que lo es morfológicamente. Durante la primera mitad del film, ese monstruo permanece sistemáticamente fuera de campo pero, por su voz en *off*, sabemos que su rechazo del mundo al cual ha sido traído es absoluto: «No quiero nacer, [...] quiero quedarme o regresar hacia el lugar de donde vine. Quisiera estallar en el fuego frío que actúa en mi cuerpo y esta luz que me hiere.»

Acogido por unos granjeros, se cría entre las bestias, porque «las voces de los animales me gustan más que las de las personas», pero se ve constantemente acechado por los científicos de un supuesto Instituto de Tecnología que pretende experimentar con su cuerpo a pesar de una radical oposición por parte de un ser que reitera una inequívoca voluntad: «No lograrán que sea como ellos.» Sus únicos momentos de libertad, al margen de la relación que mantiene con los animales, son el sueño de identificarse con un grupo de hippies vestidos de blanco o un intento de evasión hacia el mar. Pero todo es inútil. Si, al final de *Dante no es únicamente severo*, una modelo era sometida a una operación ocular, el monstruoso protagonista de *Metamorfosis* también es llevado a un quirófano –«continúa el largo viaje de dolor en mi cuerpo», afirma– para ser transformado en la hermosa y gélida muchacha interpretada por Romy. Anatómicamente es perfecta, pero una voz machacona le obliga a repetir una y otra vez: «Sólo soy una presencia. No tengo nada que decir.»

Indudablemente, la identificación de Esteva con su patética protagonista es absoluta. A la vista de su evolución posterior parece hoy evidente que, antes de emprender un personal proceso autodestructivo, el cineasta ya pensaba que, como aquella, «mis proyectos sublimes ya no podrán cumplirse». Todavía en

Metamorfosis aparecen estigmas de la vertiente más frívola de la EdB: la fiesta en la que la criatura es exhibida en público con Joaquín Prat como presentador de una voluntariamente ridícula ceremonia o los no tan desmitificados desfile de modelos y fiesta de disfraces en un conocido restaurante barcelonés que precisamente era propiedad del padre de Esteva.

Sin embargo, aun en sus imperfecciones formales y en su risible caricaturización de esa organización científica que atenta contra la dignidad de el/la protagonista, el film propone un discurso radical decididamente insólito para el cine español de la época. Ciertamente, de no haber existido la censura, el final de *Metamorfosis* no habría sido el mismo; pero el hecho de que la protagonista caiga al suelo cuando identifica al hombre que la había cuidado en la granja en el curso de una emisión televisiva en la cual se dispone a contar su terrible experiencia, no puede interpretarse de otro modo que no sea en clave de suicidio. Es probable que, en aquel momento, el escaso público que vio la película –ya que sólo se estrenó en Madrid, ni siquiera en Barcelona– se limitara a detectar en ella un reunión de amigos –entre los cuales es posible identificar a Colita, Luis Ciges, a Josep Maria Forn y Marta May en el papel de los padres de la criatura, Jaume Figueras como uno de los sicarios de la organización o a Terenci Moix y Ventura Pons como responsables de la emisora televisiva– en torno a otra de las excentricidades de Jacinto Esteva. Sin embargo, desde la perspectiva actual resulta indudable que la aparentemente ingenua metáfora del cineasta era una visceral confesión autobiográfica de su progresión –individual, ya que no podía ser colectiva– hacia el apocalipsis.

IX. LA ESCUELA A EXAMEN

Fruto de sus condiciones de producción, de una vocación experimental destinada a reclamar la atención de un público elitista y cosmopolita, los films de la Escuela siguieron una trayectoria pública ciertamente peculiar. Presentes en festivales internacionales, confrontados a un desconcertado público local y juzgados por una crítica radicalmente dividida por apasionados prejuicios, cuando estos productos entraron en contacto con la realidad no pudieron disimular una factura prácticamente artesanal, su procedencia de un país sometido a una dictadura y una vocación decididamente suicida.

1. ESCAPARATES

Uno de los objetivos previstos desde la operación administrativa que lanzó el NCE, la promoción internacional de una nueva imagen de la España franquista, pronto dio resultados positivos. «Las películas de los jóvenes no iban a los festivales por nuevas –afirma García Escudero con orgullo–, sino por buenas: el hecho es que, de las 34 enviadas a festivales desde 1963 a 1966, 9 eran de veteranos (considerando también como tales a Bardem y Berlanga) y 25 de jóvenes, y que, de los 26 premios obtenidos, bastantes de importancia, 6 correspondían a los primeros y 20 a los segundos.»[1] Una vez más, las contrapartidas que

1. José María García Escudero, *Mis siete vidas. De las brigadas anarquistas a juez del 23-F*, Planeta, Barcelona, 1995, pág. 269.

283

los cineastas recibían a cambio eran sustanciosas. Además de la promoción allende de nuestras fronteras, la presencia en festivales ofrecía otros alicientes de índole económica, ya que a aquellas películas españolas, preseleccionadas por un jurado formado por críticos y escritores cinematográficos, que eran programadas en certámenes de categoría A, el Ministerio de Información y Turismo les concedía una subvención del 50% del coste comprobado y doble valoración a efectos de cuota de pantalla y concesiones de autorización de doblaje.

Desde un principio, los films de la Escuela de Barcelona entraron con buen pie en el circuito de festivales internacionales. Si, en 1960, *Notes sur l'emigration* –el cortometraje de Esteva y Brunatto– ganaba el Premio de la FIPRESCI, otorgado por la crítica internacional, en el Festival de Moscú, el siguiente documental de Esteva –el mediometraje *Alrededor de las salinas*– se proyectaba en Cannes como complemento de *El ángel exterminador*, en el mismo escenario donde un año antes se había producido el escándalo de *Viridiana* y probablemente gracias a las buenas relaciones que Portabella, su productor, mantenía con Buñuel. Un año después, *Los felices sesenta* también buscaba en el mercado de Cannes no sólo una caja de resonancia internacional sino la esperada bendición crítica que lo homologara a los modelos de la Nouvelle Vague en los cuales se había inspirado. Senillosa, en funciones de presidente de Tibidabo Films, recuerda que viajaron hasta La Croisette «en un coche viejo que yo tenía, exactamente igual que el de Godard. El mío debía de ser más viejo y más pobre, pero, en fin... fuimos a Cannes». Una vez allí, su trabajo como introductor de embajadores culminó en una cena a la cual asistieron Françoise Dorleac, Polanski –quien, según Senillosa, «sin sacarse la mano del bolsillo explicaba chistes que casi siempre tenían algo que ver con el sexo masculino»–, Godard, Truffaut y, naturalmente, Jacques Doniol-Valcroze, el protagonista del film.

Acteón fue proyectada en el Festival de Moscú en 1965 y, según García Escudero, «la única cosa que razonablemente se podía esperar era que, a la salida, hubiesen colgado a la delegación española de la farola más cercana, como escarmiento y ejemplo de justicia revolucionaria. Hubo una parte del público que, discretamente, fue abandonando el local, pero al final hasta aplausos tuvimos. También pudieron ser de cortesía a la protagonista, Pilar Clemens, que era inocente y estaba presente. Aunque el máximo culpable, el director, habría muerto convencido de que era él, y no el buen público moscovita, quien tenía razón».[1] Grau recuerda, en cambio, que su película no sólo «tuvo buenas críticas y buena acogida, sobre todo de la gente inquieta», sino que despertó el interés de una serie de cineastas soviéticos encabezados por Serguéi Paradjanov. «Me dijeron que algunos de sus proyectos estaban bloqueados porque parecían extraños e inquietantes, no correspondían al realismo socialista. Cuando vieron *Acteón*, fueron al equivalente del ministro de Cultura de su país y le dijeron: "Si en la España de Franco hacen films como éste, nosotros no podemos ser menos."»

Tras esos prolegómenos, la presencia de *Fata Morgana* en la Semana de la Crítica del Festival de Cannes de 1966 supuso una primera toma de contacto del movimiento barcelonés con la acogida que, desde el extranjero, se le podía dispensar. La escéptica actitud de Vicente Aranda al respecto[2] fue corroborada cuando, unas semanas después, la película fue proyectada en el festival checo de Karlovy Vary. A pesar de la gentileza del realizador, consistente en añadir una cita inicial de Kafka –«La vida es un desvío, pero tampoco es seguro que este desvío exista»–, *Fata Morgana* pasó prácticamente desapercibida. «En este otro mundo –reconoce el cineasta– la película tenía una interpretación absolutamente distinta. En Karlovy Vary no le decía nada a la gente. En Cannes, en cambio, era una película de vanguardia. Todavía estaba vigente la Nouvelle Vague y se admitía que los productos fuesen ingeniosos, a pesar de ser pobres. Y eso es

1. José María García Escudero, *La primera apertura. Diario de un Director General*, Planeta, Barcelona, 1978, pág. 174.
2. «En el seno del comité de selección, en París, según pude saber a través de una amiga redactora de *Positif* que me sirvió de espía, tenía lugar un enfrentamiento eterno entre los componentes de esta revista y los de *Cahiers*. Ignoro hasta qué punto una dialéctica de este tipo dio como resultado la elección de *Fata Morgana* en detrimento de *El hombre del cráneo rasurado*. Sea como fuere, ver la película de Delvaux me dejó para siempre en mi ánimo una noción clara del escaso valor que debe otorgarse a los comités de selección o a los jurados de festival» (Vicente Aranda, suplemento al programa de mano de la Filmoteca de la Generalitat de Catalunya, 14-3-1991).

lo que era *Fata Morgana.*» El circuito de festivales recorrido por el largometraje de Aranda culminó en la Semana de Cine en Color de Barcelona, una manifestación siempre bien dispuesta a las vanguardias en general y a la Escuela en particular.[1] En la edición de 1966 coincidió con *Circles,* el recién terminado cortometraje de Bofill que obtuvo una medalla de bronce. Néstor Almendros, inicialmente previsto para dirigir la fotografía del film, formaba parte del jurado que otorgó este galardón y, en el acta, se subrayaba «la búsqueda de una expresión estética, la utilización del color, la experimentación en el formato y la audacia de la temática».

La singladura internacional de *Dante no es únicamente severo* comenzó en la localidad francesa de Hyères en mayo de 1967. En términos generales, su acogida fue positiva, pero, en el coloquio que siguió a la proyección, alguien preguntó si el film se había realizado bajo los efectos del LSD. La respuesta de los responsables del film fue negativa y Durán precisó que «se trataba de una producción de un país subdesarrollado en el que de momento sólo se toman aspirinas».[2] No menos polémica fue, un mes más tarde, la participación de este film en el festival de Pesaro, un certamen específicamente destinado a la promoción de los nuevos cines. Por motivos políticos, Jordá no podía salir de España desde 1962, pero, «a través de un abogado que conocía a los hermanos Creix, que eran los jefes de la policía de Barcelona, conseguí el pasaporte. Este abogado, de quien no recuerdo el nombre, quería entrar en Bocaccio y ser el abogado de Oriol Regàs, y a cambio de que yo se lo presentase, me sacó el pasaporte. Me lo dieron una hora antes de coger el coche con Cinto, que se había comprado un Ferrari para ir a Pesaro. Allí nos sorprendió el éxito obtenido

1. Este certamen no sólo acogió las proyecciones de algunos de los títulos más relevantes del movimiento de la ciudad donde se celebraba sino que algunos de sus componentes formaron parte de los sucesivos jurados de cortometrajes: Jorge Grau (1965), Néstor Almendros (1966), Juan Amorós (1967), Joaquín Jordá (1968), Vicente Aranda (1970) y Ricardo Muñoz Suay (1972).
2. *El País,* 12-9-1985. El mismo artículo añade: «Después de esta participación catalana, la organización del festival francés añadió una nota a sus estatutos: si bien aceptaba la participación española, rechazarían, a partir de entonces, cualquier cinta de la Escuela de Barcelona.»

por el film. Más que el éxito, la publicidad y la polémica que provocó».

Además de la ya citada conferencia de prensa, que comportó una multa de Fraga Iribarne por malinterpretaciones idiomáticas, hubo otros equívocos. «Como que la película apoyada por la izquierda tradicional era *Nueve cartas a Berta* –sigue Jordá–, a mí me venían los fascistas italianos y me saludaban con el brazo en alto.» Esteva se encontró en Pesaro con un viejo conocido, Paolo Brunatto, que presentaba *Vieni, dolce morte*, una película rodada en la India con una cámara de 16 mm y un equipo reducido que traducía al cine las experiencias teatrales del Living Theatre. Y todos ellos coincidieron con Jonas Mekas, uno de los popes de la Escuela de Nueva York –a la que el festival dedicaba una retrospectiva–, y éste dijo que *Dante no es únicamente severo* era la mejor película española que había visto. «También le gustó mucho –añade Jordá– a Dusan Makavejev. No entendía nada pero se reía mucho. Los suecos hablaron de Dziga Vertov y yo quedé encantado. En cambio, no gustó a los italianos, ni a la crítica francesa, que era la más solidaria con la España triste y dolida. Nosotros no hablábamos de España sino de su imaginario –esta frase fue bastante afortunada– y, por lo tanto, no estamos donde estamos sino donde estaríamos si no estuviésemos donde estamos.» A pesar de todo, *Dante no es únicamente severo* regresó de Italia con un premio de la revista *Filmcritica* y el Pentagrama de Oro otorgado a la partitura de Marco Rossi, ostentosamente incorporados a los créditos de la copia que, en octubre, se estrenó en Barcelona tras su proyección en la Semana de Cine en Color.

Un mes antes, en septiembre de aquel bullicioso verano de 1967, Serena Vergano recibía el premio a la mejor actriz en San Sebastián por *Una historia de amor*, pero el galardón fue empañado por una falta de ortografía, ya que, en el diploma correspondiente, el apellido de la actriz estaba escrito con B. Miserias de una época que se repetirían a propósito de *Biotaxia*, que inauguró la Semana de Nuevo Cine Español de Molins de Rei de 1968 tres meses antes de que Nunes fuese a presentar su película en Karlovy Vary gracias a la ayuda de Durán, que «hizo una colecta entre la gente de la Escuela para que yo, uno de sus miembros, no llegase allí como un pobre, cosa que a mí, la verdad, no me preocupaba demasiado».[1]

Aquel mismo año, *Después del diluvio* fue seleccionada oficialmente para la Mostra de Venecia. Allí coincidió con *Stres, es tres, tres* de Saura y, de nuevo, suscitó críticas que «centran en el simbolismo y en el lenguaje de Esteva los aciertos y desaciertos de la película, que les ha caído de España como si viniese de Marte».[2] Más tumultuosa fue, sin embargo, la posterior proyección en la barcelonesa Semana de Cine en Color, donde un amplio sector del público no sólo empezó a ofrecer ruidosas muestras de disconformidad apenas apareció en la pantalla el primer plano del film, sino que exigían responsabilidades personales a su realizador. Según la interpretación de Romy, que acompañaba a Esteva, «eso era un tema político. Estaban viendo la película tranquilamente y, cuando apareció el nombre de Jacinto, empezaron a silbar. A la salida nos vino un alud de gente que nos quería pegar. Era un grupito de gente de derechas que se metía con nosotros pero era más bien una cuestión personal. Yo me adelanté y les dije: "Me parece que aquí hay un malentendido. Vosotros os habéis equivocado de cine, creo que tendríais que ir a ver las películas que se hacen en Madrid y en las que salen, con todos mis respetos, Gracita Morales, éste y el otro... Os habéis equivocado de película." Y eso los frenó porque creo que nos habrían linchado».

Portabella presentó *No contéis con los dedos* en San Sebastián en 1968 –después de ser el único film de la Escuela galardonado con el premio San Jorge, otorgado por una serie de críticos barceloneses poco proclives a los vanguardismos– y, un año más tarde, *Nocturno 29* circulaba por Molins de Rei, Hyères –donde se proyectó la copia no censurada– y Pesaro. A diferencia de Jordá, Portabella no pudo obtener el pasaporte y, en su lugar, remitió un texto que decía: «El cine de autor, siendo un cine político en el caso del cine español, en su investigación para la adecuación de un lenguaje cinematográfico que corresponda a una visión consciente y profunda de la realidad espa-

1. José M.ª Nunes a Elena Hevia, *ABC Cataluña*, 11-11-1988.
2. R.M.S., «La imaginación», *Nuevo Fotogramas*, n.º 1.040, 20-9-1968.

ñola, ha de librarnos al mismo tiempo de fórmulas y soluciones narrativas que corresponden a otras culturas y que, por su propio desarraigo con la nuestra, carecen de sentido, y acelerar el proceso descolonizador tan necesario como urgente en nuestro panorama cinematográfico.»

Menos fortuna tuvo Gonzalo Suárez. Mientras *Ditirambo* no pudo sobrepasar el límite del festival de Aviñón, *El extraño caso del Dr. Fausto* fue víctima de un lamentable equívoco, ya que en Berlín interpretaron que se trataba de una interesada maniobra del gobierno español para sustituir los problemas que *El jardín de las delicias* había tenido con la censura franquista. Sea como fuere, el film de Suárez saltó de la programación oficial del certamen alemán para limitarse a participar en la barcelonesa Semana de Cine en Color. También la prohibición de *Liberxina 90* está relacionada con su presencia en Venecia, pero este episodio será abordado en un apartado posterior.

2. ARTE Y ENSAYOS

A pesar de la repercusión de la Escuela de Barcelona en los medios de comunicación o en ciertos sectores de opinión de la ciudad, el contacto que sus films mantuvieron con el público fue casi siempre minoritario y, en ocasiones, polémico. Antecedentes premonitorios fueron los incidentes que provocó *Mañana*, la primera película de José María Nunes. Concretamente, el empresario de un cine de Torrijos (Toledo) remitió una carta a la distribuidora en la que expresaba el siguiente deseo: «Ojalá le quemen las manos a quien la hizo y a quien me la envió, como ayer me iban a quemar el cine.» En otra ocasión, el mismo cineasta se encontraba en la sede de la distribuidora cuando llegó el empresario de un local de Granollers en el cual la gente había provocado un tumulto y roto unas sillas. Entró y dijo: «Ahí la tenéis y ya os la podéis meter en el culo», mientras el saco con los pesados rollos de película se deslizaba por el pasillo... Inmutable ante estos hechos –a los cuales se podría añadir que el día del estreno de este film en Barcelona no hubiese más que 22 espectadores en la sala, o también una proyección en el cine Alcázar vista por un único espectador que además llevaba sotana–, Nunes reconoce que «todo eso era lógico, estaba muy bien que fuera así porque la gente se rebela contra cualquier innovación. Yo nunca pienso si mis películas serán aceptadas o no. Yo no tengo categoría intelectual suficiente para saber qué es lo que quiere el público. Me parece una pretensión que está fuera de mi alcance. Hago lo que me entusiasma. Y como que no estoy al margen del núcleo de población en la que vivo, con alguien me comunicaré».

Con el fin de responder a declaraciones de intenciones de este estilo, García Escudero creó un modelo de salas a imagen y semejanza del *Art et Essai* francés. El proyecto estaba en lista de espera desde 1962 pero no surgió a la luz pública hasta la promulgación de la O.M. del 12-1-1967, que regulaba la existencia y funcionamiento de las salas especiales destinadas a la proyección de films en versión original con una modalidad específica –la de «arte y ensayo»– para aquellos que reuniesen particulares condiciones de calidad. Sus destinatarios naturales eran los films extranjeros sujetos a tratos censores más benevolentes a cambio de las restricciones de público impuestas por la versión original y, en segundo lugar, las producciones españolas acogidas al Interés Especial. Entre estas últimas, las de la Escuela de Barcelona ocuparon un lugar destacado.

El preámbulo de este texto legal, en el que se justifica la existencia de estas salas «por el desbordamiento creciente en los últimos años de la población turística, que por razones idiomáticas difícilmente puede asistir a los espectáculos cinematográficos en nuestro país», pone de manifiesto sus contradicciones. Ciertamente, era una síntesis perfecta de las dos vertientes del Ministerio de Información y Turismo, pero sus efectos eran estrictamente censores. El hecho de que estas salas, cuya capacidad no podía sobrepasar las 500 butacas, sólo estuviesen autorizadas en las capitales de provincia, en ciudades de más de 50.000 habitantes y en zonas de interés turístico, discriminaba unos productos de circulación restringida a un público minoritario. Los films del Nuevo Cine Español, producidos antes de la inauguración de estas salas, todavía encontraron un lugar, por reducido que fuese, en los circuitos de exhibición comercial que se prolongaban a través de las salas de reestreno. En cambio, las películas de la Escuela de Barcelona se convirtieron en moneda de cambio para equilibrar las cuotas de cine español –una de Interés Especial por cada tres extranjeras– en un ámbito selecto donde la competencia eran los films de Roman Polanski, Joseph Losey, Ingmar Bergman o Bernardo Bertolucci. La discriminación era doble, porque mientras las segundas gozaban de cortapisas censoras mucho menos exigentes, las primeras tenían que luchar contra las contrataciones a la baja que les ofrecían los empresarios, sabedores que se trataba de productos minoritarios de cara a la taquilla y fuertemente subvencionados en lo que se refiere a la producción. Cuando Carlos Durán buscaba una sala para el estreno de *Cada vez que...* denunció que «hemos tenido proposiciones, casi todas de cines de arte y ensayo. Estamos contentos, pero preferimos la distribución comercial normal, ya que el cine de arte y ensayo no nos parece interesante para ceder nuestras películas por el sólo hecho de que ofrezcan estrenarlas inmediatamente. Son unas películas que valen cinco millones de pesetas y no aceptamos cederlas por quinientas mil, al contado. Nosotros gastamos muy poco para hacerlas, pero luego tenemos que pagarlo todo. Podemos realizar la película con medio millón, pero no vale esto, vale cinco millones: entonces, un cine de arte y ensayo se cree que lo que vale es medio millón y en eso sí que no estamos dispuestos a ceder bajo ningún concepto».[1]

A pesar de esas prevenciones, de las 28 películas españolas exhibidas en salas especiales entre 1967 y 1971, una docena de ellas pertenecía a la órbita de la Escuela. Cronológicamente, la primera que se estrenó en Barcelona fue *Noche de vino tinto*, y su primera proyección constituyó un pequeño acontecimiento social al cual asistió la *gauche divine* en pleno. Cuentan las crónicas que cuando Nunes se enteró de que su película se iba a estrenar un domingo de Pascua de 1967 en el cine Publi, empezó a repartir besos por el Paseo de Gracia. Eso no impidió, sin embargo, que la noche de la *première*, en la cual corrieron bote-

---

1. Carlos Durán, «Nuevo Cine Catalán: la Escuela en dos de sus hombres», *Cinestudio*, n.º 65, enero de 1968, pág. 11.

llas de vino con el anagrama de la película, el director portugués tuviera que volver a pie hasta su casa situada en el otro extremo de la ciudad porque, según recuerda él mismo, no tenía dinero para pagar el taxi. No sabía, entonces, que esta película se convertiría –al margen de *Tuset Street*– en una de las más vistas de la Escuela, con un total de 105.137 espectadores contabilizados en 1976.

No era mucho, ciertamente, pero superaba ampliamente la media establecida por los restantes films de la Escuela. De acuerdo con las variables que permiten valorar la trayectoria comercial de un film de aquella época –la fecha de estreno, las salas en las que se proyectó en Madrid y en Barcelona, los días de estancia en la cartelera, las recaudaciones–, *Noche de vino tinto* se estrenó puntualmente en una fecha señalada, superó los treinta días de proyección en Barcelona y prácticamente dobló en recaudación al film que le sigue en las tablas adjuntas.[1]

Un análisis de estos datos revela, por otra parte, algunas consideraciones interesantes sobre la difusión pública de los films de la Escuela. La primera es el desfase cronológico existente entre el nacimiento de la Escuela, fechado durante la primavera del 1966 por la acuñación de la etiqueta y la gestación del proyecto inicial de *Dante no es únicamente severo*, y su presentación en sociedad. Con la excepción de *Noche de vino tinto* y *Acteón*, ambos estrenados durante la primavera de 1967, los restantes films no llegaron al público hasta pasado el otoño de ese año, precisamente en el momento en qué ya había fracasado el proyecto de creación de un productora unitaria, se gestaba el conflictivo rodaje de *Tuset Street* y García Escudero era destituido de su cargo tras el escándalo suscitado en las Jornadas de Sitges. Dicho con otras palabras, la Escuela de Barcelona estaba agonizando cuando, entre noviembre de 1967 y abril de 1968, se estrenaron *Dante no es únicamente severo*, *Fata Morgana* –cuya proyección en Cannes se remontaba a mayo de

---

1. Véanse más adelante las págs. 294-295. Los datos han sido extraídos de: *Anuario español de cinematografía* (Sindicato Nacional del Espectáculo, Madrid, 1969), revista *Cineinforme* (para locales, fechas de estreno y número de días en cartel) y Augusto Martínez Torres, *Cine español, años sesenta* (Anagrama, Barcelona, 1973), para las recaudaciones y número de espectadores.

1966–, *Una historia de amor*, *Cada vez que...* y *Biotaxia*. Un año después lo harán *Ditirambo* y *Nocturno 29*; y cuando el público pudo ver *Después del diluvio*, *El extraño caso del Dr. Fausto* y *Lejos de los árboles*, la Escuela ya estaba en posesión de su certificado de defunción.[1]

A pesar de esta circunstancia, los estrenos de la mayor parte de films de la Escuela fueron verdaderas fiestas celebradas en plena concordancia con el espíritu lúdico que caracterizaba al grupo. Un precedente fue la presentación de *Los felices sesenta* en Cadaqués, la población de la Costa Brava donde se había rodado, en 1965. En una crónica de sociedad ajustada a las circunstancias, Jordá explicaba que «con la habitual en tales casos media hora de retraso, provocada por las no menos habituales dificultades técnicas, comenzó la sesión con la subida al escenario del conocido Alberto Oliveras quien, con su fácil verbo, anunció lo que todos sabíamos: Que estábamos ahí para presenciar el estreno mundial de *Los felices sesenta*, primera obra del realizador cinematográfico Jaime Camino. Le reemplazó Raimon, que supo conmover al auditorio con el recital de cuatro canciones, a pesar de que ninguna de ellas fuera *S'en va anar*. Tras una larga pausa de aplausos, unas palabras de presentación de Luis Romero, y otra pausa debida a dificultades técnicas nuevamente, comenzó la proyección de *Los felices sesenta*. [...] La proyección fue seguida con un clima de interesada polémica por el público de veraneantes e indígenas que llenaban el cine. Preocupados estos últimos en hallar su rostro o el de un familiar o amigo entre la numerosa figuración natural que discurría por las imágenes del film, y los primeros en descubrir no sé qué extrañas y ocultas referencias a sus usos y costumbres. Creo que los indígenas quedaron más satisfechos que los veraneantes, cosa que no es malo que ocurra, al menos por una vez».[2]

---

1. En Madrid, estos films se estrenan en dos tandas –enero-octubre de 1968 y abril-julio de 1969– y, en la mayoría de los casos, a remolque de Barcelona, con casos extremos como *Después del diluvio*, proyectada en febrero de 1972.
2. Joaquín Jordá, documento inédito depositado en la Biblioteca de la Filmoteca de la Generalitat de Catalunya.

Circunstancias del estreno de los films de la EdB

films	BARCELONA sala	fecha	días	MADRID sala	fecha	días
Noche de vino tinto	Publi	26-03-67	36	Gran Vía	18-01-68	-7
Acteón	Arcadia	13-06-67	36	Rosales	31-10-68	35
Dante no es...	Atenas	10-11-67	21	Rosales	05-10-68	10
Fata Morgana	Arcadia	14-11-67	32	Infantas	05-09-68	28
Una historia de...	Alexandra	6-02-68	42	Paz	26-02-68	28
Cada vez que...	Publi	25-03-68	14	Palace	12-07-68	56
Biotaxia	Maryland	14-04-68	7	Infantas	18-04-69	–
Ditirambo	Arcadia	13-03-69	–	Infantas	12-06-69	–
Nocturno 29	Publi	08-09-69	–	Palace	01-07-69	–
El extraño caso...	Atenas	25-03-70	–	Peñalver	27-12-69	–
Después del diluvio	Publi	09-12-70	–	B. Artes	03-02-72	–
Lejos de los árboles	Alexis	12-06-72	–	–	–	–

Recaudaciones y número de espectadores

film	1965-1976 espect.	orden	1965-1970 recaudación
La ciudad no es para mí	–	1	69.984.533
Fortunata y Jacinta	–	*91	21.553.394
Cada vez que...	59.137	**921	1.722.241
Fata Morgana	37.143	950	1.515.522
Acteón	–	972	1.382.154
Dante no es únicamente...	17.051	1.132	661.450
Ditirambo	16.887	1.144	622.466
Nocturno 29	11.981	1.180	507.007
Después del diluvio	6.814	1.404	108.875

* Primera del Nuevo Cine Español   ** Primera de la EdB

Más sonado fue el estreno barcelonés de *Dante no es única-mente severo*. Anunciada y convertida en un *happening* por sus autores, la sesión inaugural del Studio Atenas «empezaba con un montaje de cine histórico español y patriotero, diciendo "la película que van a ver no va de esto". En un momento determinado se detenía la proyección y había un debate. Cuando en la pantalla era otoño, caía sobre el público una lluvia de hojas secas».[1] La escena del desfile de modelos también tenía su correspondencia en directo y la última de ellas lanzó sobre el público las perlas de su collar al grito de: «Perlas a los cerdos.» En ese clima, el hecho de que la revista *Destino* no incluyese el film entre sus prestigiosas sesiones «recomendadas» también fue utilizado por Jordá y Esteva como un elemento adicional de la propaganda del film, en un irónico gesto caballerosamente encajado por Miquel Porter Moix, crítico de esta publicación.[2] Apenas cuatro días después, en el cine Arcadia de la calle Tuset se estrenaba *Fata Morgana* con el membrete de la Escuela en el cartel y música de Jimmy Hendrix en el entreacto, que el empresario obligó a quitar como condición sine qua non para mantener la película unos días más. A la salida de la sala se distribuía una tarjeta para que el público hiciese las preguntas que considerase oportunas sobre el film y el hecho de que la mayoría de los espectadores interrogasen sobre qué pasó en Londres –uno de los numerosos enigmas sin respuesta que la obra plantea– certificaba los temores de Mercurio Films. Tras demorar el estreno durante un año y medio, los distribuidores «pretendían que yo cambiase los diálogos para que todo aquello tuviese una coherencia que yo no sé exactamente qué significaba. Fue una sugerencia –reconoce Aranda–, pero me decían que si la llevaba a término me darían un sustancioso anticipo de distribución. Sustancioso para aquel momento. Fue una proposición olvidada inmediatamente. Nos hizo reír y nada más».

1. Joaquín Jordá a Núria Vidal, «El círculo del perverso», *Nosferatu*, n.º 9, junio de 1992, pág. 53.
2. «Hemos visto en la prensa que se daba como referencia al público el hecho de que *Destino* no hubiese recomendado la cinta. Agradecemos el honor y el irónico ingenio, que por otra parte nos reconcilia un poco con ellos, ya que demuestra que su catalanidad no se ha perdido del todo» (Miquel Porter Moix, «Entre el "ensayo" y el "comercial"», *Destino*, n.º 1.581, 25-11-1967).

Pero una cosa era Barcelona, donde todavía podía existir una cierta complicidad entre los films y un determinado sector del público,[1] e incluso con determinados empresarios del recién creado circuito de arte y ensayo, y otra el resto de España. Aranda se lamenta de que, en el caso de *Fata Morgana*, «a mí ni me invitaron al estreno en Madrid; y encima, cuando yo vi la publicidad que habían hecho, estaba equivocada, en lugar de Teresa Gimpera, había escrito Teresa Gimerá, y en lugar de mi nombre habían escrito Vicente Arana. Esto da una idea de lo que le importaba la película a la distribución, a pesar de que habían pagado por ella».[2] En Madrid, algunas de las presentaciones de la Escuela también fueron objeto de polémica, como los gritos de «¡afrancesados!, ¡afrancesados!» que se escucharon en plena Gran Vía a la salida del estreno de *Mañana será otro día* de Jaime Camino o la repercusión que obtuvo *Dante no es únicamente severo* cuando, después de un estreno convertido en «un pequeño acontecimiento de neo-*gauche-divine* o de pequeña *gauche divine* como el de Barcelona, en el que –como recuerda Jordá– nos recibieron elegantemente vestidos y de una manera encantadora», no aguantó más de diez días en la pantalla del cine Rosales.

La confrontación entre los dieciocho mil espectadores que, en toda España, vieron *Dante no es únicamente severo* y los más de un millón que accedieron a *Tuset Street* explica el divorcio que este film provocó en el seno de la Escuela entre los partidarios de abrirse al público y otros que, como Romy recuerda a propósito de Jacinto Esteva, «siempre decía que para hacer el cine que él hacía, se ponía una bata blanca y se metía en el laboratorio con el tubo de ensayo». Una de las primeras deserciones de estos planteamientos radicales fue la de Camino, quien, tras el fracaso de *Los felices sesenta*, con *Mañana será otro día* declaraba sin tapujos que «la diana era y es el público. Pensando en él he hecho la película».[3] También Aranda, tras la expe-

---

1. «Había mucha fachada. En cuanto estrenamos las películas se vio claro: el día del estreno había tortazos para entrar, y al día siguiente no había nadie, porque lo único que les interesaba era el espectáculo, pero el espectáculo que dábamos nosotros, no las películas» (Vicente Aranda a Pascual Vera, *Vicente Aranda*, JC, Madrid, 1989, pág. 17).
2. Vicente Aranda a Pascual Vera, *op. cit.*, págs. 57-58.
3. Jaime Camino, «Mi película», *Nuestro Cine*, n.º 61, 1967, pág. 35.

riencia –en este caso económicamente positiva– de *Fata Morgana*, creyó que «con una película vanguardista ya era suficiente y había que empezar a pensar que en las salas donde se exhibían las películas cabían mil o dos mil personas. Creo que la Escuela nunca pensó eso».[1] La protagonista de esta película, Teresa Gimpera, aún ahora se pregunta «por qué no se podía intentar, dentro de la misma Escuela, de la misma estética, de los mismos cerebros, hacer historias que llegasen a todas partes. Parecía un cine hecho para que no lo entendiese nadie, y eso a mí me dolía porque yo creía que se tenían que dedicar a hacer películas para todo el mundo, películas bien hechas. El sueño de un actor es interpretar personajes que digan algo, que no pasen como fantasmas».

Durán, por su parte, aplicaba el cuento de la lechera a *Cada vez que...* cuando declaraba que si «hubiese tenido a Brigitte Bardot en persona en vez de disponer sólo de una frase de ella, probablemente hubiese llegado a muchas más clases sociales que a las que ha llegado siendo exhibida en las salas de arte y ensayo y nadie hubiera dicho que se trataba de un cine de minorías».[2] Sea como fuere, los films de la Escuela no sólo se vieron perjudicados por unas restrictivas leyes de mercado –con el agravante de arbitrariedades administrativas, como el hecho de prohibir un film de orientación juvenil como *Cada vez que...* a los menores de dieciocho años–, sino también por una directa incomprensión popular derivada de la propia naturaleza comercialmente suicida de sus autores. Las cifras cantan, y si en la actualidad Portabella reconoce que «lo que acabó con este tipo de producciones no fue la censura, sino que a la gente no le interesaban», una anécdota relacionada con su primer largometraje aporta una elocuente conclusión. Según el periodista Miguel Veyrat, «la tarde que fui a ver *Nocturno 29*, de Portabella, en el cine Publi de Barcelona, una llamada anónima había denunciado a la policía que se iba a poner una bomba. Alarma, sustos, registros, sobresaltos y, por fin, la gente tranquila. Alguien me comentó que había escuchado decir a un funcionario de la Policía

1. Vicente Aranda a Pascual Vera, *op. cit.*, pág. 16.
2. Carlos Durán, «La opinión de los autores», *Film Ideal*, n.º 208, 1969, pág. 72.

298

en confidencia con un acomodador: "Pues... la verdad es que me explico que quieran poner una bomba. *No hi ha qui ho entengui aixó* [Esto no hay quien lo entienda]". La perplejidad del funcionario era compartida por muchos espectadores.»[1]

3. JUICIOS CRÍTICOS

A diferencia de otros Nuevos Cines, la Escuela de Barcelona carecía de un sustrato crítico específico, pero a falta de un puntal teórico, como el que en el caso de la Nouvelle Vague aportó André Bazin, la onda expansiva del movimiento catalán encontró sus correspondientes cajas de resonancia en la prensa de la época. Si la revista *Fotogramas* y el diario *Tele-eXprés* fueron sus plataformas incondicionales, las polémicas suscitadas en las revistas especializadas *Nuestro Cine, Film Ideal* y *Cinestudio* trasladaron el fenómeno más allá de Barcelona.

Sin necesidad de analizar las características de cada una de estas publicaciones especiales, conviene subrayar ante todo que la misma endogamia producida alrededor del núcleo productivo de la Escuela también se extendió al sector crítico y periodístico. Ya hemos señalado, en un apartado anterior, el papel divulgador que la columna semanal de Muñoz Suay en *Fotogramas* desempeñó en el desarrollo del movimiento barcelonés. Pero debe recordarse aquí que las diversas tareas profesionales ejercidas por su autor en productos vinculados con la Escuela no desvirtúan el valor testimonial de sus textos –perfecto barómetro del pulso de los acontecimientos producidos a su alrededor–, pero sí anulan cualquier valor crítico. Con la complicidad de la amistad que unía a Elisenda Nadal –su directora– con los miembros de la Escuela, «esta publicación epidérmica y semimundana que es *Fotogramas*, la cual, por aquellas fechas, trataba de dar pequeñas volteretas intelectuales, pero sin compromiso»,[2] contaba con un sólido adalid en la figura de Juan Francisco Torres. Autor de una serie de entrevistas con

1. Miguel Veyrat, *Nuevo Diario*, septiembre de 1969.
2. Vicente Aranda a Octavi Martí y Carles Balagué, *Dirigido por...*, n.º 21, marzo de 1975, pág. 36.

los protagonistas del movimiento –que posteriormente actualizaría en las páginas del diario *Tele-eXprés*–, la imparcialidad del periodista se encontraba en entredicho desde el momento que obtenía un sobresueldo como responsable de la programación del barcelonés cine Arcadia, en el cual se estrenaron algunos de los films de la Escuela. Oficialmente, para redondear la endogamia, el crítico titular de *Fotogramas* era Jaime Picas y nadie se sorprendió al leer sus comentarios elogiosos a propósito de films –como *Dante no es únicamente severo* o *Ditirambo*– en los que él mismo intervenía como actor.[1]

El amiguismo también imperaba en otras publicaciones, y si Gubern –después de haber codirigido *Brillante porvenir* con Aranda– hablaba de *Fata Morgana* en términos de «epifenómeno de una cultura en crisis» desde las páginas de *Nuestro Cine*, Jos Oliver elogiaba *Ditirambo* –un film protagonizado por Charo López, entonces casada con Jesús García de Dueñas, crítico de *Triunfo* y *Nuestro Cine*– en *Film Ideal* después de constar como ayudante de dirección en el cortometraje *Ditirambo vela por nosotros*, igualmente realizado por Gonzalo Suárez. En el caso de *Nuestro Cine*, resulta curioso constatar cómo una revista editada en Madrid mantuvo amplios criterios de independencia en relación a la Escuela, ya que si bien cedió sus páginas a textos tan polémicos como el manifiesto de Jordá y los ataques de Durán, también dio pie a los encendidos comentarios de Miguel Marías en favor de Suárez o en contra de Durán, así como a la pertinente rectificación del error –probablemente no involuntario– de haber marginado un elogioso texto de Vicente Molina Foix sobre Bofill en la publicación de un casi exhaustivo *Abecedario del cine español*. Más conservadora, *Film Ideal* se mantuvo discretamente alejada de la Escuela hasta que

1. Únicamente fue severo con *Biotaxia*, porque «puede pervertir seriamente el criterio de un público indocumentado, ingenuo y entusiasta que, creído que los cines de arte y ensayo son sacrosantos templos de la verdad cinematográfica, llegue a considerar que una obra tan confusa, tan tristemente gratuita, tiene alguna virtud oculta que no se echa de ver a primera vista» (*Nuevo Fotogramas*, n.º 1.019, 26-4-1968, pág. 41). Sus argumentos eran tan virulentos que la revista publicó una nueva crítica firmada por Enrique Brasó –esta vez elogiosa– cuando el film se estrenó en Madrid un año después (*Nuevo Fotogramas*, n.º 1.072, 2-5-1969, pág. 15).

–en fecha tan tardía como 1969– un amplio dossier coordinado por Jos Oliver reparaba este vacío con entrevistas y críticas que, si no siempre eran elogiosas, respondían a un espíritu constructivo. En cambio, el talante de *Cinestudio* era más fluctuante, y si es cierto que también dedicó un número monográfico al cine barcelonés con opiniones sumamente contradictorias,[1] posteriormente emprendió la defensa del «mesetarismo» como respuesta a un provocativo artículo de Vila-Matas publicado en *Fotogramas*.

En estas circunstancias, muchas sentencias ya estaban firmadas antes de los juicios, aunque la independencia de algunos críticos permitía que Marías hablase bien de Portabella después de haber sido implacable con Durán o que Augusto Martínez Torres defendiese *Nocturno 29* en una confrontación con la opinión negativa de Álvaro del Amo publicada en el mismo número de *Cuadernos para el diálogo*. En cambio, el frente catalanista contrario a la Escuela fue mucho más unitario. Con la excepción de la sincera alabanza que Porter Moix hizo de *Lejos de los árboles* tras haber defenestrado *Dante no es únicamente severo*, los otros comentarios procedentes de este sector fueron implacables.[2] «Toda esa gente, los que estaban en *Destino* –re-

1. «Nuevo Cine Catalán. Cine Made in Barcelona», *Cinestudio*, n.º 65, enero de 1968.
2. Según Jordi Soler, «*Dante no es únicamente severo* es, por su misma perfección, una estafa mental, un delito. [...] Es un perfecto "collage" muy bien pegado y que sabe escoger los retales, pero le falta la creación y no dice absolutamente nada». («La dantesca "Escola de Barcelona"», *Presència*, n.º 125, 25-11-1967). En la misma publicación gerundense, Luis Izquierdo decía: «*Cansado, cansado, cansancio*, repite una y otra vez el protagonista de *Circles*, cortometraje de visión tan agotadora como *La caída del imperio romano*. *Circles*, de color sublimadamente fino, de significaciones verdaderamente esotéricas –aunque no a partir de lo complicado de un asunto a tratar, sino de la nada que pretende decorar–, es cifra y resumen de la no por distinguida menos impotente capacidad expresiva, hasta el momento, de los sublimadores de *Tuset Street* y del movimiento edificador (me refiero a las construcciones urbanas) que con tanta pujanza como escasa o nula asequibilidad, opera en la ciudad condal» («La llamada "escuela de Barcelona"», *Presència*, n.º 133, 20-1-1968). Por otra parte, si para Josep Maria López Llaví, *Fata Morgana* «no muestra ni explica nada» (*Serra d'Or*, IX, n.º 1, 15-1-67), Juan Francisco de Lasa defendía a Portabella –distinguiendo *Nocturno 29* de «estas intrincadas elucubraciones que han brotado recientemente de nuestros estudios barceloneses» (*Imagen y Sonido*, n.º 67, enero de 1969)– después de haber anunciado, a propósito del primer

cordaría Portabella algunos años más tarde– eran los que detentaban la marca de calidad de la cultura catalana. Cara a éstos, teníamos un arma que era la insolencia y la impertinencia.»[1]

Además de esos improperios locales, un elemento fundamental en la estrategia de la Escuela fue la repercusión obtenida por sus productos en la prensa internacional. A falta de una proyección de la de nuestro país en el extranjero, los realizadores barceloneses intentaron hallar un hueco en las páginas de revistas francesas, británicas o italianas que abriesen expectativas europeas hacia sus películas. La ocasión fue propiciada por la presencia de éstas en festivales internacionales, pero –en contra de una opinión generalizada– vale la pena anticipar que algunos críticos extranjeros fueron todavía menos indulgentes que los detractores locales.

En un principio, *Fata Morgana* no salió malparada de Cannes. De ella se dijo que «tiene el esplendor inquietante de un Kafka mediterráneo» (Marcel Martin, *Cinéma 66*), y en la cual «aparecen los temas muy hispánicos de la muerte, el diablo y el apocalipsis, todo ello combinado de un modo que incluye los géneros de anticipación, policíaco y terror con un gusto muy marcado por el preciosismo surrealista» (Jean-Louis Bory, *Arts*). Esta referencia sirvió para que el film de Aranda apareciese mencionado por Ado Kyrou en el libro *Amour, erotisme et cinéma*, pero también para que se abriese la veda para encontrar claves cercanas a la realidad española, desde el momento que «en la aparentemente confusa acumulación de motivaciones necrofílicas, de connotaciones fatalistas y de personajes emblemáticos se intuye una angustia auténtica» (Lino Micciché, *Bianco e Nero*). No menos elogiosos fueron los comentarios de las dos principales revistas francesas. Michel Delahaye, en *Cahiers du Cinéma*, hablaba de «un español, Vicente Aranda

---

largometraje de Carlos Durán: «Cada vez que visiono una nueva película de la llamada Escuela de Barcelona voy creyendo menos en ella, por mucho que todavía me sigan interesando algunos de sus apóstoles y mandamases» (*Imagen y Sonido*, n.º 59, mayo de 1968).

1. Jesús Angulo, Quim Casas y Sara Torres, «Entrevista: Garay, Guerín, Jordá y Portabella», *Nosferatu*, n.º 9, junio de 1992, pág. 69.

(no Carlos), que, poseído por Hitchcock y Resnais, se permite el lujo de hacer exactamente lo contrario de todo aquello que se podría esperar o temer de España, franquista o no». En busca de otras referencias, Bernard Cohn, en *Positif*, detectaba «al hombre invisible, guiños a Buñuel *(Él)*, a Resnais, a Lang (la omnipresencia de un genio del Mal hace pensar en Mabuse), a Feuillade o al serial. [...] Film policíaco, de ciencia ficción, de aventuras: *Fata Morgana* es todo eso a la vez. Es en todo caso, en el marco del joven cine español, algo suficientemente nuevo como para ser destacado».

La sorpresa francesa se incrementó con la presencia de *Circles* en el certamen de cortometrajes celebrado en Tours. De nuevo Marcel Martin describió este film, desde *Cinéma 67*, como «el descubrimiento más extraordinario de este duodécimo festival; [...] este audaz y soberbio ensayo erótico-simbólico resulta todavía más admirable por el hecho de estar firmado por un español, pero no creo que se tenga que tomar por algo distinto a lo que es, manifiestamente: una provocación en los límites de la inocentada». Robert Benayoun, en *Positif*, apuntaba que «este film presentado bajo una forma escandalosa y voluptuosa, es simultáneamente minnelliano y sadiano», pero subrayaba que Ricardo Levi «formaría parte en Barcelona de un grupo de artistas de los cuales Vicente Aranda, el autor de *Fata Morgana*, define el carácter». Uno de los redactores de *Cahiers du Cinéma* ya lo había visto en Barcelona e iba todavía más lejos cuando se refería a «una obra independiente, realizada al margen de la industria cinematográfica española, y por lo tanto extraordinariamente libre, culturalmente muy rica y específicamente catalana».

Estos antecedentes no impidieron, sin embargo, que *Dante no es únicamente severo* provocase el desconcierto cuando se proyectó en Pesaro. Además de las ya comentadas reacciones paradójicas que suscitó tras su proyección en el festival, Leonardo Autera se curaba en salud desde las páginas de *Bianco e Nero* al reconocer que «en esta expresión evasiva, completamente ajena a cualquier vínculo con la realidad, no es difícil intuir un poso de amargura que, aun siendo evasiva, merece un cierto respeto». En cambio, Jean Narboni, desde *Cahiers du Ci-*

néma, acusaba sin tapujos a Jordá y Esteva de haber hecho «*un beau film franquiste*», al tiempo que les recomendaba que «antes de entregarse a ensayos alabables y nietzscheanos de ataques contra los maestros, quizás deberían haber comprendido que denuncian ferozmente una civilización de la cual son, a la vez, sus retratistas, reflejos y fustigadores». Más incisivo todavía fue el comentario que Michel Ciment hizo desde *Positif* cuando, con motivo de la presentación de *Después del diluvio* en Venecia, definía la Escuela como un «extraño grupo de cineastas que se sitúa a la izquierda, busca un cine de destrucción que incidiría sobre la producción española corriente, pero que de hecho no ofrece otra cosa que films más o menos ridículos en los que debaten personajes desarraigados que amueblan su vida con ociosas conversaciones. Uno llega a plantearse, ante tanto vacío y tonterías, la búsqueda de un sentido oculto, un objetivo paródico que, en caso de existir (uno duda de ello), no poseería más que un exiguo interés».

En cambio, *Nocturno 29* mereció la bendición del futuro realizador Luc Béraud cuando, desde *Cahiers du Cinéma*, sintetizaba las intenciones del film en función de tres unidades fundamentales –el tema, la imagen y el sonido– a través de la inevitable cita a Buñuel y *L'Age d'or*, «no sólo por una similitud temática sino también porque la aproximación es la misma: un surrealismo eficiente, no una actitud intelectual sino una tradición (una aptitud) popular española. De este modo, la lectura del film se puede hacer, inútil, a nivel simbólico, o eficaz, por la aprehensión directa donde las imágenes no quieren decir nada más que aquello que son». Una vez más, la sombra del maestro aragonés era el filtro que se aplicaba desde Europa para enjuiciar un fenómeno que precisamente había surgido, por lo menos en parte, como reacción a los problemas sufridos por *Viridiana* y, en consecuencia, lo que pretendía era sintonizar con las corrientes que circulaban contemporáneamente por el continente. Desde éste, sin embargo, sólo se seguía viendo la España de siempre y, por lo tanto, también desde ese aspecto, la Escuela de Barcelona fue un fenómeno singular.

X. ¡A VIETNAM O DONDE SEA!

Los mismos problemas surgidos en el momento de extender el certificado de nacimiento de la Escuela de Barcelona se reproducen para fijar su defunción en una fecha precisa. Fracasos estratégicos, como la producción de *Tuset Street* o la frustrada creación de una productora unitaria frente a la progresiva focalización de Filmscontacto en torno a los proyectos de Jacinto Esteva, sucedieron a la constatación de la escasa repercusión pública suscitada tras el estreno de los primeros films del movimiento. Paralelamente, la sustitución de García Escudero por Robles Piquer al frente de la política cinematográfica española privó a los chicos de la Escuela de uno de sus mejores aliados. Desde finales de 1967, ya nada fue como durante ese breve paréntesis de tolerancia en el que surgió el movimiento; en cambio, el posicionamiento político de sus miembros fue inversamente proporcional al recrudecimiento de la dictadura favorecido por el nuevo gobierno, elegido en octubre de 1969, con Sánchez Bella en el lugar de Fraga Iribarne. Si a todas esas consideraciones de orden personal y político añadimos la crisis del Fondo de Protección que puso fin a las generosas subvenciones derivadas del Interés Especial, es posible establecer el diagnóstico definitivo del conjunto de circunstancias que liquidaron la Escuela de Barcelona y provocaron una verdadera diáspora de sus miembros, bien fuera hacia el exilio, bien hacia diversas formas de radicalización.

Pocos meses antes, una encuesta publicada en *Fotogra-*

mas[1] con el título «¿Ha muerto la Escuela de Barcelona?» recurría al beneficio de la duda propiciado por los interrogantes y un tono condicional para, a continuación, levantar acta notarial de que «el hecho más vital y ruidoso de las tres últimas temporadas en el cine español» había pasado a mejor vida. Así lo corroboraban las respuestas de los entrevistados (Camino, Aranda, Durán, Esteva, Muñoz Suay, Portabella y Suárez), con diversos matices derivados de su respectiva vinculación con la Escuela pero con la noción común de su desintegración. En esa misma fecha –febrero de 1969–, algunos de los miembros más refractarios no tanto de la etiqueta –caso de Portabella o Suárez– como de la voluntad provocadora, y de algún modo suicida, de la Escuela, ya se habían desvinculado de sus idearios para emprender –como Aranda con *Las crueles*, *La novia ensangrentada* y *Clara es el precio*, o Camino con *Mañana será otro día*, *España otra vez* y *Un invierno en Mallorca*– una nueva vía dotada de una cierta proyección comercial. Los restantes, en cambio, siguieron caminos coherentes con su trayectoria anterior.

En la célebre entrevista de Jordá con Durán publicada en 1967, el codirector de *Dante no es únicamente severo* ya había advertido, a propósito de *Cada vez que...*, que «si la comparación no fuese peyorativa para Durán, yo diría que la película, aunque por muy distintas razones, puede alcanzar la misma repercusión pública que *Un homme et une femme*. Y si no es así, nos iremos todos a hacer cine al Vietnam. O donde sea».[2] Esta frase tiene su origen en una escena de *Cada vez que...* que transcurre en una playa con un rótulo que indica *To Vietnam*. Por condicionamientos políticos propios de aquellos años, es comprensible que Nunes también introdujese referencias a este conflicto en *Sexperiencias*, pero lo que ya no parece tan lógico y actualmente resulta sumamente ilustrativo es el carácter absolutamente premonitorio de esta *boutade*. Fue éste el grito de alerta que precedió a una dispersión que afectaría a los principales integrantes de la Escuela de Barcelona entre finales de

1. Enrique Vila-Matas, «¿Ha muerto la Escuela de Barcelona?», *Nuevo Fotogramas*, n.º 1.060, 7-2-1969, pág. 6.
2. Joaquín Jordá, «La Escuela de Barcelona a través de Carlos Durán», *Nuestro Cine*, n.º 61, Madrid, abril de 1967, pág. 41.

los sesenta y principios de los setenta, llevándoles hacia diversas vías muertas –siguiendo con los paralelismos ferroviarios– en las que el espíritu de ésta pasó definitivamente a mejor vida.

1. UN FILM INEXISTENTE Y DIEZ PROYECTOS DE HIERRO

Al renunciar voluntariamente a la comercialidad en un contexto absolutamente desprovisto de cualquier infraestructura que asumiese la experimentación, Nunes fue relegado a un ostracismo que, en cambio, le permitía una paradójica libertad. Por este motivo, tras el fracaso económico de *Biotaxia*, decidió prescindir de cualquier requisito legal para rodar *Sexperiencias*. Concretamente, el punto de partida de esta película procedía de un equívoco involuntariamente originado por la delegación soviética presente en el festival de Karlovy Vary cuyos miembros, después de ver *Biotaxia*, señalaron que el próximo film que Nunes hiciese tenía una plaza asegurada en el Festival de Moscú del siguiente año.

Ante esas expectativas, el portugués decidió impresionar rollos de película sobre la difusa idea del amor entre gentes de distintas edades sin disponer de un guión previo mínimamente estructurado ni, mucho menos, del más mínimo respaldo industrial o administrativo. El negativo utilizado procedía de colas sobrantes de *Biotaxia* o de stocks caducados de los estudios Balcázar, ninguno de los miembros de un equipo reducido a mínimos cobró absolutamente nada y la sonorización se hizo de forma asincrónica porque no había efectos sonoros ni *script* que hubiese tomado nota de las frases pronunciadas durante el rodaje. «Seguimos rodando sin guión –reconoce el cineasta–, sin prever nada y de acuerdo con lo que se me ocurría con la lectura de los periódicos, los titulares esencialmente; o porque alguien decía que conocía una casa semiderruida; o porque encontrábamos a un grupo de chicos que editaban una revista en ciclostil; o porque me encontraba con un amigo mío, el poeta José Álvarez. [...] El equipo estaba formado por Carlos Otero, Marta Mejías, Jaime Deu Casas, José Adrián, que también era fotógrafo y que también se ha dejado morir y estoy seguro de que debe haber iniciado a Dios en las delicias del coñac, y Manuel Muntaner, que tenía una moto Vespa en la cual llevaba a Adrián, mientras nosotros cuatro íbamos en el coche de Jaime. Después de desayunar y de charlar decidía qué era lo que íbamos a hacer aquel día.»[1]

El precio de esta libertad tuvo dos vertientes. Por una parte, el coste de una de las películas más insolentemente anárquicas rodada durante el franquismo no superó las quince mil pesetas. Sin embargo, la administración se cobró un precio desorbitado como castigo por haber prescindido de las normas legales. La pesadilla «comenzó cuando llegué a la Subdirección General de Cinematografía con la copia de la película, que pesaba casi treinta kilos. Como se había hecho sin guión y, por lo tanto, sin toda la burocracia previa de censura, contratos con la conformidad del Sindicato Nacional del Espectáculo y todo eso, era en realidad una película que se podía considerar *amateur*, aunque estuviese rodada en 35 mm. Lo primero que dijeron, ya no recuerdo quién, alguien, de una manera despótica, como cuando se mostraban enfadados, que por lo visto era casi siempre, fue: "¡Eso no se puede hacer!" Y yo, desde mi miedo, repliqué heroicamente: "¡Sí que se puede! ¡Ya lo ve!" E hice patinar el saco con los rollos hacia el hombrecillo, que se tuvo que retirar porque el suelo de aquel ministerio resbalaba mucho.» Ante la perspectiva de que la película no existiese a efectos de la administración, «al final, y de acuerdo con algunos de los hombres importantes de la organización del Ministerio de Información y Turismo, no sé si uno que se llamaba Zabala, Andrés Zabala, me parece, que a pesar de todo siempre me pareció buena persona, o el mismo subdirector general de Cine, que entonces era Francisco Sanabria, que también era de estas buenas personas, se llegó a un acuerdo que a mí me pareció un triunfo. Como se acercaba la fecha de la celebración de la Semana de Cine de Molins de Rei, me dijeron que solicitase permiso para que la película fuese exhibida únicamente en esta muestra de cine. En la conversación se insinuó que, una vez autorizada para esta

1. José María Nunes, suplemento del programa de mano de la Filmoteca de la Generalitat de Catalunya, Barcelona, 8-11-1990.

eventualidad y exhibida, como la prensa ya habría hablado de la película, sería más fácil volver a hacer otra solicitud para su exhibición en cineclubs, y así más tarde podría ser autorizada en cines de arte y ensayo».

Finalmente, la película existía físicamente pero fue prohibida mediante un oficio remitido a Nunes en febrero de 1969. «Parece ser –recuerda el cineasta– que afortunadamente Sanabria había estado presente en la sesión de Censura donde fue visionada mi película; dos de los censores estaban dispuestos a llamar a la Dirección General de Seguridad para denunciarme por haberla hecho. Y parece ser que fue Sanabria quien tuvo que ejercer su autoridad como presidente de la junta reunida y como director general de Cine para impedir aquello que se proponían. A la vista del panorama reinante en España y en función de las cínicas recomendaciones oficiales –«recuerdo todavía el aire paternal y protector de Zabala, en su propio despacho, diciéndome que lo que podía hacer era cambiarle el título y comercializarla en el extranjero»–, Nunes decidió cambiar de estrategia. Cargó las latas con una copia *lavender* de la película en el portaequipajes de un Seat 600 y, en compañía de Ruiz Camps –el jefe de producción de Filmscontacto– viajó a Luxemburgo, donde Esteva conocía a un productor –el mismo que después legalizaría *El hijo de María*– que quizá podría gestionar esta nacionalidad para el film. «No lo conseguí –se lamenta el cineasta–, seguramente por falta de medios; siempre hace falta dinero para cualquier cosa.»[1] De este modo, Nunes corrió la misma suerte que la protagonista de su película cuando, en la última escena, ésta afirma no saber hacia dónde ir, «quizás a gritar socorro», pero un rótulo se pregunta: «¿A quién?»

Endeudado por el fracaso de *Biotaxia* y por la prohibición de *Sexperiencias*, Nunes tardó casi cinco años en que alguien atendiera su petición de auxilio para poder rodar una nueva película. Sin embargo, cuando en 1975 dirigió *Iconockaut* volvió a entrar en una nueva espiral de enfrentamientos con la censu-

1. José María Nunes, suplemento al programa de mano de la Filmoteca de la Generalitat de Catalunya, Barcelona, 8-11-1990.

ra, con los distribuidores –el film no se estrenó en Barcelona hasta 1981– y los productores, ya que su siguiente film, *Autopista A 2-7* (1977), fue embargado debido a la desaparición de su productor. Instaurada la democracia, *Sexperiencias* habría podido ser legalizado, pero Nunes siempre se negó a ello y el film ha permanecido como un insólito resto arqueológico de aquellos años, un soplo de libertad emitido en una atmósfera sofocante, que sólo ha sido exhibido en circuitos paralelos.

A pesar de los escasos rendimientos de taquilla obtenidos por *Ditirambo* –un film teóricamente pensado en función del público–, Gonzalo Suárez aprovechó los beneficios producidos por esta película para sentar las bases de un proyecto todavía más ambicioso y radical. Su amenaza, publicada en abril de 1969,[1] llevaba el rimbombante título de Plan de Hierro del Cine Español, y muy pronto, además de este manifiesto escrito, tuvo otro filmado. El texto, firmado en solitario por Suárez, tenía nueve puntos –los mismos que el de Jordá sobre la Escuela de Barcelona– y afirmaba taxativamente:

«1) La crisis del cine es universal.

»2) Pero el cinema que está condenado a desaparecer dejará sitio a otro cine que necesita nacer.

»3) En España está empezando el cine que fuera agoniza.

»4) Una vez más llegaremos tarde y ahora llegar tarde es no llegar nunca.

»5) ¿Por qué no dar una respuesta creadora al problema universal?

»6) Si es posible, es un deber.

»7) Y el intentar hallar la respuesta adecuada no es una cuestión de medios, sino de imaginación; no es una cuestión de circunstancias, sino de voluntad.

»8) Las dificultades son inmensas, pero sólo resultarían in-

---

1. «Como estoy decididamente en cólera con la indiferencia cultural del país, voy a desencadenar una ofensiva llevando a cabo la realización de diez películas absolutamente españolas, una tras otra, sin tregua ni respiro, y que serán conocidas como las Diez Películas de Hierro del cine español. La primera es *Ditirambo* y la segunda será *Dr. Faustus.* Ya iré dando cuenta de las demás conforme las vaya haciendo. Las haré como sea, con ayuda o sin ella, con éxito o sin él, y sólo dejaré de hacer cine cuando haya llevado a cabo mi misión» (Gonzalo Suárez a Jos Oliver, *Nuevo Fotogramas*, n.º 1.070, 18-4-1969).

superables si nuestra imaginación y nuestra voluntad no fueran mayores todavía.

»9) Este plan afecta a todos.»[1]

En la práctica, este texto se concretó en *El extraño caso del Dr. Fausto*, una curiosa revisión del mito de la eterna juventud que se rodó en quince días en Barcelona, durante el verano de 1969, con la presencia de Alberto Puig Palau en el papel del hombre que vende su alma al diablo, el mismo Suárez en el de un Mefistófeles contemporáneo que juega al ping-pong, finalmente acaba casado con Margarita y padre de tres hijos, y Teresa Gimpera como la esfinge. La fotografía de la película se hizo, en su mayor parte, con la cámara en mano de acuerdo con unos parámetros estéticos absolutamente identificables con los de la Escuela. Previamente titulada *Doctor Faustus*, *Mefistófeles* y *Sopla Satán*, es definida por su autor como «una película interesante, porque es de una desaforada vitalidad y libertad. Y lleva hasta sus últimas consecuencias aquello que puede ser un cine de imagen libre. Hago lo que quiero o lo que me sale en función de sensaciones, casi como un trompetista de jazz, sin guión previo, buscando los elementos de rodaje de un día para otro y estructurándolo de la misma manera que lo escribo».

Gracias a una campaña de promoción que recordaba los vínculos de la Escuela con las técnicas publicitarias más avanzadas,[2] el film tuvo una aceptable repercusión pública que generó un nuevo proyecto que respondía al título de *Aoom*. Roda-

1. Gonzálo Suárez, «Plan de Hierro del Cine Español», *Nuestro Cine*, n.º 90, octubre de 1969, pág. 18.

2. Coincidiendo con el estreno del film, *Nuevo Fotogramas* (n.º 1.107, 2-1-1970, pág. 3) publicaba la siguiente nota:

«Señor:

»Desde pequeño me dijeron que me llamaba Gonzalo Suárez, igual que mi padre, y no tuve inconveniente en aceptarlo. Pero también me dijeron otras muchas cosas de las cuales no he aceptado ninguna.

»Quiero sólo aprovechar mi paso por el planeta Tierra para aportar a los hombres algunas imágenes, historias y ruidos que activen en ellos su imaginación creadora.

»He elegido el cine como profesión y le dedico mi vida. Hoy estrenan una película mía en el cine Peñalver de Madrid. Se titula: *El extraño caso del doctor Fausto*. Si usted puede, vaya a verla. A lo mejor le interesa.

»Gonzalo Suárez.»

311

do a finales de 1969 en las costas asturianas con la presencia de Enrique Esteban –propietario de Este Films– como jefe de producción, esta película conserva aún estigmas propios de la Escuela. Resulta fácilmente identificable, por ejemplo, el deseo del guionista de *Fata Morgana* de inmortalizar a Teresa Gimpera como su musa particular; tampoco es inocente la presencia de actores como Luis Ciges o Romy –miembros de la vieja guardia de Jacinto Esteva– para protagonizar una historia no exenta de resonancias míticas en la que un argumento aparentemente convencional estalla en una sucesión de imágenes estructuradas en torno a la transferencia del espíritu de un actor a una muñeca y a una piedra con rostro humano que ya aparecía en alguna secuencia de *El extraño caso del Dr. Fausto*. Gonzalo Suárez viajó hasta Roma con objeto de intentar convencer a Orson Welles para que interpretase uno de los papeles de la película, pero éste denegó la oferta y el cineasta asturiano tuvo que conformarse con Lex Barker, el mítico Tarzán que sustituyó a Johnny Weissmuller. A pesar de ello, *Aoom* no gozó siquiera de un estreno comercial en condiciones normales y estableció un prematuro final de trayecto en unas películas que se hubiesen querido de hierro y pronto se doblegaron ante la comercialidad que suponía explotar cinematográficamente a la pareja formada por los cantantes Víctor Manuel y Ana Belén, protagonistas de *Morbo* (1971) y *Al diablo con amor* (1972). Posteriormente, la trayectoria de Suárez ha navegado sinuosamente entre el cine y la literatura pero también ha dejado espacio para tardías secuelas del *non-sense* con el que el escritor asturiano contribuyó a la Escuela barcelonesa. Sin su precedente, sería difícil explicar la existencia de títulos como *Reina Zanahoria* (1977) o *La reina anónima* (1992).

2. «LIBERXINA» PROHIBIDA

En el caso de Durán, la salida de la Escuela tuvo un nombre y una fecha concretas: *Liberxina 90*, un proyecto cinematográfico iniciado en 1967, una vez finalizado *Cada vez que...*, que protagonizaría una larga historia de enfrentamientos con la censu-

312

ra. Su primera versión del guión, también escrito en colaboración con Jordá, transcurría en una mina y la acción giraba alrededor de una serie de *hippies* que, conjugando el consumo de drogas con diversas posturas revolucionarias –desde la izquierda revisionista hasta la lucha armada–, planteaban la necesidad de crear «un estado de irreversible subversión» a partir de la difusión de un gas contaminado por una sustancia llamada «liberxina». A pesar de adoptar las debidas precauciones e introducir las correspondientes metáforas en los enfáticos diálogos escritos por Jordá, esta versión fue íntegramente prohibida por la censura en noviembre de 1968. Efectuadas las oportunas modificaciones, una segunda variante presentada en marzo de 1969 tampoco obtuvo el placet de los censores. Finalmente, a la tercera fue la vencida, pero más por condescendencia del entonces subdirector de Cinematografía que por convencimiento de los profesionales del lápiz rojo.

Aunque la autorización, firmada en octubre de 1969, permitía comenzar el rodaje de este largometraje cuando la productora lo creyese oportuno, Durán prefirió liberarse antes de los traumas sufridos durante este largo año de trámites burocráticos a través de una experiencia cinematográfica de dimensiones estrictamente domésticas pero de intenciones inequívocamente políticas. Rodado en un solo día de diciembre de 1969 en casa del realizador, el cortometraje *BiBiCi Story* acusa recibo del reciclaje experimentado por la Escuela de Barcelona tras las influencias recibidas del mayo de 68. Como si se tratase de un curso de idiomas –de ahí el juego de palabras del título– el film está dividido en ocho lecciones dictadas por una chica –Carmen Galí, entonces casada con Durán– provista de unos auriculares. Los principales temas abordados son: *a)* la represión política (cuatro hombres semidesnudos son pintados con sprays rojos antes de caer muertos); *b)* la libertad sexual (un chico y una chica –Emma Cohen– se abrazan casi desnudos mientras un hombre –Portabella– les mira); *c)* Vietnam (dos chinos –el crítico Joan Enric Lahosa y el distribuidor Pere I. Fages– comen arroz ante la presencia de un soldado norteamericano –Manel Esteban– y la estatua de la Libertad); *d)* diversas formas de represión ideológica (un proletario soviético –Octavi Pellissa– con un cartel de

313

Stalin, un sacerdote católico –Román Gubern– bendiciendo, un soldado norteamericano pegando con una porra, un guerrillero con una metralleta); y e) la *boutade* cinéfila sintetizada en la última frase de la chica: *My name is Orson Welles*.

Definido por Durán como «la intrusión en la vida privada de un ser humano de las diferentes tendencias que existen en la sociedad en que vive, hasta que producen un caos»,[1] el film se rodó en 16 mm absolutamente al margen de la administración y si únicamente tuvo una difusión clandestina, también fue utilizado por su director como práctica inmediata a su retorno tras las cámaras, ya que apenas dos meses después –febrero de 1970– iniciaba el rodaje de *Liberxina 90* en ausencia de Jordá, entonces residente en Italia. Formalmente producido por Films de Formentera, el propio Durán encontró un coproductor en Nova Cinematografía, una productora radicada en la localidad valenciana de Sedaví y regentada por Vicente Ruiz Monrabal y Josep Maria Cunillés, un productor catalán que poco antes había intervenido como jefe de producción de *La respuesta* (1969), de Josep Maria Forn. Los restantes integrantes de *Liberxina 90* eran viejos conocidos de la Escuela: Amorós dirigía la fotografía, mientras Romy y Serena Vergano eran las protagonistas, Herralde y Gubern –socios de la productora– aparecían como actores y Durán efectuaba alguna esporádica aparición. Esta atmósfera festiva se contradecía, sin embargo, con el calvario que la película sufrió frente a la administración.

Los reparos que la censura había planteado ante el guión reaparecieron frente a la película ya terminada. Ésta fue invitada para participar en la Mostra de Venecia de 1970 por su director, el crítico demócrata-cristiano Gian Luigi Rondi, pero un miembro de la Junta de Censura española bloqueó esta posibilidad alegando que se deberían efectuar algunos retoques y el pleno no se reunía hasta septiembre. Un oficio firmado el día 14 de aquel mes dictaminaba la prohibición absoluta del film, posteriormente ratificada en octubre. A partir de diciembre, se especificaban ya las modificaciones requeridas para levantar la

---

1. Carlos Durán a Antonio Castro, *El cine español en el banquillo*, Fernando Torres, Valencia, 1974, pág. 140.

314

prohibición hasta satisfacer las tortuosas mentes censoras,[1] y, finalmente, el 1 de junio de 1971 *Liberxina 90* obtenía la licencia de exhibición. Pocos días después, la Junta Asesora de Manifestaciones Cinematográficas designaba el film de Durán para representar a España en el Festival de Berlín mientras la contemporánea *Canciones para después de una guerra*, de Basilio Martín Patino, lo haría en San Sebastián. No obstante, en aquellas fechas, el certamen alemán ya había cerrado su programación y el film de Patino iniciaba sus particulares prohibiciones administrativas que, aparentemente, convertían a *Liberxina 90* en el candidato idóneo para concursar en el certamen donostiarra.

Reunido su comité de selección, aceptó la presencia del film de Durán a cambio de cortar unos planos de los tanques soviéticos entrando en Checoslovaquia y otros en los que aparecían miembros del Ku Klux Klan, por ser considerados «ofensivos para los EUA y la URSS, países invitados oficialmente al Festival, que podrían formular las correspondientes protestas».[2] Paradójicamente, estas escenas habían sido impuestas por la censura, a fin de equilibrar las críticas ideológicas del film –tal como ya había sucedido a propósito de la prohibición del cortometraje *Raimon*–, y eso es lo que alegó Durán, solicitando el arbitraje del Ministerio. Pero la administración se lavó las manos y Uniespaña comunicó a Durán que *Liberxina 90* no podría estar en San Sebastián.[3] En ese clima caótico, Jordá reapareció

1. Un estudio detallado de la prolífica correspondencia entre Durán y la censura, depositada en la Biblioteca de la Filmoteca de la Generalitat, sugiere algunos de los mecanismos de razonamiento utilizados por este organismo cuando se leen advertencias del tipo: «Se ratifica la supresión del revolcón de la pareja, comenzando el corte a partir del momento en que ella comienza a desabrocharle la camisa (pueden dejarse los planos de él desabrochando la blusa de ella).» También se especifica que la supresión de la palabra «policía» se puede sustituir por la de «agente», o que «el plano sostenido de la palabra Revolución se mantendrá el mínimo que marquen las exigencias del *raccord*».
2. Carta de Miguel de Echarri –director del Festival de San Sebastián– a Films de Formentera, Madrid, 27-6-1971.
3. Esta decisión motivó la dimisión de Antonio Isasi, Mario Camus y Antxon Eceiza, vocales de la Junta de Manifestaciones designados por la ASDREC, frente a la existencia de «grupos o personas» que «invalidan o anulan las decisiones de la Junta de Censura y Apreciación de Películas, cuyo dictamen se supone que es válido y único en todo el ámbito nacional» (Comunicado de la Junta Directiva de ASDREC, firmado por su presidente, Juan Antonio Bardem, el 10 de julio de 1971).

en escena con un sarcástico artículo que denunciaba amargamente todas las censuras hasta entonces perpetradas contra el film[1] pero, por aquel entonces, aún no todo estaba perdido, ya que una segunda invitación para concursar en la siguiente edición de Venecia abrió nuevas expectativas. Ante las iniciales reticencias de la Subdirección General de Cinematografía, tanto Herralde como Durán estaban dispuestos a pasar ilegalmente la frontera con los rollos de la película en el coche del primero. Éste es consciente de «las repercusiones que podría tener el hecho de proyectar allí una película que apareciese de una forma casi clandestina», pero la medida no fue necesaria porque, pocas horas antes de emprender el viaje, llegó la autorización «con la condición de pasar la copia cortada. Aunque la copia de Venecia estaba entera, se decidió entre todo el equipo llevar la copia cortada».[2]

El final parecía próximo pero no pudo ser feliz desde el momento que, a la luz de las explosivas declaraciones efectuadas por Durán en la rueda de prensa de Venecia –celebrada tras una proyección que fue calificada como un éxito–,[3] el Ministerio condenó el film al ostracismo. Mediante una burda maniobra consistente en declarar que no había representado oficialmente a España, *Liberxina 90* fue privada del Interés Especial que le correspondía por haber concursado en un festival de categoría A, y de este modo «no la podía exhibir en arte y ensayo y al no darme la doble cuota de pantalla quedaba castrada para la distribución oficial. Con lo cual, tras aceptar todas las condiciones de la censura resultaba burocráticamente imposible de estrenar, aunque la película había pasado censura».[4]

Se ha dicho que esta situación kafkiana acabó con la breve trayectoria de Durán como realizador. No era ésta, sin embar-

1. Joaquín Jordá, «Joaquín Jordá bajo los efectos de la "liberxina"», *TeleeXprés*, 8-7-1971.
2. Carlos Durán a Antonio Castro, *op. cit.*, pág. 141.
3. Incluso un crítico tan reaccionario como Antonio Martínez Tomás tuvo que rendirse a la evidencia cuando escribió: «La proyección acabó entre aplausos cordiales y entusiastas. Especialmente un grupo de jóvenes bastante singularizados por su indumentaria y sus cabellos largos, lo rodearon e incluso lo aclamaron fervorosamente» (*La Vanguardia*, 3-9-1971).
4. Carlos Durán a Antonio Castro, *op. cit.*, pág. 142.

go, su intención, puesto que si bien es cierto que el cine catalán se vio privado de un discreto director para ganar un excelente técnico de producción –especialmente en colaboración con Aranda–, tampoco se pueden olvidar dos proyectos personales posteriores –los guiones *Vida, pasión y resurrección de un vendedor de Champoign en una democracia occidental*, escrito en colaboración con el humorista Jaume Perich, y *La muerte de la esperanza*, basado en unos hechos ambientados en la Guerra Civil a partir de una crónica histórica de Eduardo de Guzmán– que habrían prolongado la actividad de este excelente profesional prematuramente fallecido en noviembre de 1989, víctima de un cáncer de pulmón.

3. UN CATALÁN AFRANCESADO, ZOLA EN ITALIA Y EL ENCARGO DE UN AMIGO

A pesar de la acogida que recibieron los films de la Escuela de Barcelona, Jordá no cumplió su amenaza de ir a hacer cine a Vietnam, pero sí emprendió aventuras en diversos países extranjeros. Una vez que le fue concedido el pasaporte para presentar *Dante no es únicamente severo* en Pesaro –en verano de 1967–, también viajó hasta la localidad francesa de Sant Pol de Vances para conseguir que el escritor polaco Witold Gombrowicz le cediera los derechos para adaptar su novela *Cosmos* a la pantalla. Sin embargo, el guión resultante –reflejo de una situación claustrofóbica que remitía al absurdo y escrito en términos excesivamente literarios– tuvo problemas con la censura y también de orden económico, ya que el medio millón de pesetas –producto de un préstamo– del cual partía el proyecto se desvaneció rápidamente, entre otros motivos por la multa que Fraga Iribarne impuso al cineasta como consecuencia de sus declaraciones en Pesaro. Dado que la crítica sueca fue la que mejor reaccionó en este certamen ante *Dante no es únicamente severo*, Jordá partió hacia este país en busca de financiación. «Pensé que allí lo tenía todo ganado –recuerda el cineasta–. Hablé primero con los productores clásicos, los de Bergman, que se asustaron mucho. Por lo visto, Gombrowicz había estado a

317

punto de ganar el Premio Nobel y la Academia no se lo había dado diciendo que era un escritor fascista. Encontré mejor acogida con el productor que trabajaba con Widerberg y Donner. Con éste tuve una entrada estupenda, le gustó mucho la sinopsis, pero luego cometí un error de modales y abominó de mí.»[1]

Agotado el efímero filón sueco, Jordá regresó a Barcelona para el estreno de *Dante no es únicamente severo* y, a continuación, empezó a trabajar en el guión de *Liberxina 90*. Pero, visto el ritmo adquirido por el proyecto, también inició una doble colaboración con Maria Aurèlia Capmany, primero a propósito de *El jardín de los ángeles* –una versión apócrifa de *Laura a la ciutat dels sants*, de la que ya se ha hablado– y después de la adaptación de la novela *Un lloc entre els morts*, con la cual la escritora acababa de ganar el premio Sant Jordi. Con ese objetivo, Jordá tanteó la posible colaboración de algunos de los mecenas de la cultura catalana de la época. El crítico y director teatral Frederic Roda –vinculado a Òmnium Cultural– actuó como intermediario en sendas visitas que el cineasta efectuó a Amadeu Bagués, propietario de la importante joyería del mismo nombre y presidente de Pirene Films –la productora que había asumido la versión catalana de *Siega verde/Ver madur* (1960) y entre cuyos proyectos figuraba la solicitud del cartón de rodaje para *Laura a la ciutat dels sants*–, y a Jordi Pujol, futuro presidente de la Generalitat de Cataluña. Jordá precisa que el político nacionalista «no me recibió en su despacho sino en el Drugstore del Paseo de Gracia, y me interrogó sobre si el cine era rentable, sobre las características de la industria y su funcionamiento... La conversación se prolongó durante una hora pero yo ya vi que de allí no saldría nada en concreto». Llegado a ese punto, el cineasta convenció entonces a la escritora sobre la necesidad de rodar primero un cortometraje en 16 mm que explicase por qué había escrito esta novela y sirviese de carta de presentación para futuros inversores en el proyecto definitivo.

Así nació *Maria Aurèlia Capmany parla d'«Un lloc entre els*

1. Joaquín Jordá a Núria Vidal, «El círculo del perverso», *Nosferatu* n.º 9, junio de 1992, pág. 52.

morts», un film singular e irrepetible que conjugaba los ecos del 68 con la cultura catalana sobre los rescoldos todavía humeantes de una Escuela de Barcelona ya agonizante. Clandestinamente rodado en 16 mm en el domicilio barcelonés de Maria Aurèlia Capmany, sus primeras imágenes incluyen unos créditos «orales» expuestos ante la cámara por Jordá en los que se especifica la fecha, 28 de septiembre de 1969, y los colaboradores: el crítico Joan Enric Lahosa –oficialmente acreditado como coguionista pero actualmente recalificado por Jordá como «asesor etnográfico»–, Manel Esteban –como director de fotografía–, Manel Ribes –técnico de sonido– y el incansable Durán como organizador de rodaje. A continuación, Jordá recurre a un tono académico para exponer la personalidad de la escritora e introduce la novela como la biografía de Geroni Campdepedrós i Jansana, un poeta catalán que vivió entre 1779 y 1821. A través de monólogos de la autora, pero también de pequeños coloquios en los que intervienen Jordá, Lahosa y el poeta Jaume Vidal Alcover –compañero de la escritora–, va surgiendo la personalidad de este personaje literario que –en una maniobra similar a la perpetrada por Max Aub en *Jusep Torres Campalans*– acaba revelándose como fruto de una ficción simultáneamente identificable con el espíritu de la época en que –hipotéticamente– vivió y con el del momento histórico en el cual se escribió la novela. Campdepedrós es, efectivamente, un nacionalista *avant la lettre* que aprende latín y catalán como lenguas retóricas, un entusiasta de los placeres de la literatura y de la sensualidad, un burgués afrancesado que sueña con una revolución que finalmente no se produce pero en la que tampoco está dispuesto a invertir más que algún dinero.

La entrevista también incluía algunas preguntas sobre los criterios de la escritora para trasladar esta falsa biografía al cine, pero la posibilidad de exhibir estas imágenes en una entrega de premios de las Lletres Catalanes incitó a que Jordá improvisara, pocas horas antes del inicio de aquella velada, un montaje que confrontara provocativamente la sobriedad del material original –largas tomas de la entrevista, en blanco y negro– con breves insertos en color –bobinas de sesenta metros– previamente rodados en Formentera bajo los efectos alu-

319

cinógenos del LSD y que actuaban como contrapunto ante un discurso sobre la decadencia de la burguesía, reservando para el final la revelación de que el protagonista rebelde no era más que un producto de la imaginación de la escritora. Jordá daba por perdida esta curiosidad –una película originariamente rodada en catalán a finales de los sesenta desde la perspectiva de una ficción política creada a partir de elementos documentales de procedencia literaria–,[1] pero, en 1990, las investigaciones preliminares realizadas para este libro permitieron la localización de la única copia existente, así como de los negativos y diversos descartes, entre las latas no catalogadas del legado que Carlos Durán había depositado algunos años antes en la Filmoteca de la Generalitat de Cataluña.[2] Al colocar la película sobre la moviola todavía eran palpables los empalmes efectuados por Jordá con cinta adhesiva para una única proyección que fue histórica, no tanto por el valor cinematográfico como por la naturaleza atípica de este film como vínculo entre la Escuela de Barcelona y los planteamientos radicalizados de un cine militante que por aquellas fechas ya empezaba a desarrollarse en España. Si Mallarmé había reemplazado la imposibilidad de hacer Victor Hugo, algunos miembros de la Escuela de Barcelona consideraron que, tras el mayo de 1968, ya no se podía hacer otra cosa que no fuese Zola.

Desencantado por los problemas que el guión de *Liberxina 90* tenía para ser aceptado por la censura, de la imposibilidad de encontrar financiación para adaptar *Cosmos* y de la indife-

1. El historiador Joaquim Romaguera i Ramió, responsable de diversas ediciones del *Catàleg de films disponibles parlats o retolats en català*, publicado por la Generalitat de Catalunya, es autor de la única referencia escrita sobre este film pero, sorprendentemente, no lo incluye entre los comentarios específicos de su *Historia del cine documental de largometraje en el Estado español* –donde en cambio sí considera *Sexperiencias*, un film de ficción puntuado por diversas noticias de actualidad–, sino que lo define como una variante «poco pura» del documental.

2. Una vez comunicado este descubrimiento a los responsables de dicha institución, se procedió a la limpieza de la banda de sonido, que había iniciado un cierto proceso de degradación. Se establecieron gestiones preliminares con Jordá para su restauración (finalmente llevada a cabo a principios de 1999. También se comunicó el hallazgo a Maria Aurèlia Capmany, pero la escritora), ya gravemente enferma, confesó no recordar nada de esta aventura cinematográfica.

rencia cinematográfica del mecenazgo de la cultura catalana, Jordá explica la gota que colmó el vaso y provocó su huida de Barcelona: «Una de las cosas más pesadas de la Escuela fue el prestigio que adquirió en muy poco tiempo debido a otra entidad que apareció poco después, que era el *Tele-eXprés*. Yo supongo que no vendían ni un diario y gracias a eso vendieron dos o tres. Nos hinchábamos mutuamente pero llegó un momento que me telefoneaban cada mañana para preguntarme las cosas más absurdas del mundo: "¿Ser *in* es ser amigo de Joaquín Jordá o de Miquel Porter?" Evidentemente, la respuesta era clarísima, pero todo eso me resultaba muy molesto, hasta el punto que me fui y me autoexilié. El motivo exacto fue un día que leí una entrevista en *Fotogramas* donde Massiel decía, para cerrar la entrevista y que no la molestasen más, que tenía una cita conmigo, y eso no era cierto. Pensé que ser sujeto y objeto de publicidad ajena ya era el colmo. Decidí que me iba, también por otras razones, pero cabreado, cansado y desengañado.»[1]

Ya en Italia, país al cual se trasladó tras asistir a un festival de cine celebrado en Cerdeña y en el cual se proyectaban algunos films de la Escuela de Barcelona, Jordá rodó *Portugal, país tranquilo* a finales de 1969. Gracias a su condición de español, solicitó un permiso de rodaje para un hipotético documental sobre la arquitectura del Algarve que, en realidad, era la primera parte de un díptico sobre la represión de Salazar –la otra era un film sobre Angola, a financiar por el movimiento de liberación de aquella colonia–. Una vez más, Jordá contó con la colaboración de Durán como organizador de un rodaje que incluyó diversas escenas de exteriores filmadas por el operador italiano Fabrizio Castronuovo y entrevistas con militantes de la oposición a la dictadura portuguesa. Montado después en Italia con los recursos técnicos de Unitelfilm, la productora del PCI, este

1. Otro de esos comentarios aludidos por Jordá era un cuestionario para una hipotética elección de «Miss Tuset Street» que, redactado por Joan de Sagarra, incluía preguntas como: «Qué es la Escuela de Barcelona? *a)* un colegio para subnormales; *b)* una denominación que abarca a diversos fabricantes de pósters barceloneses; y *c)* un lío cinematográfico.» O bien, «Si te ofreciesen un papel en la siguiente película de Jordá o de Sáenz de Heredia, ¿por quién te decantarías?» (J. de Sagarra, «Miss Tuset Street», *Tele-eXprés*, 10-1-1968).

film obtuvo la Paloma de Oro en la misma edición del Festival de Leipzig en la que *Largo viaje hacia la ira*, de Llorenç Soler, recibía –ex-aequo con un cortometraje del cubano Santiago Álvarez– el galardón de la FIPRESCI. También producido por Unitelfilm, *Il perché del dissenso* fue rodado por Jordá como una crónica de sucesos a partir de «la bomba que los fascistas italianos arrojaron en el lugar donde se reunía una especie de concilio paralelo de "curas rojos". Acudí allí con la cámara, filmé los restos de la bomba y convoqué en otro lugar a los curas vascos asistentes para que hablaran sobre la situación en Euskadi».[1] Más ambicioso era un proyecto sobre los Tupamaros que Jordá debía montar en Roma a partir de las imágenes que un cineasta italiano, Romano Scavolini, debía remitir desde Uruguay. Finalmente, no llegó ni un fotograma y, ante la premura existente para enviar la película al Festival de Porretta Terme, Jordá resolvió la papeleta intercalando entre dos fragmentos de *Liber Arce, liberarse* –un film del uruguayo Mario Handler sobre un estudiante comunista asesinado por la policía– una hora y veinte minutos de película en negro procedente de colas de montaje. Desde la cabina de proyección improvisó una serie de comentarios sobre la situación política en Uruguay y, de este modo –«se trataba de una película sobre un grupo clandestino, y ¿qué mejor clandestinidad que la oscuridad absoluta?»–, *I Tupamaros ci parlano* fue reconocida como la mejor obra de vanguardia presentada en el certamen.

Un nuevo encargo del PCI puso a prueba la independencia política del cineasta, ya que *Lenin vivo*, el film que realizó con Gianni Totti sobre el centenario de Lenin comenzaba con grabados sobre los campesinos rusos, seguía con fragmentos documentales sobre el líder soviético a los que Jordá devolvió su primitiva configuración tras haber sido sometidos a numerosas manipulaciones, y culminaba con un montaje de los años setenta que incluía una panorámica vertical sobre la figura de Mao Zedong. «El partido –recuerda Jordá– decidió que aquella imagen no se podía exhibir, pero, éticamente, tampoco podían

1. Joaquín Jordá, «Numax presenta... y otras cosas», *Nosferatu*, n.º 9, junio de 1992, pág. 59.

censurarla. Yo les dije que no la sacaría si no me la prohibían y, al final, llegamos a un acuerdo consistente en mostrar a Mao Zedong en plano fijo.» Su último trabajo cinematográfico realizado en Italia consistió en participar en *Sciogliamo le catene*, un film colectivo sobre la huelga de la Alfa Romeo, pero algunos de sus proyectos no rodados poseían mayores aspiraciones. Es el caso de un guión para un film de tres episodios que Roberto Rossellini tenía que rodar sobre la confrontación entre el Norte y el Sur –a través de las protestas de los obreros de una industria familiar durante la celebración de las bodas de plata del patrón, la biografía de Giulio Andreotti en Roma y los campos de entrenamiento que los fascistas tenían en el Sur– o una adaptación de *Talón de hierro*, de Jack London, escrita en colaboración con Goffredo Fofi, que tenía que ser producida por Lotta Continua, dirigida por Marco Bellocchio e interpretada por Marlon Brando inmediatamente después de la euforia despertada por el éxito de *Queimada* (1969).

De regreso en España, Jordá siguió dirigiendo los Cuadernos Anagrama dedicados al cine para la editorial de Jorge Herralde,[1] para la que efectuó también numerosas traducciones, y, ya durante la democracia, reorganizó su actividad profesional como guionista –con una especial vinculación con Vicente Aranda–, sin olvidar la realización de cine militante –*Numax presenta* (1979), un film sobre el proceso de ocupación y autogestión de los 250 trabajadores de una fábrica de electrodomésticos–[2] ni la vieja amistad que lo había unido a Jacinto Esteva. Tras muchos años de no verse, a finales de 1984 éste llamó a Jordá para invitarle a la inauguración de una exposición de su obra pictórica que tenía lugar en la madrileña galería Orfila. «En aquel momento no quise ir –recuerda Jordá–, pero cuando poco después me enteré de que Jacinto había muerto, me sentí en deuda con él. Tampoco quería asistir al homenaje que unos meses después se le hizo en Barcelona, pero su hija Daria, que era quien lo organizaba, fue quien me convenció. Ella me pro-

---

1. Entre los títulos publicados destacan el manifiesto de Jonas Mekas sobre el *underground* o un volumen con el guión y un diario de rodaje de *Cabezas cortadas*, ambos con amplias resonancias de la Escuela de Barcelona.
2. Véase el artículo de Jordá en *Nosferatu*, ya citado.

puso entonces que montara las imágenes que Jacinto había rodado en África, pero no le vi ningún sentido y, a cambio, le propuse hacer un film sobre Esteva.»

Lejos del documental convencional, *El encargo del cazador* es un film de ficción –producido por TVE[1] en 1990 sin que, hasta la fecha, haya sido puesto en antena– en el que Jordá utiliza elementos documentales y testimonios personales para reconstruir la personalidad de Jacinto Esteva a partir de su deseo de que su hija acabase una novela en la que explica en clave autobiográfica una parte de sus experiencias africanas y de otros episodios correspondientes a los últimos años de su vida. Distanciándose de cualquier nostalgia provocada por las diversas piezas del mosaico constituido por la desbordante vida de Esteva derivada de su relación con la creación arquitectónica, cinematográfica o pictórica, de sus problemas con el alcohol y el juego, de los amigos que le rodearon y de las mujeres con las que convivió, Jordá utiliza a Daria como vehículo conductor. El resultado es un retrato que fija la Escuela de Barcelona en el inexorable formol que fecha el paso del tiempo, pero, al mismo tiempo, *El encargo del cazador* es una declaración de amistad interrumpida por la infranqueable barrera que Esteva interpuso entre ambos. Desde el escepticismo con el que Jordá contempla en la actualidad la experiencia de la Escuela de Barcelona, quien fue su ideólogo sigue haciendo Mallarmé, y así lo demuestra *Un cuerpo en el bosque/Un cos al bosc* (1996), un largometraje de ficción en el que explora con sarcasmo secretos y pasiones ocultas en la Cataluña profunda.

4. VIEJAS HERIDAS, NUEVAS NOSTALGIAS

Las fisuras que habían separado a Jorge Grau del núcleo canónico de la Escuela se habían cerrado provisionalmente con el rodaje de *Tuset Street*, pero el director de *Noche de verano* no cejó en su intento de aproximarse al movimiento. Su siguiente

---

1. Gracias a las gestiones personales de Manuel Pérez Estremera, «compañero de viaje» de los últimos coletazos de la Escuela.

largometraje, *Historia de una chica sola*, fue una coproducción entre la madrileña Estela Films, Nova Cinematografía –la misma empresa valenciana que había intervenido en la gestación de *Liberxina 90*– y la italiana Panda, pero, a pesar de ello, posee una nómina de colaboradores propia de cualquier film de la Escuela. Serena Vergano y Teresa Gimpera son sus dos protagonistas mientras, en la parte técnica, la fotografía corresponde a Amorós y el vestuario a Andrés Andreu.

Se trata, indudablemente, de un *tour de force* estilístico que consiste en hacer girar la crónica sobre la relación entre dos amantes alrededor de la cena en la que el hombre comunica a la mujer su decisión de abandonarla. A través de numerosos *flash backs* –el primero de los cuales es desencadenado por el choque fortuito entre la protagonista y el director, provisto de un visor–, asistimos a su encuentro en unos sanfermines, al inicio de su idilio por móviles políticos, al primer fin de semana juntos y, posteriormente, al deterioro de una relación interferida por la aparición de la esposa del abogado que decide regresar con su familia.

Algunos de los toques estéticos –como la sesión de maquillaje de Serena Vergano ante un espejo en el que, en plano fijo, pinta el rótulo «*Je t'aime*» como si se tratase del globo de un cómic mientras en el tocadiscos suena el *Ne me quitte pas* de Jacques Brel– son plenamente identificables con la Escuela. También lo es la Barcelona del Drugstore de Paseo de Gracia –en cuya librería trabaja la protagonista–, de Bocaccio o de la parte alta de la ciudad. Pero, sin embargo, algo suena a falso a lo largo de esa interminable cena trufada de trampas arbitrarias hacia el espectador y de ostras y faisán que se sirven dos veces para subrayar el carácter esnob de los protagonistas.

Una pregunta final del hombre –«¿Qué vas a hacer?»– merece la respuesta –«No lo sé»– que la mujer –fijada en un plano congelado– comparte en su desconcierto con el director de *Una historia de amor*. Grau intercala una pequeña trama política identificada con los amigos de la muchacha que acaba de regresar de la capital francesa y pretenden fundar, no un partido sino un movimiento, ya que «lo de París y lo de Roma son pequeños avisos de algo históricamente irremediable». Eso y el pesimismo de la mujer cuando se resigna a que no se podrá cambiar nada en un mundo donde, como dice el hombre, sólo están los que mandan y los que obedecen, es todo cuanto Grau fue capaz de transmitir –mediante las técnicas habituales de una narración clásica salpicada de saltos en el tiempo y virados fotográficos– como acuse de recibo de un mayo de 1968 que, en cambio, impactó plenamente a los restantes componentes de la Escuela.

Resentido por el hecho de haberse convertido en el chivo expiatorio de la operación *Tuset Street*, Grau había cerrado en falso las viejas heridas abiertas a raíz de su inestable participación en la Escuela de Barcelona. Por este motivo, los puntos de sutura volvieron a saltar a las primeras de cambio. El detonante fue una proyección de *Cántico (Chicas de club)* (1970), el film de Grau que apuntaba su alejamiento de las premisas de la Escuela, en la Semana de Cine en Color de Barcelona, precisamente en el mismo espacio de la programación previsto para *Liberxina 90* si el largometraje de Durán no hubiese sufrido los citados problemas con la censura. En un intento imposible de conjugar los métodos propios del *cinéma verité* instaurado diez años antes por la Nouvelle Vague con los límites impuestos por la censura franquista para abordar el tema de la prostitución desde una perspectiva sociológica, Grau realizó *Cántico (Chicas de club)*. Las primeras imágenes de este docudrama, rodadas en blanco y negro, muestran las preguntas que el director, micrófono en mano, hace a diversos personajes reales (transeúntes, taxistas, vecinos) indirectamente relacionados con los bares de alterne. Posteriormente, el film aborda directamente a las chicas que trabajan en este local pero, tal como los títulos de crédito ya advierten, se abandona cualquier pretensión documental para dar paso a una ficción basada en la reconstrucción de hechos reales que Grau había recogido y luego condensó en el libro *Cántico a unas chicas de club*. Las secuencias, en este caso, están rodadas en color e ilustran diversas circunstancias relacionadas con los motivos que han impulsado a esas chicas hacia la prostitución, sus problemas profesionales, sus relaciones afectivas y sus perspectivas de futuro.

Producida por la empresa madrileña X Films, *Cántico (Chicas de club)* fue objeto de severos condicionantes censores que limitaron sus intenciones originarias, pero Grau tampoco dudó en cargar las tintas desde una perspectiva moral que alternaba la búsqueda de la complicidad morbosa del espectador con un final redentorista en el que una de las protagonistas es fusilada sobre las sábanas de su cama por un pelotón de hombres armados... Proyectar estas imágenes ante un público, como el del certamen barcelonés, que ya se hallaba predispuesto a protestar por la ausencia de *Liberxina 90*, fue la gota que colmó el vaso ante un film que, incluso un crítico tan condescendiente con Grau como era José Luis Guarner, adjetivó en *Nuevo Fotogramas* de «pretencioso trascendentalismo» y de «propicio a ciertas caídas en la cursilería». Según las crónicas periodísticas y el testimonio de algunos asistentes, el escándalo originado durante la proyección fue monumental, pero Grau atizó los ánimos ya encendidos cuando filtró selectivamente a los espectadores que pretendían acceder a la conferencia de prensa posterior y efectuó unas declaraciones[1] en las cuales señalaba directamente al equipo del film de Durán como responsable de los altercados.

Haciendo uso del derecho de réplica, éste precisó que «de los componentes de *Liberxina 90* sólo se hallaban en la sala Juan Amorós (que, por cierto, también fue el operador de *Cántico*) y yo mismo. [...] Aclarado esto, debo decir que considero mezquino responsabilizar a terceras personas del fracaso de las debilidades de uno mismo».[2] El fuego cruzado entre Grau y Durán seguía abierto, pero el primero no desistiría en reivindicar sus vinculaciones con la Escuela de Barcelona. Así lo demuestra *El extranjer-oh! de la calle Cruz del Sur* (1987), un film de perfiles netamente autobiográficos que tiene como protagonista a un decorador que vive en la misma calle que el director y también se siente extraño en su doble condición de extranjero en Madrid y en Barcelona. Confunde territorios y lugares de ambas ciudades y, en su vida cotidiana, se materializan tres de las musas de la Escuela –Serena Vergano, Teresa Gimpera y Emma Cohen– para constatar que el espíritu de aquel movi-

1. Jorge Grau a Adolfo F. Barricart, *Cine en 7 días*, n.º 512, 31-1-1971.
2. «El director Carlos Durán responde a las alusiones de Jorge Grau», *Cine en 7 días*, n.º 514, 13-2-1971.

miento pertenece ya al mundo de los fantasmas. En cambio, *Tiempos mejores* (1995) reivindica esa otra Barcelona popular e imperecedera identificada con un torero –alter ego de un Mario Cabré que no es precisamente el que protagonizó *Nocturno 29*– y una cabaretera ya maduros que aspiran volver a vivir viejos momentos de gloria. Casi treinta años después de *Tuset Street*, Grau volvía a invocar El Molino como antítesis del ya inexistente Bocaccio en un tardío ajuste de cuentas con una Escuela de Barcelona que le negó el derecho de admisión por no haber sintonizado con una forma de entender el cine, pero, en cambio, no le pudo sustraer el deseo de identificarse con la ciudad que tantas veces ha reflejado en sus películas.

5. UN FILM EN EL ESPACIO

Profesionalmente decantado hacia la arquitectura,[1] Bofill no abandonó por completo las actividades cinematográficas que había iniciado con *Circles* y proseguiría con los cortometrajes rodados en colaboración con Tusquets en formato subestándar. El carácter interdisciplinario del Taller de Arquitectura era permeable a diversas actividades artísticas: la filosofía, a través de Xavier Rubert de Ventós, la literatura a partir de Salvador Clotas o de José Agustín Goytisolo, o incluso la música, representada por Peter Hodgkinson, batería de una de las primeras bandas de rock inglesas. Entre ellas, el cine ocupaba un lugar destacado que, en 1970, recuperó el protagonismo con el rodaje del largometraje *Schizo* durante la fase de promoción del proyecto conocido como Ciudad en el Espacio. Se trataba de un conjunto de mil quinientas viviendas diseñadas por Bofill para ser ubicadas en el madrileño barrio de Moratalaz, de acuerdo con una línea de agrupaciones urbanas ya experimentada en el Walden 7 de Barcelona y en la Petite Cathédrale de Cergy-Pontoise. Según el proyecto, sus objetivos generales eran: 1) crear una imagen de ciudad futura con implicaciones psicosociológicas sobre nuevas formas de vida en colectividad

1. Véase su obra *Espacio y vida*, Tusquets, Barcelona, 1990.

y sobre el comportamiento individual; 2) engendrar una organización del espacio que relativizase la relación entre los criterios de «vacío» y «lleno», «público» y «privado» o «abierto» y «cerrado»; y 3) establecer un método de proyección basado en un proceso de generación geométrica de las formas. Constituido por doce cubos de habitáculos, el conjunto habría creado una especie de tejido urbano en sintonía con la estructura de las *casbah* norteafricanas y jardines destinados a provocar la comunicación entre los vecinos.

El proyecto arquitectónico no se llegó a materializar pero *Schizo* fue el reflejo cinematográfico de la atmósfera en la cual se había gestado. «Curiosamente –recuerda Serena Vergano, protagonista del film–, esta película nació de un proyecto de viviendas que fue prohibido por Arias Navarro porque no tenía medidas de seguridad suficientes para el control policial, porque eran unas viviendas abiertas en el espacio, con diversos módulos, y era una idea muy progresista pero que no gustó en aquel momento. Habíamos montado un gran espectáculo en el solar y allí reuníamos a unos músicos con la gente para que este barrio tuviese una especie de fuerza y de dinamismo por sí mismo.» En el exterior había una estructura metálica en la que se sucedían las actuaciones de mimo o conciertos de músicos como Taj Mahal, y si la gente se interesaba en comprar una vivienda entraba en un pequeño despacho adyacente donde topaba con unos actores que representaban la forma en la que se podría vivir en estos pisos. El periodista Baltasar Porcel, que entrevistó al arquitecto en este caos voluntariamente organizado, opinaba «que a Bofill, al poeta José Agustín Goytisolo, a Carlos Ruiz de la Prada, les alegraban más los tipos que huían airados que los que escuchaban beatíficos. Decían que el trauma desalienador y protestatario de aquéllos era psíquica y socialmente más útil para el futuro hombre nuevo».[1]

Fruto de la investigación desarrollada por el Taller sobre nuevas formas de vida en la sociedad contemporánea y de las preocupaciones de Bofill sobre las relaciones entre la libertad y

1. Baltasar Porcel, «Ricardo Bofill y las propuestas imaginativas», *Destino*, n.º 1.679, 6-12-1969, pág. 54.

el individuo, por su vida en comunidad y también por la función que en todo ello desempeña, surgió la necesidad de rodar la película provisionalmente titulada *CEEX 1 (Ciudad en el espacio, Experiencia 1)*. Según el arquitecto, «consideré que había algunos aspectos que no se podían expresar si no era a través de la imagen. Por eso quise hacer una película, aunque no pensada para el público sino como una reflexión interior sobre la frágil línea divisoria que separa la creatividad de la locura». En su búsqueda de un posible lenguaje de la creación, Bofill y Goytisolo –autor del texto– se aproximaron a la riqueza de imágenes contenidas en el lenguaje de los psicópatas y, especialmente, de los esquizofrénicos. Sobre esa hipótesis entrevistaron a diversos pacientes y, una vez depuradas las reiteraciones de sus discursos, los unificaron hasta crear un personaje femenino como protagonista de un film que tradujera en imágenes la distorsión existente entre la arquitectura de un cerebro esquizofrénico y el mundo que le rodea. Las primeras imágenes de *Schizo* –ése sería el título definitivo de la película con el no menos elocuente subtítulo de «un informe ficticio sobre la arquitectura del cerebro»– muestran la disposición de los electrodos de un electroencefalograma sobre el cráneo de una mujer. Cables, interruptores y el papel de registro subrayan que se trata de una agresión justificada por las respuestas incoherentes de la paciente frente a una serie de preguntas elementales. Posteriormente, la chocante visión de la abertura de un cráneo para permitir que la cámara se introduzca en él a la búsqueda del cerebro no deja lugar a dudas sobre las intenciones del film que, a partir de ese momento, adquiere un tono plenamente simbólico.

La misma mujer aparece entonces rodeada por un grupo de mimos que reproducen la estética del Living Theatre, que Bofill había visto en noviembre de 1967 cuando el grupo liderado por Julien Beck había representado *Antígona* en el barcelonés teatro Romea. Juntos, se hallan en una habitación vacía y muestran la dificultad del movimiento. Se arrastran por el suelo, la posición de la cámara provoca aparentes desafíos de la gravedad y su representación se asocia a la borrosa imagen de un niño que anda con la ayuda de piernas ortopédicas. Los cuerpos de los actores componen figuras geométricas que la cámara segmenta y las manos se sitúan primero sobre el rostro y después sobre el sexo. También surgen referencias simbólicas a la violencia porque, indudablemente, el personaje es víctima de agresiones ambientales. Pero de nuevo la metáfora deja paso a la realidad y aparecen los rostros de diversas pacientes exponiendo sus delirios y fabulaciones.

Posteriormente, el film introduce un nuevo elemento. Niños y niñas juegan en la playa con dinero. Sus cuerpos desnudos muestran ostensibles referencias a la importancia del desarrollo de su sexualidad. Un montaje paralelo presenta el paroxismo de las internas gritando o los mimos atados y enloquecidos. La violencia deja paso a la muerte, ilustrada por las diversas fases del desollamiento de unos cerdos en una cadena industrial. De nuevo, un cráneo abierto que contiene un cerebro recuerda que nos hallamos en el contexto de una exploración científica. El siguiente paso, sin embargo, muestra cómo diversos actos cotidianos –observados de un modo descontextualizado– adquieren características monstruosas. Un cuerpo bajo el agua de la ducha, el recorte de las uñas, un masaje de la piel, una boca abierta para el cepillado de los dientes, la limpieza de los conductos auditivos, el proceso de desmaquillaje del cutis, el moldeado de unas pestañas o la colocación de una lentillas son algunos de los procesos descritos en primerísimos planos para descubrir nuevos aspectos de sensaciones aparentemente inocuas. Por último, sobre unas imágenes de la recomposición de diversos cortes cerebrales para reconstruir la primitiva apariencia de un cerebro, *Schizo* concluye con una explícita invitación a la locura.[1] «Nos parecía –explica Bofill– que ésa era la única fórmula de compensar la mala conciencia que nos creaba habernos aprovechado de los internos que filmábamos. Ya que nos habíamos servido de ellos para ilustrar nuestra teoría sobre los orígenes de la creatividad, creíamos que el final del film debía situarse de su parte.»

Producido por el propio Taller de Arquitectura, la mayor

---

1. Esas imágenes, aunque no el sentido global de la escena, han sido suprimidas por su autor de la copia del film restaurada en 1991.

parte del metraje del film –el que corresponde a la escenificación de los mimos– se rodó durante cinco días de octubre de 1970 en las oficinas instaladas en Moratalaz, con Serena Vergano como protagonista y Durán como organizador del rodaje. El trabajo de la actriz fue especialmente brillante, ya que no sólo encarna al personaje central sino que dobló todas las voces, creando una serie de estratos sonoros que reproducen los diversos niveles de una personalidad desdoblada. Según ella misma recuerda, «la película está desdoblada entre la realidad y el sueño. Es la reflexión de una enferma mental, su relación entre el mundo exterior y su mundo interno, la imposibilidad de romper esta barrera. El montaje intercala estas secuencias de sueños en las que se refleja su impotencia para comunicarse o su falta de afecto o su necesidad de amor y su miedo a que la locura le haga perder definitivamente el contacto con el exterior, incluso con una tendencia al suicidio a causa de la desesperación. También hay ese intento de explicar el sueño y la vida interior de un enfermo y la intención de racionalizarlo y objetivizarlo con un discurso psiquiátrico y eso hace que la película tenga esas asperezas, esos tonos tan distintos».

No menos decisiva fue la aportación de Amorós para conseguir unos encuadres que muestran composiciones perfectamente equilibradas en volumen y forma desde el momento que la iluminación –como ya sucedía en *Circles*– elimina las sombras. El director de fotografía recuerda las dificultades que presentaba el proyecto, «porque buscábamos unas fórmulas que fuesen irreales pero que partiesen de una cierta realidad. Actualmente habríamos usado unas imágenes electrónicas para conseguir aquel efecto, pero en aquella época tuvimos que recurrir a un efecto copiado de *Un hombre y una mujer*, de Claude Lelouch, de aquel plano del hombre y el perro que se acercan desenfocados. Y a partir de aquí creamos unas imágenes que, siendo humanas, estaban deshumanizadas. Era un lenguaje bastante puro que entonces tenía su gracia. La película, vista ahora, es bastante ingenua pero creo que tiene su interés y un punto de impertinencia». En cualquier caso, crea una inquietante atmósfera –distante de cualquier estructura dramática tradicional– en la que personajes y objetos adquieren una dimensión hiperrealista que incide sobre el carácter simbólico de la citada línea divisoria entre la creatividad y la locura. Para Bofill, «el loco es un creador no controlado y el creador es un loco que tiene sus delirios bajo control».

Aunque Bofill subraye actualmente que *Schizo* era un material de trabajo que no fue hecho pensando en el público, lo cierto es que un film de esas características jamás habría superado la censura franquista. Se rodó sin ningún tipo de notificación administrativa y, aunque se hizo una copia doblada en inglés con destino a posibles proyecciones en universidades norteamericanas, «delimitó, en nuestra historia, el final de la utopía incontrolada del Taller. Después de este film, nuestra arquitectura cambió. La reflexión que habíamos desarrollado en él nos sirvió para cambiar no nuestra personalidad, pero sí nuestra estrategia de comunicación».[1] Un pase clandestino de madrugada en un cine barcelonés fue la única proyección pública de este verdadero callejón sin salida de la vertiente cinematográfica de Bofill, hasta que el entusiasmo del productor francés Jean Réal lo rescató, en 1991, de su prolongada hibernación para ser proyectado, con una copia restaurada, en una sesión especial de la Mostra Internazionale de Venecia de aquel año. El también arquitecto Paolo Portoghesi, entonces presidente de la Biennale, presentó personalmente la sesión y definió *Esquizo* como «un trabajo típico de su tiempo que pertenece a la cultura de la rebelión». Como así fue.

6. DESDE EL CREPÚSCULO

Dado que, a finales de los sesenta, Portabella todavía no tenía pasaporte, no pudo seguir al pie de la letra los consejos de Jordá pero organizó su propio Vietnam cinematográfico sin salir de Barcelona. Dicho con otras palabras, abandonó el formato de 35 mm y las servidumbres administrativas que todavía había mantenido en *Nocturno 29* para lanzarse hacia un cine que

1. Ricardo Bofill a Jean Réal, declaraciones efectuadas en julio de 1991 y reproducidas en el dossier de prensa del film.

proseguía su investigación sobre el lenguaje sin dejar de profundizar en una dimensión política que le llevaba a enfrentarse frontalmente no sólo con la censura sino con las limitaciones impuestas por la distribución y la exhibición. Esta nueva etapa del realizador comenzó con tres cortometrajes realizados por encargo del Colegio de Arquitectos de Barcelona a propósito de la exposición «Miró, l'altre», organizada en 1969 como respuesta a una manifestación oficial que pretendía recuperar políticamente la figura del pintor catalán. Los objetos que se exhibían eran muebles kitsch relacionados con la obra de Miró, paneles informativos, fotografías hechas por Colita y también dos de los tres films de Portabella. El primero –exhibido en continuidad a la salida de unas escaleras mecánicas– lleva por título *Aidez l'Espagne* (o *Miró 37*) y es un montaje de imágenes documentales de la República y la Guerra Civil –en blanco y negro– y termina con el sello diseñado por el pintor, rodado en color. El segundo, *Premios nacionales*, es un reportaje sobre los premios oficiales de Bellas Artes que, según Portabella, «con un sonido de música de zarzuela presenta algunas de aquellas pinturas mayoritariamente pompier que encontré llenas de polvo en los sótanos del Museo del Prado». Y el tercero, titulado igual que la exposición y rodado a posteriori, da testimonio de ella con el rodaje de la «pintada» y posterior «disolvencia» de los trazos que el artista perpetró efímeramente en los vidrios de la planta baja del Colegio de Arquitectos. Un cuarto cortometraje de esta época –en cuyo guión colaboró Joan Enric Lahosa– reflejaba la personalidad del bailarín Antonio Gades, pero el sonido directo fue destruido por error y nunca se llegó a montar.

El contestatario curso de cine que Portabella impartió durante la temporada 1969/70 en la Escuela Aixelà –otro improvisado intento de institucionalizar la didáctica cinematográfica en Barcelona, esta vez a partir de una iniciativa privada dirigida por el húngaro András Boglar sobre la infraestructura proporcionada por un establecimiento de fotografía– le convirtió, como veremos, en un punto de referencia del entonces emergente cine independiente. En 1970, el realizador rodó el mediometraje *Poetes Catalans*, crónica de un recital de carácter marcadamente político celebrado en el Price, y *Play-Back*, un cortometraje sobre la grabación de la banda sonora de «Miró l'altre» que consolidó su relación profesional con Carles Santos. Pero, al mismo tiempo que apuntalaba esas funciones de mecenazgo, sus propias prácticas corroboran una evolución basada en la reflexión sobre la naturaleza del lenguaje cinematográfico. A partir de una idea conjunta con Joan Brossa a finales de 1969, *Cuadecuc/Vampir* surgió de la participación de la mujer de Portabella como *script* de la versión de *El conde Drácula*, coproducida por la Hammer, dirigida por Jesús Franco y protagonizada por Christopher Lee, Herbert Lom, Klaus Kinski y Soledad Miranda. «Yo estaba rodando una película de Jesús Franco –recuerda Annie Settimo– y Pedro me dijo que le gustaría hacer una película sobre la película y que preguntase al productor si eso era posible. Yo había trabajado en muchas películas con éste y con Franco y me dijeron que sí, que si los actores aceptaban..., y ellos dijeron que también les parecía bien. De alguna manera era un documental sobre el rodaje, lo que pasa es que Pedro hizo otra cosa.»

Desposeído de diálogos, revelando trucajes, sustituyendo la música original por una banda sonora compuesta por Carles Santos y rodada con una espectacular fotografía de Manel Esteban surgida de las circunstancias,[1] *Cuadecuc/Vampir* era, efectivamente, «otra cosa»: un ensayo que investigaba los mecanismos propios del cine de terror desposeídos de algunos de sus códigos accesorios. Por otra parte, el hecho de que la película concluya con un monólogo de Christopher Lee leyendo, en inglés, el fragmento de la novela de Bram Stoker correspondiente a la muerte del vampiro, tampoco estaba desprovisto de connotaciones políticas. Para quien quisiese entenderlo, la metáfora derivada del proceso de vampirización ejercido por el franquismo sobre el pueblo español resultaba evidente. No fue éste el caso de los censores, quienes, en cambio, prohibieron el film por otros motivos. Un oficio de la Dirección General de Cultura

1. «Como no teníamos ni un duro –recuerda el director de fotografía–, descubrí la posibilidad de robar película de televisión. Por lo tanto, TVE financió *Cuadecuc/Vampir*. Utilizamos el negativo de sonido como negativo de imagen y, además de que queda muy bien, salía muy barato. La imagen era espectacular, muy salvaje. Visto ahora, en perspectiva, es una apuesta formal que salió por casualidad. Me decían que estaba loco, pero al final, en el laboratorio, quedaron muy sorprendidos con el resultado.»

335

Popular fechado en octubre de 1970 informaba desfavorable-
mente del «proyecto de realización de la película titulada *La
cola del gusano*» por su formato en 16 mm y, especialmente,
porque «se tienen noticias de que la mencionada película ha
sido rodada sin cumplir ninguna norma legal ni sindical (contratación del equipo técnico, presentación de contratos para su
visado y figurando en la ficha artística la fallecida actriz Soledad Miranda), tratándose de una productora reincidente en la
ignorancia de los más elementales deberes sindicales».

Sin otros trámites administrativos que el registro en el depósito legal, el film –cuyo título constituía un elocuente homenaje
a Carl T. Dreyer– fue programado por la Quinzaine des Réalisa-
teurs de Cannes en 1971, donde gozó de una favorable acogida
crítica. También fue visto por una representante del MOMA de
Nueva York, quien hizo gestiones para la adquisición de una copia y programó su proyección en la sede de esta institución.
Ésta se llevó a cabo en enero de 1972, precedida por la lectura
que la dirección del Museo de Arte Moderno hizo de un texto escrito por Portabella[1] y, ya en el coloquio posterior, «cuando alguien preguntó por qué no había venido el director –recuerda
Annie Settimo–, yo respondí con la verdad: porque no podía salir de España, hacía ocho años que no tenía pasaporte. Y entonces se levantó Ángel Zúñiga –el crítico cinematográfico de *La
Vanguardia*– y dijo: *"This is a lie."* No sé si lo dijo en español. Yo
me quedé perpleja, porque la intervención estaba formulada de
una forma bastante grosera». Román Gubern, que también estaba presente, corrobora el incidente e incluso recuerda haber
separado físicamente a Zúñiga –cubierto con un aparatoso abri-
go de pieles– de Carles Santos y Annie Settimo para que el asun-

1. Este texto, íntegramente reproducido en el volumen sobre Portabella
editado por el Cine-Club d'Enginyers de Barcelona, acaba diciendo: «Si tienen
ustedes en cuenta este contexto, el hecho de la denegación reiterada del pasaporte que recae sobre mí y tantos otros compañeros dedicados a trabajos intelectuales, y que explica mi ausencia de hoy en Nueva York, y la represión sobre
el medio de comunicación que hace posible que *Vampir* carezca de existencia
legal en mi país no deben ser interpretados nunca como hechos aislados, ya
que expresan mejor la realidad española que todas las representaciones oficiales de España en los Festivales Internacionales, al margen del interés que pueda merecerles este film. Aquí está pues *Vampir*, no a pesar de todo, sino como
resultado de todo.»

to no llegase a las manos. Como resultado de estos incidentes se escribió un comunicado de protesta, dirigido al embajador español en Washington, que fue firmado por 115 personas, entre las cuales figuraba Jonas Mekas, un viejo amigo de la Escuela de Barcelona. Paradójicamente, aunque la película no había sido legalizada en España, *Cuadecuc/Vampir* sería adquirida por la distribuidora norteamericana Ronin Films para difusión en salas especializadas de Estados Unidos y Canadá con el curioso título de *How Vampire Movies are Made*.[1]

Umbracle, última de las cada vez más deterioradas colaboraciones entre Portabella y Brossa, se rodó en Barcelona entre el 27 de abril y el 11 de mayo de 1970, de nuevo con la presencia de Christopher Lee como protagonista. Según Annie Settimo, «recuerdo haber ido a su casa, en Londres, para pedirle si podía venir a España para hacer esta película pero que no habría dinero para pagarle lo que él cobraba en aquella época. Me dijo que lo haría por nada. Sólo cobraba las dietas y el viaje. Pedro no lo podía pagar y le regaló un libro de Miró, un libro de arte, y Miró le hizo un dibujo con bolígrafo. Christopher estaba encantado». El papel que interpretaba en *Umbracle*, otro título de resonancias crepusculares para un nuevo largometraje rodado en la más estricta clandestinidad, era el de un hombre cualquiera que pasea por diversos escenarios barceloneses provocando la perplejidad mutua entre un actor descontextualizado de su habitual imagen cinematográfica y la mirada de un extranjero sobre la realidad española de aquella época.

En el guión, la protagonista femenina se llama Lucía –como la actriz de *Nocturno 29*–, pero fue Jeannine Mestre quien interpretó este papel. Razones presupuestarias obligaron también a suprimir otras secuencias inicialmente previstas, como una visita del protagonista al Museo de Cera de Londres, una actuación del pintor Antoni Tàpies, imágenes de Barcelona con las calles decoradas con motivos navideños y las cinco últimas escenas, posteriores al final rodado, en el cual, tras la aparición de unas manos con un compás, simbolizando la V de la victoria

1. Véase: Josep Torrell, «*Cuadecuc* en Norteamérica», en *Cuadernos de la Academia*, n.º 2, Madrid, enero de 1998, págs. 307-318.

invertida, otra mano aplasta a una mosca. Según Portabella, «problemas de presupuesto los había siempre, pero en este caso pensé que la imagen de la mano aplastando la mosca con música de Ray Coniff de fondo era un buen final que inutilizaba las restantes secuencias previstas en el guión».

Estructurado como un *collage*, *Umbracle* conjuga estos soliloquios de Christopher Lee con otros iconos cinematográficos. Algunos son explícitamente refrendados por las entrevistas realizadas con los historiadores cinematográficos Miquel Porter Moix –martillo de las herejías anticatalanistas de la Escuela de Barcelona–, Román Gubern –ya entonces preocupado por el funcionamiento jurídico de la censura bajo la atenta mirada de un gigantesco póster de Lenin–, Miguel Bilbatúa y Joan Enric Lahosa. Otros proceden de la inclusión de diversas secuencias de *El frente infinito* (1956), un film de Pedro Lazaga sobre la Guerra Civil española, o de explícitas citas a Charles Chaplin, Harold Lloyd, Stan Laurel y Oliver Hardy. También abundan las referencias simbólicas al universo freudiano y, muy particularmente, a un fetichismo que remite a las obsesiones desarrolladas por Luis Buñuel en *Él* (1952). La asociación del sonido telefónico con el rótulo «efectos timbrados» colocado en un estanco, la actuación de unos payasos, el proceso seguido por centenares de gallinas en un matadero o la asociación entre el disco de un teléfono y un microsurco rayado certifican estas influencias ajenas pero también permiten reconocer el inconfundible sello poético que caracteriza la sintonía entre el universo de Portabella, los poemas visuales de Brossa y la música de Santos.

Al igual que *Cuadecuc/Vampir*, *Umbracle* también se exhibió en la Quincena de los Realizadores de Cannes, en 1972, y buena parte de su financiación procedía del importe de la venta de las litografías del cartel de la película, diseñado por Joan Miró. Las relaciones entre el cineasta y el pintor se prolongaron en 1973 con tres nuevos trabajos: los cortometrajes *Miró-tapis* (1973) y *Miró-forja* (1973), y el guión *Mas Miró-Mont Roig*, escrito por el pintor pero nunca filmado.[1] Posteriormente, la mi-

---

1. Portabella lo publicó en 1996 en la revista *Cave Canis* y, en un prólogo introductorio, concluye: «Miró cumplió, yo todavía no; estoy en deuda con él.

litancia cinematográfica de Portabella se materializaría a través de los mediometrajes *Advocats laboralistes* (1973) y *El sopar* (1974) o del largometraje *Informe general* (1976), lúcida crónica sobre la transición a la democracia que no renuncia a la reflexión sobre el lenguaje cinematográfico. Trece años después de una intensa actividad política, Portabella regresaría al cine con *Pont de Varsòvia* (1989), un film que mantiene vivas algunas de las proposiciones asociadas a la Escuela de Barcelona pero que, con el tiempo –si éste se puede medir en la indiferencia intelectual o de las administraciones públicas–, resulta todavía más rupturista que en el contexto propio de los sesenta.

7. POBRES, PERO INDEPENDIENTES

Antes de que Portabella se convirtiera en uno de los puntos de referencia del cine independiente surgido a principios de los años setenta, ya existían algunos precedentes en este terreno, establecidos por el gerundense Jordi Lladó con *Amor adolescente* (1965), un largometraje legalmente acogido por la productora de Josep Maria Forn y protagonizado por Paco Viader, futuro protagonista de *Después del diluvio*; y, sobre todo, por Llorenç Soler. *Script* o ayudante de dirección en algunos largometrajes de la Escuela de Barcelona, este valenciano afincado en la ciudad condal marcó distancias con el aséptico –cuando no reaccionario– cine *amateur* catalán a través de cortometrajes –*Será tu tierra* (1966), *52 domingos* (1967), *D'un temps, d'un país* (1968) o *Largo viaje hacia la ira* (1969)– marcados por un tono beligerantemente político y temas –la emigración, los toros o la figura del cantante Raimon– que repiten algunos de los abordados por los miembros de aquel movimiento cuando todavía creían que era posible hacer Victor Hugo.

En primera instancia, Portabella también había sido discípulo del autor de *Los miserables*, pero, incluso después de la Escuela de Barcelona, seguía apostando por Mallarmé cuando

---

El hecho de acceder a publicarlo es una manera de comprometerme a hacer la película.»

declaró que «las vanguardias políticas de entonces eran las más reticentes ante mi trabajo cinematográfico. Querían el cine al servicio de una acción política concreta. No lo discuto, tengo compañeros de gran talla intelectual que escribían octavillas..., pero no se puede renunciar a la reflexión específica sobre el medio en que trabajas, porque es una forma de contribuir ideológicamente a un contexto revolucionario».[1] Este posicionamiento, que resulta evidente en su trabajo personal, también es aplicable a los films que produjo e incentivó a través de autores como Carles Santos o Antonio Maenza.

Autor de la banda sonora de *Nocturno 29, Cuadecuc/Vampir* o *Umbracle* y correalizador del cortometraje *Play Back*, el compositor valenciano también desplegó durante estos años una amplia actividad autónoma como cineasta. En una línea de trabajo que sintonizaba plenamente con las reflexiones teóricas de Portabella, dirigió los cortometrajes *L'apat* (1967), *L'espectador. Habitació amb rellotge. La llum. Conversa* (1967), *La cadira* (1968) o *Preludi de Chopin* (1969) bajo el criterio de que «quizá son consecuencia de la fascinación de aterrizar en el cine, en la importancia que podían llegar a tener los ruidos, el sonido, situados en un cierto contexto».[2]

Algunas imágenes de *El lobby contra el cordero*, rodadas por el aragonés Antonio Maenza con motivo de una visita a Barcelona durante el verano de 1968, transcurren en el Drugstore de Paseo de Gracia, la Cova del Drac de Tuset Street y otros escenarios emblemáticos de la Escuela de Barcelona.[3] No resulta, por lo tanto, sorprendente que tras un periplo que le llevaría a Madrid –donde entabló contacto con la nueva generación de cineastas independientes (Augusto Martínez Torres, Antonio Artero, Alfonso Ungría, Iván Zulueta, Emilio Martínez Lázaro o Ricardo Franco) que habían relevado a los viejos «mesetarios»– y Valencia –donde rodó *Orfeo filmado en el campo de batalla*–,

1. Pere Portabella a Tomás Delclós, *Tele-eXprés*, 27-1-1978.
2. Carles Santos a J. M. García Ferrer y Martí i Rom, *Finestra Santos*, Cine Club Associació Enginyers Industrials, Barcelona, 1982, pág. 16.
3. Pablo Pérez y Javier Hernández, *Maenza filmando en el campo de batalla*, Gobierno de Aragón y Diputación General de Aragón, Zaragoza, 1997, pág. 23.

recalase en Barcelona para situarse bajo el paraguas de Portabella con el objetivo de producir *Hortensia-Beance*. Eso sucedía en 1969, y en el entorno de ese largometraje tan técnicamente inmaduro como poéticamente desgarrador que se rodó en una finca con jardín cedida por el fotógrafo Xavier Miserachs, se aglutinarían diversos personajes directamente vinculados con ciertos sectores de la Escuela –el ayudante de dirección Arturo Pousa, el director de fotografía Manel Esteban, el escenógrafo Fabià Puigcerver o los actores Carlos Otero, Enrique Irazoqui y Carmen Artal, compañera de Jordá, además de variopintos figurantes reclutados entre la *gauche divine*– con miembros de una nueva generación dispuesta a sucederla en un tono definitivamente rupturista.

Maenza nunca sintonizó con el núcleo originario de la Escuela –«molestaba a la gente de Bocaccio, porque ante él su supuesto malditismo y originalidad no eran nada auténticos», afirma Emma Cohen–,[1] pero, en cambio, se convirtió en el eslabón perdido que, a través de Portabella, une a Esteva, Jordá, Nunes y compañía con los jóvenes que debutaron bajo la etiqueta del *underground* –como Antoni Padrós o Gonzalo Herralde–[2] y/o adscritos a los criterios esgrimidos, en 1970, por el Manifiesto del Cine Pobre, en el cual Enrique Brasó plantea que, «ante unas estructuras inamovibles (Censura, Dirección General de Cine, EOC, Sindicato, Producción, Distribución, Exhibición), sólo quedan dos posibles salidas: o quedarse en casa y dedicarse a la contemplación o dar la batalla. Una desproporcionada, desigual, leonina, pero real batalla. Esta batalla, y no es un idealismo, tiene que EMPEZAR a darse. [...] Si el cine español está amordazado (Censura), coagulado (Dirección General), ridículo y clasista (EOC), inoperante (Sindicato), híbrido y leonino (prod., dist., exhib.), sólo cabe una batalla: HACER UN CINE POBRE».[3]

1. Pablo Pérez y Javier Hernández, *op. cit.*, pág. 128.
2. Gonzalo Herralde debutó con los cortometrajes *Cartel* (1970), realizado junto con Gustau Hernández, *El B. va a Nueva York* (1971), producido por Oriol Regàs a raíz de un viaje organizado por Bocaccio, y *Mi terraza* (1973), en colaboración con Óscar Tusquets, antes de rodar el largometraje *La muerte del escorpión* (1975), protagonizado por Teresa Gimpera.
3. Enrique Brasó, «Manifiesto por un CINE "POBRE"», *Nuevo Fotogramas*, n.º 1.153, 20-11-1970, pág. 13.

A esos postulados tardíamente heredados de las Jornadas de Sitges respondía indistintamente el cine independiente realizado en Madrid[1] o los cortometrajes producidos en la ciudad condal por los citados herederos de la Escuela de Barcelona que, durante el tiempo que duró el rodaje de *Hortensia*, convivieron en la finca de Miserachs. El fotógrafo fue el realizador de *AMÉN. Historieta muda*, además de director de fotografía de algunos cortos de Enrique Vila-Matas y Emma Cohen. El entonces periodista y futuro escritor fue el autor de *Fin de verano*, además de guionista y actor del inacabado *Lo que el viento arrastró* (1968), de Jordi Cadena. La protagonista del film de Maenza y también actriz en *Cabezas cortadas*, dirigió en Cadaqués *Primera historia de Berthio*, producido por Portabella y con Manel Esteban como director de fotografía. Gustau Hernández –guionista de *Aoom*– dirigió *El amor de María*, *Dedicat a Maria Aurèlia* y *Simbiosis 4*, estos dos últimos interpretados por Mario Gas, que había intervenido como actor en *Noche de vino tinto* y *Sexperiencias*. En otra órbita igualmente cercana a Portabella, Pere Joan Ventura –alumno de Aixelà– dirigió el corto *Sidon mata Basora*, mientras Manel Esteban, que ya había rodado *... i després ningú no riurà* (1968) bajo la etiqueta de Films 59, fue el director de fotografía de todos los cortos del ciclo Miró y participó activamente en el nacimiento del Col·lectiu de Cinema, vinculado al PSUC y surgido de la experiencia del 68 matizada por el paso de la mayoría de sus componentes por las aulas de la Escuela Aixelà o de los posteriores cursos impartidos en el Institut del Teatre. Es probable, como afirman Javier Hernández y Pablo Pérez en su biografía de Maenza, que el copión sonorizado de *Hortensia* –del cual únicamente han sobrevivido cuatro horas de imágenes sin ordenar ni sonorizar– acabara como colas de arrastre de películas militantes, con lo cual la herencia de la Escuela de Barcelona no sólo sería tan endogámica como aquélla sino, además, autofagocitadora.

1. Con vasos comunicantes con la Escuela de Barcelona tan significativos como los dos primeros largometrajes dirigidos por Alfonso Ungría: *El hombre oculto* (1971), producida en Madrid por Mota Films con Carlos Otero, Luis Ciges y José M.ª Nunes entre los protagonistas, era un reflejo indirecto de la experiencia clandestina vivida por Muñoz Suay; *Tirarse al monte* (1972), de nuevo protagonizada por Ciges, era una producción de la firma barcelonesa Profilmes avalada por el promotor de la Escuela.

XI. ADIÓS, MUNDO CRUEL

Jacinto Esteva fue quien llevó más lejos su Vietnam particular. Materialmente, viajó hasta el corazón de África en busca de los mismos elementos místicos y religiosos que había estado buscando en España. Metafóricamente, su evolución personal puso en evidencia el germen autodestructivo implícito en la Escuela de Barcelona. Paradójicamente, ésta no fue estéril pero si el movimiento se gestó en torno a la compleja personalidad del más genuino de sus representantes, también es lícito pensar que él mismo fue quien puso el punto final. Saber, en cambio, quién acabó con quién ya es tarea más problemática.

1. DE IBIZA A AMÉRICA LATINA

Los reiterados intentos emprendidos por Ricardo Muñoz Suay para abrir Filmscontacto a proyectos que no fueran los exclusivamente personales de Jacinto Esteva cristalizaron cuando, en el curso del festival de Cannes de 1969, el productor valenciano –acompañado por Pere I. Fages, responsable de la recién creada rama de distribución de aquella empresa– convencieron al cineasta brasileño Glauber Rocha para que rodase su siguiente película en España. Por otra parte, los problemas sufridos por *Después del diluvio* para la obtención del Interés Especial y el retraso de su estreno ensombrecieron las finanzas de la productora, hasta el punto de que las hábiles gestiones de Muñoz Suay desembocaron en una doble coproducción con Profilmes, la

343

misma marca para la cual ya había intervenido en el rodaje de *El último sábado*. Su promotor era Juan Palomeras Bigas, un empresario simpatizante del Opus Dei y vinculado al sector inmobiliario que se introdujo en el mundo del cine cuando Pere Balañà, director de *El último sábado*, le propuso gestionar unos terrenos de su propiedad en los que se construirían los barceloneses estudios Kine, S. A. La productora fue registrada en 1965 con el nombre de Films Pronade, S. A.; un año más tarde fue rebautizada como Profilmes, S. A., pero, tras el fracaso económico de esa primera experiencia, su estrategia industrial fue objeto de sucesivos replanteamientos. Inicialmente abarcó la coproducción *Simón Bolívar*, dirigida por Alessandro Blassetti en 1969, pero pronto surgieron otros dos proyectos también protagonizados por Francisco Rabal y coproducidos con Filmscontacto.

El primero de ellos tenía que ser el film de Rocha, pero, por incompatibilidad con la agenda del brasileño, éste fue desplazado por una reinterpretación muy personal que Jacinto Esteva había hecho del mito de Ícaro. Según el realizador, el protagonista de este guión era «el hombre que busca la libertad a través del sexo, la religión y la política, pero no conviene encontrarla. Es un pequeñoburgués inglés, un hombre que va a escribir a una isla irreal, buscando esa libertad y no lo consigue. Es un tramposo, como todos los que buscan la libertad con mayúsculas».[1] Los orígenes de este personaje eran múltiples. Por una parte se trataba de un retrato del escritor británico Anthony Waters, a quien Esteva había conocido en Ibiza e incluso empezó a trabajar en el proyecto. Por otra parte, estaba Rafael Azcona, que había abordado un tema parecido en un cuento publicado en la efímera revista *Snob*, y acabaría firmando, en colaboración con Esteva, el guión de esta «historia de un embustero que ama a una mujer que no lo ama y que se tira al vacío aguantándose de una cuerda; o sea, haciendo trampa».[2]

1. Jacinto Esteva a Augusto Martínez Torres, *Nuestro Cine*, n.º 95, marzo de 1970, pág. 65.
2. Rafael Azcona a Casimiro Torreiro, «Nosotros, que fuimos tan felices. Rafael Azcona en la Barcelona de la "gauche divine"», en Luis Alberto Cabezón (coord.). *Rafael Azcona, con perdón*, Ayuntamiento/Instituto de Estudios Riojanos, Logroño, 1997, págs. 337-338.

Pero, a pesar de esas influencias externas, no resultaba difícil entrever, en el personaje central de *Ícaro*, un reflejo bastante convincente de la personalidad del propio Esteva.

Autor de una novela sobre la pubertad y el sadismo, el protagonista del guión –que responde al nombre de Julián Beresford-Greene (alter ego de Jacinto Esteva-Grewe)– abandona su trabajo y su familia para instalarse en Ibiza. El motivo que él mismo reconoce como motor de su decisión es la creación: en este paraíso de libertad espera encontrar la paz necesaria para escribir una novela, pero jamás conseguirá este objetivo. En cambio, se introduce en una atmósfera poblada por peculiares personajes: un veterano de guerra (Adriano) que tiene una placa de metal en el cráneo, se comporta con absoluto capricho y se jacta de no trabajar; su más bien elusiva compañera (María); un intelectual que vive leyendo y declamando trozos de los libros que lee (Mustela); una joven hermosísima (Ruth), que amará a Julián, pero a la cual éste decepcionará; una gurú embarazada, eternamente rodeada de un grupo de acólitos –entre ellos, la joven Ruth–; un enigmático millonario (Kuno) a quien sirven 11 mujeres, que realizan para él excitantes juegos acrobáticos en el agua; o un médico enfermo y ya desahuciado por la ciencia tradicional, que vive una extraña relación con una bella campesina local.

Frente a esa galería de personajes de la época, el protagonista de *Ícaro* se muestra indeciso, prisionero entre su pasado burgués y familiar, lo que cree que es su vocación artística (que a la postre él mismo descubrirá como una simple coartada) y, sobre todo, de la contradicción derivada de la no aceptación de una sexualidad libre como la que impera en su entorno. Agobiado por esa angustia vital, Julián desencadena un final que reinterpreta el mito de Ícaro: provisto de unas alas construidas por él mismo, se acerca a la casa de Adriano, donde están reunidos todos los personajes que ha frecuentado, y se lanza al vacío, pero, por un fallo técnico, queda colgando de un acantilado, en una perfecta metáfora visual de toda su vida. Desde esa insólita posición, asiste a un torrencial ataque de cólera de Adriano, quien dispara su metralleta sobre los reunidos, lanza luego los cadáveres al mar y termina él mismo por volarse la cabeza. El falso Ícaro ve entonces cómo el cadáver de su amigo termina en el mismo lugar que los de las personas con las que él fue tan poco capaz de conectar en su estéril y culpabilizador periplo ibicenco. En consecuencia, un epílogo muestra el regreso al hogar de un vencido, desorientado Julián, dispuesto a reiniciar su aburrida vida junto a su esposa, que acaba de dar a luz a un hijo suyo. Temas como la muerte y el suicidio, la inseguridad personal o la esterilidad creativa –fundamentales en esta etapa de la trayectoria de Esteva– aparecen explícitamente reflejados en el guión. Éste también incluye una escena premonitoria del propio cineasta, en la que un médico, respondiendo a la demanda de calmantes por parte de un protagonista cada vez menos concentrado, sentencia: «Es inútil luchar contra la enfermedad... Hay que acostumbrarse a convivir con ella.»

A pesar de que ya se había presentado el guión a censura,[1] se habían construido decorados en el estudio barcelonés, se había elaborado un informe de viabilidad económica y las fechas del rodaje estaban previstas para marzo de 1970, *Ícaro* no llegó a materializarse. Josep Anton Pérez Giner, productor delegado por Profilmes para la realización del film, afirma –sin reparos ni remordimientos– que la responsabilidad de esta drástica decisión fue suya. Por una parte, existía una fundada desconfianza hacia la voluble personalidad de Esteva, sus poco ortodoxos métodos de trabajo y sus amigos que debían intervenir en la película.[2] Por otra, según recuerda Pérez Giner, «también falló la coproducción con Italia, en la que debía intervenir Marco Ferreri, y la presencia en el elenco de Irene Papas, a pesar de

1. Unos subrayados presentes en el guión indican las siguientes supresiones: *a)* la frase «No en el aspecto sexual... Yo creo que en este terreno quizá sea un error hablar de perversiones»; *b)* una referencia a diversas personas reunidas para fumar marihuana; *c)* un diálogo sobre el problema regional en el que se habla de «católicos y protestantes en Bélgica, el separatismo de vascos y catalanes en España»; y *d)* la réplica «a la mierda todos».
2. Esteva cultivaba auténticas «amistades peligrosas» en la isla. Una de ellas era Elmyr d'Hory, el notable falsificador de cuadros que poco después sería incluido por Orson Welles como protagonista de *Question Mark* (1971); otra, una mística vegetariana, que se proclamaba «la esposa del Diablo», de quien decía estar embarazada, que regentaba un restaurante, y estaba previsto que encarnase a la también embarazada gurú de *Ícaro*.

que Esteva y yo fuimos a Roma para intentar ligar la operación».[1]

No obstante los insistentes ruegos de Muñoz Suay para que Esteva pudiese rodar este film autobiográfico, entre cuyos protagonistas ya se había anunciado a la prensa la presencia de Dirk Bogarde –después sustituido por Paco Rabal–, Irene Papas, Annie Girardot, Anna Maria Pierangeli y Romy, el proyecto fue cancelado «ante la imposibilidad de que un rodaje pudiese llegar a buen puerto –sentencia Pérez Giner– si su realizador no se levantaba nunca antes de la una del mediodía». Esta situación generó pleitos –en los que Fernando Vizcaíno Casas actuaba como abogado de los intereses de Esteva, y Rabal fue indemnizado por haberse cancelado un contrato que ya tenía firmado– y propició el divorcio profesional entre Muñoz Suay, que optó por la posición más sólida que Profilmes le ofrecía, y Esteva. A pesar de ello, la marca Filmscontacto todavía se mantuvo –junto con Profilmes y Mapa Films, la firma de Rocha– en la coproducción de *Cabezas cortadas*, un film representativo del más emblemático de los realizadores del Cinema Nôvo pero que tampoco puede deslindarse de las experiencias asentadas por la Escuela de Barcelona.[2]

Esteva y Jordá habían coincidido personalmente con el autor de *Antonio das Mortes* (1968) cuando presentó *Terra em transe* (1967) en la misma edición del festival de Pesaro donde se exhibió *Dante no es únicamente severo*. Por otra parte, además de la sintonía existente entre el movimiento barcelonés y el

---

1. Siempre evasivo y elíptico, el director italiano corroboró que, con Esteva «tenía muchos proyectos. Teníamos una relación muy estrecha, siempre estábamos juntos. No sólo a propósito de *Ícaro* o *El pájaro negro* sino de otras cosas. Nos conocíamos desde hacía mucho tiempo, desde la época de *El pisito*, después de *El cochecito*, y también cuando volvía de aquellos viajes que hacía a África. Tuvimos contactos hasta poco antes de que muriese. Entonces ya no hacía cine pero hablábamos de muchas cosas». Entre las colaboraciones concretas que ambos materializaron, figuran el soporte técnico y de infraestructura que Esteva proporcionó al cineasta italiano para rodar en Barcelona algunas escenas de *Dillinger ha muerto* (*Dillinger é morto*, 1968) –un film que partió de una idea de Azcona– y de *El semen del hombre* (*Il seme dell'uomo*, 1969).

2. Véase: *Glauber Rocha y «Cabezas cortadas»*, Anagrama, Barcelona, 1970. Incluye el guión del film y un diario de rodaje escrito por Augusto Martínez Torres.

347

más radical de los nuevos cines latinoamericanos, en la capital catalana residían entonces una serie de escritores del otro lado del Atlántico bien dispuestos a establecer vasos comunicantes con el cine. Éste era el caso de Mario Vargas Llosa –autor del guión *La guerra particular*, escrito en 1973, que, al no poder ser filmado por Ruy Guerra en la República Dominicana, se reconvertiría en la novela *La guerra del fin del mundo*– o de Gabriel García Márquez, que ya disponía de una cierta experiencia como guionista de diversas producciones mexicanas[1] cuando cedió a Palomeras –en julio de 1969– los derechos del argumento y guión de *La increíble y triste historia de la cándida Eréndida y su abuela desalmada*, publicado como relato en 1972 y finalmente adaptado a la pantalla por Guerra en 1983. En ese contexto, Filmscontacto ofreció cien mil dólares a Rocha para que rodase un film en España. El realizador respondió con difusos proyectos basados en *Bodas de sangre*, de Lorca, o *Tirano Banderas*, de Valle Inclán, o un argumento de cinco folios provisionalmente titulado *El testamento de don Quijote*. Este texto, fechado en junio de 1969, estaba precedido por un prólogo que anunciaba «la intención de mostrar los últimos días de un gran hombre a través de sus delirios místicos, psicológicos, religiosos, líricos y existenciales». Su única relación con don Quijote sería que, como el héroe de Cervantes, «nuestro personaje se enfrentó a la vida en solitario, soñó conquistar tierras y fortuna y acreditó tener vencidos a todos sus enemigos».

Una de las condiciones planteadas por Muñoz Suay, ya como director general de producción de Profilmes, fue que el guión definitivo no plantease problemas con la censura. Sin embargo, la experiencia de la Escuela no había sido inútil y, en este caso, el retrato oblicuo de la figura de cualquier dictador latinoamericano –pero también del general Franco– se camufló bajo el pretexto culturalista de una libre adaptación del *Macbeth* de Shakespeare. La coartada surgió efecto y en octubre de

---

1. *El gallo de oro* (1964), de Roberto Gavaldón, *En este pueblo no hay ladrones* (1964), *Lola de mi vida* (1964), de Miguel Barbachano, *Tiempo de morir* (1965) y *Juego peligroso* (1965), de Arturo Ripstein, *Cuatro contra el crimen* (1967), de Sergio Véjar, *El caudillo* (1968), de Alberto Mariscal, y *Patsy mi amor* (1968), de Manuel Michel.

348

1969 el proyecto, entonces llamado *Macbeth 70*, no sólo era aprobado por censura sino que recibía el Interés Especial. Sin embargo, debido a los compromisos previos que Rocha había adquirido con Marco Ferreri y Guido Barcelloni para el rodaje de *Der leone have sept cabeças* en tierras africanas,[1] el cineasta brasileño tuvo que aplazar el rodaje de *Cabezas cortadas* hasta febrero de 1970, fecha en la que Rabal –ya contratado para *Ícaro*– sustituyó como protagonista a los inicialmente previstos Orson Welles o Robert Mitchum.[2] También pretendía disponer de Sara Montiel para el primer papel femenino pero, probablemente desaconsejado por todos los que habían vivido la experiencia de *Tuset Street*, el brasileño seleccionó entonces a una serie de actores de confianza –Marta May, Luis Ciges, Emma Cohen y Carlos Otero–, así como a algunos técnicos también procedentes de la órbita de la Escuela. Jaime Deu Cases, por ejemplo, tuvo «que hacer de director de fotografía y de cámara al mismo tiempo, por una imposición de Glauber Rocha. Quizá había visto alguna cosa mía que le gustaba e insistió en que yo llevase la cámara. Pero la foto de los primeros días de rodaje no le gustó nada y me confesó que lo que quería era "una fotografía del Tercer Mundo". Y, a partir de aquí, yo cambié y las cosas fueron bien».

No tan plácido fue el trato con los actores, especialmente en el caso de Pierre Clementi o de Rabal, que incluso llegó a amenazar con suicidarse antes de que apareciese su mujer, Asunción Balaguer, para serenar los ánimos. Finalmente, el rodaje, desarrollado en paisajes ampurdaneses cercanos al cabo de Creus durante el mes de marzo de 1970, acabó felizmente. Incluso contó con visitas puntuales de García Márquez o de Portabella –que no pudo interpretar un breve papel, tal como inicialmente estaba previsto– y terminó con la suficiente antelación para que sus miembros pudiesen desplazarse a Barcelona con el fin de asistir a una pro-

1. Los círculos endogámicos que unen a Muñoz Suay con Ferreri y anticipan las experiencias africanas de Esteva se cierran con el hecho de que Paolo Brunatto sería el responsable de la edición de la copia italiana de *Cáncer*, otro film de Rocha rodado en 1968 pero no montado hasta 1973.
2. Augusto MartínezTorres, «Notas sobre el proceso de *Cabezas cortadas*», *Nuestro Cine*, n.º 103-104, noviembre-diciembre de 1970, pág. 89.

yección de la versión definitiva de *Lejos de los árboles*, el film que Esteva había iniciado siete años antes. En cambio, *Cabezas cortadas* se estrenó pocos meses después, concretamente en julio de aquel mismo año en el marco del Festival de San Sebastián, donde una violenta crítica del enviado especial de *La Vanguardia*[1] motivó una carta de protesta firmada por numerosos periodistas y cineastas acreditados en el certamen. Su desastrosa carrera comercial no impidió, sin embargo, que Profilmes realizase un importante aumento del capital, registrado en 1972. Desde entonces, la empresa de Palomeras conjugó la producción de films de bajo presupuesto pertenecientes al género fantástico, el filón comercial de moda en aquel momento, con diversos largometrajes de autor que llevaban la inequívoca impronta personal de Muñoz Suay. No obstante, el hecho de que esta empresa fuera sólo un pequeño apéndice de la sociedad inversora Motion Pictures Investment, también vinculada al Banco de Navarra, la involucró en un escándalo financiero que liquidó sus actividades cinematográficas y dio pie a nuevas actividades profesionales del productor valenciano, primero en el sector editorial barcelonés y, desde 1987 hasta su muerte en agosto de 1997, como creador y máximo responsable de la Filmoteca de la Generalitat Valenciana.

Inhabilitado para trabajar en empresas ajenas, Esteva reaccionó con encomiable rapidez de reflejos a la cancelación del rodaje de *Ícaro*, y, aunque las circunstancias ya no eran las mismas, se volvió a atrincherar en Filmscontacto. Mientras *Después del diluvio* seguía pendiente de estreno –y de hecho no pudo llegar a las salas hasta que Filmscontacto dispuso de su propia rama de distribución–, Esteva puso en pie el rodaje de *Metamorfosis*, film del cual ya se ha hablado anteriormente.

2. AVENTURAS AFRICANAS

La dimensión mítica y antropológica de *Metamorfosis* habría podido prolongarse si Jacinto Esteva hubiese materializa-

---

1. «Por mi parte declaro, como contribuyente y como ciudadano, que si este film representa a España, yo no me siento representado. Más bien agraviado» (Antonio Martínez Tomás, *La Vanguardia Española*, Barcelona, 9-7-1970).

do su proyecto, anunciado en la prensa barcelonesa en marzo de 1970, de adaptar a la pantalla *El retorno de los brujos*. La obra de Louis Pauwels trataba sobre los fundamentos del erotismo, la magia y el fetichismo y habría podido establecer interesantes vasos comunicantes entre el escritor francés, que dos años antes había publicado un libro de conversaciones con Salvador Dalí,[1] y el cineasta barcelonés igualmente interesado por la personalidad y la obra del pintor surrealista.[2]

Nunca más se volvió a hablar de esa colaboración, pero no pasaría mucho tiempo antes de que Esteva encontrase la siguiente oportunidad para materializar las mismas obsesiones que lo atormentaban desde que rodó *Lejos de los árboles*. Siguiendo los premonitorios consejos de un personaje de *Ícaro* –al que el protagonista le pregunta: «¿Por qué no se va de una vez si Kenia le gusta tanto?»–, el cineasta encontró en el continente africano su Vietnam particular anunciado en el manifiesto de Jordá. La ocasión surgió a raíz de una iniciativa de los padres de Esteva que, con motivo de un aniversario familiar, invitaron a todos sus hijos a un safari en Mozambique. Jacinto aceptó, pero aquella misma noche, en Bocaccio, planteó a sus amigos más cercanos la posibilidad de rentabilizar cinematográficamente esta expedición. Inmediatamente surgió el precedente establecido por Jordá, que había rodado *Portugal, país tranquilo* como un preámbulo sobre la guerrilla de Angola; por otra parte, era reciente la relación establecida con Rocha, que ya había rodado *Der Leone have sept cabeças* en el Congo. Sobre esta base, Manel Esteban se desplazó a París para entrevistarse con el brasileño Carlos Diegues y el mozambiqueño Ruy Guerra quien, entusiasmado por un proyecto que él no podía asumir al estarle vetada la entrada en su país, puso a sus colegas barceloneses en contacto con la dirección del Frelimo, instalada en Argelia, y dio algunas indicaciones sobre cómo localizar a los guerrilleros.

Tal como estaba previsto, Jacinto Esteva partió con la expedición familiar a finales de 1970. Unos días más tarde llegaban

1. *Les Passions selon Dalí*, Denoël, París, 1968.
2. Según Romy, «un día, cenando en casa de Dalí, él le pidió a Jacinto que le trajese un elefante. Jacinto dijo que eso era muy difícil. Y Dalí insistió: "Pero quiero que sea blanco"».

Romy –mal vista por los padres de Jacinto porque no estaban casados– y Manel Esteban, provisto de una cámara de 16 mm, rollos de película y un carnet que lo acreditaba como reportero de TVE si las autoridades portuguesas sospechaban que de lo que se trataba no era precisamente de filmar «el safari del señorito Esteva. Estuvimos rodando durante un mes y medio –recuerda el director de fotografía– y a mí me detuvieron porque estaba filmando unos cuarteles. A la policía les dije que era español, invoqué el nombre de Franco y me soltaron».

La voluntad de rodar un film anticolonialista que denunciase la represión de la dictadura portuguesa se confirma con el guión que, en fecha próxima a 1974 y por encargo de Jacinto Esteva, escribió el periodista Bartolomé Pertusa. Provisionalmente titulado *Mozambique*, el texto consta de dieciocho páginas mecanografiadas que incluyen veinte secuencias donde se alternan breves descripciones de imágenes con extensos comentarios destinados a ser leídos en voz en *off* o las transcripciones de algunas entrevistas rodadas con sonido directo. En su conjunto, se trata de una frontal denuncia del colonialismo portugués a través de la presencia de ostentosos signos propagandísticos de la dictadura, la organización tribal de los nativos, los recursos turísticos derivados de la caza mayor, la explotación forestal, la situación de la enseñanza o los antecedentes históricos centrados en la esclavitud. Como complemento, prevé la inclusión de cuatro entrevistas: Romy charlando con unos cazadores que utilizan un mono como cebo para la caza de felinos, con un taxidermista que diseca las piezas cazadas por los turistas, con un militar retirado y jefe de la policía política, y con un misionero responsable de la educación primaria de los niños.

Según declaraciones efectuadas a la prensa, Esteva pensaba tratar este material desde un punto de vista televisivo –y así lo confirman los setenta y cinco minutos de metraje previstos en las anotaciones cronológicas que el realizador insertó, de puño y letra, en las páginas de ese guión– e incluso se refería a él con un título más atractivo que la escueta referencia geográfica a Mozambique. En efecto, *Del Arca de Noé al pirata Rhodes* aludía simultáneamente a la diversidad de especies animales ofrecidas como pasto para turistas millonarios y al fundador del país al que se dirigían muchos nativos para trabajar en sus ricas explotaciones mineras. Sin embargo, entre la estructura de ese proyecto que nunca vio la luz y las imágenes rodadas por Esteva que hemos podido visionar existen algunas diferencias que conviene precisar. Evidentemente, se trata de un material en bruto, pero también resulta tangible que diversas escenas han sido objeto de un primer proceso de montaje. Así lo certifica José María Nunes, que realizó una primera labor de selección a medida que el material llegaba de África y el siempre eficaz Francisco Ruiz Camps conseguía retirarlo de la aduana; o el propio Manel Esteban, quien posteriormente intentó establecer un mínimo orden en función de las experiencias que él había vivido.

Más allá de cualquier otra hipótesis, la impresión que actualmente provoca la visión de aquellas imágenes es que se trataba de la mimética repetición de la experiencia ya realizada por Esteva a propósito de *Lejos de los árboles*. Sin disponer de una infraestructura técnica tan brillante como en aquella ocasión, las imágenes africanas del realizador vuelven a mostrarnos la presencia de la muerte, la superstición, la tortura, la represión sexual o de diversos ritos a través de una serie de secuencias escalofriantes:

1) El entierro de un muchacho negro al que se le da sepultura envuelto entre cañas y se dibuja el contorno de la tumba con yeso blanco para que nadie la pise.

2) El baile de una hechicera que culmina en un ataque epiléptico del que después es reanimada.

3) Un mandril muerto primero crucificado y después ahorcado como reclamo de los felinos que serán abatidos por unos cazadores.

4) La cena ofrecida por un militar portugués y servida, a la luz de las velas, por camareros negros vestidos con uniformes blancos y bandas rojas.

5) Múltiples imágenes de nativos desollando animales (búfalos o elefantes) y descuartizándolos para aprovechar su carne, cuyos restos son devorados por buitres.

6) La entrevista con un taxidermista que muestra una bandeja con diversos ojos de vidrios para ser colocados en las órbitas de los animales disecados.

Por otra parte, la intuitiva capacidad visual de Esteva también está presente en otras secuencias que incluyen imágenes de un poblado situado entre los árboles de un bosque que recuerda el paisaje de *Después del diluvio*, de Romy en biquini y cubierta con un impermeable transparente bailando en la arena de unas marismas, de una sesión fotográfica con tres modelos –una de ellas vuelve a ser Romy– ante un barco abandonado frente al mar, haciendo flotar al viento pañuelos de seda de diversos colores, o de un niño negro bailando al son de un voluminoso radiocassette, elocuente metáfora sobre las contradicciones del colonialismo. Finalmente, Esteva tampoco dudó en manipular la realidad mediante elementos de ficción –tal como ya había hecho en *Alrededor de las salinas* o en *Lejos de los árboles*– en escenas como la de los negros que tiran sus lanzas, en cámara subjetiva, contra un búfalo previamente abatido o los tendenciosos encuadres del mandril crucificado.

Es posible, en consecuencia, que el film nunca se terminase debido al fuerte contraste existente entre el punto de partida del proyecto, el texto que Bernabé Pertusa escribió para su hipotética exhibición, y las verdaderas intenciones de Esteva, tal como reflejan las imágenes que él rodó. Sin embargo, parece más plausible apuntar la hipótesis de que, como a veces ocurre, la realidad superó a la ficción y, en este caso, la imaginación de Esteva ya corría definitivamente más deprisa que lo que era capaz de traducir en productos artísticos concretos. Así lo confirma el hecho de que, apenas un mes y medio después de su regreso a Barcelona a principios de enero de 1971, al día siguiente a la conmutación de la pena de muerte de los militantes antifranquistas procesados en Burgos, el cineasta volviera a enrolarse en otra incursión africana. El pretexto partía, según Pertusa, del proyecto del cazador José Antonio Moreno para organizar una compañía de safaris en el Congo. Sus socios eran Carlos Martín Artajo y Javier Alonso, pero, con el fin de rentabilizar el viaje, incorporaron a dos periodistas –Mariano Torralba, de Televisión Española, y el propio Pertusa, como corresponsal de la agencia Pyresa– y a la fotógrafo francesa Madeleine Teliot, compañera de Martín Artajo. La noticia llegó a oídos de Antonio Cores, un playboy de la *jet set* madrileña, quien, a cambio de ser aceptado

354

en la expedición, ofreció un vehículo todo terreno y contrató la presencia de Jacinto Esteva para hacer la película del viaje.

La comitiva partió de España el 17 de febrero de 1971, y sólo cuando llegaron a Omán, Pertusa fue consciente de que la ruta que seguirían hasta llegar al Congo –la más corta pero también la más peligrosa, a criterio de José Antonio Moreno– coincidía con la que recorrían los esclavos negros capturados por los mercaderes árabes. En consecuencia, la expedición –que viajaba en dos vehículos y transportaba las cámaras de Torralba y Esteva–, atravesó las localidades de Tamanraset (Argelia), Agadez (Níger), el Tchad, Bangui (República Centroafricana) y Kisangani (Congo). Sin embargo, dado que muchos de esos países estaban en guerra o en fase de descolonización, la gente a quienes pretendían entrevistar se negaba a hablar ante la cámara. Esteva filmaba constantemente pero casi nunca dispuso de ocasiones para dirigir el objetivo hacia las cosas que verdaderamente le interesaban. A pesar de todo, este material, actualmente situado en paradero desconocido, llegó a Barcelona y, a partir de un guión escrito por Pertusa en términos similares al de Mozambique, pero ilustrado con mapas y dibujos originales de Esteva –quien seguía pensando en la televisión como lógico destino del producto–, Nunes efectuó un primer montaje que, sin sonorizar e indistintamente titulado *La ruta de los esclavos* o *La isla de las lágrimas*, se proyectó en una sesión privada celebrada en casa del escultor Xavier Corberó.

De nuevo en España, Esteva regresó al cine de ficción con *El hijo de María*, un proyecto de concepción todavía más radical que *Metamorfosis*. Hastiado de las cada vez más difíciles relaciones con la administración española, el cineasta estableció un contrato con un exhibidor luxemburgués, Guy R. Freising, que le proporcionaba el paraguas legal que le permitía exhibir el film en el extranjero. Ello no le eximía de la necesidad de rodar «en cooperativa»; es decir, entre amigos que colaboraban desinteresadamente, en el marco de una masía que pertenecía a la familia Esteva y en el plazo de tan sólo ocho días. Por otra parte, el hecho de que el cineasta abordara el tema de la maternidad desde un punto de vista místico y antropológico hacía impensable que el film consiguiese superar jamás la barrera

355

impuesta por la censura franquista. Estructurado como una carta que una voz en *off* dirige a un amigo, el guión de *El hijo de María* volvió a ser inicialmente redactado por Nunes, aunque en los créditos no aparece su nombre y es sustituido por los de Jacinto Esteva, Javier R. Esteban y Ramón Eugenio de Goicoechea. Poeta, bohemio, uno de los animadores de las escasas tertulias vanguardistas existentes en la Barcelona de los cuarenta y, en la época, personaje carismático de Cadaqués, este último interpretaría además el primer papel masculino en esa reunión de amigos que conjugaba el espíritu lúdico de la EdB –si bien en este caso con un aire manifiestamente necrofílico– con los temas y estilo cercanos a Esteva. «Sustituyeron las frases de un personaje por las de otro –recuerda Nunes, que aparece en la película– porque lo que le gustaba a Jacinto era rodar en aquel ambiente. Después, yo volví a coger la película para dirigir el montaje y coordinar el doblaje.»

Rodado en blanco y negro en agosto de 1971, *El hijo de María* sería el último film realizado por Esteva. En él colaboraron Jaime Deu Cases –sustituido por Ricardo Albiñana Jr. antes de terminar el rodaje, y es este último quien consta acreditado– en funciones de director de fotografía, Ruiz Camps como director de producción y Andrés Andreu como diseñador del vestuario. Raimon interpreta una canción basada en un poema de Joan Salvat Papasseit. Entre los rostros que desfilan por la pantalla, Jaime Picas, Carlos Boué, Xavier Corberó, Carlos Durán, Armando Moreno, Nunes, Leopoldo Pomés, Sergi Schaff y Gonzalo Suárez encarnan a los participantes en un congreso celebrado en un decadente hotel donde una mujer –Núria Espert– le dice a un hombre cubierto con una máscara –Adolfo Berricart, periodista de *Sábado Gráfico*– que quiere tener un hijo. Supuestamente embarazada, se presenta ante su padre –Goicoechea– y en el parto están presentes los siete pecados capitales –interpretados por Serena Vergano y Romy, entre otras–, pero entonces se descubre que el vientre de la madre se hallaba vacío porque, en realidad, su pareja era una mujer –Teresa Gimpera– y la concepción era imposible desde el momento que «el amor es sólo un estúpido simulacro de la lujuria». Metafóricamente, esa caótica elegía de la esterilidad –desde el momento

356

que el concepto de fecundidad implica la existencia de la muerte– conjugada con una exaltación de los valores antropológicos que vuelven a unir el reino animal –representado por la matanza de un cerdo o un conejo al que, en vida, se le arrancan los ojos y la piel– con la muerte acaecida en un lugar donde «parece que todos los relojes se han parado», hubiese sido un final de trayecto profesional coherente con la personalidad de Esteva, pero el cineasta seguía teniendo la cabeza llena de proyectos.

Todavía entonces hablaba de *Ícaro* y también de un documental de producción cubana a rodar en Bolivia que nunca llegó a materializar. En enero de 1972 también anunciaba un film sobre El Lute que debía protagonizar Paco Rabal. El actor murciano estaba entonces interesado en otro proyecto sobre la vida de los delincuentes como fenómeno social que debía interpretar junto con Emma Cohen y Carmen Sevilla. Incluso se habló de la posibilidad de que ambos proyectos confluyesen y el resultado fuese codirigido entre Esteva y Nino Quevedo, impulsor del segundo. Curiosamente, sería Vicente Aranda con un guión de Joaquín Jordá quien, años más tarde, llevaría a la pantalla la biografía de Eleuterio Sánchez en un film en dos partes respectivamente tituladas *Camina o revienta* (1987) y *Mañana seré libre* (1988). Casualidades endogámicas al margen, el tratamiento que Esteva pretendía conferir al delincuente hubiese diferido radicalmente de cualquier otra perspectiva, ya que «pensaba, al principio, realizar una película biográfica al estilo o modo de Salvatore Giuliano o El Tempranillo, pero el personaje se me escapaba por falta de datos. Entonces pasé una nota a la prensa de toda España intentando provocar por su parte una reacción que se tradujese en forma de llamadas o cartas».[1]

Una vez más, se trataba de estimular la realidad para provocar la ficción, pero, a diferencia de *Alrededor de las salinas*, la reacción no se produjo y Esteva volcó entonces su interés en otro guión escrito en colaboración con Luis Ciges –uno de los intérpretes de *Dante no es únicamente severo*– y destinado a ser

1. Jacinto Esteva a Adolfo Berricart, *Sábado Gráfico*, 8-1-1972, págs. 26-28.

íntegramente producido en el extranjero. «Me retiro del cine español –declaró a una periodista que ironizaba cruelmente sobre las intenciones profesionales de Esteva en función de su explícita dependencia del alcohol–. En España he dirigido cinco películas y tres cortos. De los cinco films, sólo he podido estrenar tres y muy cortados. De ahora en adelante no volveré a trabajar aquí. Lo haré fuera de nuestro país pero procuraré que en mis películas intervengan actores españoles.»[1] Se refería explícitamente a *El pájaro negro*, un film ambientado en un paraje colonial y protagonizado por unos aventureros que acuden a unos viejos pozos de petróleo para acabar con el monopolio de un antiguo amigo que los ha traicionado y se está enriqueciendo a base de explotar a los nativos. De nuevo están presentes la religión, la muerte y los fetiches y se aprecia un discreto intento de aspirar a una cierta comercialidad a través de escenas de acción, sexo y violencia. Inicialmente, se tenía que rodar en Sicilia, con la presencia de Paco Rabal, Julián Mateos, José Luis López Vázquez, Teresa Rabal y Romy, pero un nuevo viaje a África volvió a alterar los planes cinematográficos de Esteva, definitivamente convencido de que la realidad resultaba mucho más excitante que la ficción.

Liquidado Filmscontacto, tanto en su vertiente de producción como de distribución –sus fondos pasaron en 1972 a Bocaccio, la firma creada por Oriol Regàs, quien, a su vez, controlaba el cine Bellas Artes de Madrid–, Esteva creó otro tipo de empresa. Julio Garriga y el cazador José Antonio Moreno –uno de los compañeros de la expedición por «la ruta de los esclavos» y después víctima de un accidente mortal ocurrido en África– fueron los socios de la compañía de safaris que el cineasta montó en la República Centroafricana a partir de abril de 1973 y llegaría a ser la primera del mundo en volumen de caza de elefantes. Esta posibilidad surgió a raíz de los contactos establecidos en París con un alto funcionario de aquel país quien, a cambio de la dinamización de un turismo de lujo, concedió al cineasta barcelonés la explotación de un amplio territorio de caza apenas separado por una carretera de otro coto

1. Jacinto Esteva a Lolita Sánchez, *Tele-eXprés*, 3-6-1972.

otorgado al político francés Valéry Giscard d'Estaing. La empresa del primero fue registrada con el nombre de Ebra Safaris: al parecer, debía ser «Cebra», pero, al constatar que en aquella zona no existían animales de esta especie, cayó la primera letra. Entre los clientes que utilizaron sus servicios entre 1973 y 1974 figuraban nombres tan ilustres como los de Alfonso Urquijo, Alonso Álvarez de Toledo, Alberto Alcocer, Enrique Llaudet o Enrique Balcázar.

Al margen del turismo y la caza mayor, Ebra Safaris también se enriqueció con el tráfico de marfil, pero, una vez más, la desidia de Esteva desencadenó el caos. Según Julio Garriga –consejero delegado de la firma, que posteriormente pasó a llamarse Promochasse Española, S. A.–, las periódicas ausencias del cineasta impidieron la renovación de los trámites burocráticos necesarios para mantener el contrato establecido con Jean-Bédel Bokassa. En 1978, poco después de coronarse emperador del autoproclamado Imperio Centroafricano, el dictador local aprovechó la excusa de un incidente producido con uno de los clientes de la empresa para detener a Esteva y a Moreno en Bangui. Garriga consiguió liberarles, pero no pudo impedir que les fueran embargadas siete toneladas del marfil procedente de los elefantes que habían cazado. Humillado, el cineasta decidió vengarse mediante un quimérico plan digno del cine de aventuras. Cómplice de la operación era Modesto Beltrán –fundador de aquella productora premonitoriamente llamada Safari Films y primer jefe de producción de Filmscontacto–, quien, bajo la tapadera de una plantación de caña de azúcar, debía comprar diamantes de contrabando procedentes de las minas locales para evacuarlos del país en una avioneta. Esteva le esperaba en Sudán, a bordo de un todoterreno cubierto de papel plateado para así ser mejor divisado desde el aire, pero ni la avioneta ni los diamantes aparecieron jamás, poniendo un rocambolesco final a la aventuras africanas del realizador barcelonés.[1]

1. Algunos años más tarde, concretamente en 1990, el cineasta alemán Werner Herzog rodó *Echos aus einem düsteren Reich* [Ecos de un reino oscuro], un documental en el cual ajustaba las cuentas con el dictador africano a partir del testimonio personal del periodista Michael Goldsmith. En él no aparece ninguna referencia a la presencia de Jacinto Esteva en aquel país, pero, en

3. MIRANDO HACIA ATRÁS SIN IRA

No es necesario solicitar indulgencias críticas para hablar de los films de la Escuela que han sobrevivido al paso del tiempo con desigual fortuna –los que eran verdaderamente innovadores superan ampliamente los que subieron al tren del oportunismo– y, en conjunto, sólo se pueden entender en el contexto del cual surgieron. Tal como afirma Muñoz Suay, «si individualmente las películas no eran muy importantes, el hecho de la Escuela de Barcelona como movimiento en sí ha sido muy importante». Films como *Dante no es únicamente severo* –buque insignia de la Escuela– o *Nocturno 29* –prototipo de una misma forma de entender el cine aunque la etiqueta fuese distinta– no son apreciables por lo que dicen ni siquiera por el cómo lo dicen, sino –sobre todo– por decir lo que dijeron y cómo lo dijeron en el contexto cinematográfico y las circunstancias históricas de aquella época. Si la norma eran las comedias de Pedro Lazaga y la réplica desde la oposición fue el NCE, los films producidos en el entorno de la Escuela de Barcelona se adelantaron a su tiempo y la historia ha demostrado que sus provocaciones no estaban tan vacías de sentido como se las acusó en aquella época desde la miopía de quienes no supieron –o no quisieron– mirar hacia el futuro en perspectiva.

Retrospectivamente, la Escuela de Barcelona abre un vacío que el cine catalán todavía no ha superado. Tanto desde la política lingüística de la Generalitat como de la reivindicación de un tejido industrial que, objetivamente, nunca existió en Cataluña, aquel movimiento sigue siendo visto con recelos y suspicacias. Desde entonces, sin embargo, nunca más ha vuelto a existir una etiqueta tan aglutinadora y promocionable como aquélla. En cambio, aún hoy siguen siendo palpables las huellas de lo que,

---

cambio, *También los enanos empezaron pequeños* (*Auch zwerge haben klein angefangen*, 1970), rodado por el alemán en Canarias, incluye una secuencia en la cual los grotescos protagonistas, metafóricos enanos que constatan la imposibilidad de la revolución, participan en un cortejo fúnebre que sigue a un mono crucificado, tal como Esteva lo mostraría poco después en su primer film africano. No nos consta que existieran contactos directos entre Herzog y Esteva, pero la doble coincidencia entre dos cineastas interesados por el mundo de lo místico no deja de ser sintomática.

parafraseando a François Truffaut, puede calificarse como «una cierta tendencia vanguardista del cine catalán». Su dependencia respecto a la Escuela puede ser más o menos consciente o asumida, pero, en cualquier caso, resulta indudable que cineastas como Bigas Luna (*Bilbao*, 1978), Josep Anton Salgot (*Mater Amatísima*, 1980) o Agustín Villaronga (*Tras el cristal*, 1985) han seguido la tradición vinculada a una determinada estética situada en la órbita de aquel movimiento. Contra la hegemonía de las reconstrucciones históricas de cartón piedra o un cine novelesco de escritura cinematográfica clásica, una parte de los films producidos en Barcelona han seguido reivindicando una tradición plástica y cosmopolita con vocación rupturista. Ya sea a través de la poesía de J. V. Foix (*És quan dormo que hi veig clar*, 1988), del mundo mágico de Joan Brossa (*Entreacte*, 1988) o de una falsa biografía de *Gaudí* (1988), cineastas como Jordi Cadena, Manuel Cussó-Ferrer o Manuel Huerga han regresado a las mismas fuentes de inspiración vanguardista en las que bebió la EdB. Otros, como Jesús Garay (*Més enllà de la passió*, 1986), Gerardo Gormezano (*El vent de l'illa*, 1988) o José Luis Guerín (*Innisfree*, 1990), se interrogan sobre la naturaleza del cine desde una conciencia lingüística equivalente a la de algunos de sus precursores, y no es casual que el tercer largometraje de Guerín, *Tren de sombras* (1997), haya sido parcialmente producido por Portabella.

Frivolizar la experiencia de la Escuela de Barcelona no es tarea difícil, pero minimizar su trascendencia histórica es un acto de irresponsabilidad que niega evidencias tangibles. Muchos de los nombres vinculados al contexto del cual surgió aquel movimiento cinematográfico se han situado después en posiciones privilegiadas de la vida política, social y cultural del país. La mayoría de ellos han superado la etiqueta; otros incluso han intentado olvidarla pero, tal como afirma Gonzalo Suárez, «es bueno que se haya producido, porque era un síntoma de vida, era innovadora y nos remite a unos momentos de Barcelona fascinantes». Para algunos de sus componentes, aquélla fue, simplemente, «la mejor época profesional de mi vida» (Francisco Ruiz Camps) o «una cosa muy sana, un desahogo para todos» (Colita). Desde la periferia del movimiento, Camino delega en los historiadores la responsabilidad «de decir si

361

fue alguna cosa más que unos fuegos artificiales que duraron tres años», pero incluso un escéptico tan notorio como Aranda reconoce que «empiezo a tener la impresión de que todo eso es más importante de lo que yo creía, pero visto desde dentro y en su tiempo me pareció una cosa demasiado frívola».

Por el contrario, el admirable inmovilismo de Nunes respecto a la coherencia de sus principios o la fidelidad de Portabella a las propuestas de constante renovación del lenguaje cinematográfico son el mejor certificado de la vigencia de un espíritu idéntico al que fomentó la aparición de la Escuela. «Considero –afirma el realizador de *Pont de Varsòvia*– que todo aquello no fue gratuito, porque sí. A lo que yo me niego es a sublimar los hechos. Creo que hay que ser muy crítico con el resultado.» Sin embargo, algunas de las viejas fronteras que se habían levantado entonces desaparecen en la actualidad cuando Jordá comparte esta visión crítica de una experiencia que ahora ve «con simpatía, pero sin ninguna utilidad ni eficacia» y, en cambio, Grau reivindica acérrimamente su adscripción al movimiento, sin que uno y otro hayan dejado de hacer películas que contienen mensajes subliminales sólo aptos para *connaisseurs* de la Escuela.

Jacinto Esteva fue, en este contexto, la excepción irrepetible. Por una parte, encarnó todas las contradicciones de las cuales se acusó a aquel movimiento –origen social burgués, sentido de la provocación, inconstancia en el trabajo–, pero también fue el único en asumirlas en la propia piel hasta límites irreversibles. Como el personaje de su episodio de *Dante no es únicamente severo* –el niño que no se quiere levantar de la cama cuando le dicen que ya ha cumplido los treinta años–, Esteva era la reencarnación de la figura de Peter Pan, el niño que no quería crecer y pretendía llevarse a sus amigos a la isla de la fantasía. Inicialmente, este lugar mágico fue Ibiza o Formentera. Después se llamó Escuela de Barcelona y, posteriormente, fueron diversas regiones de África. Al no encontrarlo en ningún espacio geográfico concreto, Esteva regresó a Barcelona para, como un nuevo Dante que ya había perdido toda severidad, emprender un definitivo descenso a otros infiernos a través del alcohol y el juego.

En una entrevista registrada en vídeo por Benito Rabal y reproducida por Jordá en *El encargo del cazador*, un Esteva ya absolutamente destrozado físicamente reconocía lúcidamente que «tanto el cine como la arquitectura son condicionamientos a los demás. Me repugna el hecho de meter a un individuo dentro de una caja negra, como es el cine, y obligarle a ver mis imágenes. Por la misma razón, no puedo condicionar el hábitat de una persona al espacio que yo he diseñado. Prefiero la pluma y el pincel». No obstante, su proceso de autodestrucción también se desplazó hacia estas áreas, y si empezó a escribir una novela con un título –*El elefante invertebrado*– de resonancias africanas y dalinianas, sus experiencias pictóricas no fueron menos insólitas. Compartía telas con su hija Daria, y si ésta pintaba un pájaro, Esteva lo rodeaba con los barrotes de una jaula. Posteriormente, llegó a utilizar materias orgánicas como sustrato de unos cuadros que, un tiempo después, tenían que tirarse porque se convertían literalmente en «putrefactos». Tal como afirma Ruiz Camps en *El encargo del cazador*, «Jacinto era un pintor que pintaba con pinceles muy caros».

Era evidente que, con el paso del tiempo, buscaba la muerte que sus films habían reflejado una y otra vez, pero, según Romy, nunca tuvo el valor suficiente para suicidarse. «Decía –recuerda la que fue su compañera durante muchos años– que su suicidio tendría que ser invitando a todos los hijos de puta que había conocido durante su vida. Los haría sentar a todos alrededor de una mesa y él aparecería envuelto con unos explosivos que los harían volar a todos por los aires.» La realidad fue, una vez más, mucho más sórdida que la ficción, pero no exenta de elementos cinematográficos. Por un parte, una escena parecida ya se halla implícita en el guión de *Ícaro* –uno de los proyectos que Esteva no llegó a materializar– y, a su vez, procedía de las célebres imágenes del final de *Pierrot le fou*, el film de Godard donde el personaje interpretado por Jean-Paul Belmondo expresa su nihilismo lanzándose desde un acantilado tras haberse pintado la cara de azul y haber hecho explotar los cartuchos de dinamita de color rojo que ha enrollado en torno a su cabeza.

Sin embargo, la puesta en escena que Esteva dispuso finalmente para su muerte tenía otros orígenes. En junio de 1975, durante uno de los viajes que efectuó a Barcelona en el curso de su periodo africano, el realizador escribió y registró legalmente la sinopsis argumental de un guión cinematográfico premonitoriamente titulado *Adiós mundo cruel*. Su protagonista es un comerciante de calzado, casado y padre de tres hijos, que, un buen día y sin justificación aparente, decide encerrarse en el cuarto de baño de su domicilio. Nada ni nadie le hace abandonar su nueva residencia hasta que la apasionada relación sexual con la bella mujer de un millonario que ha leído uno de los mensajes que periódicamente lanza a través del desagüe, le hace seguirla hasta el rellano de la escalera, por cuyo hueco cae mortalmente.

Un año más tarde, Juan Estelrich rodaba un largometraje, titulado *El anacoreta* y protagonizado por Fernando Fernán Gómez, cuyo guión firmado por Azcona tenía un punto de partida similar a la historia de Esteva, aunque después la trayectoria de este anacoreta urbano derivaba hacia otros derroteros por otra parte no lejanos a la filosofía nihilista que también caracterizaba al protagonista ferreriano de *Dillinger ha muerto*, surgido de la imaginación de Azcona. Según el guionista, su trabajo se basaba en un relato que él había publicado algunos años antes en *La Codorniz*, mientras el realizador –molesto porque su nombre no constaba en los créditos– sostenía que la idea original era suya. Es muy probable que, desde un punto de vista creativo, ambos trabajos fuesen independientes, pero de lo que no cabe ninguna duda es que Esteva tenía razones de peso para identificarse con el tema. «Jacinto era una persona a quien le gustaba encerrarse en el baño –recuerda Romy–, porque allí leía, escribía, hacía de todo. Y se pasaba horas. De vez en cuando yo le preguntaba si todavía estaba vivo, porque no salía nunca. Eso era conocido entre las amistades de Jacinto y él quería hacer un guión sobre este personaje que se encerraba en el baño. El protagonista era él mismo.»

Y, si cabía alguna duda, Esteva lo certificó cuando, haciendo efectivo su rechazo a la realidad, eligió el lavabo de su casa como escenario para su muerte, sobrevenida tras un largo proceso de autodestrucción, culminado por una masiva ingestión de drogas el 9 de septiembre de 1985. Aquel día falleció uno de los puntales la Escuela de Barcelona, cuando el movimiento ya era historia pero sus raíces habían calado a suficiente profundidad para que su memoria no desapareciese.

FILMOGRAFÍA

1957 MAÑANA
Productora: Este Films (Enrique Esteban). *Jefes de producción:* Domingo Pruna y J. Muñoz Perpiñá. *Director:* José M.ª Nunes. *Fotografía:* Ricardo Albiñana y Aurelio G. Larraya (blanco y negro). *Música:* Federico Martínez Tudó. *Montaje:* Ramon Quadreny. *Decorados:* Manuel Infiesta. *Ayudante de dirección:* Ignacio Grau. *Maquillaje:* Adrián Jaramillo. *Sonido:* Miguel Sitges. *Intérpretes:* José María Rodero, Manuel Díaz González, Antonio Andrade, James Hayter, Linda Giménez, Arturo Fernández, Ana Amendola, Carlos Otero, José Sazatornil, Andrés Cusidó, Juan Torres, M. Riba Abizanda, María Alcaine, Eliseo Soler, Antoñita Barrera. *Duración:* 75 minutos.

1960 NOTES SUR L'ÉMIGRATION
Directores y guión: Jacinto Esteva y Paolo Brunatto. Cortometraje.

1960 DÍA DE MUERTOS
Productora: UNINCI. *Productor asociado:* Juan Antonio Bardem. *Director de producción:* G. Zúñiga. *Ayudantes de producción:* César Santos Fontenla y Jaime Fernández-Cid. *Directores y guión:* Julián Marcos y Joaquín Jordá. *Fotografía:* Juan Julio Baena y Enrique Torán (blanco y negro). *Cámara:* Luis Cuadrado. *Colaboradores:* A. Fons y J. M. Hernan. *Sonido:* Jesús Ocaña. *Montaje:* Mari Paz Prieto. *Música:* Luis de Pablo. *Piano*: P. Espinosa. *Voz:* Fernando Rey y Lali Soldevila. *Duración:* 12 minutos.

1962 AUTOUR DES SALINES/ALREDEDOR DE LAS SALINAS
Productora: Films 59 (Pedro Portabella) y Cinestudio S. A. *Director de producción*: Gustavo Quintana. *Secretario de producción:* José M.ª Sanahuja. *Asistente de producción:* Antonio Salvia. *Director:* Jacinto Esteva Grewe. *Ayudante de dirección:* Rosendo Termes. *Guión:* Jacinto Esteva. *Fotografía*: Francisco Marin (color). *Música:* José Cercos. *Montaje*: Luis Ciges (IIEC). *Asistente de montaje:* Lia Levi. *Duración*: 22 minutos.

1963-1970 LEJOS DE LOS ÁRBOLES
Productora: Filmscontacto. *Productor asociado:* Pedro Portabella. *Productor ejecutivo:* Ricardo Muñoz Suay. *Director de producción:* Francisco Ruiz Camps. *Guión y director:* Jacinto Esteva Grewe. *Fotografía:* Juan Amorós, Juan Julio Baena, Luis Cuadrado, Francisco Marín, Milton Stefany, Manuel Esteban (blanco y negro). *Ayudantes de cámara:* Blas Martí y José Planas. *Fotofija:* Oriol Maspons. *Música:* Marco Rossi, Carlos Moleras, Johny Galvao (con los conjuntos Los gatos negros, Los mustangs, Os duques). *Montaje:* Juan Luis Oliver, Ramon Quadreny, Emilio Ortiz, María Dolores Pérez Pueyo. *Comentarios:* Luis González Seara. *Voces:* Manuel Cano y Marta Mejías. *Script:* Annie Settimo. *Colaboradores:* Antonio Gades, Antonio Borrero «Chamaco», José María Nunes, Rafael Azcona, Luis Ciges, Joaquim Pujol. *Localizaciones:* Jerez de la Frontera, Almonte, Denia, Elche de la Sierra, Ávila, Haro, Anguiano, Verges, Granera, Sabadell, Híjar, Casabermeja, Guadix, San Lorenzo de Sabucedo, San Vicente de Sonsierra, Marín, Gende, Turón, Talamanca. *Duración*: 101 minutos.

1963 BRILLANTE PORVENIR
Productora: Buch-Sanjuán. *Directores:* Román Gubern y Vicente Aranda.[1] *Guión*: V. Aranda, R. Gubern y «Ricardo Levi» [Ricardo Bofill]. *Jefe de producción:* Carlos Boué. *Ayudante de producción:* Luis Marín. *Director de fotografía:* Aurelio G. Larraya (blanco y negro). *Música:* Federico Martínez Tudó. *Decorados:* Manuel Infiesta. *Montaje:* Santiago Gómez. *Ayudante de dirección:* Emilio Martos. *Regidor:* Ricardo Rodríguez. *Ingeniero de*

---

1. No consta acreditado en la copia original.

sonido: José Mancebo. *Intérpretes:* Germán Cobos (Antonio), Serena Vergano (Montse), Josefina Güell (Carmen), Arturo López (Lorenzo), Gloria Osuna (Irene), José María Angelat (López), Pedro Gil, Aurora Julià, Luis Nonell, Roberto Palomo, Carlos Ibarzábal, Consuelo de Nieva, María Quadreny, Gabriel Guzmán, Francisco Cebrián, Antonio de Vicente. *Estudios:* Buch-Sanjuán. *Exteriores:* Castelldefels y Sitges. *Duración:* 93 minutos.

1963 LOS FELICES SESENTA
Productora: Tibidabo Films. *Productor ejecutivo:* Manuel Mira. *Jefe de producción:* Valentín Sallent. *Delegado de producción:* Joaquín Jordá. *Director:* Jaime Camino. *Guión:* Jaime Camino y Manuel Mira. *Fotografía:* Juan Gelpi (blanco y negro). *Música:* J. S. Bach, Raimon. *Montaje:* Teresa Alcocer. *Decorados:* Juan A. Soler. *Ayudantes de dirección:* Jesús Balcázar y Carlos Durán. *Intérpretes:* Yelena Samarina (Mónica), Jacques Doniol-Valcroze (Víctor), Daniel Martín (Pep), Germán Cobos (Pablo), Laly Soldevila (Virginia), Xavier Regás (Rafa), Margarita Lozano (Susi), Juan Capri (vendedor de terrenos), Eduardo Omedes (Pablito), Isidro Novellas, Juan Borrás. *Estudios:* Buch-Sanjuán. *Exteriores:* Cadaqués. *Duración:* 100 minutos.

1965 RAIMON
Productora: Tibidabo Films. *Director:* Carlos Durán. *Fotografía:* Juan Amorós (blanco y negro). *Música:* Raimon. *Duración:* 12 minutos.

1965 ACTEÓN
Productora: X Film. *Jefe de producción:* José M.ª Rodríguez. *Ayudante de producción:* Francisco Escobar. *Director:* Jorge Grau. *Guión:* Jorge Grau, según *Acteón* de Ovidio. *Ayudante de dirección:* Gael de Milicua. *Script:* Antonio Chic. *Fotografía:* Aurelio G. Larraya (blanco y negro y scope). *Operador:* Fernando Arribas. *Ayudante de cámara:* Manuel Garrido. *Fotofija:* J. Carmona y José Luis Alcaine. *Maquillaje:* Maríano García. *Ambientación general:* Miguel Narros y Augusto Lega. *Ayudante de decoración:* Félix Michelena. *Música:* Antonio P. Olea. *Sonido:* Felipe Fernández. *Montaje:* Rosa C. Salgado. *Ayudante de*

Montaje: María Elena Sáez. *Intérpretes:* Martín Lasalle, Pilar Clemens, Claudia Gravy, Juan Luis Galiardo, Iván Tubau, Nieves Salcedo, Virginia Quintana, Guillermo Méndez, Margot y Chiverto, Bonnie Parkes. *Duración:* 92 minutos.

1965 FATA MORGANA
Productora: Films Internacionales S. A. *Jefe de producción:* Jaime Fernández-Cid. *Director general de producción:* José López Moreno. *Director:* Vicente Aranda. *Ayudante de dirección:* Carlos Durán. *Guión:* Vicente Aranda y Gonzalo Suárez, según un argumento de Gonzalo Suárez. *Fotografía:* Aurelio G. Larraya (Eastmancolor). *Cámara:* Fernando Arribas. *Música:* Antonio Pérez Olea. *Montaje:* Emilio Rodríguez. *Decorados:* Pablo Gago. *Intérpretes:* Teresa Gimpera (Gim), Marianne Benet (Miriam), Marcos Martí (J. J.), Alberto Dalbés (Álvaro), Antonio Ferrandis (profesor), Gloria Roig (mujer del profesor), Francisco Álvarez, Juan Sellás, Antonio Oliver, José Median, José M.ª Seada, José Castrillo, Nuria Picas, Isidro Martín, Antonio Casas. *Duración:* 90 minutos.

1966 NOCHE DE VINO TINTO
Productora: Filmscontacto. *Director:* José María Nunes. *Guión:* José María Nunes. *Director de producción:* Modesto Beltrán. *Jefe de producción:* Gustavo Quintana. *Director de fotografía:* Jaime Deu Casas (blanco y negro y Scope). *Cámara:* Juan Amorós. *Ayudante de cámara:* Ricardo Albiñana. *Música:* Los Gatos Negros, Los Mustang, Os Duques. *Sonido:* Jorge Sangenís. *Montaje:* Juan Luis Oliver. *Decorados:* Manuel Infiesta. *Ayudante de montaje:* Emilio Ortiz. *Maquillaje:* Gabriel Comella. *Script:* Annie Settimo. *Ayudante de dirección:* Vicente Lluch. *Intérpretes:* Serena Vergano (Ella), Enrique Irazoqui (Él), Rafael Arcos (chico), Annie Settimo (Encore), Pilar Muñoz, Romy. *Exteriores:* Barcelona y Vic. *Duración:* 98 minutos.

1966 DITIRAMBO VELA POR NOSOTROS
Productora: Filmagen. *Productor ejecutivo:* Gonzalo Suárez. *Ayudantes de producción:* Javier Macua y Jos Oliver. *Director:* Gonzalo Suárez. *Ayudante de dirección:* Waldo Leirós. *Guión:* Gonzalo Suárez. *Fotografía:* Carlos Suárez (blanco y negro). *Ayudante de fotografía:* Emilio Martínez. *Montaje:* Ramon Qua-

368

dreny. *Intérpretes:* Gonzalo Suárez, Bill Dyckes, Silvia Suárez, Marianne Benet. *Duración:* 27 minutos.

1966 EL HORRIBLE SER NUNCA VISTO
Productor ejecutivo: Gonzalo Suárez. *Director:* Gonzalo Suárez. *Guión:* Gonzalo Suárez, según su relato *Trece veces trece.* *Fotografía:* Carlos Suárez (blanco y negro). *Intérpretes:* Francisco Balcells, Marianne Benet, Silvia Suárez. *Duración:* 14 minutos.

1966 CIRCLES
Productora: Tibidabo Films. *Director:* Ricardo Levi. *Director técnico:* Carlos Durán. *Fotografía:* Juan Amorós (color). *Montaje:* Juan Oliver. *Sonido*: Jorge Sangenís. *Script:* Annie Settimo. *Intérpretes:* Serena Vergano, Salvador Clotas, Romy. *Estudios:* Balcázar. *Duración:* 23 minutos.

1966 UNA HISTORIA DE AMOR
Productora: Estela Films (Jorge Tusell). *Jefe de producción:* Jesús García Gárgoles. *Ayudante de producción:* Isidro Prous. *Director:* Jorge Grau. *Argumento:* Jorge Grau. *Guión y diálogos:* Jorge Grau, Alfredo Castellón y José María Otero. *Ayudante de dirección:* Antonio Chic. *Secretaria de rodaje:* María Teresa Font. *Segundo ayudante de dirección:* Julio Parra Rubio. *Auxiliar de dirección:* M.ª Carmen Sanromá. *Fotografía:* Aurelio G. Larraya (color). *Operador:* Fernando Arribas. *Fotofija:* Antonio Baños. *Ayudantes de cámara:* Antonio Millán y Francisco Marín. *Canción:* J. Grau y León Borrell, interpretada por Núria Feliu. *Ambientación general:* Miguel Narros. *Decorados:* Tadeo Villalba. *Maquillaje:* Rodrigo Gurucharri. *Peluquería:* Dolores Serrando. *Montaje:* Emilio Rodríguez. *Ayudante de montaje:* Bautista Treig. *Intérpretes:* Simón Andreu (Daniel Sala), Serena Vergano (Sara), Teresa Gimpera (María), Yelena Samarina (señora Subirachs), Adolfo Marsillach (Gómez), José Franco, Félix de Pomés, Rafael Anglada, Juan Carlos Plaza, Carmen López Lagar, Rosario Coscolla, Nuria Amorós, Luis Induni, Carlos Lloret, Bernardo Marcos, Antonio Milla, Francisco Aliot, Manuel Bronchud. *Duración:* 104 minutos.

1967 DANTE NO ES ÚNICAMENTE SEVERO
Productora: Filmscontacto. *Director general de producción:* Francisco Ruiz Camps. *Jefe de producción:* Carlos Boué. *Directores y guión:* Jacinto Esteva Grewe y Joaquín Jordá. *Ayudante de dirección:* Carlos Durán. *Secretaria de rodaje:* Annie Settimo. *Fotografía:* Juan Amorós (Eastmancolor y Scope). *Ayudante de cámara:* Ricardo Albiñana. *Fotofija:* Colita, Maspons-Ubiña. *Música:* Marco Rossi y Eddy, Os Duques. *Canciones del Adam Group:* «Dante no es únicamente severo», «Dante en la hoguera» y «Susan take our daisies». *Sonido:* Miguel Sangenís. *Montaje:* Juan Luis Oliver y Ramon Quadreny. *Ayudante de montaje:* Susana Lemoine. *Vestuario:* Orplans, diseñado por André, y una colección de Carmen Mir. *Maquillaje:* Praxedes y E. Aspachs. *Peluquería:* Emilia Fernández-Cid. *Intérpretes:* Enrique Irazoqui (Él), Serena Vergano (Ella), Romy (Cenicienta), Jaime Picas (Príncipe Azul), Luis Ciges (lord cazador), Hannie van Zantwyk (chica rubia), Joaquín Jordá (Axolotl), Susan Holmquist (chica del prólogo y epílogo), y la voz de Julián Mateos. *Exteriores:* Barcelona, Ayoluengo y Gerona. *Estudios:* Balcázar. *Duración:* 79 minutos.

1967 DITIRAMBO
Productora: Hersua Interfilms. *Director general de producción:* Francisco Ruiz Camps. *Jefe de producción:* Carlos Boué. *Director:* Gonzalo Suárez. *Ayudante de dirección:* Ricardo Muñoz Suay. *Guión:* Gonzalo Suárez, según *Rocabruno bate a Ditirambo*. *Script:* Lorenzo Soler. *Fotografía:* Juan Amorós (blanco y negro y Scope). *Segundo operador:* José Orriols. *Ayudante de cámara:* Carlos Suárez. *Fotofija:* José A. Abellana. *Música:* Lou Bennet. Temas «Ditirambo» y «Balada»: Hermanos Doggio, adaptados por Marco Rossi. *Montaje:* Ramon Quadreny. *Ayudante de montaje:* Susana Lemoine. *Decorados:* Andres Vallvé. *Vestuario:* Elena Oltra. *Maquillaje:* Rodrigo Gurucharri. *Intérpretes:* Gonzalo Suárez (José Ditirambo), Yelena Samarina (viuda de Urdiales), Charo López (Ana Carmona), José María Prada (Jaime Normando), Ángel Carmona (Dalmás), Bill Dickes (Bill), Luis Ciges, Jaime Picas. Con la colaboración de Català-Roca, Alberto Puig Palau, Helenio Herrera, André Courrèges y María

Luisa Pérez Espinosa. *Modelos:* Tania, Sylvie, Linda, Anne, Jill, Margit, Sue y Catherine. *Exteriores:* Barcelona, San Sebastián, Milán y París. *Duración:* 92 minutos.

1967 CADA VEZ QUE...
Productora: Filmscontacto. *Directores generales de producción:* Francisco Ruiz Camps y Ricardo Muñoz Suay. *Jefe de producción:* Carlos Boué. *Director:* Carlos Durán (IDHEC). *Guión:* Carlos Durán y Joaquín Jordá. *Ayudante de dirección:* Lorenzo Soler. *Segundo ayudante:* Andrés Caballé. *Secretaria de rodaje:* Annie Settimo. *Fotografía:* Juan Amorós (blanco y negro y color, Scope). *Segundo operador:* Ricardo Albiñana. *Ayudante de cámara:* Francisco Albiñana. *Fotofija:* Martha G. Frías y Colita. *Fotografías de Ana:* Maspons y Ubiña. *Música:* Marco Rossi; canciones «It's a long way» y «Why de las cover girls» interpretadas por el Adam Group y escritas por Carlos Durán, Joaquín Jordá, V. Potter y Lluís Serrat. Canción «L'amour c'est un endroit» interpretada por V. Potter. *Montaje:* Ramon Quadreny y Anne Marie Cotret. *Ayudante de montaje:* Susana Lemoine. *Intérpretes:* Irma Walling (Ana), Jaap Guyt (Salva), Serena Vergano (Serena), Daniel Martín (Mark), Alicia Tomás (Sonia), Adam Grup y las modelos Alia, Anita, Elsa, Eve, Evelyn, Gudy, Ivana, Nuria, Renata, Romy, Susan, Susy, Yadjia y Willy. *Estudios:* Balcázar. *Exteriores:* Barcelona. *Duración:* 88 minutos.

1967 BIOTAXIA
Productora: Hele Films. *Productor ejecutivo:* Antonio Díez del Castillo. *Director:* José M.ª Nunes. *Guión:* J. M. Nunes. *Fotografía:* Jaime Deu Casas (blanco y negro). *Música:* Fernando «Bebu» Silvetti. *Montaje:* Ramón Quadreny. *Decorados:* Manuel Infiesta. *Ayudante de dirección:* Vicente Lluch. *Intérpretes:* Núria Espert, Pablo Busoms [José M.ª Blanco], Romy, Joaquín Jordá, Miguel Muniesa. *Estudios:* Proex. *Exteriores:* Barcelona. *Duración:* 105 minutos.

1967 NO CONTÉIS CON LOS DEDOS
Productora: Films 59. *Productores asociados:* Andreu Puig y Annie Settimo. *Director de producción:* Jaime Fernández-Cid. *Director:* Pere Portabella. *Guión:* Joan Brossa y P. Portabella. *Texto:* J. Brossa. *Fotografía:* Luis Cuadrado (Eastmancolor y blanco

y negro). *Música:* Josep Maria Mestres Quadreny. *Piano:* Carles Santos. *Cantante:* Anna Ricci. *Montaje:* Ramon Quadreny. *Fotofija:* Manuel Esteban. *Script:* Annie Settimo. *Intérpretes:* Mario Cabré, Natatcha Gounkevitch, Josep Santamaría, Willy Van Rooy, Daniel Van Golden, Josep Centelles. *Duración:* 26 minutos.

1968 TUSET STREET
Productora: Proesa. *Productor:* Cesáreo González. *Director general de producción:* Marciano de la Fuente. *Jefe de producción:* Francisco Ruiz Camps. *Director:* Luis Marquina [y Jorge Grau, no acreditado]. *Guión:* Rafael Azcona y J. Grau. *Argumento:* J. Grau y Enrique Josa. *Fotografía:* Alejandro Ulloa (color). *Montaje:* José Luis Matesanz. *Música:* Augusto Algueró. *Arreglos musicales:* Gregorio García Segura. *Decorados:* Enrique Alarcón. *Vestuario:* Vargas Ochagavia, Renoma y Andreu. *Intérpretes:* Sara Montiel (Violeta), Patrick Bauchau (Jorge Artigas), Teresa Gimpera, Jacinto Esteva, Emma Silva [Cohen] (Mariona), Luis G. Berlanga, Jaime Picas, Tomás Torres, Adrián Gual, Óscar Pellicer, Francisco Barnabé, Milagros Guijarro, Joaquín Jordá. *Duración:* 88 minutos.

1968 DESPUÉS DEL DILUVIO
Productora: Filmscontacto. *Productor ejecutivo:* Ricardo Muñoz Suay. *Director de producción:* Francisco Ruiz Camps. *Jefe de producción:* Carlos Boué. *Organizador de rodaje:* Carlos Durán. *Director:* Jacinto Esteva. *Guión:* Jacinto Esteva, M. Requena, F. Viader, F. Ruiz Camps. *Diálogos:* Mijanou Bardot, Jacinto Esteva, Francisco Rabal, Francisco Viader. *Ayudante de dirección:* Arturo Pousa. *Fotografía:* Juan Amorós (Techniscope, color). *Script:* Annie Settimo. *Fotofija:* Colita. *Música:* Joan Manuel Serrat y Tete Montoliu. *Sonido:* Jorge Sangenís. *Montaje:* Emilio Ortiz. *Decorados:* M. Requena, Miró, Peris. *Vestuario:* Andrés Andreu. *Intérpretes:* Francisco Rabal (Pedro), Mijanou Bardot (Patricia), Francisco Viader (Mauricio), Luis Ciges, Romy, José Dansa, Francisco Reixach, Agustín García, Juan Oliveras y Alberto Puig Palau, Ricardo Muñoz Suay y Antonio de Senillosa [no acreditados]. *Estudios:* Balcázar. *Exteriores:* Barcelona, Platja d'Aro, Madremaña, Llagostera, Costa Brava, castillos del Duque de Bedford y Londres. *Duración:* 101 minutos.

1968 SEXPERIENCIAS
Director y guión: José M.ª Nunes. *Ayudante de dirección:* Manuel
Muntaner. *Fotografía:* Jaime Deu Cases (blanco y negro). *Fotofi-
ja:* José Adrian. *Música:* Antoni Ros Marbà. *Montaje:* Ramon
Quadreny. *Intérpretes:* Carlos Otero, Marta Mejías, Antonio Be-
tancourt, Maria Quadreny. *Duración:* 92 minutos.

1968 NOCTURNO 29
Productora: Films 59. *Director de producción:* Jaime Fernández-
Cid. *Productores asociados:* Annie Settimo, Jacques Levy. *Direc-
tor:* Pedro Portabella. *Guión:* Joan Brossa y Pedro Portabella.
Diálogos: Joan Brossa (traducidos del catalán por Pere Gimferrer). *Ayudante de dirección:* José Luis Ruiz Marcos. *Script:* An-
nie. Settimo. *Fotografía:* Luis Cuadrado (Scope y blanco y ne-
gro). *Segundo operador:* Teodoro Escamilla. *Foquista:* Santiago
Rodríguez. *Música:* Josep Maria Mestres Quadreny. *Pianista:*
Carles Santos. *Cantante:* Anna Ricci. *Sonido:* Jordi Sangenís.
Asesor artístico: Lluís M.ª Riera. *Montaje:* Teresa Alcocer. *Ayu-
dante de montaje:* Margarita Bernet. *Intérpretes:* Lucia Bosé, Ma-
rio Cabré, Ramón Juliá, Antoni Tàpies, Antonio Saura, Joan
Ponç, Jordi Prats, Luis Ciges y la colaboración de Núria Pániker
(Núria Pompeia), F. de Laguardia, Ruggiero Selvaggio, Manuel
Jacas y Guinyol Didó. *Localizaciones:* Barcelona, Port Lligat, Les
Fonts de Sacalm, Baix Montseny, Coll Formic, Arbúcies, La Po-
llosa y Moià. *Duración:* 90 minutos.

1969 LAS CRUELES/EL CADÁVER EXQUISITO
Productora: Films Montana S.A. (Madrid). *Director de produc-
ción:* José López Moreno. *Jefe de producción:* Ricardo Merino.
Ayudante de producción: Juan Manzanera. *Organizador de roda-
je:* Carlos Durán. *Director:* Vicente Aranda. *Guión:* V. Aranda y
Antonio Rabinad, inspirado en el relato *Bailando para Parker,* de
Gonzalo Suárez, y las cartas de amor de Mariana Alcofarado.
Ayudante de dirección: Antonio Arias. *Fotografía:* Juan Amorós
(color). *Cámara:* Fernando Arribas. *Ayudante de cámara:* Santia-
go Gómez de Merodio. *Música:* Marco Rossi. *Montaje:* Maricel
Bautista y Bautista Treig. *Script:* M.ª Carmen Sanromá. *Fotofija:*
Colita. *Decorados:* Andrés Vallvé. *Vestuario:* Andrés Andreu.
Efectos especiales: Antonio Ballester. *Maquillaje:* Adolfo Ponte.

Peluquera: Hipólita López. *Intérpretes:* Capucine (Lucía Fonte A. Parker), Teresa Gimpera (esposa del editor), Carlos Estrada (editor), Judy Matheson (Esther), Alicia Tomás (secretaria), Eduardo Domenech (chófer), José María Blanco (escritor), Santiago Satorre y Joaquín Vilar (niños), Víctor Israel (portero), Miguel Muniesa (empleado de correos), Luis Induni (comisario de policía), Manuel Bronchud, Luis Ciges, Francisco Jarque, Ignacio Malacilla, André Argaud, Carlos M. Sola, Joaquín Novales. *Duración:* 108 minutos.

1969 HISTORIA DE UNA CHICA SOLA
Productoras: Estela Films, Nova Cinematográfica y Panda S. P. A (Roma). *Director:* Jorge Grau. *Guión:* J. Grau y Enrique Josa. *Fotografía:* Juan Amorós (Eastmancolor y Scope). *Cámara:* Fernando Arribas. *Música:* Angelo Francesco Lavagnino. *Montaje:* Rosa C. Salgado. *Ambientación:* Núria Pompeia. *Vestuario:* Andrés Andreu. *Intérpretes:* Serena Vergano (Ana Cohen), Michael Craig (Luis Durán), Ángel Aranda (Carlos), Gemma Arquer (Nuria), Xavier Corberó (Xavier), Emma Cohen (dependienta), Teresa Gimpera (Montse), Eduardo Rojas (hombre del coche). *Exteriores:* Barcelona. *Duración:* 76 minutos.

1969 EL EXTRAÑO CASO DEL DR. FAUSTO
Productora: Herusa Interfilm. *Jefe de producción:* Carlos Boué. *Ayudante de producción:* Manuel Rubio. *Productor ejecutivo:* Luis del Castillo. *Director y guión:* Gonzalo Suárez. *Fotografía:* Gaspar Serra (Eastmancolor). *Segundo operador:* Ricardo González. *Ayudante de cámara:* Francisco Marín. *Fotografía especial:* Carlos Suárez. *Fotofija:* Santiago Martínez. *Ayudante de dirección:* Luis García. *Script:* Nieves Acuaviva. *Música:* Salvador Pueyo. *Sonido:* Jorge Sangenis. *Montaje:* Maricel. *Ayudante de montaje:* Bautista Treig. *Decorados:* Alfonso de Lucas. *Ambientación:* Alberto Corazón. *Maquillaje:* Adrián Jaramillo. *Intérpretes:* Gonzalo Suárez (Narrador, Mefistófeles y Octavio Beiral), Teresa Gimpera (Esfinge), Alberto Puig Palau (doctor Fausto), Olga Vidalia (Helena de Troya), Gila Hodgkinson (Margarita), José Arranz (Euforion), Charo López, Emma Cohen, Carmen Casas, Manuel Rubio. *Exteriores:* Barcelona, Madrid y Palamós. *Duración:* 95 min.

1969 MARIA AURÈLIA CAPMANY PARLA D'«UN LLOC ENTRE ELS MORTS»
Productora: Los Films de Formentera. *Director:* Joaquín Jordá. *Guión:* J. Jordá y Joan Enric Lahosa. *Organizador de rodaje:* Carlos Durán. *Fotografía:* Manuel Esteban (blanco y negro). *Sonido:* Manel Ribes. *Intérpretes:* Maria Aurèlia Capmany, Jaume Vidal Alcover. *Duración:* 55 minutos.

1969 BIBICI STORY
Director: Carlos Durán. Con la colaboración de Jordi Galí, Ricardo Bofill, Jordi Capdevila, Josep Torrents, Emma Cohen, Pere Fages, Enric Lahosa, Manuel Esteban, Román Gubern, Carmen Galí, Salvador Clotas, Joan Pros, Carlos Durán, Octavi Pellisa, Pau Riba, Pere Portabella, Fabià Puigcerver, Maricel, Jorge Herralde, Joan Amorós, Vicente Aranda, Antonio Mas, Joan Quitllet, Núria Serrahima, Carles Nogueras, Joaquín Jordá, Pere Garcés, Josep López Llaví, Artigau, Marc Martí, Salvador Janer. *Duración:* 15 minutos.

1970 AOOM
Producción: Herusa Interfilms. *Director de producción:* Enrique Esteban. *Jefe de producción:* Carlos Boué. *Ayudante de producción:* Manuel Rubio. *Director:* Gonzalo Suárez. *Guión:* Gonzalo Suárez y Gustau Hernández, según un argumento de Gonzalo Suárez. *Ayudante de dirección:* Pilar Martos. *Fotografía:* Francisco Marín (Eastmancolor y Scope). *Operador:* Carlos Suárez. *Segundo operador:* Ricardo González. *Música:* Alfonso Sainz, interpretada por Los Pekenikes y Taranto's. *Fotofija:* Antonio Baños. *Script:* Rosa Biadiu. *Decorados:* Andrés Vallvé. *Montaje:* Maricel. *Ayudante de montaje:* Bautista Treig. *Intérpretes:* Lex Barker (Ristol), Teresa Gimpera (Ana), Luis Ciges (Constantino), Romy (Pescadora), Julián Ugarte (Loco de amor), Bill Dickes (Williams), Gila, Peter Hodgkinson, Fermín Mor, Concha Durán, Antonio Durán. *Estudios:* Balcázar. *Exteriores:* Llanes, Costa Cantábrica y Picos de Europa (Asturias). *Duración:* 89 min.

1970 METAMORFOSIS
Productora: Filmscontacto. *Director de producción:* Francisco Ruiz Camps. *Director:* Jacinto Esteva. *Guión:* José M.ª Nunes y Jacinto Esteva. *Fotografía:* Jaime Deu Casas (color). *Música:*

Carlos Maleras. *Montaje:* Ramon Quadreny y Susana Lemoine. *Sonido:* Jorge Sangenís. *Script:* Annie Settimo. *Decorados:* Alfonso de Lucas. *Vestuario:* Andrés Andreu. *Maquillaje:* Elisa Aspachs. *Fotofija:* Colita. *Intérpretes:* Romy, Julián Ugarte, Marta May, Marta Mejías, Carlos Otero, Alberto Puig Palau, Luis Ciges, Jaime Figueras, Terenci Moix, Ventura Pons, Josep Maria Forn, Joaquín Prat. *Exteriores:* Barcelona, Avinyonet, San Andrés de Llavaneras y Castelldefels. *Duración:* 80 minutos.

1970 LIBERXINA 90

Productora: Nova Cinematografía S. A. y Films de Formentera S. A. *Director de producción:* Jaime Fernández-Cid. *Productores ejecutivos:* Francisco Chuliá y Marcos Martí. *Ayudante de producción:* Jerónimo Agudo. *Auxiliares:* Carmen Galí, Juan Pros. *Regidor:* Salvador Casado. *Director:* Carlos Durán. *Guión:* Joaquín Jordá y Carlos Durán. *Ayudante de dirección:* Ricardo Walker. *Segundo ayudante:* Andres Caballé. *Auxiliar:* Pico Hardem. *Secretaria de rodaje:* Rosa Biadiu. *Fotografía:* Joan Amorós (color). *Ayudante de cámara:* Juan Prous. *Auxiliar:* Pedro Domenech. *Fotofija:* María Delgado y Martha G. Frías. *Decorados:* Juan Alberto Soler. *Música:* Luis de Pablo. *Canciones:* Pau Riba y William Pirie. *Sonido:* Jorge Sangenís. *Montaje:* Maricel. *Ayudante de montaje:* Bautista Treix y Raúl Román. *Intérpretes:* Serena Vergano, Romy, William Pirie, Edward Meeks, con la colaboración de Bet Galí, Román Gubern, Jorge Herralde, Jaime Picas, Manuel Branchud, Marcelino Gili, Marcel Martí, Carlos Otero, Óscar Pellicer, Pilar Requena. *Duración:* 87 minutos.

1970 CABEZAS CORTADAS

Productores: Profilms (Juan Palomeras), Filmscontacto (Jacinto Esteva) y Mapa Films (Glauber Rocha). *Jefes de producción:* José Antonio Pérez Giner y Modesto Perez Redondo. *Ayudante de producción:* Manuel Rubio. *Director:* Glauber Rocha. *Guión:* Glauber Rocha. *Ayudantes de dirección:* Manuel Esteban y Manuel Pérez Estremera. *Fotografía y cámara:* Jaime Deu Casas (Eastmancolor). *Ayudante de cámara:* José Carrascal Cobos. *Auxiliar de cámara:* Ramón Jaques. *Fotofija:* Colita. *Montaje:* Eduardo Escorel. *Sonido directo:* Roger Sangenís. *Decorados:* Andrés Vallvé. *Ambientación:* Fabián Puigcerver. *Maquillaje:* Cristóbal

Criado. *Script:* Augusto Martínez Torres. *Intérpretes:* Francisco Rabal, Pierre Clementi, Marta May, Rosa Penna, Emma Cohen, Luis Ciges, Víctor Israel, Telésforo Sánchez, Sebastián Camps, José Torrents, Carlos Frigola, Emer Cardona, José Ruiz Lifante, Enrique Majó, Julián Navarro, Juan Vallés, Carmen Sansa, Vega Dingo, Jack Rocha, Alfredo Torres, Manuel Pérez Estremera, Manuel Esteban, Augusto Martínez Torres, Reili del Mar, Pedro I. Fages, José Jacomet, María Jesús Andany, Adrián Gual, Ricard Salvat. *Duración:* 100 minutos.

1970 SCHIZO
Productor: Departamento de Investigación del Taller de Arquitectura (Ricardo Bofill Levi, Manuel Núñez Yanowski, Serena Vergano, José Agustín Goytisolo, Carlos Ruiz de la Prada). *Director:* Ricardo Bofill. *Guión:* José Agustín Goytisolo, Salvador Clotas. *Fotografía:* Juan Amorós (color). *Montaje:* Maricel. *Organización de rodaje:* Carlos Durán. *Sonido:* Jorge Sangenis. *Intérpretes:* Serena Vergano, Modesto Fernández, Marcelo Rubal, J. Luis Arguello, Jesús Sastre. *Duración:* 80 minutos.

1970 CUADECUC/VAMPIR
Productora: Films 59. *Director:* Pere Portabella. *Idea:* Joan Brossa y P. Portabella, a partir del rodaje de *Drácula*, de Jesús Franco. *Ayudante de dirección:* Annie Settimo. *Fotografía:* Manuel Esteban (blanco y negro). *Ayudante de cámara:* Pere Joan Ventura. *Banda de sonido:* Carles Santos. *Montaje:* Miquel Bonastre. *Intérpretes:* Christopher Lee, Herbert Lom, Soledad Miranda, Jack Taylor. *Duración:* 70 minutos.

1971 MOZAMBIQUE/DEL ARCA DE NOÉ AL PIRATA RHODES
Productora: Filmscontacto. *Director:* Jacinto Esteva. *Fotografía:* Manuel Esteban (color). *Montaje:* José María Nunes. *Intérprete:* Romy. Inacabado.

1971 EL HIJO DE MARÍA/LE FILS DE MARIE
Productora: CTA Guy Freising (Luxemburgo). *Organización general:* Filmscontacto (Barcelona). *Director de producción:* Francisco Ruiz Camps. *Director:* Jacinto Esteva. *Guión:* Jacinto Esteva, Ramón Eugenio de Goicoechea y Javier R. Esteban. *Fotografía:* Ricardo Albiñana (blanco y negro). *Segundo opera-*

dor: Tomás Ribes. *Ayudante de dirección:* Emilio Castells. *Script:* Alicia Day. *Música:* Xabier Ribalta y Alberto Moraleda. *Poema canción:* Joan Salvat Papasseit. *Montaje:* Emilio Ortiz y Susana Lemoine. *Decorados:* Jordi Valls. *Vestuario:* Andrés Andreu. *Maquillaje:* Elisa Aspachs. *Intérpretes:* Núria Espert (María), Ramón Eugenio de Goicoechea (Padre), Carlos Otero (el bufón), Carmen Liaño (criada), José Torrents (José), Romy (Odio), Carmen Contreras (Lujuria), María Jesús Andany (Gula), Teresa Bou (Orgullo), Edel Sancho (Envidia), Ketty Ariel (Avaricia), Serena Vergano (Pereza), José Ruiz Lifante (sacerdote), Tom Bourges, Teresa Gimpera, Jaime Picas (Presidente); Gonzalo Suárez, Carlos Durán, José María Nunes, Armando Moreno, Miguel Capuz, Sergio Schaff, Leopoldo Pomés, Carlos Boué, Luis Gallardo y Xavier Corberó (congresistas). *Exteriores:* Avinyonet. *Duración:* 82 minutos.

1971 LA RUTA DE LOS ESCLAVOS/LA ISLA DE LAS LÁGRIMAS
Director: Jacinto Esteva. *Guión:* Bernabé Pertusa. Inacabado.

1971 UMBRACLE
Producción: Pere I. Fages. *Ayudante de producción:* M.ª Elena Guasch. *Director:* Pere Portabella. *Guión:* Joan Brossa y P. Portabella. *Ayudante de dirección:* Annie Settimo. *Fotografía:* Manel Esteban (blanco y negro). *Ayudante de cámara:* Pere Domenech. *Banda sonora:* Carles Santos. *Montaje:* Teresa Alcocer y Emilio Rodríguez. *Intérpretes:* Christopher Lee y Jeannine Mestre. *Duración:* 90 minutos.

BIBLIOGRAFÍA

AGUILAR, C.; GENOVER, J. 1997. *Las estrellas de nuestro cine*, Madrid: Alianza.
ALFAYA, J. 1971. *Sara Montiel*, Barcelona: DOPESA.
ÁLVARES, R.; FRÍAS, B. 1991. *Vicente Aranda y Victoria Abril*, Valladolid: SEMINCI.
ÁLVAREZ, T.; *et al.* 1989. *Historia de los medios de comunicación en España (periodismo, imagen y publicidad)*, Barcelona: Ariel.
BARRAL, C. 1978. *Los años sin excusa. Memorias II*, Barcelona: Barral.
BENET, J. 1973. *Catalunya sota el règim franquista. Informe sobre la persecució de la llengua i la cultura catalana pel règim del general Franco*, 2 vols., París: Edicions Catalanes de París.
BLANCO MALLADA, L. 1990. «I.I.E.C. y E.O.C.: Una escuela para el cine español», Madrid: Univ. Complutense de Madrid. Departamento de Comunicación Audiovisual y Publicidad I, Facultad de Ciencias de la Información. Tesis doctoral.
BOHIGAS, O. 1992. *Dit o fet*, Barcelona: Edicions 62.
BONET, L. 1994. *El jardín quebrado. La Escuela de Barcelona y la cultura de medio siglo*, Barcelona: Península.
BONET, E; PALACIO, M. (ed.). 1983. *Práctica fílmica y vanguardia artística en España (1925-1981)*, Madrid: Universidad Complutense.
BORAU, J. L. (dir.). 1998. *Diccionario del cine español*, Madrid: Alianza
BRASO, E. 1974. *Carlos Saura*, Madrid, Taller de Ediciones J.B.

379

Brasó, E.; Galán, D.; Lara, F. et. al. 1975. *Siete trabajos de base sobre el cine español*, Valencia: Fernando Torres.

Cabezón, L. A. (ed.). 1997. *Rafael Azcona, con perdón*, Logroño: Ayuntamiento/ Instituto de Estudios Riojanos.

Cánovas, J. T. (ed.). 1992. *Francisco Rabal*, Murcia: Filmoteca Regional.

Capmany, M. A. 1970/1974. *Pedra de toc*, 2 vols., Barcelona: Nova Terra.

Castellet, J. M. 1977. *La cultura española durante el franquismo*, Barcelona: Ed. de Bolsillo.

Castells, V. 1998. *Dau al Set. Cinquanta anys després*, Barcelona: Parsifal.

Castro, A. 1974. *El cine español en el banquillo*, Valencia: Fernando Torres.

Cercas, J. 1993. *La obra literaria de Gonzalo Suárez*, Barcelona: Quaderns Crema.

—. Cine-Club d'Enginyers. 1975. *Pere Portabella*, Barcelona.

Cirici Pellicer, A. 1970. *L'art català contemporani*, Barcelona: Edicions 62.

—. 1977. *La estética del franquismo*, Barcelona: Gustavo Gili.

Cirlot, L. 1986. *El grupo Dau al Set*, Madrid: Cátedra.

Coca, J. 1971. *Joan Brossa o el pedestal son les sabates*, Barcelona: Pòrtic.

Colmena, E. 1996. *Vicente Aranda*, Madrid: Cátedra.

Colomer, J. M. 1978. *Els estudiants de Barcelona sota el franquisme*, Barcelona: Curial.

—. 1985. *La ideologia de l'antifranquisme*, Barcelona: Edicions 62.

Congrès de Cultura Catalana. 1978. *Ponències: Ambit de Cinema*, Vol. II, Barcelona.

Converses de cinema a Catalunya. 1981. *Conclusions*, Barcelona.

Crexell, J. 1987. *La caputxinada*, Barcelona: Edicions 62.

Diamante, J.; Castro, A.; García Seguí, A.; et al. 1977. *40 anni di cinema spagnolo. Testi e documenti*, Pesaro: Quaderno informativo, n.º 73, Mostra Internazionale del Nuovo Cinema.

Dueñas, G. 1969. *La Ley de Prensa de Manuel Fraga*, París: Ruedo Ibérico.

EDICIONS 62. 1987. *Edicions 62. Vint-i-cinc anys (1962-1967)*, Barcelona.

ESPAR TICÓ, J. 1994. *Amb C de Catalunya. Memòries d'una conversió al catalanisme (1936-1963)*, Barcelona: Edicions 62.

FÁBREGAS, X. 1976. *De l'Off Barcelona a l'acció comarcal 1967-1968*, Barcelona: Edicions 62/Institut del Teatre.

—. 1978. *Història del teatre català*, Barcelona: Millà.

FEBRÉS, X. (ed.). 1988. *Diàlegs a Barcelona: Colita/Xavier Miserachs*, Barcelona: Ajuntament de Barcelona.

—. 1989. *Diàlegs a Barcelona: Lluis Permanyer/Joan de Sagarra*, Barcelona: Ajuntament de Barcelona.

FILMOTECA REGIONAL DE MURCIA. 1991. *La Escuela de Barcelona*, Murcia.

FONT, D. 1976. *Del azul al verde. El cine español durante el franquismo*, Barcelona: Avance.

FONTANA, J. (ed.). 1986. *España bajo el franquismo*, Barcelona: Crítica.

FRAGA IRIBARNE, M. 1980. *Memoria breve de una vida pública*, Barcelona: Planeta.

FRANCO SALGADO-ARAUJO, F. 1976. *Mis conversaciones privadas con Franco*, Barcelona: Planeta.

FRUGONE, J. C. 1987. *Rafael Azcona. Atrapados por la vida*, Valladolid: SEMINCI.

GABANCHO, P. 1981. *Catalunya dia a dia*, Barcelona: Edicions 62.

GALEANO, E. 1977. *Conversaciones con Raimon*, Barcelona: Granica.

GARCÍA ESCUDERO, J. M. 1962. *Cine español*, Madrid: Rialp.

—. 1967. *Una política para el cine español*, Madrid: Editora Nacional.

—. 1970. *Vamos a hablar de cine*, Barcelona: Salvat.

—. 1978. *La primera apertura. Diario de un Director General*, Barcelona: Planeta.

—. 1995. *Mis siete vidas. De las brigadas anarquistas a juez del 23-F*, Barcelona: Planeta.

GARCÍA FERRER, J. M.; MARTÍ ROM, J. M. 1982. *Finestra Santos*, Barcelona: Cine-Club Associació d'Enginyers Industrials de Catalunya.

—. 1994. *Leopoldo Pomés*, Barcelona: Cine-Club Associació d'Enginyers Industrials de Catalunya.

—. 1995. *Joan de Sagarra*, Barcelona: Cine-Club Associació d'Enginyers Industrials de Catalunya.

—. 1996. *Llorenç Soler*, Barcelona: Cine-Club Associació d'Enginyers Industrials de Catalunya.

GARCÍA SOLER, J. 1976. *La Nova Cançó*, Barcelona: Edicions 62.

GÓMEZ BERMÚDEZ DE CASTRO, R. 1989. *La producción cinematográfica española*, Bilbao: Mensajero.

GONZÁLEZ BALLESTEROS, T. 1981. *Aspectos jurídicos de la censura cinematográfica en España*, Madrid: Univ. Complutense.

GUARNER, J. L. 1971. *Treinta años de cine en España*, Barcelona: Kairós.

—. 1989. «En pos del conejo blanco: Algunas notas sobre la breve pero portentosa vida de la Escuela de Barcelona», en VV.AA., *Escritos sobre el cine español 1973-1987*, Valencia: Filmoteca Generalitat Valenciana.

GUARNER, J. L.; BESAS, P. 1985. *El inquietante cine de Vicente Aranda*, Madrid: IMAGFIC.

GUBERN, R. 1981. *La censura. Función política y ordenamiento jurídico bajo el franquismo 1936-1975*, Barcelona: Península.

—. 1997. *Viaje de ida*, Barcelona: Anagrama.

GUBERN, R.; FONT, D. 1975. *Un cine para el cadalso. 40 años de censura cinematográfica en España*, Barcelona: Euros

GUBERN, R.; MONTERDE, J. E.; PÉREZ PERUCHA, J.; RIAMBAU, E.; TORREIRO, C. 1995 (2ª ed. 1997). *Historia del cine español*, Madrid: Cátedra.

HEREDERO, C. F. 1993. *Las huellas del tiempo. Cine español 1951-1961*, Valencia/Madrid, Filmoteca de la Generalitat Valenciana / Filmoteca Española.

— 1994. *El lenguaje de la luz. Entrevistas con directores de fotografía del cine español*, Alcalá de Henares: Festival de Cine.

HERNÁNDEZ, M. 1976. *El aparato cinematográfico español*, Madrid: Akal.

HERNÁNDEZ, M.; REVUELTA, M. 1976. *30 años de cine al alcance de todos los españoles*, Bilbao: Zero.

HERNÁNDEZ RUIZ, J. 1991. *Gonzalo Suárez: un combate ganado con la ficción*, Alcalá de Henares: Festival de Cine.

HIDALGO, M. 1985. *Francisco Rabal... un caso bastante excepcional*, Valladolid: SEMINCI.

INSTITUTO DE LA OPINIÓN PÚBLICA. 1965. *Estudio sobre los medios de comunicación de masas en España*, Madrid.

—. 1968. *Estudio sobre la situación del cine en España*, Madrid: Editora Nacional.

LARRAZ, E. 1986. *Le Cinéma espagnol des origines à nos jours*, París: Cerf.

LLINÀS, F. 1986. *Cortometraje independiente español*, Bilbao: Certamen Internacional de Cine Documental y Cortometraje.

—. 1990 (ed). *Directores de fotografía del cine español*, Madrid: Filmoteca Española.

LÓPEZ GARCÍA, V. 1972. *Chequeo al cine español*, Madrid: Edición del autor.

LÓPEZ RODÓ, L. 1977. *La larga marcha hacia la Monarquía*, Barcelona: Noguer.

MANGINI, S. 1987. *Rojos y rebeldes. La cultura de la disidencia durante el franquismo*, Barcelona: Anthropos.

MARTÍNEZ-BRETÓN, J. A. 1984. *La denominada «Escuela de Barcelona»*. Madrid: Univ. Complutense de Madrid, Departamento de Comunicación Audiovisual y Publicidad I, Facultad de Ciencias de la Información. Tesis doctoral.

MARTÍNEZ TORRES, A. (ed.). 1972. *Glauber Rocha y «Cabezas cortadas»*, Barcelona: Anagrama.

—. 1973. *Cine español, años sesenta*, Barcelona: Anagrama.

—. 1984 (ed) (2ª ed., 1989) *Cine Español 1896-1983*, Madrid: Ministerio de Cultura.

MARTÍNEZ TORRES, A.; GALÁN, D.; LLORENS, A. 1984. *Cine maldito español de los años sesenta*, Valencia: Fundación Municipal de Cine/Fernando Torres, Quaderns de la Mostra, n.º 2.

MEDINA, P.; GONZÁLEZ, L. M.; MARTÍN VÁZQUEZ, J.; LLINÀS, F. (Coord.). 1996. *Historia del cortometraje español*. Alcalá de Henares: Festival de Cine.

MICCICHÈ, L. 1972. *Il nuovo cinema degli anni' 60*, Turín: Edizioni RAI.

MINISTERIO DE INFORMACIÓN Y TURISMO. 1965. *Normas para el*

desarrollo de la cinematografía nacional. *Estudio de la Orden del 19 de agosto de 1964 y disposiciones complementarias*, Madrid: Instituto Nacional de Cinematografía.

—. 1966. *Informe sobre el Fondo de Protección a la Cinematografía*, Madrid: Boletín Informativo del Instituto Nacional de Cinematografía.

—. 1968. *Estudio del mercado cinematográfico español (1964-1967)*. *Control de taquilla*, Madrid: Dirección General de Cultura Popular y Espectáculos; Subdirección General de Espectáculos.

MINISTERIO DE CULTURA. 1978. *Datos informativos cinematográficos. Años 1965-1976*, Madrid: Dirección General de Cinematografía.

MINOBIS, M. 1987. *Aureli M. Escarré, Abat de Montserrat (1946-1968)*, Barcelona: La Llar del Llibre.

MINGUET BATLLORI, J. M. 1997. *Sebastià Gasch. Crític d'Art i de les Arts de l'Espectacle*, Barcelona: Departament de Cultura de la Generalitat de Catalunya.

MISERACHS, X. 1998. *Fulls de contactes. Memòries*, Barcelona: Edicions 62.

MOLINA-FOIX, V. 1977. *New Cinema in Spain*, Londres: British Film Institute.

MONTERDE, J. E.; RIAMBAU, E. (coord.). 1995. *Nuevos Cines (Años 60). Historia general del cine*, vol. XI, Madrid: Cátedra.

MONTERDE, J. E.; RIAMBAU, E.; TORREIRO, C. 1987. *Los «Nuevos Cines» europeos 1955/1970*, Barcelona: Lerna.

MONTSALVATGE, X. 1991. *Papers autobiogràfics*, Barcelona: Destino.

MUNSÓ CABUS, J. 1972. *El cine de Arte y Ensayo en España*, Barcelona: Picazo.

PÁNIKER, S. 1986. *Segunda memoria*, Barcelona: Seix Barral.

PÉREZ, P.; HERNÁNDEZ, J. 1997. *Maenza filmando en el campo de batalla*, Zaragoza: Gobierno de Aragón.

PÉREZ MERINERO, C.; PÉREZ MERINERO, D. 1973. *Cine español. Algunos materiales por derribo*, Madrid: Edicusa.

—. 1975. *Cine y control*, Madrid: Castellote.

—. 1976. *Cine español, una reinterpretación*, Barcelona: Anagrama.

PÉREZ D'OLAGUER, G. 1967. *El teatre independent a Catalunya*, Barcelona: Bruguera.

PÉREZ PERUCHA, J. (ed.) 1988. *Los años que conmovieron al cinema. Las rupturas del 68*, Valencia: Filmoteca de la Generalitat.

— 1997. (ed.) *Antología crítica del cine español. 1906-1995*, Madrid: Cátedra/Filmoteca Española.

PINK, S. 1989. *So you want to make movies. My life as an independent film producer*, Sarasota (Florida): Pineaple Press.

PONCE, V. (ed.). 1981. *Pere Portabella en el camp de batalla*, Valencia: Diputación.

PORTER MOIX, M. 1992. *Història del cinema a Catalunya*, Barcelona: Departament de Cultura, Generalitat de Catalunya.

POZO, S. 1984. *La industria del cine en España. Legislación y aspectos económicos (1896-1970)*, Barcelona: Universidad de Barcelona.

QUESADA, L. 1978. *La obra fílmica de Jordi Grau*, Madrid: Club Orbis.

RABAL, F. 1994. *Si yo te contara*, Madrid: El País/Aguilar.

RAIMON. 1983. *Les hores guanyades*, Barcelona: Edicions 62.

RIAMBAU, E. 1991. «De Victor Hugo a Mallarmé, con permiso de Godard», en *Las vanguardias artísticas en la historia del cine español*, Actas del III Congreso de la Asociación Española de Historiadores de Cine, San Sebastián: Filmoteca Vasca.

— 1993. «El cine de la Escuela de Barcelona, un espejismo de libertad en la España de los sesenta», en FOLGAR, J. M. (coord.), *Memoria de actividades 1991-92*, Santiago de Compostela: Aula de cine de la Universidad de Santiago de Compostela.

— 1994. *El paisatge abans de la batalla. El cinema a Catalunya (1896-1939)*, Barcelona: Llibres de l'Index.

— 1995. «Lejos de los árboles», en *El bazar de las sorpresas*, San Sebastián: 43 Festival Internacional de Cine.

— 1995. *La producció cinematogràfica a Catalunya 1962-1969*, Bellaterra: Universitat Autònoma de Barcelona, Departament de Comunicació Àudio-visual i Publicitat, Facultat de Ciències de la Comunicació. Tesis doctoral.

— 1996. «Catalan cinema: historic tradition and cultural identity», en HANCOCK, D. (ed.), *Mirrors of our Own*, Eurimages/Council of Europe, Strasbourg, 1996 (versión francesa: «Le cinéma catalan: tradition historique et identité culturelle»/*À travers nos mirroirs*).

RIAMBAU, E; TORREIRO, C. 1989. *Sobre el guió. Productors, directors, escriptors i guionistes*, Barcelona: Festival Internacional de Cinema. Versión castellana: *En torno al guión. Productores, directores, escritores y guionistas*. Barcelona: Festival Internacional de Cinema, 1990.

— 1993. «Más allá del diluvio. El cine africano de Jacinto Esteva», en *Actas del IV Congreso de la Asociación Española de Historiadores de Cine*, Madrid: Editorial Complutense.

— 1998. *Guionistas en el cine español. Quimeras, picarescas y pluriempleo*, Madrid: Cátedra/Filmoteca Española.

RIERA, C. 1988. *La escuela de Barcelona*, Barcelona: Anagrama.

RIQUER, B. DE; CULLA, J. B. 1989. *Història de Catalunya*, vol. VII (bajo la dir. de P. VILAR): *El franquisme i la transició democràtica 1939-1988*, Barcelona, Edicions 62.

RODERO, J. A. 1981. *Aquel «Nuevo Cine Español» de los 60*, Valladolid: SEMINCI.

ROMAGUERA I RAMIÓ, J. 1988. *Historia del cine documental de Largometraje en el Estado español*, Bilbao: Certamen Internacional de Cine Documental y de Cortometraje.

SAGARRA, J. DE. 1971. *Las rumbas de Joan de Sagarra*, Barcelona: Kairós.

SANTOS FONTENLA, C. 1966. *Cine español en la encrucijada*, Madrid: Ciencia Nueva.

SATUÉ, E. 1994. *El llibre dels anuncis. Vol. IV: A la recerca d'un ordre nou (1962-1992)*, Barcelona: Altafulla.

SEMANA INTERNACIONAL DE CINE DE AUTOR. 1987, *Jaime Camino*, Málaga.

SEMPRÚN, J. 1977. *Autobiografía de Federico Sánchez*, Barcelona: Planeta.

SIERRA I FABRA, J. 1987. *Serrat*, Barcelona: Nou Art Thor.

SOLDEVILA I BALART, L. 1992. *La Nova Cançó (1958-1987). Balanç d'una acció cultural*, Argentona (Barcelona): L'Aixernador Edicions.

TÀPIES, A. 1977. *Memòria personal*, Barcelona: Crítica.

TORREIRO, C.; RIAMBAU, E. 1993. «A propósito de un redescubrimiento: *Maria Aurèlia Capmany parla d'"Un lloc entre els morts"* y el inicio del declive de la Escuela de Barcelona», en *Actas del IV Congreso de la Asociación Española de Historiadores de Cine*, Madrid: Editorial Complutense.

TUBAU, I. 1983. *Crítica cinematográfica española. Bazin contra Aristarco: la gran controversia de los años 60*, Barcelona: Universidad de Barcelona.

VALLE FERNÁNDEZ, R. DEL. 1969. *Anuario español de cine 1963-1968*, Madrid: Sindicato Nacional del Espectáculo.

VALLÉS COPEIRO DEL VILLAR, A. 1992. *Historia de la política de fomento del cine español*, Valencia: Filmoteca Generalitat Valenciana.

VÁZQUEZ MONTALBÁN, M. 1968. *Antología de la «Nova Cançó» catalana*, Barcelona: Ediciones de Cultura Popular.

—. 1973 (2ª ed., 1984). *Serrat*, Madrid-Gijón: Júcar.

VERA, P. 1989. *Vicente Aranda*, Madrid: JC.

VILAR, S. 1984. *Historia del antifranquismo (1939-1975)*, Esplugues de Llobregat (Barcelona): Plaza & Janés.

VILLEGAS LÓPEZ, M. 1967. *El Nuevo Cine Español. Problemática*, San Sebastián: Festival Internacional de Cine.

VIZCAÍNO CASAS, F. 1970. *La cinematografía española*, Madrid: Publicaciones españolas.

—. 1976. *Historia y anécdota del cine español*, Madrid: Adra.

HEMEROGRAFÍA

AMORÓS, A. 1967. «Gonzálo Suárez frente al cine», *Presència*, n.º 81.

ANGULO, J.; CASAS, Q.; TORRES, S. 1992. «Entrevista: Garay, Guerín, Jordá y Portabella», *Nosferatu*, n.º 9: 68.

BALAGUÉ, C.; DELCLÓS, T. 1974. «Entrevista con Jaime Camino», *Dirigido por...*, n.º 10: 36.

BALAGUÉ, C.; MARTÍ, O. 1975. «Entrevista: Vicente Aranda», *Dirigido por...*, n.º 21: 36.

BILBATUA, M. 1967. «Cine documental independiente catalán: Lorenzo Soler», *Nuestro Cine*, n.º 61.

CAMINO, J. 1967. «Mi película», *Nuestro Cine*, n.º 61: 28.

CINESTUDIO. 1968. «Nuevo cine catalán»/«La escuela en dos de sus hombres: Jordá y Durán», *Cinestudio*, n.º 65: 111.

ESTEVA, J./GUBERN. R. 1969. «Notas sobre la posible emigración», *Nuestro Cine*, n.º 92: 4.

FERNÁNDEZ CUBAS, C. 1970. «*Fotogramas* acusa a Gonzalo Suárez», *Nuevo Fotogramas*, n.º 1.110.

FERNÁNDEZ SANTOS, A. 1969. «El llamado "cine mesetario" o la táctica de los falsos comentarios», *Nuestro Cine*, n.º 84: 8.

FONT, R.; GUARNER, J. L.; MOLIST, S; et al. 1969. «Entrevista con José Mª Nunes», *Film Ideal*, n.º 208: 109.

FONT, R.; MOLIST, S. 1969. «Entrevista con Jacinto Esteva», *Film Ideal*, n.º 208: 105.

FREIXAS, R.; BASSA, J. 1989. «Entrevista: Vicente Aranda», *Dirigido por...*, n.º 172: 52.

FRONTERA, G. 1971. «Entrevista con Pere Portabella», *Imagen y sonido*, n.º 92.

GALÁN, D. 1970. «Gonzalo Suárez o la desesperada aventura de un cineasta», *Triunfo*, n.º 426: 28.

GUARNER, J. L. 1987. «Una escola amb pocs escolans», *Barcelona. Metròpolis Mediterrània*, n.º 6: 96.

GUBERN, R. 1966. «*Fata Morgana*. Epifenómeno de una cultura en crisis», *Nuestro Cine*, n.º 54.

—. 1966. «El horror al vacío», *Fotogramas*, n.º 905.

—. 1967. «Prehistoria del Nuevo Cine Español», *Nuestro Cine*, n.º 64.

IZQUIERDO, L. 1968. «La llamada "Escuela de Barcelona"», *Presència*, n.º 133.

JORDÁ, J. 1967. «La Escuela de Barcelona a través de Carlos Durán», *Nuestro Cine*, n.º 61: 36.

—. 1992. «*Dante no es únicamente severo*», *Nosferatu*, n.º 9: 97.

—. 1992. «*El encargo del cazador*», *Nosferatu*, n.º 9: 100.

KIRCHNER, A. 1967. «La Escuela de Perpignan». *Destino*, XXX, n.º 1.567: 40.

LASA, J.F. 1963. «Cine en catalán y cine catalán... he aquí una curiosa noticia», *Imagen y sonido*, n.º 4: 26.

—. 1965. «Tendencias y estilos del Nuevo Cine Español», *Nuestro Cine*, n.º 65.

—. 1966. «Cine en catalán», *Imagen y sonido*, n.º 42: 41.

—. 1967. ¿Hay realmente un nuevo cine español?, *Nuestro Cine*, n.º 64: 23.

—. 1968. «Juego limpio para un cine catalán», *Imagen y sonido*, n.º 63: 28.

LLINÀS, F.; MARÍAS, M.; MOLINA FOIX, V. 1970. «El cuello de la jirafa crece desde dentro. Entrevista con Gonzalo Suárez», *Nuestro Cine*, n.º 93: 34.

LLORENTE, Á. 1968. «Cine made in Barcelona», *Cinestudio*, n.º 65: 9.

LÓPEZ LLAVÍ, J. M. 1967. «Nova renaixença al cinema. Moment zero», *Serra d'Or*, IX n.º 7: 75.

MARÍAS, M. 1969. «Más allá de la protesta. Entrevista con Gonzalo Suárez» / «Gonzalo Suárez y *Ditirambo*. Un cineasta aventurero», *Nuestro Cine*, n.º 85: 24.

—. 1975. «Entrevista: Gonzalo Suárez», *Dirigido por...*, n.º 22: 22.

390

MARTÍNEZ TORRES, A. 1969. «Nocturno, año 30. Introducción a Pedro Portabella», *Nuestro Cine,* n.º 91: 26.

—. 1970. «Entrevista con Jacinto Esteva», *Nuestro Cine,* n.º 95: 62.

MOIX, A. M. 1967. «José M.ª Nunes», *Presència,* n.º 97: 4.

MOIX, R. 1967. «Entre un cine de Barcelona y un cine catalán. Introducción a una problemática» , *Nuestro Cine,* n.º 61: 9.

MOLINA FOIX, V. 1968. «Cineastas independientes, una tendencia del cine español», *Nuestro Cine,* n.º 77-78: 68.

—. 1969. «Gonzalo Suárez», *Nuestro Cine,* n.º 83: 9.

—. 1969. «Ricardo Bofill», *Nuestro Cine,* n.º 84: 4.

MONLEÓN, J. 1967. «Cine catalán», *Nuestro Cine,* n.º 61: 8.

MONTERDE, J. E. 1978. «Una tendencia realista en el cine catalán». *Cinema 2002,* n.º 38: 41.

MONTERDE, J. E.; RIAMBAU, E. 1990. «Volver para perseverar. Entrevista con Pere Portabella», *Archivos de la Filmoteca,* n.º 7: 27.

MONTERDE, J. E.; RIAMBAU, E.; ROCA, P. 1978. «Conversa amb Ricardo Muñoz Suay», *Fulls de Cinema,* n.º 1: 10.

MUÑOZ, J. L. 1996. «La Escuela de Barcelona. 30 años de una utopía», *Cinemanía,* n.º 4: 106.

MUÑOZ SUAY, R. 1966. «El match de *Ditirambo*», *Fotogramas,* n.º 924: 10.

—. 1966. «Bofill ha dado en el blanco», *Fotogramas,* n.º 943: 3.

—. 1967. «La muerte de un segundo», *Fotogramas,* n.º 961: 3.

—. 1967. «Nacimiento de una escuela que no nació», *Fotogramas,* n.º 965: 3.

—. 1967. «Bienvenida la pasión», *Fotogramas,* n.º 973: 3.

—. 1967. «Libre introducción al Dante», *Fotogramas,* n.º 974: 3.

—. 1967. «Dante infernal», *Fotogramas,* n.º 976: 3.

—. 1967. «Una nueva realidad fotográfica», *Fotogramas,* n.º 985: 3.

—. 1967. «S.O.S.», *Fotogramas,* n.º 992: 3.

—. 1967. «Salida de la escuela», *Fotogramas,* n.º 996: 3.

—. 1967. «Contad con Portabella», *Fotogramas,* n.º 998: 3.

—. 1968. «Primera cara del disco», *Nuevo Fotogramas,* n.º 1024: 29.

—. 1968. «La misma cara del disco», *Nuevo Fotogramas,* n.º 1.025: 29.

391

—. 1968. «La otra cara del disco», *Nuevo Fotogramas*, n.° 1.026: 29.

—. 1968. «Una película y un proyecto nuevos», *Nuevo Fotogramas*, n.° 1.033: 29.

—. 1968. «La imaginación», *Nuevo Fotogramas*, n.° 1.040: 29.

—. 1968. «En quince días», *Nuevo Fotogramas*, n.° 1.042: 29.

—. 1968. «El poder de la imaginación», *Nuevo Fotogramas*, n.° 1.048: 31.

—. 1968. «Interés especial», *Nuevo Fotogramas*, n.° 1.049: 31.

NUESTRO CINE. 1971. «Mesa redonda sobre el cine catalán (Maria Aurèlia Capmany, P. Portabella, J. M. López Llaví, P. I. Fages y J. E. Lahosa)», *Nuestro Cine*, n.° 105: 56.

NUNES, J. M. 1966. «Me llamo José M.ª Nunes», *Nuestro Cine*, n.° 54.

—. 1990. «José M.ª Nunes: Biotaxia. Sexperiencias», *El fons de l'arxiu. Filmoteca de la Generalitat de Catalunya.* Suplemento a los programas n.° 7-8.

OBSERVADOR. 1967. «Gonzalo Suárez. Nuevo director de cine». *Destino*, XXX n.° 1.568: 16.

—. 1967. «Entrevista [con J. Jordá] sobre la "Escuela de Barcelona"». *Destino*, XXX n.° 1.581: 10.

OLIVER, J. 1969. «El increíble Gonzalo Suárez», *Nuevo Fotogramas*, n.° 1.070: s.n.p.

—. 1969. «Escuela de Barcelona: Principio y fin», *Film Ideal*, n.° 208: 37.

—. 1969. «Entrevista con Vicente Aranda», *Film Ideal*, n.° 208: 77.

—. 1969. «Entrevista con Joaquín Jordá», *Film Ideal*, n.° 208: 85.

—. 1969. «Entrevista con Jacinto Esteva», *Film Ideal*, n.° 208: 89.

—. 1969. «Entrevista con Carlos Durán», *Film Ideal*, n.° 208: 97.

—. 1969. «Entrevista –ditirámbica– con Gonzalo Suárez», *Film Ideal*, n.° 208: 117.

ORDÓÑEZ, M. 1978. «Algo no estaba pasando en Barcelona o voulez-vous couché (papier) avec la Escuela de Barcelona?», *Cinema 2002*, n.° 38: 39.

ORFILA, G. 1963. «Cine español 1963. Nuevos nombres: Jaime Camino», *Fotogramas*, n.° 777.

—. 1963. «Cine español 1963. Nuevos nombres: Román Gubern», *Fotogramas*, n.° 781.

PÉREZ LOZANO, J. M. 1969. «I am a mesetario», *Cinestudio*, n.º
72-73: 4.

PLANAS GIFREU, J. 1968. «J. M. Nunes después de su segunda
obra "nueva"», *Imagen y sonido*, n.º 59: 31.

—. 1969. «El cine de Barcelona visto desde Gerona», *Imagen y
sonido*, n.º 69: 20.

PONCE, V. 1992. «Pere Portabella... y algunas marcas de su soledad fílmica». *Nosferatu*, n.º 9: 60.

PONS, J. 1979. «La gran lliçó de l'Escola de Barcelona», *Pel·lícu-
la*, n.º 2.

PORCEL, B. 1969. «Teresa Gimpera, o la serenidad del riesgo»,
Destino, XXXII n.º 1667: 22.

—. 1970. «Jacinto Esteva. Director de cine», *Destino*, XXXIII
n.º 1720: 14.

PORTABELLA, P. 1990. «El nou cinema a Catalunya», *Cultura*,
n.º 15: 52.

PORTER MOIX, M. 1964. «Nuevo cine barcelonés: Jaime Camino, realizador». *Destino*, XXVII n.º 1.389: 73.

—. 1964. «Nuevo cine barcelonés: *Brillante porvenir*». *Destino*,
XXVII n.º 1.415: 50.

—. 1965. «Necesitamos una Escuela». *Destino*, XXVIII n.º 1.445: 74.

—. 1966. «Entrevista, un tanto misteriosa, con Vicente Aranda». *Destino*, XXIX n.º 1.509: 50.

—. 1967. «Universales y "castizos"». *Destino*, XXX n.º 1.539: 46.

—. 1967. «Sobre algunos problemas actuales de la creación fílmica barcelonesa». *Destino*, XXX n.º 1.566: 38.

—. 1967. «Otra manera de hacer nuevo cine». *Destino*, XXX n.º
1.571: 38.

—. 1967. «Entre el ensayo y el comercial». *Destino*, XXX n.º
1.581.

—. 1967. «Un any més de cinema a Catalunya», *Serra d'Or*, IX
n.º 2: 77.

—. 1967. «El nostre cinema, una olla que bull», *Serra d'Or*,
n.º 9: 75.

—. 1968. «Otro intento de cine catalán». *Destino*, XXXI n.º
1.608: 40.

—. 1968. «Dos buenas noticias del *cinema català*». *Destino*,
XXXI n.º 1.624: 60.

—. 1968. «Tres noticias sobre el cine en Barcelona». *Destino*, XXXI n.º 1627: 68.

—. 1968. «Sobre la situació del cinema a Catalunya», *Serra d'Or*, X n.º 111: 115.

—. 1969. «La producció catalana 1968», *Serra d'Or*, XI n.º 117: 77.

—. 1969. «La producció catalana 1968, II», *Serra d'Or*, XI n.º 118: 59.

—. 1970. «Por fin vemos el bosque o los aciertos de Jacinto», *Destino*, 25-7-1970.

—. 1989. «Elogi i record de Carlos Durán», *Serra d'Or*, XXXI n.º 351: 64.

PUJADES, P. 1968. «L'Escola de Barcelona a Girona», *Presència*, n.º 139: 8.

QUINTANA, A. 1991. «El cinema de la "gauche divine"», *Presència*, XXVII n.º 1.012: 18.

RIAMBAU, E. 1990. «La històrica Escola de Barcelona, a punt de fer vint-i-cinc anys», *Cultura*, n.º 15: 48.

—. 1991. «Arquitectura, cine y psiquiatría: a propósito de *Schizo*, un film de Ricardo Bofill», *IMP Psiquiatría*, III n.º 4.

—. 1992. «Una cierta tendencia (vanguardista) del cine catalán», *Nosferatu*, n.º 9: 16.

RIPOLL FREIXAS, E. 1970. «Entrevista con Jacinto Esteva», *Imagen y sonido*, n.º 87.

ROBLES PIQUER, C. 1968. «¿Qué le traerá 1968 al cine español?», *Fotogramas*, n.º 1005.

RODRÍGUEZ SANZ, C.; MONLEÓN, J. 1966. «Conversación con Vicente Aranda», *Nuestro Cine*, n.º 54: 15.

SIMÓ, J. 1978. «Entrevista con un hombre de cine: Ricardo Muñoz Suay», *Cinema 2002*, n.º 38: 36.

SOLER, J. 1967. «La dantesca "Escola de Barcelona"», *Presència*, n.º 125: 4.

—. 1967. «Diàleg amb Josep Maria Nunes», *Presència*, n.º 130: 13.

SUÁREZ, G. 1966. «Punto de partida», *Nuestro Cine*, n.º 54: 36.

—. 1966. «Fata Morgana», *Nuestro Cine*, n.º 55.

—. 1969. «Algunas cosas sobre *Fausto*», *Nuevo Fotogramas*, n.º 1070: s.n.p.

—. 1970. «Berlín 70: Informe de un protagonista», *Nuevo Fotogramas*, n.º 1.135: 10.

TORREIRO, M. 1992. «De un tiempo y de un país. La portentosa, efímera, fructífera e irrepetible Escuela de Barcelona (que tal vez no fue tal)», *Nosferatu,* n.º 9: 4.

—. 1997. «Entre la esperanza y el fracaso. Nuevo(s) cine(s) en la España de los sesenta», *Cuadernos de la Academia,* n.º 1: 143.

TORRELL, J. 1998. «Cuadecuc en Norteamérica», *Cuadernos de la Academia,* n.º 2: 307.

TORRES, J. F. 1967. «Encuesta: el cine catalán. Jaime Camino», *Fotogramas,* n.º 990.

—. 1967. «Encuesta: el cine catalán. Jacinto Esteva y Joaquín Jordá», *Fotogramas,* n.º 993: 15.

—. 1967. «Encuesta: el cine catalán. Vicente Aranda», *Fotogramas,* n.º 994.

—. 1967. «Encuesta: el cine catalán. Jorge Grau», *Fotogramas,* n.º 996.

—. 1967. «Encuesta: el cine catalán. Pedro Portabella», *Fotogramas,* n.º 997.

—. 1967. «Encuesta: el cine catalán. Gonzalo Suárez», *Fotogramas,* n.º 1001: 20.

—. 1968. «Encuesta: el cine catalán. Carlos Durán», *Fotogramas,* n.º 1004.

—. 1968. «Encuesta: el cine catalán. José M.ª Nunes», *Fotogramas,* n.º 1012.

TORRES, M. 1967. «Habla Gonzalo Suárez: Novelista, Director, Actor», *Fotogramas,* n.º 982.

—. 1968. «Entrevista con Pedro Portabella», *Fotogramas,* n.º 1.016: 16.

VIDAL, N. 1992. «Joaquín Jordá. El círculo del perverso», *Nosferatu,* n.º 9: 48.

VILA-MATAS, E. 1969. «¿Ha muerto la Escuela de Barcelona?», *Nuevo Fotogramas,* n.º 1060: 6.

—. 1969. «¿Adónde va el cine mesetario?», *Nuevo Fotogramas,* n.º 1.061: 6.

—. 1969. «Cine español: el "boom" del *Underground*», *Nuevo Fotogramas,* n.º 1.102: 6.

ÍNDICE ONOMÁSTICO

400

401

402

Goytisolo, José Agustín, 40n, 45, 95, 141, 242, 328, 329, 330
Goytisolo, Juan, 95, 96n, 113, 114, 115, 139
Goytisolo, Luis, 95, 137
Granados, Enrique, 42
Granados, Francisco, 33, 141
Granados, Paquita, 42
Grau, Jorge, 25, 38, 62, 89, 90, 91, 92, 93, 94, 99, 111, 149, 155, 156, 169, 171, 174, 175, 179, 192, 207, 210, 224, 240, 245, 247, 249, 258, 269, 270, 271, 272, 273, 274, 275, 276, 277, 283, 285, 286n, 324, 325, 326, 327, 328, 362
Greenaway, Peter, 265
Griffith, 253n
Griffith, David W., 167
Grimau, Julián, 33, 141
Gruault, Jean, 156
grupo Dau al Set, El, 39n
Gruppo 63, 45, 197n
Gual, Adrià, 40
Guardia de Franco, 137
Guarner, José Luis, 25, 89, 91, 92n, 113, 156, 212, 272, 274, 277n, 327
Gubern, Román, 25, 45, 58, 66n, 68, 78, 79, 80, 81, 86, 87, 95, 96, 97, 98, 99, 103, 134, 139, 148, 157, 161n, 168, 195, 197n, 200, 202n, 211, 212, 217, 220, 222, 224n, 228n, 234, 245, 250, 254, 255n, 258, 300, 314, 336, 338
Guerín, José Luis, 361

Guerra, Ruy, 348, 351
guerra del fin del mundo, La, 348
Guinard, Pierre, 42
Guinovart, Josep, 46
Gutiérrez Díaz, Antonio, 138, 143
Gutiérrez Maesso, José, 71
Guyt, Jaap, 215
Guzmán, Eduardo de, 317
Gwolyater, Mike, *véase* Jordá, Joaquín

Halffter, Cristóbal, 43n
Hammer, 335
Hamlet, 252
Handler, Mario, 322
Hardy, Oliver, 338
Haro Tecglen, Eduardo, 113
Heddren, Tippi, 251
Hele Films, 222
Hendrix, Jimmy, 296
Heredero, Carlos F., 64n, 70n, 71n, 245n
Hernández, Gustau, 341n, 342
Hernández Ruiz, Javier, 26, 340n, 341n, 342
Herralde, familia, 87
Herralde, Gonzalo, 186, 341
Herralde, Jorge, 25, 47, 48, 87, 147, 148n, 157n, 184, 222, 314, 316, 323, 341n
Herrera, Helenio, 106, 218, 219
Hersua Interfilms, 106, 167, 218
Herzog, Werner, 359n, 360n
Heusch, Paolo, 99
Hevia, Elena, 288n

411

417

419

421

ÍNDICE FILMOGRÁFICO

431

ÍNDICE

CRÓNICAS ANAGRAMA